SPSS 명령문을 활용한
사회과학 통계방법

나남
nanam

나남신서 1912

SPSS 명령문을 활용한
사회과학 통계방법

2017년 3월 25일 발행
2017년 3월 25일 1쇄

지은이 · 김영석 · 백영민 · 김경모
발행자 · 趙相浩
발행처 · (주) 나남
주소 · 10881 경기도 파주시 회동길 193
전화 · 031) 955-4601 (代)
FAX · 031) 955-4555
등록 · 제 1-71호 (1979. 5. 12)
홈페이지 · www. nanam. net
전자우편 · post @ nanam. net

ISBN 978-89-300-8912-8
ISBN 978-89-300-8001-9 (세트)

책값은 뒤표지에 있습니다.

나남신서 1912

SPSS 명령문을 활용한

사회과학 통계방법

김영석 · 백영민 · 김경모 지음

나남
nanam

Statistical Methods for Social Research

SPSS Syntax Approach

by

Young-seok Kim, Young Min Baek, & Kyungmo Kim

nanam

이번 《사회조사방법론》 제4판부터는 《사회과학 조사방법》과 《SPSS 명령문을 활용한 사회과학 통계방법》(이하 《사회과학 통계방법》으로 약칭)을 별권으로 구분하였다. 《사회과학 조사방법》의 경우 《사회조사방법론》 제3판의 제1부 내용을 기반으로 내용을 업데이트하는 데 주력하였고, 《사회과학 통계방법》의 경우 《사회조사방법론》 제3판의 제2부 내용을 전면적으로 개정하였다.

　《사회과학 통계방법》에서 크게 바뀐 내용은 다음과 같다. 첫째, 통계분석의 원리를 수학적 공식보다는 수학적 공식에서 나타난 의미를 전달하는 방식으로 설명하였다. 이를 위해 실제 강의를 진행하듯이 서술하는 방식을 택했다. 즉, 쉬운 내용을 시작으로 어려운 내용을 전달하는 단계적 방식으로 글의 난이도를 조정하였으며, 단순히 수학 공식을 제시하고 적용하는 데 머무르지 않고 수학 공식을 유도하는 과정에서 어떤 아이디어가 담겼는지 설명하는 데 많은 노력을 기울였다.

　둘째, 《사회조사방법론》 제3판에서는 SPSS의 메뉴판을 어떻게 클릭하는가를 보여주는 데 집중했던 반면, 이 책에서는 SPSS의 명령문, 즉 신택스를 어떻게 구성하고 실행하는가를 보여주는 데 집중하였다. SPSS의 메뉴판을 이용하는 방법을 접하는 독자들의 경우 처음에는 데이터 분석이 쉽게 느껴질 수 있다. 하지만 SPSS 메뉴판을 통한 학습은 몇 가지 단점들을 갖는다. 우선 SPSS의 메뉴판이 아닌 명령문으로만 작동하는 분석기법들이 존재한다. 본문에서 설명하겠지만, '계획비교'의 경우 메뉴판을 통해 실시하기 어렵거나 불가능하다. 그러나 무엇보다 명령문을 사용해야 하는 이유는 데이터 분석 환경의 변화에서 찾을 수 있다. '알고리즘', '빅데이터' 등의 말들이 잘 보여주듯, 사회과학 연구들에서도 데이터의 규모는 급격히 증가하고 있으며, 사회과학자들은 SPSS가 아닌 다른 데이터 분석 프로그램들을 사용할 수밖에 없는 상황이다. 현재 데이터 분석 프로그램들의 대부분은 SPSS와 같이 메뉴판을 택하는 패키지가 아니다. 다시 말해, 메뉴판을 택하는 방식을 따르면 SPSS

를 벗어나기 어려워지는 문제가 발생할 수 있다. 물론 상당수의 사회과학 데이터 분석기법들은 SPSS를 통해 처리할 수 있다. 하지만 대용량의 데이터를 처리해야 하거나, 최신의 통계기법들을 사용해야 할 경우 SPSS를 사용하는 것이 어려운 경우가 많다. 즉, SPSS 메뉴판에만 의존할 경우 기본적 통계분석기법 이상을 시도하기 어렵다. 반면 SPSS 명령문 작성에 익숙해지면 SPSS가 아닌 다른 통계분석 프로그램에도 어렵지 않게 적응할 수 있다는 장점이 있다.

셋째, 통계분석기법의 경우 '한국통계학회' 용어를 사용하였으며, 이에 따라 같은 분석기법이라도 용어가 다를 수 있다. 예를 들어 analysis of variance의 경우 《사회조사방법론》에서는 '변량분석'이라는 용어를 사용했으나, 이 책에서는 '분산분석'이라는 용어를 사용하였다. 또한 factor analysis의 경우도 《사회조사방법론》에서는 '요인분석'이라는 용어를 사용했지만, 이 책에서는 '인자분석'이라는 용어를 사용하였다. 통계분석기법의 영문 표현과 이 책에서의 국문번역어의 대조표는 이 책 끝부분에 정리하였으니 독자들은 참고하길 바란다.

넷째, 판이 바뀌면서 '정준상관관계', '판별분석'과 '군집분석'은 내용에서 제외되었으며, '일반선형모형' 맥락에서 '프로빗 회귀분석', '포아송 회귀분석', '서열형 로지스틱 회귀분석' 등이 추가로 소개되었다. 정준상관관계분석의 경우 최근 거의 사용되지 않고 있으며, 판별분석과 군집분석의 경우 '기계학습'의 발달로 유용성이 많이 줄었기 때문이다. 결과변수가 정규분포를 띠지 않는 경우 사용하는 회귀분석의 경우 최근 사용빈도가 늘고 있다는 점, 그리고 일반선형모형이 널리 받아들여지는 현재 패러다임을 고려하여 이 책에서 추가로 소개하였다.

《사회조사방법론》 제 3판이 출간된 2002년 이후 벌써 15년이 흘렀다. 그동안 오탈자와 잘못된 표현을 지적해 준 독자들, 그리고 개정판을 기다린다는 고마운 말을 해주신 다른 선생님들께 진심으로 감사의 말씀을 드린다. 또한 좋은 책을 출판하기 위해 언제나 힘쓰는 나남출판의 조상호 회장님께도 진심의 말을 남긴다. 개정판을 출간하면서 《사회과학 조사방법》의 경우는 김경모 교수에게, 《사회과학 통계방법》의 경우는 백영민 교수에게 많은 도움을 받았다. 이 공동저자들은 우수한 제자에서 이제는 뛰어난 동료교수가 되었다. 훌륭한 학자로 성장해 준 두 교수들과 함께 개정판 작업을 함께한 경험은 은퇴를 앞둔 저자에게 잊지 못할 추억으로 남을 것이다.

2017년 3월
연희관에서
저자대표 김영석

나남신서 1912

SPSS 명령문을 활용한
사회과학 통계방법

차례

통계분석기법의 의미와 종류

통계자료 분석을 소개하기 전에, 다음과 같은 본질적 질문을 던져 보자. "왜 과학자들은 통계를 사용할까?" 이 질문에 대한 답은 여러 가지가 있을 수 있지만, 과학자들의 답변은 "현실을 설명하기 위해"라는 하나의 답변으로 귀결될 것이다. 또한 사실 이는 (사회)과학적 이론이 추구하는 바와 동일하다.

실증주의적 관점에서 과학적 이론은 현실에 존재하는 개념과 개념의 인과관계에 대한 진술문이라고 정의된다. 만약 이 정의를 받아들인다면 과학적 이론을 세우기 위해 우리는 '개념'(concept)이 무엇인지, 그리고 개념들을 연결하는 인과관계(causal mechanism)는 무엇인지 설명해야만 한다. 통계자료 분석 역시 동일하다. 조작적 정의를 통해 '변수'(variable)를 정량화하고, 이렇게 정량화시킨 변수들의 인과적 '관계'(relationship)를 확률적으로 추정(probabilistic inference)해야 한다. 즉, 과학적 이론이라는 관점에서 통계자료 분석은 (사회)현상을 구성하는 개념에 대응하는 "변수를 기술"한 후, 이렇게 기술된 "변수들의 관계가 타당한 관계인지 아닌지 판단"하는 것을 목적으로 한다. 흔히 전자를 목적으로 하는 통계자료 분석을 '기술통계분석'(descriptive statistical analysis)이라고 부르며, 후자를 목적으로 하는 통계자료 분석을 '추리통계분석'(inferential statistical analysis)이라고 지칭한다.

구체적으로 예를 들어 보자. 만약 어떤 연구자가 "고소득자는 보수정당을, 저소득자는 진보정당을 지지한다"라는 연구가설을 갖고 있다고 가정해 보자. 이를 테스트하기 위해 연구대상이 되는 사회의 구성원을 대표할 수 있는 표본을 '다단계군집표집'으로 표집한 후, 표집된 응답자들의 소득수준과 지난 국회의원 선거에서의 지지정당을 설문했다고 가정해 보자. 이 연구가설에는 '소득수준'과 '지지정당'이라는 2개의 변수가 존재하며, 이 변수들의 관계가 연구자의 예상에 부합하는지 여부를 통해 연구가설이 타당한지 아니면 타당하지 않은지를 판단할 수 있다. 사회과학 연구방법론에 대한 지식이 없는 독자라도 다음과 같은 정보를 연구보고서 혹은 논문에서 기대하고 있을 것이다. 첫째, 응답자 중 고소득자는 몇 퍼센트이며, 저소득자의 비율은 어떻게 되는가? 둘째, 응답자 중 몇 퍼센트가 보수정당 혹은 진보정당을 지지했는가? 셋째, 소득수준이 높을수록 보수정당 지지비율이 올라가는가? 위의 세 질문들 중 첫 번째의 두 질문들에 대한 답을 제공하는 것이 바로 '기술통계분석'이며, 마지막 세 번째 질문에 대한 답을 제공하는 것이 바로 '추리통계분석'에 해당된다.

이 장에서는 기술통계분석이 무엇인지 집중적으로 설명한 후, 다음 장부터 마지막 장까지는 추리통계분석을 설명할 것이다. 분량 면에서 통계분석기법에 대한 대부분의 내용은 추리통계분석이 차지한다. 어쩌면 어떤 독자들은 이렇게 생각할지도 모르겠다. '추리통계분석이 기술통계분석보다 많이 서술된 것을 보니 기술통계분석이 중요하지 않은 것 같다.' 만약 이런 생각을 하는 독자라면, 더 이상은 이렇게 생각하지 않기를 권한다. 기술통계분석은 데이터에 대한 기초적 정보를 제공한다는 점에서 매우 중요하며, 무엇보다 통계학적 훈련을 받지 않은 일반대중들과도 소통할 수 있다는 점에서 사회과학자들에게 매우 중요한 통계분석기법이다.

구체적으로 이 장에서 소개할 내용은 세 부분이다. 첫째, 통계분석에서 사용하는 데이터 형태에 대해서 간단히 설명할 것이다. 둘째, 기술통계분석에서 자주 등장하는 기술통계치들을 소개할 것이다. 사회과학 조사방법론 분야에서 설명했던 측정의 네 수준을 기반으로 변수의 빈도, 비율, 평균, 분산과 표준편차, 중앙값의 기술통계치들을 집중적으로 설명할 예정이다. 셋째, 데이터 관리방법(data management techniques)에 대해 설명할 것이다. 여기에는 변수의 리코딩 방법과 전체표본 중 연구자가 지정한 조건만 충족시키는 부분표본을 추출하는 방법을 소개할 것이다.

1. 데이터의 의미

데이터(data)란 현상에 대한 관측치들의 집합이라고 정의할 수 있다. 이 말이 좀 추상적이라고 느껴질 수 있으니 구체적인 예를 들어 보자. 남성이며, 만 20세의 대한민국 대학생인 '갑돌이'라는 사람이 있다고 가정하자. 이 진술문에서 우리는 '갑돌이'라는 한 사례는 '이름 = 갑돌이', '성별 = 남성', '만연령 = 20', '직업 = 학생'이라는 정보를 얻을 수 있다. 흔히 많이 사용하는 엑셀(Excel)과 같은 스프레드시트(spreadsheet) 형태의 프로그램을 이용해 〈표 1-1〉과 같이 표현해 보자.

표 1-1 데이터의 예 1

이름	성별	만연령	직업
갑돌이	남성	20	학생

표 1-2 데이터의 예 2

이름	성별	만연령	직업
갑돌이	남성	20	학생
을순이	여성	20	학생

바로 이것이 데이터이다. 여기에 '갑돌이'의 친구인 '을순이'의 정보를 추가로 얻었다면 위의 데이터는 〈표 1-2〉와 같이 확장된다. 마찬가지의 방식으로 다른 여러 사람들의 이름, 성별, 만연령, 직업을 얻는 것도 가능하다.

위와 같은 방식에서 알 수 있듯이 데이터는 m개의 가로줄과 n개의 세로줄로 구성된 $m \times n$의 행렬(matrix)로 구성된다. 흔히 개별 가로줄을 사례(case)라고 하며, 개별 세로줄을 변수(variable)라고 한다. 즉, $m \times n$의 행렬로 구성된 데이터에는 m명의 사례와 n개의 변수가 존재한다. 일반적인 사회과학 데이터의 경우 사례는 흔히 '개인'(individual)으로, 변수는 성별, 만연령, 직업 등과 같은 개인의 특성들(characteristics, 혹은 features)로 배치한다. 다시 정리하자면, 데이터는 현상에 대한 관측치들의 집합을 의미하며, 가로줄에는 개별 사례를 세로줄에는 변수를 구조화한 배치 방식을 갖는다.

'예시데이터_1장_01.xlsx'라는 데이터를 MS-엑셀[1]을 이용해 열어 보자. 총 20개의 사례들(즉 응답자들)이 포함되어 있으며, 사례에서 조사된 개인의 특성들은 '개인 ID', '성별', '만연령', '소득수준', '교육수준'의 5개다.

〈그림 1-1〉의 데이터는 총 21개의 가로줄이 있지만, 실제로 의미 있는 데이터는 두 번째부터 21번째의 가로줄이다. 첫 번째 가로줄 데이터는 흔히 '헤더'(header)라고 불리는데, 이 헤더가 바로 사회과학 조사방법론에서 말하는 '변수이름'이다.

첫 번째 세로줄의 '개인 ID'는 사례, 즉 응답자의 프라이버시를 보호하기 위해 붙여 둔 임의의 숫자다. 두 번째 세로줄의 '성별'은 응답자의 성별을 의미하며, 세 번째의 '만연령'은 응답자의 만연령을 의미하며, '소득수준'은 응답자의 월평균 가계소득(household income)을 뜻하고, '교육수준'은 응답자의 최종학력을 의미한다. 아마도 대부분의 독자들은 위와 같은 형태의 데이터를 이해하는 데 별 문제가 없을 것이다.

---

1 MS-엑셀이 없어도 괜찮다. Open-Office라는 프로그램을 인터넷에서 무료 다운로드를 받은 후, 해당 파일을 열어 볼 수 있다.

〈그림 1-1〉과 같은 데이터는 이해하기 쉽지만, 보통의 사회과학 데이터는 이 같은 방식으로 입력되지 않는다. 보통의 사회과학 데이터는 변수의 속성을 〈표 1-3〉과 같이 정의한 후, 변수의 속성에 맞는 수치(numerical value)가 입력된 '예시데이터_1장_02.xlsx'의 형태로 제시된다(〈그림 1-2〉).

흔히 변수의 정의와 변수에 부여된 수치가 의미하는 바가 무엇을 의미하는지 서술한 부분을 '메타데이터'(meta-data)라고 부른다. 이 책에서 소개하는 SPSS(statistical package

그림 1-1 변수의 속성을 수치화하지 않은 데이터(예시데이터_1장_01.xlsx)

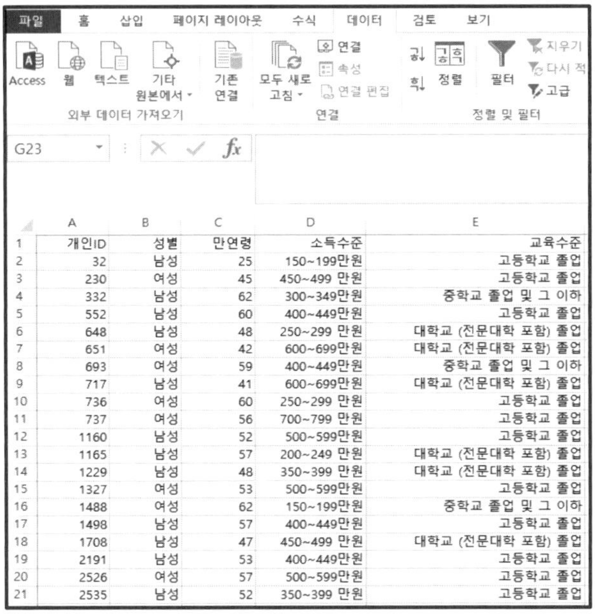

	A	B	C	D	E
1	개인ID	성별	만연령	소득수준	교육수준
2	32	남성	25	150~199만원	고등학교 졸업
3	230	여성	45	450~499 만원	고등학교 졸업
4	332	남성	62	300~349만원	중학교 졸업 및 그 이하
5	552	남성	60	400~449만원	고등학교 졸업
6	648	남성	48	250~299 만원	대학교 (전문대학 포함) 졸업
7	651	여성	42	600~699만원	대학교 (전문대학 포함) 졸업
8	693	여성	59	400~449만원	중학교 졸업 및 그 이하
9	717	남성	41	600~699만원	대학교 (전문대학 포함) 졸업
10	736	여성	60	250~299 만원	고등학교 졸업
11	737	여성	56	700~799 만원	고등학교 졸업
12	1160	남성	52	500~599만원	고등학교 졸업
13	1165	남성	57	200~249 만원	대학교 (전문대학 포함) 졸업
14	1229	남성	48	350~399 만원	대학교 (전문대학 포함) 졸업
15	1327	여성	53	500~599만원	고등학교 졸업
16	1488	여성	62	150~199만원	중학교 졸업 및 그 이하
17	1498	남성	57	400~449만원	고등학교 졸업
18	1708	남성	47	450~499 만원	대학교 (전문대학 포함) 졸업
19	2191	남성	53	400~449만원	고등학교 졸업
20	2526	여성	57	500~599만원	고등학교 졸업
21	2535	남성	52	350~399 만원	고등학교 졸업

표 1-3 변수의 속성이 정의된 메타데이터

- '개인 ID': 개별 응답자에게 부여된 명목형 숫자
- '성별': 응답자의 성별 '1' = '남성' '2' = '여성'
- '만연령': 응답자의 만연령(입력된 숫자는 만연령을 의미함)
- '소득수준': 응답자의 월평균 가계소득
  '1' = '150~199만 원' '2' = '200~249만 원'
  '3' = '250~299만 원' '4' = '300~349만 원'
  '5' = '350~399만 원' '6' = '400~449만 원'
  '7' = '450~499만 원' '8' = '500~599만 원'
  '9' = '600~699만 원' '10' = '700~799만 원'
- '교육수준': 응답자의 최종학력
  '1' = '중학교 졸업 및 그 이하'
  '2' = '고등학교 졸업'
  '3' = '대학교(전문대학 포함) 졸업'

for social science)를 사용할 경우, 데이터와 메타데이터를 '.sav'라는 확장자를 갖는 데이터 파일에 각각 저장한다.

구체적으로 예를 들어 보자. 독자 여러분 PC에서 '예시데이터_1장_02.sav'를 저장한 폴더로 들어간 후, 해당 아이콘을 더블클릭하면 〈그림 1-3〉과 같은 SPSS 데이터 파일을 열어 볼 수 있을 것이다(SPSS의 버전에 따라 모습이 조금씩 다를 수 있다).

우선, 화면 왼쪽 아래에 'Data View'라는 탭이 활성화된 것에 주목하길 바란다. 'Data

그림 1-2 변수의 속성을 수치화한 데이터(예시데이터_1장_02.xlsx)

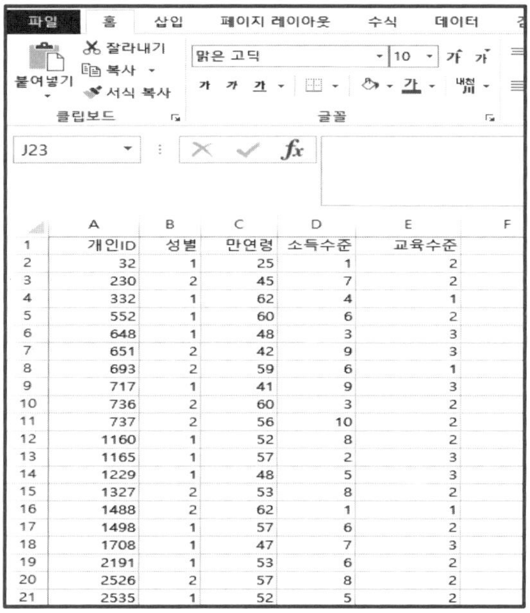

	A	B	C	D	E
1	개인ID	성별	만연령	소득수준	교육수준
2	32	1	25	1	2
3	230	2	45	7	2
4	332	1	62	4	1
5	552	1	60	6	2
6	648	1	48	3	3
7	651	2	42	9	3
8	693	2	59	6	1
9	717	1	41	9	3
10	736	2	60	3	2
11	737	2	56	10	2
12	1160	1	52	8	2
13	1165	1	57	2	3
14	1229	1	48	5	3
15	1327	2	53	8	2
16	1488	2	62	1	1
17	1498	1	57	6	2
18	1708	1	47	7	3
19	2191	1	53	6	2
20	2526	2	57	8	2
21	2535	1	52	5	2

그림 1-3 SPSS 데이터 파일의 예(예시데이터_1장_02.sav)

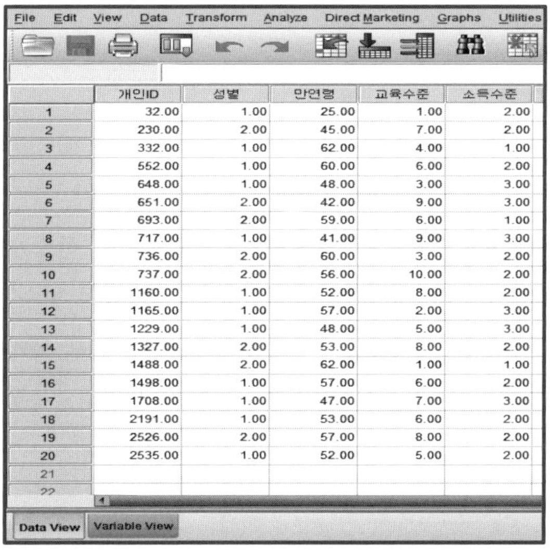

	개인ID	성별	만연령	교육수준	소득수준
1	32.00	1.00	25.00	1.00	2.00
2	230.00	2.00	45.00	7.00	2.00
3	332.00	1.00	62.00	4.00	1.00
4	552.00	1.00	60.00	6.00	2.00
5	648.00	1.00	48.00	3.00	3.00
6	651.00	2.00	42.00	9.00	3.00
7	693.00	2.00	59.00	6.00	1.00
8	717.00	1.00	41.00	9.00	3.00
9	736.00	2.00	60.00	3.00	2.00
10	737.00	2.00	56.00	10.00	2.00
11	1160.00	1.00	52.00	8.00	2.00
12	1165.00	1.00	57.00	2.00	3.00
13	1229.00	1.00	48.00	5.00	3.00
14	1327.00	2.00	53.00	8.00	2.00
15	1488.00	2.00	62.00	1.00	1.00
16	1498.00	1.00	57.00	6.00	2.00
17	1708.00	1.00	47.00	7.00	3.00
18	2191.00	1.00	53.00	6.00	2.00
19	2526.00	2.00	57.00	8.00	2.00
20	2535.00	1.00	52.00	5.00	2.00
21					
22					

그림 1-4 Variable View 창 (예시데이터_1장_02.sav)

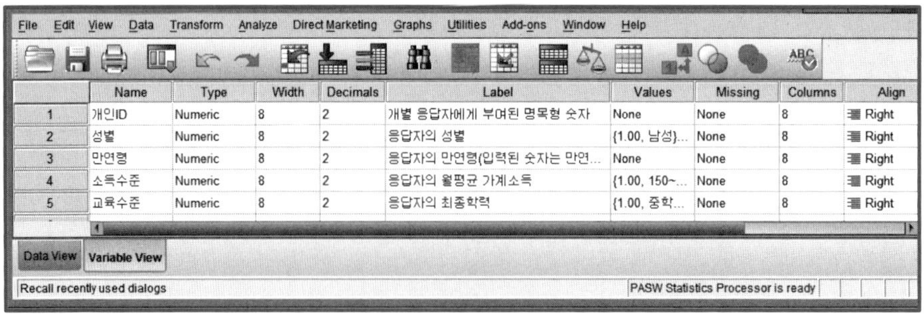

View'라는 탭이 활성화되면 5개의 변수에 대한 20개 사례의 값들을 포함하는 데이터가 들어 있는 것을 확인할 수 있다. 우리는 이미 '예시데이터_1장_02.xlsx'라는 엑셀 데이터를 통해 이러한 형태의 데이터를 확인한 바 있다. 한 가지 다른 점이 있다면, 엑셀 데이터에서는 첫 번째 가로줄에 변수명이 들어간 반면, SPSS 데이터에서는 첫 번째 가로줄부터 데이터가 입력되어 있다는 점이다.

이제 'Data View'라고 된 바로 옆의 'Variable View'를 클릭해 보자. 〈그림 1-4〉와 같은 화면을 확인할 수 있을 것이다. 즉, 'Name'이라고 된 부분에는 변수이름을, 'Label'이라고 된 부분에서는 변수에 대한 간단한 정의를, 'Values'라고 된 부분에서는 데이터에 입력된 수치가 각각 무엇을 의미하는지를 확인할 수 있다. 만약 결측값이 지정되어 있다면, 'Missing'이라고 된 부분을 통해 지정을 할 수 있지만, 대부분의 결측값은 점 (period) '.'과 같은 방식으로 나타난다. 다른 부분들은 실제 분석에서 큰 의미가 없기 때문에 별도의 설명을 제시하지 않기로 한다.

정리하면 SPSS의 *.sav 파일에는 '데이터'와 '메타데이터'가 통합되어 있으며, 각각은 'Data View'와 'Variable View' 탭을 활성화시키는 방식으로 살펴볼 수 있다.

2. 기술통계분석과 기술통계치

앞에서는 데이터가 무엇인지, 그리고 SPSS의 데이터 파일이 어떻게 생겼는지 핵심적 내용만 살펴보았다. 여기서는 '예시데이터_1장_02.sav' 데이터의 변수들을 대상으로 기술통계분석을 실시해 보기로 한다. 기술통계분석을 실시하기 전에 독자들은 반드시 '측정의 네 수준'(four levels of measurement)이 무엇인지 알아야만 한다. 측정치는 다음의 네 수준으로 구분할 수 있다.

표 1-4 측정의 네 수준

- 명목수준(nominal level): 측정치의 속성으로 사용된 숫자는 '카테고리'(category: 유목)의 의미만 갖는다. 명목수준으로 측정된 변수의 경우 사칙연산을 적용할 수 없다. 명목수준으로 측정된 변수의 경우 '같다'(=), '다르다'(≠)와 같은 수학기호는 사용될 수 있다.
- 서열수준(ordinal level): 명목수준의 수준을 포함하며, 아울러 측정치의 속성으로 사용된 숫자의 크고 작음에 따라 서열을 나눌 수 있다. 서열수준으로 측정된 변수의 경우도 사칙연산을 적용할 수 없다. 서열수준으로 측정된 변수의 경우 '=', '≠'는 물론 '크다'(>), '같거나 크다'(≥), '작다'(<), '같거나 크다'(≤)도 사용할 수 있다.
- 등간수준(interval level): 서열수준의 수준을 포함하며, 아울러 측정치의 속성으로 사용된 숫자들의 간격은 동등하다. 등간수준으로 측정된 변수의 경우 사칙연산 중 더하기(+)와 빼기(−)를 사용할 수 있지만, 곱하기(×)와 나누기(÷)는 사용할 수 없다. '=', '≠', '>', '≥', '<', '≤' 모두 사용할 수 있다.
- 비율수준(ratio level): 등간수준의 수준을 포함하며, 아울러 절대영점(absolute zero)을 가지며 측정치의 속성으로 사용된 숫자들의 비율 역시 동등한 의미를 갖는다. 비율수준으로 측정된 변수의 경우 사칙연산 모두를 사용할 수 있다. 또한 '=', '≠', '>', '≥', '<', '≤' 역시 모두 사용할 수 있다.

기술통계분석을 할 때는 위의 네 수준이 무엇을 의미하는지 반드시 이해하고 있어야 한다. 그 이유는 각 수준에 맞는 기술통계치를 사용해야 하기 때문이다. 다소 도식적이지만, 일반적인 데이터 분석 교과서들은 명목수준으로 측정된 변수와 서열수준으로 측정된 변수를 '유목형 변수'(categorical variable)라고, 등간수준으로 측정된 변수와 비율수준으로 측정된 변수를 '연속형 변수'(continuous variable)라고 부른다. 또한 명목수준으로 측정된 변수의 경우 '서열없는 유목형 변수'(unordered categorical variable)라고, 서열수준으로 측정된 변수를 '서열있는 유목형 변수'(ordered categorical variable)라고 세분화시켜 부르기도 한다.

기술통계분석의 핵심은 유목형 변수의 경우 '빈도'(frequency)와 '퍼센트'(percent)를, 그리고 연속형 변수의 경우 '평균'(mean, M)과 '표준편차'(standard deviation, SD) 혹은 '분산'(variance)을 사용한다는 점이다〔또한 연속형 변수는 최솟값(minimum)과 최댓값(maximum)을 사용할 수 있으며, 변수의 분포가 얼마나 뾰족한지 나타내는 첨도(kurtosis)와 분포가 어떤 방향으로 치우쳐 있는지 나타내는 왜도(skewness)를 사용하기도 한다〕. 또한 서열있는 유목형 변수(즉 서열수준으로 측정된 변수)와 연속형 변수의 경우 변수에 포함된 데이터를 순서대로 정렬한 후 가운데에 위치한 값을 의미하는 '중앙값'(median)을 사용할 수 있다.

이제 '예시데이터_1장_02.sav' 데이터의 변수들을 살펴보자. 우선 '개인 ID'는 명목수준으로 측정된 변수다. 왜냐하면 숫자로 표시되어 있지만, 사람이름과 다를 바 없기 때문이다. '성별'의 경우도 마찬가지로 명목수준으로 측정된 변수, 즉 유목형 변수다. 하지만 관점에 따라 서열수준으로 측정된 변수로도 파악될 수 있다. 예를 들면 남성은 '여성성'이 없는 사람으로, 혹은 여성은 '남성성'이 없는 사람이라고도 파악할 수 있다. 이렇게 파악할 경우 흔히 가변수 혹은 더미변수라고 불린다. '만연령'의 경우 비율수준으로 측정된 비율변수(ratio variable)다. 끝으로 '소득수준'과 '교육수준'의 경우는 '높고 낮음'을 보여주는 서열수준으로 측정된 변수, 즉 서열있는 유목형 변수다.

이렇게 본다면 '성별', '소득수준', '교육수준'은 유목형 변수이기 때문에 빈도와 퍼센트를, '만연령'의 경우 연속형 변수이기 때문에 평균과 표준편차를 계산할 수 있다. 또한 '만연령'과 '소득수준', '교육수준'의 경우 중앙값을 구할 수 있다. '개인 ID'의 경우 사례에 부여된 고유한 숫자이기 때문에, 이 경우 기술통계분석을 실시할 이유가 없다.

자, 이제 SPSS를 이용해서 유목형 변수의 빈도를, 그리고 연속형 변수의 평균과 표준편차를 구해 보자. 또한 '만연령', '소득수준', '교육수준'의 중앙값도 구해 보자. 이 작업을 위해 시중에 나온 대부분의 SPSS 소개 책자는 메뉴판을 이용하는 방식을 택한다. 그러나 이 책에서는 메뉴판을 이용하는 방식을 이용하지 않을 예정이다. 그 이유는 메뉴판을 이용하는 방식이 처음에는 쉬워 보여도 효율성이 매우 떨어지고, 메뉴판을 통해서 처리할 수 없는 작업들은 수행할 수 없으며, 무엇보다 데이터에 대한 분석기록을 남기지 못하는 문제가 발생하기 때문이다. 데이터에 대한 분석기록을 갖고 있지 않으면, 시간이 지난 후 어떤 방식으로 자신이 데이터를 분석했는지 전혀 기억하지 못할 가능성이 매우 높다(즉, 논문의 데이터 분석과 관련된 학술적 의혹이 불거졌을 때, 연구자 스스로 자신이 어떤 문제를 범했는지를 확인할 수 없기 때문에 연구 윤리에 저촉될 가능성이 적지 않다). 또한 유사한 방식의 작업을 반복해야 하는 경우 메뉴판을 이용하면 번거로움만 더 커진다. 나중에 살펴보겠지만 메뉴판으로는 작업할 수 없지만, 명령문을 써야만 작업할 수 있는 분석도 적지 않게 존재한다.

이에 따라 이 책에서는 'SPSS 명령문'(SPSS commands)을 짠 후 그 결과를 저장한 신택스(syntax) 파일을 사용할 것이다. 신택스 파일의 확장자는 *.sps라는 이름으로 되어 있다. 신택스 파일을 작성하는 방식에 대해서는 조금씩 설명하기로 하겠다. 신택스 파일을 사용하면 앞에서 언급한 메뉴판을 이용한 방식의 단점을 모두 극복할 수 있다. 또한 SPSS 명령문에 익숙해지면, 다른 통계 프로그램(SAS, STATA, R 등)으로도 쉽게 옮겨가는 것이 가능하다(그리고 보다 고급의 데이터 분석을 위해서 최종적으로는 SPSS를 버려야 한다고 저자들은 강하게 믿는다).

그림 1-5 신택스 파일을 사용한 SPSS 명령문 실행방법(예시데이터_1장_02.sav)

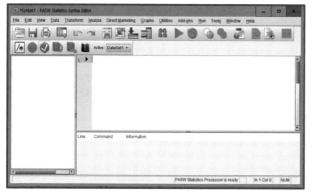

[실행방법 1] 신택스 창 선택

'예시데이터_1장_02.sav' 데이터를 열어 둔 상태에서 'File'을 클릭하고 'New'를 클릭한 후, 'Syntax'를 클릭하면 새로운 창이 뜬다. 이 신택스 창에 SPSS 명령문을 짜 넣은 후, 해당 명령문을 실행시키는 방식을 사용하면 데이터를 분석할 수 있다.

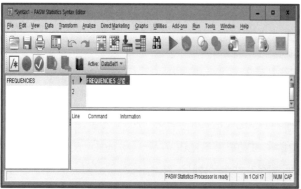

[실행방법 2] SPSS 명령문 입력과 실행

우선 '성별' 변수의 빈도와 퍼센트를 구해 보겠다. 'FREQUENCIES 성별.'이라는 내용을 신택스 창에 타이핑해 넣어 보자. 한 가지 주의할 점은 반드시 마침표(.)를 찍어야만 SPSS 명령문이 끝난다는 것이다. 문장을 끝맺을 때 마침표를 사용하듯, SPSS 명령문을 끝맺을 때도 마침표를 사용해야 한다. 명령문을 타이핑한 후 해당 부분을 블록으로 잡은 후 단추(▶)를 누르면 '성별' 변수의 빈도와 퍼센트 관련 결과를 얻을 수 있다.

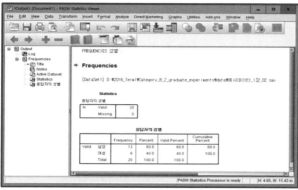

[실행방법 3] 분석결과 해석과 저장

분석결과는 화면과 같다. 이 결과는 해석하기 어렵지 않다. 20명의 사례 중 '남성'이라는 값을 갖는 사례는 12개가, '여성'이라는 값을 갖는 사례는 8개가 있다. 또한 전체표본 중 60%가 남성이었으며, 40%는 여성인 것을 알 수 있다. 이렇게 작성한 신택스 파일을 저장해 두고(이 책의 경우 '예시데이터_1장_02_분석기록.sps'라는 이름으로 저장했다) 나중에 이 파일을 열어 보면 자신이 어떤 분석을 했는지 확인할 수 있다.

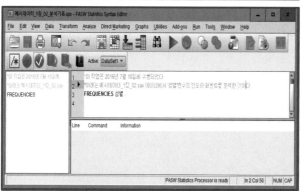

[실행방법 4] 코멘트 입력

신택스 파일에는 SPSS 명령문으로 무엇을 분석했는지 '자연어'(natural language)로 설명해 둘 수 있다. 이처럼 SPSS 명령문을 기계어가 아닌 자연어로 설명한 것을 코멘트(comment)라고 부르는데, SPSS의 경우 '*'로 시작되는 부분은 실행 프로그램으로 인식하지 못한다. 이와 같은 방식으로 설명을 달아 둔다면 나중에 신택스 파일을 열어 보았을 때, 자신이 어떤 작업을 했는지 쉽게 알 수 있다.

이번에는 '성별' 변수는 물론 '소득수준'과 '교육수준' 변수의 빈도와 퍼센트도 분석해 보자. 다음과 같이 '성별'이라는 변수이름 뒤에 '소득수준'과 '교육수준' 변수 이름을 연달아 붙이면 된다(아래의 경우 코멘트도 알맞게 바꾸었다).

*이 작업은 2016년 7월 18일에 수행되었다.
*아래는 예시데이터_1장_02.sav 데이터에서 '성별', '소득수준', '교육수준' 변수들의.
*빈도와 퍼센트를 분석한 것이다.
FREQUENCIES 성별 소득수준 교육수준.

이제 '만연령' 변수의 평균과 표준편차를 구해 보자. 두 가지 방법이 있는데 일단 앞에서 FREQUENCIES 명령문을 배웠기 때문에 이를 활용해 보자. 다음의 부분을 추가로 넣어 보자.

*아래는 '만연령' 변수의 평균과 표준편차를 구한 것이다.
FREQUENCIES 만연령
/ STATISTICS = MEAN STDDEV.

위의 명령문에서는 '/'를 이용하여 FREQUENCIES 명령문에 하부옵션을 규정한 것이다. 통계치(즉 STATISTICS)에 평균(MEAN)과 표준편차(STDDEV)를 지정하여, '만연령' 변수의 평균과 표준편차를 구한 것이다. 그 분석결과는 아래와 같다.

Statistics
응답자의 만연령 (입력된 숫자는 만연령을 의미함)

N	Valid	20
	Missing	0
Mean		51.8000
Std. Deviation		8.95956

응답자의 만연령 (입력된 숫자는 만연령을 의미함)

		Frequency	Percent	Valid Percent	Cumulative Percent
Valid	25.00	1	5.0	5.0	5.0
	41.00	1	5.0	5.0	10.0
	42.00	1	5.0	5.0	15.0
	42.00	1	5.0	5.0	20.0
	47.00	1	5.0	5.0	25.0
	48.00	2	10.0	10.0	35.0
	52.00	2	10.0	10.0	45.0
	53.00	2	10.0	10.0	55.0
	56.00	1	5.0	5.0	60.0
	57.00	3	15.0	15.0	75.0
	59.00	1	5.0	5.0	80.0
	60.00	2	10.0	10.0	90.0
	62.00	2	10.0	10.0	100.0
	Total	20	100.0	100.0	

결과를 이해하는 것은 어렵지 않다. 20명의 응답자의 평균 만연령은 51.80세이며, 표준편차는 8.96이다. 만약 평균과 표준편차뿐만 아니라 SPSS에서 산출할 수 있는 모든 통계치를 살펴보고자 한다면, 다음과 같이 하면 모든 통계치를 다 얻을 수 있다. [2]

*아래와 같이 하면 지정된 변수의 모든 통계치를 얻을 수 있다.
FREQUENCIES 만연령
/ STATISTICS = ALL.

Statistics

응답자의 만연령(입력된 숫자는 만연령을 의미함)

N	Valid	20
	Missing	0
Mean		51.8000
Std. Deviation		2.00342
Median		53.0000
Mode		57.00
Std. Deviation		8.95956
Variance		80.274
Skewness		-1.454
Std, Error of Skewness		.512
Kurtosis		2.937
Std. Error of Kurtosis		.992
Range		37.00
Minimum		25.00
Maximum		62.00
Sum		1036.00

연속형 변수의 경우 FREQUENCIES 명령문이 아닌 DESCRIPTIVES 명령문을 사용할 수도 있다. 다음의 내용을 신택스에 추가하면 간단하다.

*연속형 변수의 경우 아래와 같이 하면 아주 간단히 정리된 분석결과를 얻을 수 있다.
DESCRIPTIVES 만연령.

Descriptive Statistics

	N	Minimum	Maximum	Mean	Std. Deviation
응답자의 만연령 (입력된 숫자는 만연령을 의미함)	20	25.00	62.00	51.8000	8.95956
Valid N(listwise)	20				

---

2 통계치 각각에 대한 자세한 설명은 관련 전공서적을 참고하길 바란다.

이제 '교육수준', '소득수준', '만연령' 변수들의 중앙값을 구해 보도록 하자. 마찬가지로 FREQUENCIES 명령문의 STATISTICS 옵션에 MEDIAN을 지정해 주면 된다.

Statistics

		응답자의 월평균 가계소득	응답자의 최종학력	응답자의 만연령 (입력된 숫자는 만연령을 의미함)
N	Valid	20	20	20
	Missing	0	0	0
Median		6.0000	2.0000	53.0000

   FREQUENCIES 명령문과 STATISTICS 하부옵션만 알고 있으면 모든 기술통계분석을 다 실시할 수 있다. 연속형 변수에 한해 DESCRIPTIVES 명령문을 사용하면 간단한 결과를 얻을 수도 있다.

   기술통계분석을 마무리하기 전에 한 가지 덧붙이고 싶은 것이 있다. 지금까지 '교육수준'과 '소득수준'을 '서열수준 변수'로 가정했는데, 사실 두 변수들은 상당수의 사회과학 논문에서 '등간수준 변수'로 가정되는 경우가 적지 않다. 엄밀하게 말하면 이러한 가정은 옳지 않지만, 분석의 편의성을 위해서 흔히 서열수준 변수가 등간수준 변수로 가정되는 경우는 적지 않은 것이 현실이다〔특히 1~5점으로 측정된 리커트 척도(Likert scale)의 경우가 그러하다〕. 결정은 독자의 몫이겠지만, 대개의 경우 서열수준 변수의 기술통계분석에서도 '평균'과 '표준편차'를 보고하는 경우가 적지 않으며, 솔직히 이 책의 저자들도 이 같은 관습을 따르고 있다.

3. 데이터 관리

앞에서는 주어진 변수를 FREQUENCIES 명령문과 DESCRIPTIVES 명령문을 이용해 어떻게 기술통계분석을 실시하는지 살펴보았다. 하지만 거의 모든 데이터의 경우 곧바로 분석을 실시하는 경우는 많지 않다. 분석을 시작하기 전 예비단계로 변수를 정리하는 과정을 흔히 데이터의 '전처리 과정'(preprocessing)이라고 부른다. 데이터 분석을 직접 해본 사람이라면 누구나 다 동의하겠지만, 전처리 과정에 투입되는 시간은 실제 분석과정보다 훨씬 길다. 따라서 전처리 과정에 드는 시간과 노력이 훨씬 더 많은 것이 보통이다. 다시 말하지만 이 과정은 절대로 쉬운 일이 아니며, 데이터 분석 경험이 많은 사람들도 전처리 과정에서 종종 실수를 범하는 경우가 적지 않다.

   신택스 파일을 구성할 경우 메뉴판을 통해 분석하는 것보다 데이터 전처리 과정에서 실수를 줄일 수 있는 장점이 있다. 그 이유는 신택스 파일을 꼼꼼하게 점검함으로써 데이터 분석자가 범하는 실수가 무엇인지 추적하기 쉽기 때문이다.

　우선 가장 빈번한 '리코딩'(recoding) 작업을 실시해 보자. 리코딩 작업을 소개하기 전에 독자들에게 진심으로 꼭 당부하고 싶은 것은 "절대로 원데이터의 변수를 직접 리코딩하지 말라"는 것이다. 그 이유는 아주 간명하다. 리코딩 과정을 거친 변수는 원래 상태로 복구하기 불가능하기 때문이다. 그렇다면 어떻게 해야 할까? 리코딩을 한 변수는 반드시 새로운 변수로 저장하면 된다. 이 말이 추상적이라고 느낀다면 '예시데이터_1장_02.sav' 데이터의 '소득수준' 변수를 실제로 리코딩해 보면서 한번 느껴 보길 바란다. '소득수준' 변수에는 총 10개의 속성값들이 있다. 이 속성값들을 각각 다음과 같이 리코딩한 후, '소득수준 3'이라는 이름의 변수로 새로 지정해 보자. '소득수준 3'이라는 변수는 다음과 같다고 가정해 보자.

> '소득수준 3': 소득수준 변수의 수준을 3개 수준으로 묶은 변수
> 1 = '150-299만원'
> 2 = '300-599만원'
> 3 = '600-799만원'

　변수를 리코딩한 후 새로운 이름의 변수로 변환시키는 SPSS 명령문은 아래와 같다. 리코딩 명령문은 기본적으로 "RECODE 과거변수 … INTO 새변수."의 형태를 띠며 … 부분에 변수의 리코딩의 과정을 제시하면 된다. 앞에서도 이야기했지만 "INTO 새변수"를 지정하지 않으면 원데이터를 잃어버려 낭패를 볼 수도 있으니 특히 주의하길 바란다.

> *리코딩한 후 새로운 변수로 저장하는 SPSS 명령문은 아래와 같다.
> RECODE 소득수준 (1=1)(2=1)(3=1)(4=2)(5=2)(6=2)(7=2)(8=2)(9=3)(10=3) INTO 소득수준3.

　위에서 얻은 '소득수준 3'이라는 변수의 정의와 변수의 속성값의 의미를 지정해 두면 시간이 지난 후 분석자 자신이 어떻게 리코딩했으며, 리코딩한 결과로 산출된 변수가 어떤 의미이며 변수의 속성값이 무엇을 뜻하는지 이해하는 데 큰 도움을 얻을 수 있다(귀찮더라도 습관을 들이면 분석과정에서 실수를 줄일 수 있다). 변수가 무엇을 의미하는지 서술하는 SPSS 명령문은 VARIABLE LABELS 명령문이며, 변수의 속성값의 의미를 지정하는 SPSS 명령문은 VALUE LABELS 명령문을 사용하면 된다. '소득수준 3' 변수의 정의와 변수의 속성값의 의미를 지정한 후 빈도와 퍼센트를 계산하는 명령문은 아래와 같다.

*새로 저장한 변수에 대한 정의는 다음과 같이 지정하면 된다.
VARIABLE LABELS 소득수준3 "소득수준 변수의 수준을 3개 수준으로 묶은 변수".
*새로 저장한 변수의 속성값이 어떤 의미를 갖는지는 다음과 같이 지정하면 된다.
VALUE LABELS 소득수준3 1 "150-299만원" 2 "300-599만원" 3 "600-799만원".
*리코딩한 후의 변수의 빈도와 퍼센트를 구하면 아래와 같다.
FREQUENCIES 소득수준3.

분석결과는 다음과 같이 나온다.

소득수준 변수의 수준을 3개 수준으로 묶은 변수

		Frequency	Percent	Valid Percent	Cumulative Percent
Valid	150-299만원	5	25.0	25.0	25.0
	300-599만원	12	60.0	60.0	85.0
	600-799만원	3	15.0	15.0	100.0
	Total	20	100.0	100.0	

위에서는 '소득수준' 변수의 속성값을 각각 '소득수준3' 변수의 속성값으로 지정했지만, 사실 아래와 같이 조금 더 편한 방법을 사용할 수도 있다.

*아래는 여러 속성값들을 한 번에 리코딩하는 방법이다.
RECODE 소득수준 (1,2,3=1)(4,5,6,7,8=2)(9,10=3) INTO 소득수준3.

만약 소수점으로 표시된 변수라면 다음과 같이 범위를 지정하는 것이 더 편할 수 있다. 범위의 상한과 하한 사이에 thru를 지정하면 더욱 편하다.

*아래는 이전변수 속성값의 범위를 지정하는 방식으로 리코딩하는 방법이다.
RECODE 소득수준 (1 thru 3=1)(4 thru 8=2)(9 thru 10=3) INTO 소득수준3.

"INTO 새변수" 부분을 지정하지 않고 우선 같은 변수를 복사한 후, 복사된 변수의 속성값을 리코딩하는 방법도 고려할 수 있다. 독자들은 자신이 쓰기 편한 방법을 사용하길 바란다(저자들의 경험에 따르면, RECODE 명령문에 INTO를 사용하는 것이 훨씬 더 편하다).

*아래는 새변수를 만든 후, 새로 만든 변수를 직접 리코딩하는 방법이다.
*우선 새변수를 COMPUTE 명령문을 이용해 생성하였다.
COMPUTE 소득수준3 = 소득수준.
*새롭게 만들어진 변수를 RECODE 명령문을 이용하되 INTO 없이 직접 리코딩하였다.
RECODE 소득수준3 (1 thru 3=1)(4 thru 8=2)(9 thru 10=3).

COMPUTE 명령문의 경우 위와 같은 방식보다 연구자가 원하는 새로운 변수를 만드는데 더 자주 사용된다. 예를 들어 '성별' 변수와 '소득수준3' 변수를 교차하는 방식으로, 즉 '가계소득 150-299만원 남성', '가계소득 300-599만원 남성', '가계소득 600-799만원 남성', '가계소득 150-299만원 여성', '가계소득 300-599만원 여성', '가계소득 600-799만원 여성'으로 구분하는 '성별_소득수준3'이라는 이름의 새로운 변수를 만든다고 가정해 보자. 아래와 같은 방식으로 '성별_소득수준3'을 생성할 수 있다.

*'성별_소득수준3'이라는 이름의 새로운 변수를 만드는 SPSS 명령문.
COMPUTE 성별_소득수준3 = 10*성별 + 소득수준3.
*새로 저장한 변수에 대한 정의는 다음과 같이 지정하면 된다.
VARIABLE LABELS 성별_소득수준3 "성별에 따라 소득수준 변수의 수준을 3개 수준으로 구분한 변수".
*새로 저장한 변수의 속성값이 어떤 의미를 갖는지는 다음과 같이 지정하면 된다.
VALUE LABELS 성별_소득수준3.
11 "가계소득 150-299만원 남성" 12 "가계소득 300-599만원 남성" 13 "가계소득 600-799만원 남성".
21 "가계소득 150-299만원 남성" 22 "가계소득 300-599만원 남성" 23 "가계소득 600-799만원 남성".
*리코딩한 후의 변수의 빈도와 퍼센트를 구하면 아래와 같다.
FREQUENCIES 성별_소득수준3.

성별에 따라 소득수준 변수의 수준을 3개 수준으로 구분한 변수

		Frequency	Percent	Valid Percent	Cumulative Percent
Valid	가계소득 150-299만원 남성	3	15.0	15.0	15.0
	가계소득 300-599만원 남성	8	40.0	40.0	55.0
	가계소득 600-799만원 남성	1	5.0	5.0	60.0
	가계소득 150-299만원 남성	2	10.0	10.0	70.0
	가계소득 300-599만원 남성	4	20.0	20.0	90.0
	가계소득 600-799만원 남성	2	10.0	10.0	100.0
	Total	20	100.0	100.0	

또한 둘 이상의 변수들의 합을 구하거나 평균을 구할 때도 COMPUTE 명령문은 매우 자주 사용된다. 예를 들어, 사회경제적 지위(SES)라는 변수는 흔히 '소득수준', '교육수준'의 합으로 정의되곤 한다. 앞에서 만든 '소득수준3' 변수와 '교육수준' 변수로 COMPUTE 명령문을 이용해서 다음과 같이 SES라는 변수를 새로 만들어 보도록 하자.

*소득수준3 변수와 교육수준 변수의 합을 이용해 SES라는 새로운 변수를 만든 후, 변수의 의미를 정의하였다.
COMPUTE SES = 소득수준3 + 교육수준.
VARIABLE LABELS SES "SES변수는 3수준의 소득수준과 3수준의 교육수준의 합산값이다".
FREQUENCIES SES.

SES 변수는 3수준의 소득수준과 3수준의 교육수준의 합산값이다

		Frequency	Percent	Valid Percent	Cumulative Percent
Valid	2.00	1	5.0	5.0	5.0
	3.00	4	20.0	20.0	25.0
	4.00	10	50.0	50.0	75.0
	5.00	3	15.0	15.0	90.0
	6.00	2	10.0	10.0	100.0
	Total	20	100.0	100.0	

위에서는 플러스(+) 기호를 사용해 두 변수를 합산하였다. 직관적이기 때문에 편하지만, 가능하면 다음과 같이 SUM 함수를 사용하는 습관을 길러 두는 것이 더 좋다. SPSS의 SUM 함수의 경우 "COMPUTE 새변수 = SUM(변수1, 변수2, 변수3, … 변수n)."와 같은 방식으로 여러 변수들의 총합을 쉽게 구할 수 있다.

*총합의 경우 COMPUTE 명령문에서 SUM 함수를 사용하길 바란다.
COMPUTE SES = SUM(소득수준3, 교육수준).

만약 합산값이 아니라 평균값을 사용한다면 위의 SUM 함수를 MEAN 함수로 바꾸면 된다. 특히 하나의 개념을 측정할 때, 복수의 항목들을 사용하여 측정오차를 줄이는 방식은 사회과학 연구에서 매우 빈번한데(흔히 크론바흐 알파와 함께 사용된다. 크론바흐 알파는 제13장에서 자세히 설명할 예정이다), 이때 MEAN 함수를 이용한 COMPUTE 명령문을 사용하면 된다. SUM 함수와 마찬가지로 "COMPUTE 새변수 = MEAN(변수1, 변수2, 변수3, … 변수n)."으로 표현할 수 있다.

*평균의 경우 COMPUTE 명령문에서 MEAN 함수를 사용하길 바란다.
COMPUTE SES = MEAN(소득수준3, 교육수준).

끝으로 데이터 관리방법과 관련하여 부분표본(subsample)을 따로 선정하는 방법을 살펴보도록 하자. 부분표본을 따로 선정하는 방법은 다음과 같은 순서로 진행된다. 첫째,

골라내고자 하는 조건을 충족하는 사례와 그렇지 않은 사례를 구분해야 한다. 예를 들어 응답자들 중에서 남성 응답자만을 부분표본으로 선정하려 한다면, 누가 남성이고 누가 남성이 아닌지 먼저 구분해야 한다. 만약 50세 이상의 남성 응답자를 부분표본으로 선정하려 한다면, "성별 = 남성"이면서 "연령 ≥ 50"인 두 조건을 만족시키는 응답자와 그렇지 않은 응답자를 먼저 구분해야 한다.

둘째, 조건을 충족하지 못하는 사례는 데이터에서 제외되도록 해야 한다. 여기서 '제외'된다는 표현은 두 가지로 해석할 수 있다. 이 말을 강하게 해석한다면, 조건을 만족시키는 사례들로만 구성된 별도의 데이터를 구성하는 것을 의미한다. 한편 이 말을 강하게 해석하지 않는다면 조건을 만족시키는 사례들만 분석에 포함한 후 해당 분석이 끝나면 다시 원래의 데이터로 돌아가는 것을 의미한다고 볼 수 있다.

만약 '제외'라는 표현이 후자를 의미한다면, 셋째, 부분표본을 선정하는 과정 이전으로 다시 복귀시켜야 한다. 예를 들어 50세 이상의 남성 응답자 부분표본을 선정한 후, 전체표본(sample)으로 복귀하는 과정을 거쳐야 한다.

여기서는 '제외'라는 표현을 약하게 해석하는 것을 먼저 설명한 후, 강하게 해석하는 것을 설명하도록 하겠다. 언급했듯 제외라는 표현을 약하게 해석하는 경우 첫째, 부분표본에 선택될 사례를 정의하고, 둘째, 전체표본에서 선택하여 골라낸 후, 셋째, 원래의 전체표본으로 복귀해야 한다.

구체적 분석사례로 '예시데이터_1장_02. sav' 데이터를 살펴보도록 하자. 만약 데이터 분석가가 전체표본의 '만연령' 평균이 아닌, 남성의 '만연령' 평균을 구하려 한다고 가정해 보자. 그렇다면 다음과 같은 과정을 따라야 할 것이다.

첫째, 부분표본에 선택될 사례를 '남성 응답자'라고 정의하자.
둘째, 선택된 남성 응답자만 골라낸 후 '만연령' 변수의 평균을 구하자.
셋째, 남성 응답자의 '만연령' 평균을 구한 후, 전체표본으로 다시 복귀하자.

위의 과정을 SPSS 명령문으로 옮기면 〈표 1-5〉와 같다. 우선 데이터 분석가가 생각하는 조건에 부합하는 응답자와 그렇지 않은 응답자를 구분하는 변수를 새로 지정한다. 이 과정에서 '조건문'(if-then statement)을 이용할 것이다. 조건문이란 특정한 조건을 만족할 경우에만 실행되는 명령문을 의미한다. 여기서 우리가 원하는 응답자는 '남성'이어야만 한다. 즉, 만약 '성별' 변수의 값이 '남성'이면 조건을 만족시키지만, '남성'이 아닌 경우이면 조건을 만족시키지 않는다. 이를 위해 SPSS에서는 〈표 1-5〉와 같은 과정을 밟아 보자.

그림 1-6 신택스 파일을 사용한 부분표본 선정방법 (예시데이터_1장_02.sav)

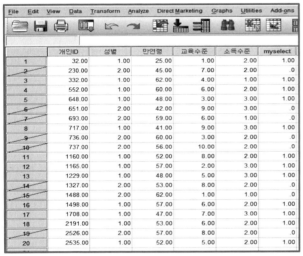

[1단계]

⟨표 1-5⟩의 (1)과 (2)의 과정을 밟은 후, 데이터를 확인해 보면 옆의 그림과 같을 것이다. 그림에서 잘 나타나듯, '성별' 변수의 값이 1인 경우는 myselect라는 이름의 변수의 값이 1인 반면, '성별' 변수의 값이 1이 아닌 경우는 myselect 변수의 값이 0으로 나타나 있다.

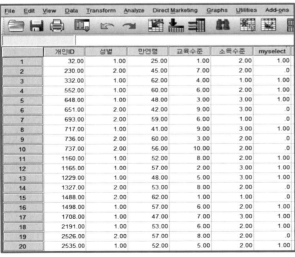

[2단계]

⟨표 1-5⟩의 (3)을 실시한 후, 다시 데이터 셋으로 돌아가 보도록 하자. 옆의 그림에서 맨 왼쪽에 빗금이 그어져 있는 것을 확인할 수 있을 것이다. 자세히 살펴보면 쉽게 알 수 있지만, myselect 변수가 0으로 지정된 사례들만 빗금이 그어져 있다. 직관적으로 느끼겠지만, 빗금이 그어진 사례들은 데이터에서 임시로 '제외'된 사례를 뜻한다.

[3단계]

이제 ⟨표 1-5⟩의 (4)를 실행해 보길 바란다. 남성 응답자의 '만연령' 평균이 50.17세라는 결과를 얻을 수 있다. 이제 원하는 것을 얻었으니 원래의 전체표본으로 돌아가 보자. (5)를 실행해 본 후, 데이터가 어떻게 바뀌었는지 확인해 보길 바란다. 그림에서 보다시피 빗금이 모두 사라지고 원래대로 돌아간 것을 확인할 수 있다.

28

〈표 1-5〉의 과정은 '성별' 변수만을 이용해서 부분표본을 선정한 것이다. 이제 '성별' 변수와 '만연령' 변수 두 가지를 모두 이용해서 부분표본을 선정해 보자. 앞에서 언급했던 것처럼 '만연령이 50세 이상인 남성 응답자'를 선정해 보겠다. "만연령이 50세 이상인 남성 응답자"의 '만연령' 평균을 구해 보자.

〈표 1-5〉와 〈표 1-6〉은 순서는 동일하지만 (2) 단계를 바꾸어야 한다. 우선 "만연령이 50세 이상인 남성 응답자"란 표현은 '만연령 $\geq$ 50'인 조건과 '성별 = 남성'인 조건 두 가지를 모두 충족시켜야 함을 뜻한다. 고등학교 수학시간에 '교집합'과 '합집합'을 배운 적 있을 것이다.

표 1-5 부분표본 선정 3단계(변수 1개)

* 첫째 단계에서는
* (1) 모든 사례에 '0'을 부여하는 새로운 변수로 myselect라는 변수를 생성한다.
  COMPUTE myselect = 0.
* (2) 성별 변수의 값이 남성인 경우에만 myselect 변수에 특별히 '1'을 부여한다.
  IF (성별 = 1) myselect = 1.
* 둘째 단계에서는
* (3) myselect 변수의 값이 1인 응답자는 포함, 0인 응답자는 표본에서 제외한다.
  FILTER BY myselect .
* (4) '만연령' 변수의 평균값을 DESCRIPTIVES 명령문을 이용해 계산한다.
  DESCRIPTIVES 만연령.
* 셋째 단계에서는
* (5) 표본에서 제외된 변수들을 다시 살려 전체표본으로 복귀한다.
  FILTER OFF.

표 1-6 부분표본 선정 3단계(변수 2개)

* 첫째 단계에서는
* (1) 모든 사례에 '0'을 부여하는 새로운 변수로 myselect라는 변수를 생성한다.
  COMPUTE myselect = 0.
* (2) 성별 변수의 값이 남성인 경우에만 myselect 변수에 특별히 '1'을 부여한다.
  IF (성별 = 1 & 만연령 >= 50) myselect = 1.
* 둘째 단계에서는
* (3) myselect 변수의 값이 1인 응답자는 포함, 0인 응답자는 표본에서 제외한다.
  FILTER BY myselect .
* (4) '만연령' 변수의 평균값을 DESCRIPTIVES 명령문을 이용해 계산한다.
  DESCRIPTIVES 만연령 .
* 둘째 단계에서는
* (5) 표본에서 제외된 변수들을 다시 살려 전체표본으로 복귀한다.
  FILTER OFF.

두 조건을 모두 충족시켜야 한다는 점에서 "만연령이 50세 이상인 남성 응답자"라는 표현은 '교집합'을 의미한다. 보통 SPSS 명령문에서 등장한 '&'라는 표시는 '불리언 표현'(Boolean expression) 혹은 '논리 표현'(logical expression) 방식이라고 불린다. SPSS에서는 〈표 1-7〉과 같은 불리언 표현을 지원한다. 분석자는 기호나 문자 둘 중 어느 것을 사용해도 상관없다.

자, 이제 '제외'라는 표현을 강하게 해석해 보도록 하자. 다시 말해, 전체표본 중 연구자는 자신이 원하는 조건을 충족시키는 사례로만 구성된 별도의 표본을 원할 수도 있다. 예를 들어, 앞에서 사용했던 데이터 중 '남성 응답자 표본'만으로 구성된 별도의 데이터를 원할 수 있다. 하지만 이 경우 매우 주의해야만 한다(개인적으로는 아예 안 쓰는 것이 더 낫다고 본다). 그 이유는 조건을 충족시키는 사례들만 선택한 경우에 연구자가 원하는 분석을 한 후 실수로 데이터를 저장시키면 조건에 맞지 않았던 사례들을 완전히 잃어버릴 수 있기 때문이다. 가능하면 조심하고, 또 조심해야만 한다. 부디 조심하길 바란다. 분야에 따라 다를 수도 있지만, 최근의 컴퓨터는 성능이 매우 좋아졌으며, 사회과학 데이터는 다른 분야에 비해 데이터 사이즈가 큰 편이 아니다(만약 데이터가 크다면 이른바 '빅데이터'(big data)라면 SPSS가 아닌 다른 통계처리 프로그램을 사용하는 편이 훨씬 더 좋다).

표 1-7 SPSS 지원 불리언 표현

기호	문자	의미	예시
=	EQ	특정 변수의 값이 지정된 값과 동일하다.	성별 = 1 (성별 변수의 값이 1인 경우의 사례)
~=	NE	특정 변수의 값이 지정된 값이 아니다.	종교 ~= 1 (종교 변수의 값이 1이 아닌 경우의 사례)
<	LT	특정 변수의 값이 지정된 값 미만이다.	소득수준 < 4 (소득 수준 변수의 값이 4 미만인 경우의 사례)
>	GT	특정 변수의 값이 지정된 값 초과다.	소득수준 > 4 (소득 수준 변수의 값이 4 초과인 경우의 사례)
<=	LE	특정변수의 값이 지정된 값 이하다.	소득수준 <= 4 (소득 수준 변수의 값이 4 이하인 경우의 사례)
>=	GE	특정 변수의 값이 지정된 값 이상이다.	소득수준 >= 4 (소득 수준 변수의 값이 4 이상인 경우의 사례)
&	AND	조건들을 모두 충족한다.	성별 = 1 & 만연령 > 20 (성별 변수의 값이 1이면서 동시에 만연령 변수의 값이 20초과인 경우의 사례)
|	OR	조건들 중 최소 하나를 충족한다.	성별 = 1 | 만연령 > 20 (성별 변수의 값이 1이거나 만연령 변수의 값이 20초과인 경우의 사례; 다시 말해 성별 변수의 값이 2이면서 만연령 변수의 값이 20 이하인 사례만 표본에서 제외된다)

그림 1-7 부분표본으로만 구성된 데이터 (예시데이터_1장_02.sav)

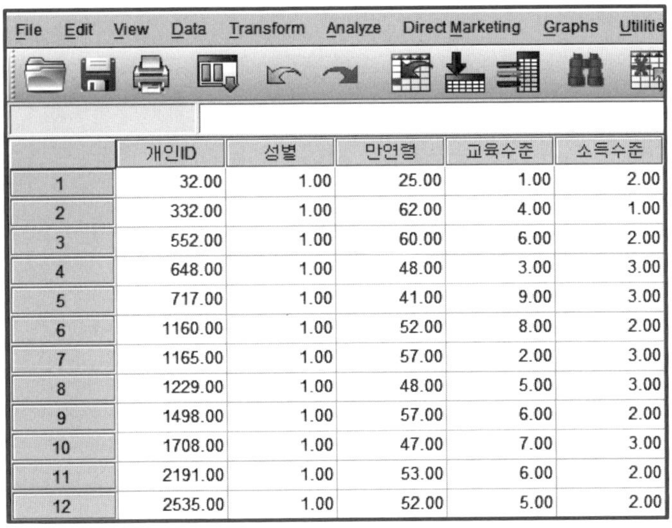

	개인ID	성별	만연령	교육수준	소득수준
1	32.00	1.00	25.00	1.00	2.00
2	332.00	1.00	62.00	4.00	1.00
3	552.00	1.00	60.00	6.00	2.00
4	648.00	1.00	48.00	3.00	3.00
5	717.00	1.00	41.00	9.00	3.00
6	1160.00	1.00	52.00	8.00	2.00
7	1165.00	1.00	57.00	2.00	3.00
8	1229.00	1.00	48.00	5.00	3.00
9	1498.00	1.00	57.00	6.00	2.00
10	1708.00	1.00	47.00	7.00	3.00
11	2191.00	1.00	53.00	6.00	2.00
12	2535.00	1.00	52.00	5.00	2.00

아래의 명령문을 실행할 때는 극도의 주의를 기울이길 바란다. SPSS 실행문은 아래와 같이 상당히 간단하다.

```
*조건을 충족하는 사례들만 선택하는 방법.
SELECT IF (성별 = 1).
EXECUTE.
```

위의 명령문을 실행하면 〈그림 1-7〉과 같이 조건을 충족시키는 12개의 사례로만 이루어진 데이터를 얻을 수 있다. 다시 말하지만, 독자들은 조심해야만 한다. 가능하면 이 방법을 사용하지 말고, 만약 사용한다면 조건을 충족하는 부분표본을 새로운 이름으로 저장하여 원래의 표본을 온전히 보전해 두길 바란다.

제 1장에서는 세 가지를 살펴보았다. 우선 통계분석의 원자료라고 할 수 있는 데이터가 어떻게 구성되어 있는지 소개하였다. 행렬형태의 데이터의 가로줄에는 사례가, 세로줄에는 변수가 배치되어 있다. 다음으로 기술통계분석에서 자주 등장하는 기술통계치들을 소개하였다. 변수측정의 네 수준(명목수준, 서열수준, 등간수준, 비율수준)에 따라 어떠한 기술통계치를 사용할 수 있는지 유념하길 바란다. 끝으로 데이터 관리방법에 대해 설명하였다. 변수를 어떻게 리코딩하는지, 그리고 연구자가 원하는 조건을 충족시키는 부분표본을 어떻게 선정할 수 있는지 소개하였다. 제 2장부터는 추리통계분석기법들을 살펴볼 것이다. 우선 제 2장에서는 추리통계분석기법 중 가장 간단한 t 테스트를 살펴보자.

t 테스트

제 2장부터는 추리통계분석기법들을 소개할 것이다. 제 1장에서도 이야기했었지만, 추리통계분석기법은 표본에서 얻은 통계치를 이용해 모집단의 통계치를 '추리'(inference) 하기 위한 통계기법이다. 어감에서 느껴지겠지만, '추리'는 성공할 수도 혹은 실패할 수도 있다〔이것은 통계적 의사결정의 '제 1종 오류'(type-Ⅰ error) 와 '제 2종 오류'(type-Ⅱ error) 로 나타난다〕. 또한 추리된 결과에 대한 확신(confidence) 의 정도를 확률적으로 표현할 수도 있다〔이것은 통계적 유의도 혹은 95% 신뢰구간(confidence interval, CI) 로 나타난다〕.

추리통계분석기법은 크게 두 가지로 나눌 수 있다. 첫 번째 유형에 속하는 추리통계분석기법은 둘 혹은 그 이상의 집단들의 평균차이를 테스트하는 것이 목적이다. 여기서 소개할 *t* 테스트(*t*-test), 이후에 소개될 분산분석 계열의 통계기법들이 여기에 속한다. 두 번째 유형에 속하는 추리통계분석기법들은 변수들 사이의 관계가 서로 독립적인지 아니면 상호연관되어 있는지 테스트하는 것을 목적으로 한다. 이 장 다음에 소개될 상관관계분석이나 회귀분석, 그리고 두 명목변수의 상관관계를 테스트하는 카이제곱 분석이 두 번째 유형에 속하는 대표적 통계기법이다. 독자들이 한 가지 명심할 것은 이 두 유형의 통계기법이 완전히 다르거나 배치되는 것은 '결코' 아니라는 점이다. 사실 두 통계기법은 수학적으로 서로 동일하며 호환가능하다. 두 유형의 통계기법이 어떻게 서로 다르지 않은가에 대해서는 제 12장 '일반선형모형'에서 다시 설명할 것이다.

t 테스트를 설명하는 제 2장은 다음과 같은 순서로 진행될 예정이다. 우선은 *z* 테스트에 대해 설명할 것이다. 사실 *z* 테스트는 실제 데이터 분석에서 거의 사용되지 않는다. 실제로도 SPSS나 기타 데이터 분석 프로그램의 경우 *z* 테스트 옵션이 없는 경우가 대부분이

다. 하지만 z 테스트는 t 테스트, 아울러 다른 추리통계분석기법들을 이해하기 위한 개념적 기초에 해당된다. 다음으로 t 테스트 세 가지를 차례대로 설명할 것이다. 첫 번째로 소개될 t 테스트는 '단일표본 t 테스트'로, 표본에서 얻은 평균이 알려진 모집단의 평균과 동일한지 아니면 차이가 있는지를 테스트하는 기법이다. 두 번째로 소개될 t 테스트는 '대응표본 t 테스트'로 하나의 표본에서 얻은 두 번의 관측치가 서로 동일한지 아니면 차이가 있는지를 테스트하는 기법이다. 세 번째로 소개될 t 테스트는 '독립표본 t 테스트'로 두 집단에서 얻은 평균이 서로 동일한지 아니면 차이가 있는지를 테스트하는 기법이다.

z 테스트와 세 가지 t 테스트에 대한 정의가 다소는 추상적으로 느껴질지 모르겠다. 각 테스트에 대해 보다 구체적으로 살펴보자.

1. z 테스트

다시 반복하여 말하지만, 추리통계분석기법은 모집단의 통계치를 표본의 통계치를 이용해 추리하는 기법이다. 모집단과 표본의 관계에 대해서는 사회과학 방법론에서 이미 설명한 바 있다. 자, 이제 다음과 같은 상황을 가정해 보자. 어떤 집단 구성원의 연령이 정규분포 (normal distribution)를 띠고 있으며, 이 집단 구성원의 평균연령은 42세, 표준편차는 4년이라는 것이 알려져 있다고 가정해 보자. 이 집단을 모집단으로 설정한 후, 여기서 40명의 표본을 표집하였고, 이때 표집된 표본의 평균이 45세로 나타났다고 한다면, 표본의 평균 45세는 모집단의 평균 42세와 "통계적으로 유의미하게 다르다"고 할 수 있을까? 만약 표본의 평균연령 45세가 모집단의 평균연령 42세와 통계적으로(혹은 확률적으로) 서로 동일하다면, 적어도 '연령'이라는 측면에서 표본은 모집단을 잘 반영한다고 볼 수 있다. 반면, 표본의 평균연령이 모집단의 평균연령 42세보다 통계적으로 의미 있게(즉 유의미하게) 크다면, 표본은 모집단을 잘 반영한다고 보기 어렵다.

이러한 상황에서 사용할 수 있는 추리통계분석기법이 바로 z 테스트(z-test)다. z 테스트라고 불리는 이유는 통계적 의사결정과정(statistical decision-making process)에서 사용하는 테스트 통계치(test statistic)가 z 통계치이기 때문이다. 그렇다면 통계적 의사결정이란 무엇일까? 우선 '의사결정'이란 말은 가설의 수용여부(즉 '수용' 혹은 '기각')를 결정하는 과정을 의미한다. 일상생활에서도 우리는 의사결정을 내릴 필요가 있다. 어떤 과목을 수강할까? 어떤 메뉴를 고를까? 등의 수많은 상황에서 우리는 의사결정을 내린다(이를테면 '조사방법론' 과목을 수강하겠다 혹은 수강하지 않겠다).

통계적 의사결정도 동일하다. 다른 것이 있다면 의사결정과정에서 통계적 증거(statistical evidence)를 고려한다는 점이 다를 뿐이다. '통계적 증거'는 확률로 표현된 가설의 '참' 혹은

'거짓' 여부를 의미한다. 예를 들어 '갑'과 '을'이 서로 협상하고 있다고 가정해 보자. '갑'이 '을'에게 어떤 제안을 던졌고, '을'은 '갑'의 제안이 '참'이라고 생각해서 수용하거나 혹은 '거 짓'이라고 생각하고 거부할 수 있다고 가정해 보자. 만약 '을'이 '갑'에 대해 "지금까지 '갑'이 한 말을 돌이켜 보니 100번 중 4번은 거짓말이었다"와 같은 정보를 갖고 있다고 가정해 보 자. 이런 상황에서 '을'은 '갑'의 말을 '참'으로 받아들이는 것이 좋을까? 아니면 '거짓'으로 간주하는 편이 좋을까? 답은 사람마다 다를 것이다. 어떤 사람은 '거짓'일 확률보다 '참'일 확률이 높기 때문에 '갑'의 말을 받아들이는 것이 낫다고 판단할지도 모른다. 또 어떤 사람 은 4% 정도의 확률로 '거짓'일 수 있기 때문에, '갑'의 말을 거부해야 한다고 생각할 수도 있다. 어차피 기준은 사람마다 제각각일 수밖에 없다. 여기서 한 가지 가정을 덧붙여 보자. 만약 모든 학자들이 5%를 기준으로 참과 거짓을 판단하여 받아들인다고 가정해 보자(즉, '거짓'일 확률이 5% 미만이면 '참'이라고, 반면 '거짓'일 확률이 5% 이상이라면 '거짓'이라고 받아 들이는 것이다). 만약 상황이 이러하다면 '을'은 '갑'의 말이 '참'이고 따라서 제안을 받아들이 는 결정을 내리게 될 것이다.

통계적 의사결정과정도 유사하다. 우선 앞에서 가정했던 '5%'를 기준으로 받아들이자. 이 기준은 흔히 α레벨(α level)이라고 불리며, 통계적 의사결정을 받아들이는 대부분의 학자들이 인정하는 기준이다. 상황이 이렇다 보니 α레벨을 무비판적으로 받아들이는 경 향도 적지 않은데, 사실 이 기준은 자의적 기준에 불과하다(자의적 기준이지만 물론 많은 사람들이 받아들이는 기준이다). α레벨을 무비판적으로 받아들이는 경향은 통계학 및 여러 분야의 과학자들에게서 지속적으로 비판받아왔다(비판받는 이유에 대해서는 이 책에서 종종 언급할 예정이다).

통계적 의사결정의 첫 단계는 가설을 수립하는 것이다. 통계적 의사결정에서 테스트하 는 가설은 '귀무가설'(영가설, null hypothesis)이다. 귀무가설이란 비교되는 대상들의 평 균이 서로 차이가 없거나 혹은 관련되었다고 상정된 두 변수들이 서로 무관하다는 주장을 담은 가설이다. 흔히 H_0으로 표현된다. 위에서 언급했던 것처럼 만약 모집단의 연령평균 과 표준편차가 알려진 상황에서 표본에서 얻은 연령평균을 비교하는 경우, 귀무가설은 "표본에서 얻은 연령평균은 알려진 모집단 연령평균과 동일하다"라고 표현된다. 이 귀무 가설을 받아들인다면, 모집단의 연령평균 42세와 표본의 연령평균 45세는 통계적으로 유 의미하게 다르지 않은 것이 된다. 만약 귀무가설을 받아들이지 않는다면, 모집단의 연령 평균 42세는 표본의 연령평균 45세와 통계적으로 유의미하게 다르다고 볼 수 있다. 이처 럼 귀무가설을 받아들이지 않는 경우에 해당되는 가설, 즉 "표본에서 얻은 연령평균은 알 려진 모집단 연령평균과 서로 다르다"는 가설을 흔히 '대안가설'(alternative hypothesis)라 고 부르며, H_A라고 표현한다. 독자들은 통계적 의사결정에서 수용 혹은 기각의 대상이 되는 것은 '영가설'이지 '대안가설'이 아니라는 것을 유념하여 주길 바란다. 이름에서도 그

함의가 드러나지만, 대안가설은 귀무가설을 기각하였을 때 대안적으로 받아들이게 되는 가설이며 그 자체가 통계적 의사결정의 대상이 되지 않는다.

두 번째 단계에서는 테스트 통계치를 구한다. 테스트 통계치는 공식에 의해 계산된다. 테스트 통계치는 알려진 모집단의 통계치와 표본의 기술통계치(주로 평균과 표준편차)를 이용하여 계산된다. 구체적인 내용은 z 테스트를 설명하면서 밝히도록 하겠다.

세 번째 단계에서는 테스트 통계치를 이용해서 얻을 수 있는 통계적 확률치, p값을 구한다. 테스트 통계치를 이용해 예를 들어 앞에서 설명했던 '갑'과 '을'의 사례에서 "지금까지 '갑'이 한 말을 돌이켜 보니 100번 중 4번은 거짓말이었지"와 같이 표현할 수 있는 확률정보를 계산한다. 이는 공식에 의해 계산된다(보통 데이터 분석 관련 책의 뒤편에는 주어진 테스트 통계치의 통계적 확률치를 나타내는 표가 같이 붙어 있다. 하지만 컴퓨터가 널리 보급되고 있기 때문에, 반드시 책 뒤편을 찾아볼 이유는 없다고 본다). 구체적인 내용은 z 테스트를 설명할 때 밝히도록 하겠다.

마지막 단계에서는 세 번째 단계에서 얻은 확률치와 α 레벨을 비교하여 귀무가설의 수용·기각 여부를 결정한다. 확률치가 기준으로 삼는 α 레벨과 같거나 클 경우 귀무가설을 수용하지만, α 레벨보다 작을 경우 귀무가설을 기각하고 대안가설을 택한다.

이제 모집단의 평균과 표준편차가 알려진 상황에서 어떻게 z 테스트를 실시하는지 살펴보기로 하자. 일반적으로 모집단의 통계치는 그리스문자로, 표본의 통계치는 로마문자로 표기하는 관례를 따라 언급한 상황에서 사용된 통계치를 정리하면 다음과 같다.

모집단의 평균연령 μ = 42   모집단의 연령 표준편차 σ = 4
표본의 평균연령 M = 45   표본의 크기 n = 40

α =.05를 받아들인 후, 우선 첫 단계로 귀무가설과 대안가설을 설정하면 다음과 같다.

$$H_0 : M = \mu$$
$$H_A : M \neq \mu$$

두 번째 단계에서는 테스트 통계치를 구해야 한다. z 테스트에서의 테스트 통계치 z는 표본의 평균($\overline{X}$), 모집단의 평균(μ)과 표준편차(σ), 모집단 세 가지 요소[흔히 '모수' (parameter)라고 알려져 있다]를 다음과 같이 요약한 통계치다.

$$z = \frac{\overline{X} - \mu}{\frac{\sigma}{\sqrt{n}}}$$

이 공식을 분자와 분모로 나누어 보자. 우선 분자 부분은 표본의 평균과 모집단 평균의 차이를 보여준다. 쉽게 말하자면 우리가 손에 넣은 데이터의 평균(즉 관측값)이 우리가 데이터를 통해 추정하고자 하는 모집단의 알려진 평균(즉 기준값)과 얼마나 다른가를 정량화한 것이다. 우선 분모를 고정시킨 상태에서 분자에만 관심을 가져 보자. 만약 알려진 모집단의 표준편차와 표본의 크기가 고정되어 있다면, 데이터의 평균과 모집단의 알려진 평균의 차이가 크면 클수록 우리가 얻은 표본은 모집단을 대표하지 않을 가능성이 높다.

다음으로 분모를 살펴보자. 분모의 경우 모집단의 표준편차인 σ가 이미 알려져 있는 상황이고, 또한 우리가 확보한 데이터의 사례수 역시 알 수 있기 때문에 쉽게 구할 수 있다. 여기서 모집단의 표준편차를 데이터의 사례수로 나누는 이유는 무엇일까? 분모를 다시 쓰면 모집단의 분산을 데이터의 크기를 이용해 나눈 값으로 표현할 수 있다($\sqrt{\dfrac{\sigma^2}{n}}$). 즉 하나의 사례당 분산값을 표현한 후, 여기에 제곱근을 취한 것이 바로 분모다. 흔히 이 분모를 표준오차(standard error, SE)라고도 부른다. 공식이 보여주는 '사례당 분산값'은 무엇을 의미할까? 우선 사례당 분산값이 크다는 것은 표본이 이질적이라는 이야기다(서로서로 다르니 분산값이 큰 것은 당연하다). 사례당 분산값이 작다는 것은 표본이 상대적으로 동질적이라는 이야기다(만약 모든 사례가 동일한 값을 갖는다면, 즉 모든 개체가 똑같다면, 사례당 분산값은 0이 될 것이다).

그렇다면 z가 의미하는 바는 무엇인지 다시 생각해 보자. 분자는 관측된 값이 기준값에서 얼마나 멀리 떨어져 있는가를 의미하고, 분모는 사례가 얼마나 동질적인지를 측정한 것이다. 즉, 동질성을 기준으로 관측치가 기준치에서 얼마나 멀리 떨어져 있는가를 양화시킨 것이 바로 z다. 그러면 z가 크다는 말을 어떤 말일까? z는 같은 사례당 표본의 동질성을 고려한 상태에서 표본에서 얻은 평균이 알려진 모집단의 평균에서 얼마나 벗어나 있는가를 뜻한다. z가 클수록 표본에서 얻은 평균은 모집단에서 벗어난, 즉 알려진 모집단과는 다른 어떤 모집단에서 나왔다고 볼 수 있는 가능성이 높다.

그러면 z는 어떻게 해야 커질까? 두 가지 방법이 있다. 첫째, 분자를 키운다. 다시 말해, 기준치를 기준으로 엄청나게 다른 관측치를 얻는다. 둘째, 분모를 줄인다. 즉, 표본의 이질성을 감소시킨다(표본의 동질성을 증가시킨다).

이는 실험설계에서 매우 중요한 두 가지 속성이다. 우선 분자를 키우기 위해서는 두 가지 방법이 있다. 첫째, 기준치가 고정되어 있다고 할 때, 관측치를 엄청나게 크게 혹은 엄청나게 작게 만드는 방법이다. 공포소구(fear arousal) 실험을 예로 들어보자. 일반적 심리상태에서 공포심을 '충분히' 이끌어내려면 어떻게 해야 할까? 쉬운 방법이 있다. 바로 적당히 공포스러운 영상보다는 극도로 공포스러운 영상을 보여주는 것이다. 즉, 자극의 강도를 높여 표본의 공포심 평균을 월등하게 끌어내는 방법이다. 이렇게 될 경우 z통계치의 분자를 키울 수 있다. 두 번째 방법은 기준치를 낮추는 것이다. 이상하게 들릴지는 모르겠지만,

공포심을 '충분히' 이끌어내려면 일반적인 상황에서 공포심을 유발할 자극을 주는 것이 아니라 긴장을 풀고 있는 사람에게 공포심을 유발할 자극을 주어야 한다. 실제로 공포영화에서도 이런 기법이 쓰인다. 〈링〉에서 사다코가 화면에서 기어 나오는 장면이 바로 이것인데, 관객들이 모든 무서움이 다 끝난 것처럼 마음을 놓고 있는 상황에서, 예상치 못하게 사다코가 기어 나오면 공포가 배가된다(만약 심리적으로 긴장한 상태를 기준으로 한다면 사다코가 기어 나오는 모습이 그렇게까지 무섭지는 않을 것이다). 이는 바로 표본의 평균이 그대로여도 기준치를 낮춤으로써 z 통계치의 값을 높이는 것과 개념적으로 유사하다.

반면 분모를 줄임으로써 z 통계치의 값을 늘리는 것도 가능하다. 그러면 어떻게 분모를 줄일 수 있을까? 마찬가지로 여기서도 두 가지 방법이 있다. 우선 첫째, 이질적 표본이 아닌 동질적 표본을 사용하는 것이다(즉, z의 분모인 $\sqrt{\frac{\sigma^2}{n}}$에서 σ^2을 줄이는 방법이다). 예를 들면, 10대부터 70대까지의 응답자 100명이 아니라 10대 응답자 100명만을 대상으로 실험한다면 연령에 따른 이질성이 감소한다. 실제로 의학·약학 실험에서 사용하는 실험용 쥐나 돼지 등은 유전적으로 동질적인 실험체들이다. 즉, 약물반응의 효과가 어떤지 잘 파악하기 위해 매우 동질적인 실험체를 사용하는 것이다. 어떤 학자들은 이런 이유를 들어 실험실 실험결과와 의견조사 결과를 기반으로 한 연구결과가 왜 다른지 설명하기도 한다(즉, 동질적 표본에 기반한 실험과 이질적 표본을 이용하는 의견조사 연구는 다른 것이 당연하다).

둘째, 만약 표본의 동질성이 엇비슷하다면 사례수를 늘리면 된다(즉, z의 분모인 $\sqrt{\frac{\sigma^2}{n}}$에서 n을 늘리는 방법이다). 바로 이 이유 때문에 통계적 방법을 사용하는 학자들이 많은 사례수에 집착한다. 최근의 빅데이터 연구 역시도 사례수 증가에 대한 열정의 산물이라고 보아도 크게 틀리지 않을 것이다. 그렇다면 왜 사례수가 느는 것이 어떤 요인의 효과 존재 여부를 확인하는 데 도움이 될까? 직관적으로 10명의 사례에서 나온 결과보다는 1천 명의 사례에서 나온 결과에 더 믿음이 간다. 과연 이 직관의 근거는 어디서 온 것일까? 사회과학 방법론의 답은 바로 신뢰도(reliability)에 있다고 본다. 신뢰도란 바로 관측치의 일관성과 반복성이다. 다시 말해서, "어떤 책이 재미있다"라는 말을 10명이 아닌 1천 명이 한다면, 관측대상인 '책에 대한 평가'는 전자보다는 후자로부터 훨씬 높은 신뢰도를 확보할 수 있다. 만약 10명에서의 표본과 1천 명에서의 표본이 같은 수준의 동질성을 갖는다면, 10명보다는 1천 명에서의 발견이 더 높은 신뢰도를 확보한다고 볼 수 있다.

요약하자면 가장 쉬운 추리 통계치인 z에는 상당히 많은 개념들이 동시에 녹아 있다. z는 어떤 자극의 강도, 자극의 효과 유무를 확인하기 위한 기준을 어디에 둘 것인가 여부, 표본의 이질성, 표본 결과의 신뢰도 등이 같이 들어 있는 측정치다.

위에서 언급한 상황에서 z 테스트 통계치의 값을 계산하면 다음과 같다.

$$z = \frac{M - \mu}{\frac{s}{\sqrt{n}}} = \frac{45 - 42}{\frac{4}{\sqrt{40}}}$$

$$= \frac{3}{.632} = 4.75$$

세 번째 단계에서는 두 번째 단계에서 계산한 z값인 4.75를 기반으로 p값을 계산한다. 계산된 p값은 0.001보다도 작은 0에 근접하는 매우 작은 값이다(하지만 확률값이기 때문에 0은 아니다). 참고로 $p = .05$ 일 때 z값은 1.96이다. 고등학교 확률과 통계 수업시간에도 1.96이라는 값을 많이 들어 보았을 것이다.

자, 이제 마지막 단계로 통계적 의사결정을 내려 보자. 우리가 얻은 $z = 4.75$ 는 $p < .001$ 이며, 이는 우리가 기준으로 삼았던 $\alpha = .05$보다도 작은 값이다. 즉, $M = 45$는 $\mu = 42$와 통계적으로 동일하다는 귀무가설을 기각하고, 이에 따라 두 평균값이 서로 같지 않다는 대안가설을 받아들인다. 다시 말해, z 테스트 결과에 따르면 연령 면에서 표본은 모집단을 제대로 반영하지 못한다. 즉, 대표성을 확보하지 못한다는 것을 확인할 수 있다.

하지만 z 테스트는 현실에서 거의 사용되지 않는다(물론 z 테스트 통계치는 여러 분석기법에서 사용된다). 그 이유는 모집단의 표준편차가 알려져 있다는 z 테스트의 가정에 현실성이 거의 없기 때문이다. 하지만 앞에서 소개한 z 테스트 통계치 공식은 t 테스트를 이해하는 데 매우 유용하다.

2. 단일표본 t 테스트

z 테스트와 여기서 소개할 단일표본 t 테스트(one sample t-test)는 공식의 형태가 매우 유사하지만 결정적 차이점이 2개 있다(어쩌면 1개라고 볼 수도 있다). 첫째, 단일표본 t 테스트의 공식에는 모집단의 표준편차인 σ가 알려져 있지 않기 때문에 이를 대신할 추정값을 넣어 주어야 한다. 즉, z통계치의 공식에 들어 있는 σ을 대신할 무엇을 넣어야 한다. 둘째, 확실한 값이 알려져 있는 σ를 쓸 때와는 달리 σ를 추정한 값을 넣어 주기 때문에 '불확실성'을 고려해야 한다. 단일표본 t 테스트의 테스트 통계치를 구하는 공식을 먼저 살펴보도록 하자.

$$t = \frac{\overline{X} - \mu}{\frac{s}{\sqrt{n}}}$$

공식에서 나타나듯, 첫 번째 문제는 모집단의 표준편차(σ)를 대신해 표본의 표준편차(s)를 사용하는 방식으로 해결된다. 흔히 s와 같은 통계치를 '불편향 추정치'(unbiased estimate)라고 부른다. 우선 뒤에서 나오는 표현은 σ를 추정했기 때문에 '추정치'(estimate)라는 이름이 붙었다. '불편향'(unbiased)이라는 말은 다소 이해가 쉽지 않다. 보통 통계학 교과서에서는 '불편향'이라는 이름을 붙인 근거로 중심극한 정리를 언급한다. 즉, 모집단에서 반복적으로 표본을 취한 경우, 각 표본의 표준편차를 구한 후 그 분포에서 나온 평균값을 취하면 σ의 분포와 유사하다는 것이다. 이는 절대로 틀린 표현이 아니다. 하지만 이는 경험적으로 증명될 성질의 명제가 아니다(사실 '정리'는 경험적으로 증명될 그 무엇은 아니다). 다시 말해, 불편향 추정치라는 표현은 독자가 그냥 받아들여야 한다. 그러나 통계 교과서에서 말하는 것처럼 우리네 표본은 수학적 무작위성에 근거하여 추출된 것이 아니다. 즉, '불편향'이라는 말은 수학적 성질의 문제이지 현실적 성질의 문제가 아니다. 아무튼 표본의 표준편차를 사용하여 σ를 대체하면 t값을 계산하는 데는 문제가 없다.

하지만 단순히 σ를 s로 대체한다고 문제가 해결되지는 않는다. 사실 그 이유는 위에서 밝히기도 하였다. 다시 말해, s가 σ에 대한 불편향 추정치라는 말은 추정한 값이라는 말이며 따라서 추정에 따른 리스크(risk)가 없을 수 없다. 이 리스크와 관계된 두 가지 용어가 나온다. 하나는 자유도(degree of freedom, df)라는 것이고, 또 하나는 이 자유도에 따라 리스크가 포함된 t 통계치의 분포, 즉 t 분포다. 우선 자유도는 불편향 추정치를 사용하면서 우리가 치러야 할 비용이라고 보면 큰 문제는 없다. 추정치라는 것은 말 그대로 어떤 고정된 값을 추정한 값이라는 뜻이다.

그렇다면 s는 어떻게 추정했을까? 이를 위해서는 표준편차의 공식을 되새겨 보길 바란다. 즉, 사례들의 관측값에서 평균을 뺀 후, 그것들을 제곱한 후 다 더하고 제곱근을 씌운 것이 바로 표준편차, s다. 그러면 s를 추정하기 위해 필요한 값은 무엇인가? 그것은 바로 사례들의 관측값 평균이다. 이 관측값의 평균은 어떻게 구할까? 바로 관측값들을 다 더한 후 관측값들의 개수로 나누어 주면 된다. 즉, 평균을 안다는 것은 관측값을 안다는 것이다. 만약 사례수가 10개고, 여기서 평균을 구했다면, 그리고 해당 평균을 s를 추정하기 위해서 사용했다면, 우리가 갖고 있는 사례수는 실질적으로 10이 아니고 9가 된다. 이상하게 들린다면 다음의 사례를 살펴보자. 다음과 같이 10개의 값을 갖는 사례들은 평균이 5라고 알려진 모집단에서 추출된 것이라고 가정해 보자(즉 $\mu = 5$, $n = 10$).

$$5, \; 6, \; 7, \; 4, \; 5, \; 6, \; 7, \; 8, \; 6, \; 6$$

평균은 6이고, 이 평균을 이용하여 s를 구하면 $s = 1.1547\cdots$이 된다. 자, t 공식에 s를 투입하면서 우리는 6이라는 평균값을 사용하였다. 즉, 10개의 사례를 대상으로 우리

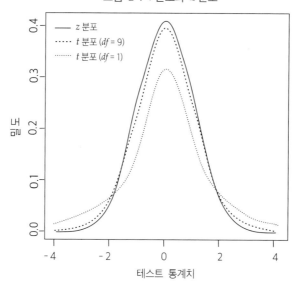

그림 2-1 t 분포와 z 분포

는 이미 이들의 평균이 6이라는 것을 알고 있다. 그렇다면 평균을 사용하기 이전의 10개의 사례와 평균을 이미 사용한 이후의 10개의 사례가 동일할까? 결론부터 말하면 동일하지 않다. 왜냐하면 앞에서는 각 사례들이 갖는 불확실성은 10이었지만, s를 불편향 추정치로 t공식에 투입한 이후에는 각 사례들이 갖는 불확실성은 10이 아닌 9가 되기 때문이다(쉽게 말하자면 10개 중 9개의 사례들만 있어도 나머지 하나의 사례는 9개의 사례들과 평균값을 통해 자동적으로 계산되기 때문이다).

다시 말해, 자유도는 모집단의 표준편차를 알지 못하기에 생긴 문제를 불편향 추정치를 투입하여 해결하려고 하면서 생기는 표본의 불확실성 감소분이다. 하지만 이것으로 끝나지 않는다. 앞에서 말했지만 s는 그것 자체가 불확실성을 담고 있는 통계치다. 따라서 s에 대한 값 역시도 z 테스트 하듯이 그냥 처리할 수 없는 문제가 발생한다. 이것을 처리하기 위해 사용하는 것이 바로 t 분포다. 이 t 분포와 z 분포의 차이는 바로 불확실성의 정도다.

앞에서도 언급하였듯 불확실성이 높으면 리스크가 커진다. 따라서 리스크 증가에 따른 보완책이 필요하다. 확률적으로 t분포를 보면 자유도가 클수록 봉우리가 높아지고 양끝의 꼬리가 두터워지는 모습이 나타난다(쉽게 말하자면 10개 중 9개의 사례들만 있어도 나머지 하나의 사례는 9개의 사례들과 평균값을 통해 자동적으로 계산되기 때문이다). 즉, 자유도가 낮을수록 (불확실성이 높을수록) 귀무가설을 기각하기 위한 t값의 절댓값은 점점 커진다.

그러면 t값이 커진다는 말은 무슨 말일까? 공식으로 돌아가 보자. 앞에서 언급한 말은 알려진 모집단의 평균과 표본의 평균차이가 크거나(즉 분자가 크거나), 아니면 표본의 이질성이 작아야(즉 분모가 작거나) 한다는 뜻이다. 자유도가 사례수의 함수라는 점에서 ($df = n-1$), 표본의 크기가 작으면 알려진 모집단 평균보다 표본에서 얻은 평균이 월등히 크거나 혹은 작거나(즉 자극의 크기가 강하거나), 표본의 사례가 동질적이어야 한다는 뜻이다.

사실 이 t 공식은 연구가설을 지지하는(다시 말해, 통계적 의사결정에서 귀무가설을 기각하는) 결과를 어떻게 얻을 수 있는가에 대한 모든 것을 다 담고 있다. 만약 어떤 연구자가 귀무가설을 기각하는, 즉 "차이가 있다" 혹은 "효과가 있다"는 결과를 얻고 싶다면, 다음과 같이 해야 한다.

첫째, 강력한 자극을 이용한다. 기준값인 모집단의 평균값이 고정된 상황에서 표본의 평균값이 증가하면, t 공식의 분자가 증가한다. 이에 대해서는 z 테스트에서도 설명한 바 있다.

둘째, 표본의 이질성을 낮추어야 한다. 표본의 사례들이 서로 동질적이면, 표본의 표준편차 s가 작아진다. 즉, t 테스트 통계치의 분모가 작아지면서 t 테스트 통계치가 커진다. 이에 대해서도 z 테스트에서 이미 설명한 바 있다.

셋째, 표본수를 늘려야 한다. 모집단의 평균값과 표본의 평균값의 차이, 그리고 표본의 이질성이 같은 조건에서 표본수가 늘면 늘수록 t 테스트 통계치의 분모가 작아지면서 t 테스트 통계치가 커진다. 이것 역시 z 테스트에서 이미 설명하였다.

자, 이제 위에서 언급한 사례들을 수계산 방식으로, 또한 SPSS를 이용해 분석해 보자. 10개의 사례들은 아래와 같다.

$$5, \ 6, \ 7, \ 4, \ 5, \ 6, \ 7, \ 8, \ 6, \ 6$$

t 테스트 통계치를 구하기 위한 통계치들은 μ, M, s, n 등이다. 만약 모집단의 평균은 5라고 알려져 있을 경우, t 테스트 통계치를 구하면 아래와 같다.

$$t = \frac{6-5}{\dfrac{1.1547}{\sqrt{10}}} = \frac{1}{0.3651} = 2.74$$

사례수가 10이기 때문에, 자유도는 $df = n-1$의 공식을 적용하면 9가 된다. 자유도가 9이고 $t = 2.74$일 때, $p = 0.023$이 된다.

통계적 의사결정을 적용해 보면 어떨까? 그렇다. 귀무가설을 기각해야 한다. 다시 말해, 표본에서 얻은 평균 6은 모집단의 평균 5와 통계적으로 유의미하게 다르다는 판단을 내릴 수 있다.

이제는 SPSS에 위의 데이터를 입력한 후 단일표본 *t* 테스트를 적용해 보겠다. 위의 숫자들을 SPSS 화면에 직접 입력하거나, 아니면 엑셀과 같은 스프레드시트 형식의 프로그램에 입력한 후 SPSS로 불러들여 보자. 일단 해당 데이터는 '예시데이터_2장_01. sav'를 이용하면 된다. 해당 데이터를 열고 신택스 창을 하나 새로 띄워 보겠다. 이후 아래와 같이 명령문을 넣고 해당 부분을 블록으로 잡은 후 실행을 시켜 보자.

```
*예시데이터_2장_01.sav 데이터에 대한 단일표본 t테스트.
T-TEST TESTVAL 5 / VARIABLE = var.
```

'TESTVAL'이라는 표현 다음에 제시된 '5'가 바로 알려진 모집단의 평균이다. '/' 표시 다음의 하부 명령문에는 테스트하기 위한 변수를 지정하면 된다. 보다시피 $t(9) = 2.74$, $p = 0.023$으로 결과는 동일하다.

One-Sample Statistics

	N	Mean	Std. Deviation	Std. Error Mean
var	10	6.0000	1.15470	.36515

One-Sample Test

	Test Value = 5					
	t	df	Sig. (2-tailed)	Mean Difference	95% Confidence Interval of the Difference	
					Lower	Upper
var	2.739	9	.023	1.00000	.1740	1.8260

여기서 한 가지 *p*값이 Sig. (2-tailed)라고 표현되어 있는 것을 발견할 수 있다. '2-tailed'라는 말은 양방 테스트를 의미한다. 양방 테스트라는 것은 귀무가설에 대한 대안가설을 '같지 않다'($\neq$)로 설정한 것을 의미한다. 반면, 일방 테스트(one-tailed test)에서는 대안가설을 '같지 않다'가 아닌 '높다'($>$) 혹은 '낮다'($<$)로 표현한다. 예를 들어 대안가설을 '$M > \mu$' 혹은 '$M < \mu$'라고 표현하였을 때는 일방 테스트를 적용할 대안가설을 나타낸다. 대부분의 통계처리 프로그램들은 양방 테스트 결과를 보여준다. 이유는 간단하다. 대안가설은 연구자가 세우는 것이고, 통계처리 프로그램은 연구자가 어떤 방향의 일방 테스트를 실시할지 알 수 없기 때문이다.

위의 사례에서 어떤 연구자가 다음과 같이 귀무가설과 대안가설을 세웠다고 가정해 보자.

$$H_0 : M = \mu$$

$$H_A : M > \mu$$

이 경우 p값은 0.023을 2로 나눈 0.012를 적용하면 된다. 이 값 역시 α값보다 작기 때문에 귀무가설을 기각하고, 대안가설을 받아들인다. 반면, 다음과 같이 귀무가설과 대안가설을 세웠다면 어떻게 될까?

$$H_0 : M = \mu$$

$$H_A : M < \mu$$

위의 경우 p값은 0.989가 된다. 왜 그럴까? 그 이유는 바로 부등호의 방향성에 있다. 사실 기술통계분석을 해서 $\mu = 5$인데 $M = 6$이 나온 순간 이미 통계적 의사결정을 할 필요도 없을 것이다. 왜냐하면 6은 5보다 작을 수가 없기 때문이다. 하지만 통계처리 프로그램을 사용할 경우 위와 같이 귀무가설과 대안가설을 세웠다면 여전히 $p = .023$이 나온다. 즉, 주의하지 않으면 실수할 가능성이 높다. SPSS와 같은 통계처리 프로그램을 사용하면서 양방 테스트가 아니라 일방 테스트를 진행할 때, 가설의 방향성을 고려하는 것은 물론 보고된 p값을 알맞게 조정해 줄 필요가 있다. 독자들의 주의를 부탁한다.

3. 대응표본 t 테스트

대응표본 t 테스트(paired sample t-test)에서는 알려진 모집단의 평균이 나오지 않았다. 대신에 대응표본 t 테스트에서는 같은 표본에서 나온 두 변수의 평균차이를 비교한다. 예를 들어 보자. 〈그림 2-2〉의 '예시데이터_2장_02. sav'를 열어 보면 사례수가 20개, 변수가 3개인 것을 확인할 수 있다. 여기에서 첫 번째의 ID 변수는 학생들의 고유식별번호를 의미하며, midscore 변수는 중간고사 점수를, finalscore 변수는 기말고사 점수를 의미한다. 이와 같은 데이터를 흔히 대응표본(paired sample) 혹은 짝지어진 표본(matched sample)이라고 부른다. 그 이유는 하나의 사례에 대해 두 변수의 값이 짝지어져 있기 때문이다. ID = 1인 학생의 경우 중간고사 점수 50점과 기말고사 점수 50점이 짝지어져 있다. ID = 20인 학생의 경우도 중간고사 점수 50점과 기말고사 점수 60점이 짝지어져 있다.

그림 2-2 대응표본 데이터의 예 1 (예시데이터_2장_02.sav)

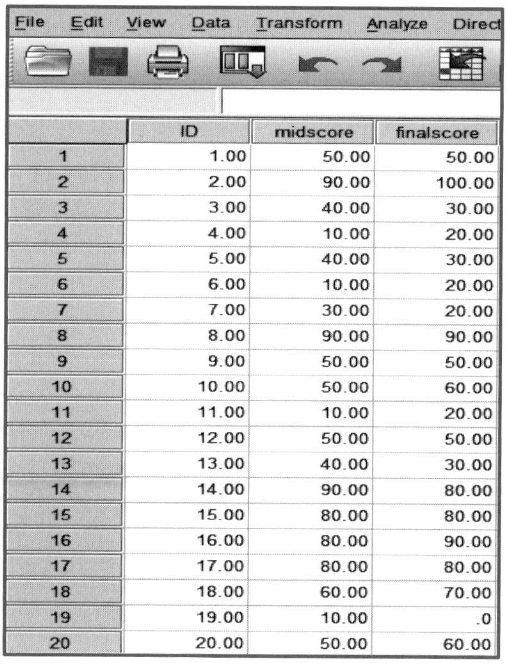
File Edit View Data Transform Analyze Direct

	ID	midscore	finalscore
1	1.00	50.00	50.00
2	2.00	90.00	100.00
3	3.00	40.00	30.00
4	4.00	10.00	20.00
5	5.00	40.00	30.00
6	6.00	10.00	20.00
7	7.00	30.00	20.00
8	8.00	90.00	90.00
9	9.00	50.00	50.00
10	10.00	50.00	60.00
11	11.00	10.00	20.00
12	12.00	50.00	50.00
13	13.00	40.00	30.00
14	14.00	90.00	80.00
15	15.00	80.00	80.00
16	16.00	80.00	90.00
17	17.00	80.00	80.00
18	18.00	60.00	70.00
19	19.00	10.00	.0
20	20.00	50.00	60.00

위와 같이 중간고사 점수 평균과 기말고사 점수 평균이 서로 동일한지 아니면 서로 다른지를 테스트하는 것이 대응표본 t 테스트다. 우선 언급한 사례에서의 귀무가설과 대안가설을 표현하면 아래와 같다.

$$H_0 : M_{\text{중간고사}} = M_{\text{기말고사}}$$
$$H_A : M_{\text{중간고사}} \neq M_{\text{기말고사}}$$

그렇다면 대응표본 t 테스트에서 사용할 t 테스트 통계치는 어떻게 계산될까? 앞에서 살펴보았던 단일표본 t 테스트에서 그 실마리를 찾을 수 있다. "중간고사 평균점수와 기말고사 평균점수의 차이"를 바꿔 말하면 "어떤 학생의 중간고사 평균점수와 기말고사 평균점수의 차이값의 평균"이라고 말할 수 있다. 그렇다면 finalscore 변수에서 midscore 변수를 뺀 새로운 변수 diffscore를 만들어 보자. 흔히 이러한 점수를 차이점수(difference score) 혹은 획득점수(gain score)라고 부른다. 이 경우 위에서 언급한 귀무가설과 대안가설은 다음과 같이 바꿔 쓸 수 있다.

$$H_0 : M_{\text{중간고사와 기말고사 차이점수}} = 0$$
$$H_A : M_{\text{중간고사와 기말고사 차이점수}} \neq 0$$

위와 같은 방법으로 얻은 diffscore 변수의 평균과 표준편차, 사례수를 계산할 수 있다. 또한 위의 귀무가설에서 명확히 밝혀졌듯, 알려진 모집단의 평균을 0으로 설정할 수 있다. 즉, 단일표본 t 테스트의 테스트 통계치 공식을 그대로 사용하면 된다. SPSS를 이용해 위와 같은 과정으로 차이점수를 구하는 방식으로 대응표본 t 테스트를 실행하면 아래와 같다.

*예시데이터_2장_02.sav 데이터에 대한 대응표본 t 테스트.
*차이점수를 이용하는 방법.
COMPUTE diffscore = finalscore - midscore.
T-TEST TESTVAL 0 / VARIABLE = diffscore.

One-Sample Statistics

	N	Mean	Std. Deviation	Std. Error Mean
diffscore	20	1.0000	8.52242	1.90567

One-Sample Test

	Test Value = 5					
	t	df	Sig. (2-tailed)	Mean Difference	95% Confidence Interval of the Difference	
					Lower	Upper
diffscore	2.739	19	.606	1.00000	-2.9886	4.9886

위의 결과에 따르면 $t(19) = .53$, $p = .61$로 귀무가설을 수용하게 된다. 즉, 차이점수의 평균은 0과 다르지 않다 $(H_0 : M_{중간고사와 기말고사 차이점수} = 0)$. 다시 말해, 중간고사 평균점수와 기말고사 평균점수는 통계적으로 서로 다르지 않다 $(H_0 : M_{중간고사} = M_{기말고사})$.

하지만 대응표본을 위와 같은 과정을 통해 테스트하는 것은 조금 번거로울 수 있다. 왜냐하면 두 변수의 차이점수를 구하는 과정을 언제나 거쳐야 하기 때문이다. SPSS나 기타 통계처리 프로그램들은 모두 대응표본 t 테스트를 차이점수를 구하지 않고 처리할 수 있는 옵션을 지원한다. 아래와 같은 SPSS 명령문을 한번 입력해 보면 다음의 결과를 얻을 수 있다.

*대응표본 t 테스트 옵션을 이용.
T-TEST PAIRS = finalscore WITH midscore.

Paired Samples Statistics

		Mean	N	Std. Deviation	Std. Error Mean
Pair1	기말고사 점수	51.5000	20	29.24938	6.54036
	중간고사 점수	50.5000	20	27.81045	6.21861

Paired Samples Correlations

		N	Correlation	Sig.
Pair1	기말고사 점수 & 중간고사 점수	20	.957	.000

Paired Samples Test

		Paired Differences					t	df	Sig. (2-tailed)
					95% Confidence Interval of the Difference				
		Mean	Std. Deviation	Std. Error Mean	Lower	Upper			
Pair1	기말고사 점수 & 중간고사 점수	1.00000	8.52242	1.90567	-2.98861	4.98861	.525	19	.606

대응표본 t 테스트 결과는 $t(19) = .53$, $p = .61$로 동일하다. 하지만 차이점수 변수를 계산한 후, 단일표본 t 테스트를 실시했을 때와는 달리 'Paired Samples Correlations'라는 결과도 나타난다. 우선 이 결과는 finalscore 변수와 midscore 변수의 상관관계를 의미한다. 상관관계(r)에 대해서는 뒤에 다시 설명하겠지만, 두 변수가 서로 완벽하게 같이 움직이면 $r = 1.00$의 값이, 서로 완벽하게 다르게 움직이면 $r = -1.00$의 값이, 서로 완벽하게 독립적으로 움직이면 $r = .00$의 값이 나온다. 위의 결과에 따르면 $r = .96$으로 중간고사 점수와 기말고사 점수는 매우 밀접하게 연관된 것을 알 수 있다(즉, 중간고사를 잘 치른 학생은 기말고사도 잘 본다는 의미다). 다음과 같이 그래프를 그려 보면 직관적으로 두 변수의 관계를 이해할 수 있을 것이다.

*두 변수의 상관관계 시각화.
GRAPH / SCATTERPLOT = midscore WITH finalscore.

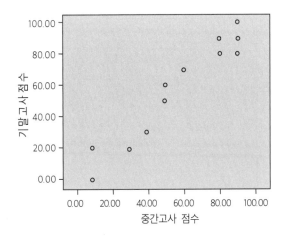

그렇다면 왜 대응표본 t 테스트 실시 결과에서는 두 변수의 상관관계 정보가 나타날까? 그 이유는 대응표본 t 테스트에 들어가는 두 변수가 얼마나 서로 잘 대응하는가를 보여주기 위함이다. 예를 들어 〈그림 2-3〉과 같은 사례를 한번 생각해 보길 바란다.

그림 2-3 대응표본 데이터의 예 2 (예시데이터_2장_03.sav)

	ID	midscore	finalscore
1	1.00	50.00	80.00
2	2.00	90.00	90.00
3	3.00	40.00	100.00
4	4.00	10.00	50.00
5	5.00	40.00	60.00
6	6.00	10.00	80.00
7	7.00	30.00	20.00
8	8.00	90.00	20.00
9	9.00	50.00	20.00
10	10.00	50.00	90.00
11	11.00	10.00	80.00
12	12.00	50.00	30.00
13	13.00	40.00	60.00
14	14.00	90.00	20.00
15	15.00	80.00	70.00
16	16.00	80.00	30.00
17	17.00	80.00	30.00
18	18.00	60.00	50.00
19	19.00	10.00	.0
20	20.00	50.00	50.00

데이터의 구조는 동일하다. 하지만 눈으로 훑어보아도 느끼겠지만, midscore 변수와 finalscore 변수 사이에 큰 연관관계는 없다. 다시 말해, 중간고사를 잘 치른 학생이 반드시 기말고사를 잘 보지는 못했다. 두 변수의 관계를 그래프로 그려 보면 아마 쉽게 눈으로 확인할 수 있을 것이다.

*예시데이터_2장_03.sav 데이터에 대한 대응표본 t 테스트.
*두 변수의 상관관계 시각화.
GRAPH / SCATTERPLOT = midscore WITH finalscore.

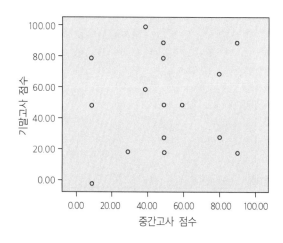

자, 이제 '예시데이터_2장_03. sav' 데이터를 이용해 대응표본 t테스트를 실시해 보도록 하자. SPSS 명령문과 그 결과는 아래와 같다.

*대응표본 t테스트 실시.
T-TEST PAIRS = finalscore WITH midscore.

Paired Samples Statistics

		Mean	N	Std. Deviation	Std. Error Mean
Pair1	기말고사 점수	51.5000	20	29.24938	6.54036
	중간고사 점수	50.5000	20	27.81045	6.21861

Paired Samples Correlations

		N	Correlation	Sig.
Pair1	기말고사 점수 & 중간고사 점수	20	.124	.603

Paired Samples Test

		Paired Differences					t	df	Sig. (2-tailed)
		Mean	Std. Deviation	Std. Error Mean	95% Confidence Interval of the Difference				
					Lower	Upper			
Pair1	기말고사 점수 & 중간고사 점수	1.00000	42.78465	9.56694	-19.02383	21.02383	.105	19	.918

우선, '예시데이터_2장_02. sav'와 '예시데이터_2장_03. sav' 데이터 모두 midscore 변수와 finalscore 변수의 평균과 표준편차가 전부 동일하다. 달라진 것이 있다면 midscore 변수와 finalscore 변수의 상관관계이다. '예시데이터_2장_02. sav'의 경우 $r = .96$이었던 반면에, '예시데이터_2장_03. sav'에서는 $r = -.12$로 나타난다. 하지만 대응표본 t테스트의 결과는 $t(19) = .53$, $p = .61$에서 $t(19) = .11$, $p = .92$로 동일하지 않다.

그렇다면 그 결과는 왜 나타난 것일까? 그 원인은 다름 아닌 두 변수의 차이점수의 표준편차 때문이다. 결과를 보면 잘 드러나지만, 대응표본 t테스트에 투입된 차이점수의 표준편차는 '예시데이터_2장_02. sav'의 경우 $SD = 8.52$, '예시데이터_2장_03. sav'의 경우는 $SD = 42.78$로 나타났다. 독자들은 t테스트 통계치의 공식을 다시 떠올려 보길 바란다. 즉, 표준편차가 t테스트 통계치 공식의 분모에 들어 있으며, 따라서 표준편차가 크면 클수록 t테스트 통계치는 작아지기 마련이다.

다시 말해, 짝지어진 두 변수의 연관성이 높으면 높을수록 차이점수의 표준편차는 작아지고, 표준편차가 작을수록 t테스트 통계치가 증가하며, t테스트 통계치가 증가할수록 p값이 작아져 귀무가설을 기각할 가능성이 높아진다. 바로 이런 이유 때문에 어떤 학자들은 대응표본 t 테스트를 '종속적 t 테스트'(dependent t-test) 라고 부르기도 한다. '종속적'이라는 말을 쓰는 이유는 대응표본에서 한 변수의 관측값이 다른 변수의 관측값에 독립되어 있지 않고 종속되어 있기 때문이다(이 부분은 피어슨의 상관계수 r을 설명할 때 다시 언급될 것이다).

대응표본 t 테스트를 마치기 전에 마지막으로 언급할 사항은 결측값(missing value) 이다. 결측값 문제는 사실 매우 골치 아픈, 하지만 현실 데이터를 다루는 한 피해갈 수 없는 문제다. 일단 가장 쉽고 통계적으로 안전한 방법은 리스트와이즈(listwise) 삭제방식이다. 이 방식은 짝지어진 관측치 두 가지 중 어느 하나라도 결측값이 있다면 분석에서 삭제하는 방식을 의미한다. 일단 계산할 때 무리가 없고 결측값 발생원인에 대한 가정을 취할 필요가 없기 때문에 간단하다. 하지만 모집단의 모수에 대한 추정(estimate) 이라는 면에서는 심각한 문제를 (물론 정도에 따라서) 발생시킨다. 그 이유는 사례가 제거되면서 표본의 통계치를 이용하여 추정된 모수의 대표성이 저해되기 때문이다. 흔히 연구방법론 시간에 내적 타당도 저해요인으로 언급되는 표본의 죽음(mortality) 혹은 마모(attrition) 라고 불리는 요인이 발생하기 쉽다.

리스트와이즈 방식을 적용하지 않을 경우는 어떻게 해야 할까? 핵심은 결측값에 대한 추정치를 결측값에 투입하여 결측값이 없는 완전한 표본을 가상으로 만들어 모집단의 통계치를 추정하는 것이다. 이와 같은 통계기법들은 결측값 데이터 분석(missing data analysis) 이라는 이름으로 알려져 있다. 결측값 데이터 분석과 관련하여 평균대치(mean substitution), 핫덱 입력(Hot deck imputation), 단일값 입력(single imputation), 다중값 입력(multiple imputation), 최대가능도 추정 입력(maximum likelihood estimation missing imputation) 등이 있는데, 이 책의 범위를 월등히 뛰어넘기 때문에 구체적으로 설명하지는 않겠다.[1]

결측값 문제에 잘 대처하기 위해서는 어떻게 해야 할까요? 핵심은 간단하다. 첫째, 결측값이 없도록(혹은 최소가 되도록) 연구 디자인을 잘 잡고, 데이터 수집과정에서 연구자가 할 수 있는 최선의 노력을 기울여야 한다. 둘째, 만약 결측값이 생겼다면 결측값으로 인해 어떤 문제가 있을지에 대해 심각하게 고민해야 한다. 만약 결측값이 매우 적다면 리스트와이즈를 사용해도 무방할 것이다. 물론 '매우 적은 결측값'이라는 판단은 너무 자의적이라 뭐라 꼬집어 이야기하기 어렵지만, 일반적으로 표본의 10% 미만의 결측값의 경우 리스트와이즈를 사용해도 무방하다고 알려져 있다(Allison, 2001). 셋째, 결측값으로 인해 문제가 심각하게 발생할 것 같다고 생각하는 독자들은 결측값 분석과 관련된 분야를 열심히 공부하여 결측값에 대처하는 기법을 이용하길 바란다. 하지만 이를 위해서는 정말로 방대한 통계학적 지식은 물론 데이터의 대상이 되는 현상에 대한 지식이 필수적이다.

---

1 결측값 데이터 분석에 관심 있는 독자들에게는 엔더스(Enders, 2010)의 책을 추천한다.

4. 독립표본 *t* 테스트

앞에서는 짝지어진 두 관측값들의 평균값 차이를 테스트하는 대응표본 *t* 테스트를 살펴보았다. 연구자에 따라 대응표본 *t* 테스트를 종속적 *t* 테스트라고 부르기도 하는데, 그 이유는 두 변수의 관측값이 같은 사례에서 나와 두 관측값이 서로에 대해 독립적이라고 (independent) 볼 수 없기 때문이라는 것을 설명한 바 있다.

이와 달리 독립표본 *t* 테스트(independent sample *t*-test)에서는 관측치가 서로에 대해 독립적이다. 독립표본 *t* 테스트가 적용되는 가장 대표적인 연구분야가 1개의 처치집단 (treatment group, G_T)과 1개의 통제집단(control group, G_C)으로 이루어진 실험연구다. 좀더 구체적으로 이야기하자면 '통제집단 포함 사후측정 단일설계'(posttest-only control group design)다.[2] 자, 우리가 실험을 어떻게 진행하는지 한번 떠올려 보길 바란다. 우선 표집된 실험참여자들을 처치집단과 통제집단에 무작위로 배치한다. 처치집단에는 실험처치를 가하지만, 통제집단에는 실험처치를 가하지 않는다. 이후 실험처치에 따른 효과를 확인하기 위해 결과변수(outcome variable)를 측정한 후, 두 집단의 결과변수 평균값이 서로 다른지 여부를 확인한다.

독립표본 *t* 테스트에서도 모집단의 표준편차와 모집단의 평균이 등장하지 않는다. 이는 대응표본 *t* 테스트와 동일한 것 같아 보이지만, 절대로 같지 않다. 그 이유는 대응표본 *t* 테스트에서는 차이점수를 사용하기 때문에 s라는 불편향 추정치가 하나만 사용되는 반면, 독립표본 *t* 테스트에서는 표준편차가 각 집단마다 하나씩 2개(s_1, s_2)가 나오기 때문이다. 즉, 감이 좋은 독자들은 이미 눈치챘겠지만, 자유도의 계산방식이 달라진다.

우선 독립표본 *t* 테스트를 본격적으로 소개하기 전에 '분산합 법칙'(variance sum law) 이라는 용어를 먼저 살펴볼 필요가 있다. 분산합 법칙을 살펴보아야 할 이유는 표본에서 표준편차가 2개 등장하기 때문이다. 독립표본 *t* 테스트라는 용어에서 나타나듯 분산합 법칙은 '독립'이라는 말과 관련되어 있다. 즉, 가정에 대한 점검인 셈이다. 분산합 법칙은 다음과 같이 정의된다.

> 두 "독립적인" 변수들의 합 혹은 차이의 분산은 이들 분산의 합과 동일하다.
>
> (The variance of a sum or difference of two independent variables is equal to the sum of their variances.)

---

2 흔히 다음과 같이 표현되는 실험 설계다.

$$R \quad X \quad O_1$$
$$R \sim X \quad O_2$$

아마도 인수분해를 설명하는 중·고등학교 교과서에서 다음과 같은 공식을 본 적이 있을 것이다.

$$(X_1 + X_2)^2 = X_1^2 + X_2^2 + 2X_1X_2$$

위의 공식을 분산과 공분산의 형태로 바꾸어 쓰면 다음과 같다.

$$Var(X_1 + X_2) = Var(X_1) + Var(X_2) + Cov(X_1, X_2)$$

이 공식을 보고 위에서 제시한 설명을 다시 살펴보자. 그러면 위의 분산합 법칙에서 말하는 것과 공식이 보여주는 것이 일치하지 않음을 쉽게 발견할 수 있을 것이다. 즉, $2X_1X_2$ 혹은 $Cov(X_1, X_2)$ 부분이 0이어야만 분산합 법칙이 성립된다. 사실 이 부분은 분산합 법칙에 이미 표현된 내용이기도 하다. 즉, '독립적인'이라는 말이 바로 그 부분에 해당된다. 대응표본 t 테스트에서도 잠시 설명하였지만, 관측치가 서로 독립적이라면, $Cov(X_1, X_2)$는 0이 되어야만 한다. 이는 다시 말해, 두 변수 X_1, X_2의 상관계수가 0이라는 말과 동일하며, 실험설계의 용어로 풀자면 처치집단의 관측치와 통제집단의 관측치는 서로서로 혹은 "서로에 대해" 독립적이라는 말을 뜻한다.

이 분산합 법칙에 의거해 독립표본 t 통계치의 분모는 아래와 같이 계산된다. t통계치의 분모는 독립표본 t 테스트에서 비교하는 두 집단의 평균을 각각 $\overline{X_1}$, $\overline{X_2}$라고 할 때, 두 집단의 평균차이의 표준오차를 의미한다. 공식을 잘 살펴보면 알겠지만, 각 집단의 분산을 각 집단의 사례수로 나눈 후, 각각을 더하고 제곱근을 씌운 것이다. 독자들은 단일표본 t 테스트의 테스트 통계치 공식의 분모가 $\frac{s}{\sqrt{n}}$라는 것을 떠올리길 바란다.

$$s_{\overline{X_1} - \overline{X_2}} = \sqrt{\frac{s_1^2}{n_1} + \frac{s_2^2}{n_2}}$$

이제 t 테스트 공식은 다음과 같은 형태를 띤다.

$$t = \frac{(\overline{X_1} - \overline{X_2})}{\sqrt{\frac{s_1^2}{n_1} + \frac{s_2^2}{n_2}}}$$

우선 두 집단의 표준편차가 동일하다고 가정해 보자. 다시 말해, 두 집단은 동일한 표준편차를 갖는 하나의 모집단에서 표집된 것이라고 가정해 보자. 이에 등장하는 것이 바로 '동일 모집단 표집 가중치 부여 분산 추정치'(pooled variance estimate)다. 이에 따른 공식을 조정하면 다음과 같다.

$$s_p^2 = \frac{(n_1 - 1)s_1^2 + (n_2 - 1)s_2^2}{n_1 - n_2 - 2}$$

$$t = \frac{(\overline{X_1} - \overline{X_2})}{\sqrt{\dfrac{s_p^2}{n_1} + \dfrac{s_p^2}{n_2}}}$$

공식에서 쉽게 드러나듯 가중치 부여 분산 추정치는 자유도를 이용하여 각 표본의 분산에 가중치를 부여한 것이다. 즉, 두 표본 중 사례수가 더 큰 쪽에서 도출된 표준편차에 더 많은 가중치를 주는 방식이다.

가중치 부여 분산 추정치 공식을 보면 자유도가 어떤지 쉽게 드러난다. 각 표본의 표준편차를 구하기 위해서 필요한 평균들은 2개($\overline{X_1}$과 $\overline{X_2}$)다. 공식에서 잘 드러나듯, $(n_1 - 1)$과 $(n_2 - 1)$이 각각 사용되었으며, 따라서 독립표본 t 테스트의 경우 자유도는 $n_1 - n_2 - 2$가 된다.

그러나 위의 가중치 부여 분산 추정치는 조금 더 생각해 보면 다음과 같은 문제가 발생한다. 즉, 두 표본의 분산이 동질적이라고 가정한 것이다〔실제로 'pooled'라는 표현은 두 표본이 같은 풀(pool)에서 나왔다는 것을 의미한다〕. 만약 두 표본의 분산이 동질적이지 않다면 어떻게 될까? 다시 말해, 두 집단이 서로 다른 표준편차를 갖는 별개의 모집단에서 표집된 것이라면 어떻게 될까?

각 집단의 모집단을 서로 다른 것으로 가정한 채, 앞에서 나온 t 공식을 다음과 같은 t'으로 바꾸어 보자.

$$t' = \frac{(\overline{X_1} - \overline{X_2})}{\sqrt{\dfrac{s_1^2}{n_1} + \dfrac{s_2^2}{n_2}}}$$

사실 공식을 바꾸는 것은 별것 아니다. 공식을 바꿀 때 생기는 문제는 바로 t분포와 t'분포가 서로 같은가에 대해서 확신하기 어렵다는 점이다. 흔히 이 문제를 '베렌스-피셔 문제'(Behrens-Fisher problem)라고 부른다. 즉, 두 집단의 분산이 서로 다른 경우 기존의 t분포가 아닌 새로운 t'분포를 고려해야 한다.

이에 대한 해결책이 바로 대부분의 통계처리 프로그램들에서 채택하여 사용하는 웰치-새터스웨이트의 해(Welch-Satterthwaite solution)이다. 이 해(解)는 자유도를 조정함으로써 t분포와 t'분포의 간극을 조정하려 했다는 점에서 흥미롭다. 왜 이 책에서 저자들이 계속 자유도를 이야기하는지 이제 이해된다면 저자로서 이보다 더 기쁠 수는 없을 것이다. 웰치-새터스웨이트의 해에 따라 조정된 자유도 공식은 아래와 같다. 독자들은 아래의 공식이 복잡하다고 해서 겁먹지 말길 바란다.

$$df' = \frac{\left(\dfrac{s_1^2}{n_1} + \dfrac{s_2^2}{n_2}\right)^2}{\dfrac{\left(\dfrac{s_1^2}{n_1}\right)^2}{n_1 - 1} + \dfrac{\left(\dfrac{s_2^2}{n_2}\right)^2}{n_2 - 1}}$$

우선 공식의 분자를 살펴보자. 분자의 형태가 익숙해 보일 것이다. 즉, t 공식에서 나왔던 분모의 제곱값이다. 다시 말해, 사례당 분산의 합의 제곱값이다. 일단 독자들은 이 공식을 받아들이고 이것이 뜻하는 바에 대해 집중해 보자. 여기서 분모는 뭘 의미할까? 각각의 사례당 제곱값을 자유도로 나눈 후 더한 값이다. 즉, 자유도당 사례당 분산의 제곱이다. 아마도 독자들은 감이 잘 오지 않을 것이다. 그렇다면 두 표본의 크기가 동일하고 $(n_1 = n_2)$, 분산 역시도 동일하다$(s_1^2 = s_2^2)$고 가정해 보자. 그러면 df'은 다음과 같다.

$$df' = n + n - 2 = 2 \times (n - 1)$$

위의 공식이 무엇을 뜻하는가? 바로 앞에서 보았던 동일 모집단 표집 가중치 부여 분산 추정치를 사용한 독립표본 t 테스트의 자유도. 이제 표본의 크기는 동일하지만, 두 표본의 분산이 서로 다르다고 가정해 보자. 계산의 편의를 위해 각각 $s_1^2 = 1$, $s_2^2 = 4$로 가정해 보자. 그러면,

$$df' = \frac{25}{17} \times (n - 1)$$

이 된다. 자 여기서 두 표본의 크기가 같다고 했기 때문에 한 표본의 자유도는 바로 $(n-1)$이다. 분산이 같았던 때와 비교해 보길 바란다. $(n-1)$ 앞의 상수가 2에서 $1.47 = \dfrac{25}{17}$로 줄어들었다.

힘들더라도 한 번만 더 다음과 같은 가상적 사례를 생각해 보자. 이번에는 $s_1^2 = 1$, $s_2^2 = 16$이라고 해보자. 물론 계산의 편의를 위해 두 표본의 사례는 동일하다고 가정하자.

$$df' = \frac{289}{257} \times (n - 1)$$

자, 이제 $(n-1)$ 앞에 붙은 수를 살펴보자. 맨 처음의 경우 2, 그다음은 1.47, 이제는 $1.12 = \frac{289}{257}$가 됐다. 아마 독자들은 두 집단의 표준편차가 달라질수록 $(n-1)$ 앞에 붙은 수가 점점 감소하는 패턴이 존재한다고 느낄 것이다. 즉, 웰치-새터스웨이트의 해는 바로 분산이 다르면 다를수록 자유도를 더 줄이는 방식으로 t분포와 t'분포의 간극을 좁히는 전략을 택한다. 좀더 자세히 말하면 아래와 같다(사례수가 다를 경우도 한번 생각해 보길 바란다).

$$Min(n_1 - 1, n_2 - 1) \leq df' \leq (n_1 + n2 - 2)^3$$

그러면 자유도를 더 감소시키는 방식은 어떤 것을 의미할까? z분포와 t분포를 비교하는 부분에서도 나왔듯, t분포의 자유도가 작으면 작을수록 귀무가설을 기각하기 위한 t통계치는 더 커져야만 한다. 즉, 자유도를 감소시키면 귀무가설을 기각하기가 더 어려워진다(다시 말해, 제1종 오류의 가능성이 줄어든다).

여기서 또 논란이 불거진다. 즉, t분포를 적용해야 할 때와 t'분포를 적용해야 할 때를 어떻게 구분할 수 있는가? 먼저 전통적인 교과서 방식에 따라 설명해 보기로 하자. 우선 이른바 분산(즉 표준편차)의 동질성을 검증한다. 이를 위해서는 두 표본의 분산 비율이 1인지를 테스트한다($\frac{s_1^2}{s_2^2} = 1$). 만약 이 테스트의 귀무가설($H_0 : s_1^2 = s_2^2$, 즉 두 표본의 분산 비율은 1이다)을 수용하면, t분포를 적용하고, 귀무가설을 기각하면 t'분포를 적용한다. 분석 패키지마다 상황이 다르기는 하지만, 대부분의 패키지는 레빈의 F테스트(Levene's F-test) 결과가 제공된다.

하지만 최근에는 이러한 전통적 방식에 대해 비판이 제기되고 있다(사실 이미 1940년대부터 이런 전통적 방식에 대한 진지한 비판이 시작되었다). 쉽게 말해 전통적인 교과서식 접근방법에 대한 비판은 바로 "통계적 유의도 검증으로 두 표본의 분산이 동질적인지 아닌지를 판가름하는 것은 세상을 너무 단순하게 보는 것이다"라고 요약될 수 있다. 사실 두 표본의 분산이 동질적이라고 보는 가정은 현실성이 전혀 없다고 해도 과언이 아닌 과도하게 단순한 가정이다. 아무리 세상만사가 보기 나름이라지만 두 표본의 분산이 동질적인 상황이라는 가정은 똑같은 사례가 존재한다고 보는 것만큼이나 과도한 가정일 것이다. 아마도 '동질적이다'보다 '엇비슷하다' 정도가 가능할 뿐일지도 모르겠다. 아무튼 비판론자의 조언은 무조건 t'분포를 사용하라는 것이다. 왜냐하면 t분포는 두 표본의 분산이 동질적일 경우 t'분포의 특수사례(special case)에 불과하기 때문이다.

반면 t'분포가 아니라 t분포만을 써야 한다고 주장하는 사람도 있다. 물론 이 사람들도 분산의 이질성으로 인해 제1종 오류를 범할 가능성이 높아진다는 것을 부정하지는 않는다.

---

3 $Min()$는 함수 내부의 두 요소 중 더 작은 값을 택한다는 의미다.

표본의 분산이 논문에 보고되었다면, 읽는 사람이 그것을 감안하여 보면 되는 것이지 df' 공식과 같은 상당히 무서운 공식으로 겁을 줄 필요는 없다는 것이다. 무엇보다 이들의 주장의 근저에는 모든 문제를 통계적 방법으로 해결하려는 움직임에 대한 반감이 짙게 깔려 있다. 통계치는 유용한 정보이지 절대적 정보가 아니라는 입장이다. 유명한 통계학자 조지 박스(George Box)의 말처럼 "모든 모형은 틀렸다. 하지만 어떤 모형은 유용할 수 있다"는 입장에서 이해하기 쉽고 받아들이기 쉬운 기법을 쓰자는 것이 바로 이들의 주장이다.

이 책에서는 어떤 특별한 입장을 독자에게 강요하고 싶은 생각이 전혀 없음을 밝힌다. 그러나 독자들은 독립표본 t 테스트를 실시할 때, 평균비교가 실시되는 두 집단의 분산(즉 표준편차)을 어떻게 보아야 할지에 대해 심사숙고할 필요가 있다. 설명하였듯 세 가지 입장이 서로 경쟁하고 있다. 첫째, 분산의 동질성을 가정하지 않는 t' 분포만 사용하자는 입장, 둘째, 분산의 동질성을 가정한 채 t 분포만 사용하자는 입장, 셋째, 분산의 동질성을 테스트한 후 이 테스트 결과에 따라 t 분포를 사용할지 아니면 t' 분포를 사용할지를 결정하자는 입장이 그것이다. 이 책의 저자들은 이들 세 입장 중에 절대적으로 옳고 그른 것은 없다고 생각하지만, 독자들은 각 입장의 논리를 자신의 것으로 만들기를 간곡히 부탁하고 싶다.

자, 이제 SPSS를 이용해 독립표본 t 테스트를 실습해 보자. '예시데이터_2장_04.sav' 데이터를 열어 보면 총 4개의 변수가 있다(〈그림 2-4〉 참조). ID 변수는 실험참여자의 개인식별번호를, group 변수는 실험참여자가 처치집단과 통제집단 중 어디에 속해 있는지를 나타내는 변수이며, know 변수는 실험처치가 끝난 후 측정한 실험참여자의 지식수준을, attitude 변수는 실험처치가 끝난 후 측정한 실험참여자의 태도를 의미한다.

그림 2-4 독립표본 데이터의 예(예시데이터_2장_04.sav)

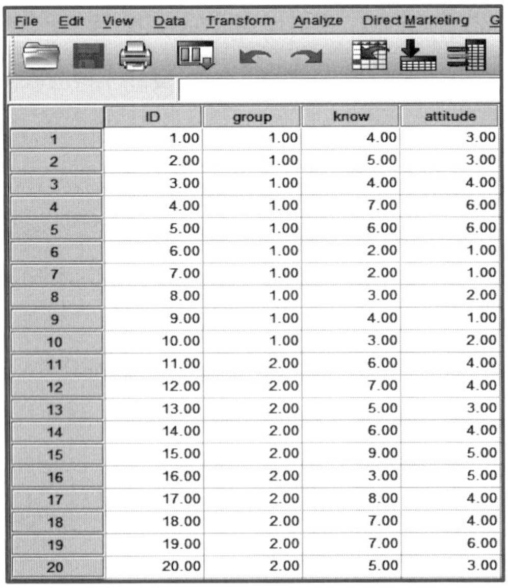

	ID	group	know	attitude
1	1.00	1.00	4.00	3.00
2	2.00	1.00	5.00	3.00
3	3.00	1.00	4.00	4.00
4	4.00	1.00	7.00	6.00
5	5.00	1.00	6.00	6.00
6	6.00	1.00	2.00	1.00
7	7.00	1.00	2.00	1.00
8	8.00	1.00	3.00	2.00
9	9.00	1.00	4.00	1.00
10	10.00	1.00	3.00	2.00
11	11.00	2.00	6.00	4.00
12	12.00	2.00	7.00	4.00
13	13.00	2.00	5.00	3.00
14	14.00	2.00	6.00	4.00
15	15.00	2.00	9.00	5.00
16	16.00	2.00	3.00	5.00
17	17.00	2.00	8.00	4.00
18	18.00	2.00	7.00	4.00
19	19.00	2.00	7.00	6.00
20	20.00	2.00	5.00	3.00

언급했듯 독립표본 t 테스트에서는 두 집단의 분산이 동질적인지에 대한 판단이 매우 중요하다. 두 집단의 분산이 동일하다고 가정하여 t분포를 이용해도 좋고, 동일하지 않다고 가정하여 t'분포를 이용해도 좋다. 여기서는 분산동질성에 대한 통계적 유의도 테스트 결과를 분산동질성을 가정할 수 있을 경우 t분포를, 가정할 수 없을 경우 t'분포를 따르는 방법을 적용하여 두 집단의 지식평균, 태도평균이 서로 동등한지 여부를 테스트해 보도록 하겠다. 즉, 전통적인 분산동질성 테스트를 이용해 t분포를 사용할지, 아니면 t'분포를 사용할지를 결정할 것이다.

실험집단의 지식평균과 통제집단의 지식평균이 서로 동등한지 여부, 그리고 두 집단의 태도평균의 동등성을 독립표본 t 테스트를 통해 테스트해 보자. SPSS 명령문은 다음과 같다. 'GROUPS=' 옵션에는 비교하고자 하는 집단을 나타내는 변수와 해당 변수의 값을 /VARIABLES 옵션에 결과변수의 값들을 지정하면 된다.

```
*예시데이터_2장_03.sav 데이터에 대한 독립표본 t 테스트.
T-TEST GROUPS=group(1,2) / VARIABLES = know attitude.
```

Group Statistics

집단구분 (통제집단 vs. 처치집단)		N	Mean	Std. Deviation	Std. Error Mean
지식수준	통제집단	10	4.0000	1.63299	.51640
	처치집단	10	6.3000	1.70294	.53852
태도	통제집단	10	2.9000	1.91195	.60461
	처치집단	10	4.2000	.91894	.29059

Independent Samples Test

		Levene's Test for Equality of Variances		t-test for Equality of Means						
		F	Sig	t	df	sig (2-tailed)	Mean Difference	Std. Error Difference	95% Confidence Interval of the Difference	
									Lower	Upper
지식수준	Equal variances assumed	.048	.829	-3.083	18	.006	-2.30000	.74610	-3.86750	-.73250
	Equal variances not assumed			-3.083	17.968	.006	-2.30000	.74610	-3.86770	-.73230
태도	Equal variances assumed	4.524	.048	-1.938	18	.068	-1.30000	.67082	-2.70934	.10934
	Equal variances not assumed			-1.938	12.947	.075	-1.30000	.67082	-2.74982	.14982

우선 두 집단의 지식수준의 평균차이를 테스트한 결과를 살펴보자. 'Independent Samples Test'라고 된 결과의 첫 가로줄을 보면 지식수준의 평균차이에 대한 독립표본 t 테스트 결과가 보고되어 있다. 첫 세로줄, 'Levene's Test for Equality of Variances' 부분의 결과를 보면 F 라는 통계치가 보고되어 있다. F 통계치의 의미에 대해서는 다음 장의 분산분석에서 다시 설명하기로 한다. 우선은 F 통계치가 $H_0 : s_1 = s_2$ 라는 귀무가설을 테스트하기 위한 테스트 통계치라는 점만 기억하자. 결과에서 $F = .05,$ [4] $p = .83$ 으로 나타났다. 다시 말해, 위의 결과는 $H_0 : s_1 = s_2$ 라는 귀무가설을 수용해야 함을 뜻한다. 즉, 우리는 두 집단의 지식수준 변수의 분산이 서로 동등하다고 판단할 수 있다. 이 경우에 'Equal variances assumed'의 줄을 보면 된다. 이때 독립표본 t 테스트 결과는 $t(18) = -3.08,$ $p = .006$ 이다. 다시 말해, 처치집단의 평균(M_2) 6.30은 통제집단의 평균(M_1) 4.00보다 통계적으로 유의미하게 크다.

다음으로 두 집단의 태도차이를 테스트한 결과를 살펴보자. 마찬가지로 우선 분산동질성 테스트 결과를 살펴보자. $F = 4.52,$ $p = .048$ 이 나왔으며, 이 결과는 $H_0 : s_1 = s_2$ 라는 귀무가설을 기각해야 함을 의미한다. 즉, 우리는 두 집단의 지식수준 변수의 분산이 서로 이질적이라고 판단할 수 있다. 이 경우 'Equal variances not assumed'의 줄을 보면 된다. 이때 독립표본 t 테스트 결과는 $t(12.95) = -1.94,$ $p = .08$ 이다. 다시 말해, 통상적인 α 레벨을 기준으로 할 때, 처치집단의 평균(M_2) 4.20은 통제집단의 평균(M_1) 2.90보다 통계적으로 유의미하게 크다고 보기 어렵다.

5. 통계적 유의도 테스트와 효과크기

제2장에서는 z 테스트를 시작으로 세 가지 방식의 t 테스트 기법들을 소개하였다. 이 테스트 기법들은 약간의 차이는 있지만, 서로 상당히 유사하다. 무엇보다 이들 테스트는 모두 2개의 평균이 통계적으로 서로 동일한지 아니면 동일하지 않은지를 테스트하는 것이 목적이라는 점에서 동일하다. 또한 소개한 테스트 통계치 공식은 분자에 '평균차이'가, 분모에는 '표준오차'가 투입되어 있다는 점에서도 동등하다(물론 분모의 형태가 테스트에 따라 서로 조금씩 다르긴 하다). 또한 분모의 '표준오차'는 분산(표준편차)을 표본의 사례수로 나누어 주는 방식으로 계산된다. 우리말로 t 테스트 통계치를 다음과 같이 풀어서 써 보자(정확한 공식인지 여부에 집중하지 말고, 공식이 나타내는 개념에만 집중하길 바란다).

---

4 F 통계치에는 2개의 자유도가 존재하며, 이 2개의 자유도는 반드시 보고되어야 한다. 이 부분에 대해서는 분산분석을 설명할 때 다시 언급하기로 한다.

$$t = \frac{\text{평균차이}}{\text{표준오차}} = \frac{\text{평균차이}}{\frac{\text{표준편차}}{\sqrt{\text{사례수}}}} = \text{평균차이} \times \frac{\sqrt{\text{사례수}}}{\text{표준편차}}$$

앞에서도 언급한 바 있지만, t값이 커지면 p값이 0에 가까워지고, 따라서 귀무가설을 기각할 가능성이 더 높아진다. 우리가 만약 어떤 효과를 발견하고 싶다면, 즉 유의미한 평균차이가 존재한다는 결과를 얻고자 한다면 어떻게 할 수 있을까? 이 문제는 흔히 통계분석 관련 문헌들에서 '통계적 검증력'(statistical power) 혹은 '검증력'(power)라는 이름으로 언급된다. 검증력이란 만약 효과가 실제로 존재한다고 할 때, 수집된 데이터를 테스트함으로써 존재하는 효과를 발견할 수 있는 가능성을 뜻한다. 통계적 유의도 테스트라는 측면에서 이야기한다면, 통계적 검증력이란 귀무가설이 '거짓'일 때 귀무가설을 기각할 가능성을 의미한다.

다시 말해, 통계적 검증력을 높이려면 큰 t값을 얻어야만 한다. t 테스트 통계치 공식에서 명확하게 나타나듯, 세 가지 방법을 통해 검증력을 높일 수 있다.

표 2-1 통계적 검증력을 높이는 3가지 방법

- 다른 조건들이 일정할 때, 평균차이를 극대화시킨다.
- 다른 조건들이 일정할 때, 표본의 이질성을 감소시켜 표준편차를 줄인다.
- 다른 조건들이 일정할 때, 사례수를 늘린다.

우선 첫 번째와 두 번째 방법은 연구하려는 '현상'(phenomenon)과 관련 있다. 독립표본 t 테스트의 예를 들자면 실험처치물의 강도와 실험대상 선정과 관련 있다. 사례수가 동일하다고 가정할 때, 실험처치물의 강도를 증가시키면 연구자의 인과관계 주장도 바뀐다. 또한 표본의 이질성을 감소시키면 연구결과의 적용범위가 협소해진다(이를테면 실험 참여자가 20대에 한정된 연구와 전 연령대를 대상으로 한 연구의 경우, 표본의 이질성은 분명히 20대에 한정된 연구에서 낮다. 하지만 연구결과의 일반화 범위는 엄청나게 다르다). 다시 말해, 평균차이를 극대화시키거나 표본의 이질성을 감소시키는 방법은 연구가설 그 자체, 혹은 연구가설의 적용범위에 영향을 미친다.

하지만 사례수는 문제가 다르다. 사례수를 늘릴 경우 연구가설이나 연구가설의 적용범위에 영향을 미치지 않으면서, 통계적 검증력을 높일 수 있다(즉 귀무가설을 기각하기 쉽다). 통계적 검증력이라는 점에서 사례수는 많으면 많을수록 좋다. 하지만 귀무가설을 기각하는 것만이 능사가 아니다. 물론 연구자 입장에서야 돈을 들여 연구했는데, 귀무가설을 받아들이는, 즉 연구하는 인과관계가 존재하지 않는다는 결론을 얻고 싶지는 않을 것이다.

사례수를 늘리는 방식을 통해 통계적 검증력을 높이는 것은 다음의 두 가지 문제들로 이어질 수 있다. 첫째, 귀무가설이 기각되기 쉬워진다는 점에서 제2종 오류는 감소하지만 수용해야 할 귀무가설을 기각하면서 생기는 제1종 오류를 범할 가능성이 늘어난다. 둘째, 실질적으로 별 의미가 없을 정도로 미미한 평균차이가 마치 대단한 차이인 것처럼 인식될 가능성이 높아진다. 즉, 평균차이가 매우 미미한데 단순히 사례수를 늘리는 방법을 통해 검증력을 높이는 것은 과학적으로 별 의미가 없을 가능성을 부정하기 어렵다.

통계적 유의도 테스트에 호의적이지 않은 진영에서는 통계적 의사결정과정에서 사례수가 미치는 효과를 지속적으로 비판했다. 이 책에서는 통계적 유의도 테스트를 옹호하는 입장을 택했지만, 앞에서도 언급했듯 절대로 맹신하면 안 된다고 굳게 믿는다. 왜냐하면 과학은 합리성에 기반하지 특정 기법이나 자의적으로 선택된 기준에 대한 맹신(blind belief)에 기반하지 않기 때문이다.

아무튼 여기서 소개할 효과크기(effect size, ES) 통계치는 사례수가 통계적 유의도 테스트 결과에 미치는 영향을 비판하면서 등장한 통계치다. 여러 가지 효과크기 통계치가 있지만, 이 책에서는 Cohen's d, 부분에타제곱($\eta^2_{partial}$), 상관계수 r, 표준화 회귀계수(standardized regression coefficient) 등을 소개할 것이다. 일단 제2장에서는 t 테스트 결과와 주로 같이 쓰이는 Cohen's d를 살펴보겠다. 다른 효과크기 측정치의 경우 분산분석, 상관관계분석, 회귀분석 등에서 차차 설명할 것이다.

Cohen's d의 공식은 t 테스트 통계치의 공식과 크게 다르지 않다. 어떤 t 테스트를 적용하는가에 따라 Cohen's d의 공식 역시 다르게 적용된다. 우선 단일표본 t 테스트의 경우 Cohen's d의 공식은 아래와 같다.

$$d = \frac{\overline{X} - \mu}{s}$$

다음으로 대응표본 t 테스트의 경우 Cohen's d의 공식은 아래와 같다.[5] 여기서 D는 대응되는 두 변수의 차이점수를 의미하며, t_D는 대응표본 t 테스트의 테스트 통계치를, r은 대응되는 두 변수의 상관계수를 의미한다.

---

5 어떤 문헌들의 경우 대응표본 t 테스트의 Cohen's d 공식을 다음과 같이 제시하기도 한다.

$$d = \frac{\overline{D}}{s}$$

하지만 이 공식은 대응되는 두 변수가 서로에 대해 종속적이라는 특징을 반영하지 못하는 문제가 있다(Dunlap, Cortina, Vaslow, & Burke, 1996).

$$d = t_D \sqrt{\frac{2(1-r)}{n}}$$

반면 독립표본 t 테스트의 경우 Cohen's d의 공식은 두 집단의 분산동질성 가정을 적용한다. 만약 독립표본 t 테스트에서 비교하는 두 집단의 분산이 동질적이라고 가정할 경우 다음의 공식을 따른다.

$$d = \frac{\overline{X_1} - \overline{X_2}}{s_p}$$

그렇다면 두 집단 사이의 분산동질성 가정을 적용하기 어려운 경우의 효과크기는 어떻게 측정할까? 적어도 저자들이 인지하는 한, 분산동질성 가정을 적용하기 어려운 독립표본 t 테스트의 경우 일반적으로 받아들여지는 효과크기는 없다. 여러 가지 제안들이 있지만, 통계분석기법을 처음 접하는 독자에게 설명하기는 쉽지 않은 통계치들이 대부분이다.[6] 분산동질성 가정을 취할 수 없는 상황에서 독립표본 t 테스트를 사용할 때, 통계학적 지식이 크게 요구되지 않아 비교적 이해하기 쉬운 효과크기 측정치로 케젤만 등(Keselman, Algina, Lix, Wilcox, & Deering, 2008, p. 118)이 제안한 Cohen's d^*를 소개하고 싶다 (하지만 이 효과크기 측정치도 적지 않은 문제를 안고 있는 것 역시 사실이다. 왜냐하면 이 공식은 비교되는 두 집단의 사례수가 유사하다는 것을 가정하고 있기 때문이다).

$$\text{Cohen's } d^* = \frac{\overline{X_1} - \overline{X_2}}{\sqrt{\frac{s_1^2 + s_2^2}{2}}}$$

아마도 현 단계에서 가장 쉬운 그리고 가장 널리 사용되는 방법은 분산동질성을 가정하는 독립표본 t 테스트를 실시한 후, s_p를 이용하는 Cohen's d를 보고하는 방법일 것이다. 만약 분산동질성을 가정하기 어렵다면 그리고 비교하는 두 집단의 사례수가 매우 다르다면, 공부를 더 한 후 최근에 개발된 효과크기 측정치를 공부하여 적용하는 방법을 택하길 바란다.

---

6 최근 컴퓨터의 성능이 향상되면서 비모수 통계(nonparametric statistics) 기법이 눈부시게 발전하고 있다. 이에 따라 효과크기 측정치도 부트스트래핑 기법을 이용한 95% 신뢰구간을 계산하자는 움직임도 활발하다. 이 책은 통계기법을 처음 접하는 독자들을 위한 안내서이기 때문에 부트스트래핑 기법을 이용한 효과크기 측정치 계산방법에 대해서는 특별히 언급하지 않았다. 하지만 이 책의 저자 역시도 부트스트래핑 기법을 이용한 효과크기 측정치의 사용에 대해 매우 호의적이다. 얼마나 다양한 효과크기 측정치가 있는지 궁금한 독자들은 최근에 출간된 논문(Peng & Chen, 2014)을 참조하길 바란다.

이제 효과크기 측정치를 실제로 계산해 보자. 아쉽게도 Cohen's d는 SPSS에서 지원되지 않는다. 두 가지 방법을 추천하고 싶다. 첫 번째는 소개한 공식을 이용해 연구자가 직접 수계산을 하는 것이다. 사실 어렵지 않다(그리고 수계산 과정을 통해 Cohen's d 공식과 그 의미를 몸으로 학습할 수 있다). 두 번째는 온라인에 공개된 효과크기 측정 계산기를 이용하는 것이다(이러한 온라인 사이트들이 정말 많다. 하지만 아쉽게도 모두 영문 웹사이트다). 저자 입장에서는 첫 번째 방법을 강하게 권하고 싶다.

이제 제 2장에서 소개했던 단일표본 t 테스트, 대응표본 t 테스트, 독립표본 t 테스트 결과들을 이용해 효과크기 측정치인 Cohen's d를 계산해 보도록 하자. 우선 단일표본 t 테스트 사례('예시데이터_2장_01.sav' 데이터)에서 효과크기 측정치를 계산하기 위해 필요한 통계치는 μ, M, s 등이다. 이 세 통계치는 각각 $\mu = 5$, $M = 6$, $s = 1.15470$이며, 이것들을 공식에 대입하여 효과크기 측정치 d를 계산하면 다음과 같다.

$$d = \frac{M - \mu}{s} = \frac{6 - 5}{1.15470} = .866$$

다음으로 '예시데이터_2장_02.sav' 데이터와 '예시데이터_2장_03.sav' 데이터 분석은 대응표본 t 테스트 사례였다. 대응표본 t 테스트의 경우 필요한 통계치는 t_D, r, n 등이다. 우선 '예시데이터_2장_02.sav' 데이터의 경우 $t_D = .525$, $r = .957$, $n = 20$이며, '예시데이터_2장_03.sav' 데이터의 경우 $t_D = .105$, $r = -.124$, $n = 20$이었다. 이들 통계치를 이용해 효과크기 측정치 d를 계산하면 아래와 같다. 여기서 한 가지 말하고 싶은 것이 있다. 대개 효과크기 측정치는 통계적 유의도 테스트 결과 귀무가설을 기각했을 때, 사용한다(귀무가설을 기각한 것이 사례수 때문이 아니라 충분한 크기의 효과가 나타났기 때문임을 보여주기 위해 효과크기 측정치를 사용한다). 즉, 아래의 사례는 효과크기 측정치가 어떻게 계산되는지 보여주는 예시이며, 귀무가설을 수용했기 때문에, 효과크기 측정치를 계산하지 않아도 무방하다.

- '예시데이터_2장_02.sav' 데이터의 경우

$$d = t_D \sqrt{\frac{2(1 - r)}{n}} = .525 \times \sqrt{\frac{2 \times (1 - .957)}{20}} = .525 \times \sqrt{.0043} = .034$$

- '예시데이터_2장_03.sav' 데이터의 경우

$$d = t_D \sqrt{\frac{2(1 - r)}{n}} = .105 \times \sqrt{\frac{2 \times (1 + .124)}{20}} = .105 \times \sqrt{.1124} = .035$$

끝으로 '예시데이터_2장_04.sav' 데이터를 이용해 독립표본 t 테스트를 실시한 경우의 효과크기 측정치 계산은 다음과 같다. 우선 결과변수가 지식수준(know 변수)이었던 경우는 분산동질성을 가정했으며, 태도 변수(attitude 변수)인 경우 분산동질성을 가정하지 않았다. 따라서 know 변수의 경우 Cohen's d를, attitude 변수인 경우 케젤만 등(Keselman et al., 2008)의 Cohen's d^*를 적용하였다. 독립표본 t 테스트를 실시하는 경우 필요한 통계치는 두 집단의 평균, 표준편차, 사례들, M_1, M_2, s_1, s_2, n_1, n_2 등이다.

분산동질성이 가정된 경우, 우선 s_p를 계산해야 한다. 그 과정은 아래와 같다.

$$s_p = \sqrt{\frac{(n_1-1)s_1^2 + (n_2-1)s_2^2}{n_1+n_2-2}}$$

$$= \sqrt{\frac{(20-1)\times 1.633^2 + (20-1)\times 1.703^2}{20+20-2}}$$

$$= \sqrt{\frac{105.7711}{38}} = \sqrt{2.78345} = 1.668$$

이렇게 계산된 s_p를 공식에 넣어 효과크기 측정치 d를 계산하면 다음과 같다.

$$d = \frac{\overline{X_1} - \overline{X_2}}{s_p} = \frac{6.30 - 4.00}{1.668} = 1.378$$

분산의 동질성이 가정되지 않은 attitude 변수를 결과변수로 삼은 경우 효과크기 측정치 d^*는 다음과 같이 계산할 수 있다.

$$d^* = \frac{\overline{X_1} - \overline{X_2}}{\sqrt{\frac{s_1^2 + s_2^2}{2}}}$$

$$= \frac{4.20 - 2.90}{\sqrt{\frac{1.912^2 + .919^2}{2}}} = \frac{1.30}{\sqrt{2.25}} = .867$$

아마도 효과크기 통계치를 계산하는 것이 특별히 어렵지는 않을 것이다(물론 번거로울 수는 있다). 그렇다면 효과크기 통계치 Cohen's d는 어떻게 해석해야 할까? 통계적 의사결정과정에서 귀무가설을 기각할지 수용할지를 결정하는 기준인 α 레벨을 설명할 때도, α 레벨이 얼마나 자의적인지 설명한 바 있다.

효과크기 통계치 Cohen's d 역시 마찬가지다. 하지만 아쉽게도, 정말 아쉽게도 수많은 연구자들은 Cohen's d를 만든 코헨(Cohen, 1988)이 제시한 '자의적' 기준에 과도할 정도로 집착한다. 물론 이는 코헨의 잘못은 아니다. 왜냐하면 코헨 스스로 이렇게 효과크기 측정치를 해석하면 큰 문제가 있다는 것을 인지하고 있었으며, 무비판적으로 사용하지 말 것을 자신의 글에서 명확하게 밝혔기 때문이다.[7]

Cohen's d의 해석기준의 오·남용 문제의 원인이 누구에게 있는지 논하는 것은 중요치 않다. 보다 중요한 것은 독자들이 이러한 잘못을 저지르지 않는 것이다. 코헨이 제시한 기준은 다음과 같다(여기서 d는 변수를 표준화시킨 후 계산된 값이다). 이 기준을 맹목적으로 따르지 않길 다시금 간곡히 부탁한다.

표 2-2 Cohen's d의 해석기준

- $d \leq .20$: 작은 효과(small effect size)
- $.20 < d \leq .50$: 중간수준 효과(medium effect size)
- $.50 < d \leq .80$: 큰 효과(large effect size)
- $.80 < d \leq 1.30$: 매우 큰 효과(very large effect size)

이상으로 t 테스트를 마치겠다. 마지막으로 다음과 같은 점을 특히 강조하고 싶다. 대응표본 t 테스트의 경우 개체내 요인이, 독립표본 t 테스트의 경우 개체간 요인이 예측변수(predictor variable)로 투입된다. 두 경우의 t 테스트 통계치 공식과 효과크기 측정치가 서로 비슷하지만, 조금씩 다르다. 최근에는 통계적 유의도 테스트의 오용·남용에 대한 우려에 따라 전통적 귀무가설 테스트 결과는 물론, 효과크기 측정치도 같이 제시할 것이 강하게 권고된다.

두 가지 평균의 동일성 여부를 테스트하는 경우 t 테스트는 매우 효과적이다. 하지만 비교해야 할 평균이 2개가 아니라 3개 혹은 그 이상이라면 어떨까? 여러 개의 평균을 비교해야 할 경우 t 테스트는 더 이상 사용되기 어렵다. 예를 들어 고교 재학시절 6학기 동안의 성적의 평균을 비교하는 경우는 어떨까? 즉, 대응표본 t 테스트 상황이 확장된 경우는 어떨까? 혹은 실험을 설계할 때 처치집단의 평균, 통제집단의 평균, 그리고 플라시보 집단의 평균 등 세 평균을 비교한다면 어떨까? 다시 말해, 독립표본 t 테스트의 상황이 확장된 경우는 어떨까? 제3장부터 소개될 분산분석은 이러한 상황들에 해당되는 데이터를 분석할 수 있는 통계기법이다.

---

7 원문은 다음과 같다. "… this is an operation fraught with many dangers: The definitions are arbitrary, such qualitative concepts as 'large' are sometimes understood as absolute, sometimes as relative; and thus they run a risk of being misunderstood"(Cohen, 1988, p.12).

참고문헌

백영민 (2015), 《R를 이용한 사회과학데이터분석: 기초편》, 파주: 커뮤니케이션북스.
_____ (2016), 《R를 이용한 사회과학데이터분석: 응용편》, 파주: 커뮤니케이션북스.

Allison, P. (2001), *Missing Data*, Thousand Oak, CA: Sage.

Cohen, J. (1988), *Statistical Power Analysis for the Behavioral Sciences* (2nd Ed.). Hillsdale: Lawrence Erlbaum.

Dunlap, W. P., Cortina, J. M., Vaslow, J. B., & Burke, M. J. (1996), Meta-analysis of experiments with matched groups or repeated measures designs, *Psychological Methods*, 1(2), 170-177.

Enders, C. K. (2010), *Applied Missing Data Analysis*, New York: Guilford Press.

Keselman, H. J., Algina, J., Lix, L. M., Wilcox, R. R., & Deering, K. N. (2008), A generally robust approach for testing hypotheses and setting confidence intervals for effect sizes, *Psychological Methods*, 13(2), 110-129.

Peng, C-Y, J. & Chen, L-T (2014), Beyond Cohen's d: Alternative effect size measures for between-subject designs, *The Journal of Experimental Education*, 82(1), 22-50.

Wilkinson, L., & APA Task Force on Statistical Inference (1999). Statistical methods in psychology journals: Guidelines and explanations, *American Psychologist*, 54(8), 594-604.

일원분산분석

분산분석(analysis of variance, ANOVA)은 실험설계와 그 역사를 같이 하였다. 사회조사 방법론 시간에 배우는 실험설계의 기본들, 이를테면 무작위 배치, 실험조작, 통계적 유의도 검증, 귀무가설·대안가설 등이 실험설계의 기본을 이루는데, 이때 사용되었던 통계기법이 바로 분산분석이다. 근대적 실험설계와 분산분석을 창시하고 과학적 연구방법의 반열에 올린 사람은 영국의 통계학자인 피셔(Sir Ronald Fisher)이고, 자신의 이름 알파벳 첫 글자를 딴 F 통계치가 바로 분산분석에서 사용하는 통계치다.

1. 분산분석의 작동원리

분산분석의 발전역사야 어찌되었든 분산분석은 그 이름에서 잘 드러나듯, 분산을 비교한다. 하지만 분산분석의 목적은 분산의 크고 작음을 비교하는 것이 아니라 평균의 크고 작음을 비교하는 것이다. 그런 이유 때문에 많은 통계기법 교재들에서 분산분석을 '평균비교'(comparison of means)라는 이름의 통계분석기법에 포함시킨다(이 책에서 소개하는 SPSS 역시 마찬가지다). 그렇다면 어떤 논리를 이용하여 분산분석을 통해 평균을 분석할까? 그것을 알기 위해서는 실험설계의 가장 핵심요소인 '무작위 배치'와 '실험조작'이 분산분석에서 어떤 역할을 맡고 있는지를 이해해야 한다.

우선 무작위 배치(random assignment)란 무엇인가? 연구자가 수집한 사례를 복수의 실험조건에 무작위로, 즉 어떠한 편향(bias) 없이 배치하는 것이다. 여기서 편향이라는 말을 절대로 부정적 뉘앙스를 갖는 개념으로 받아들이면 안 된다. 사실 편향이 없다는 말은 알려진 어떤 체계적 요소를 반영하지 않는다는 의미다. 몇몇 독자들에게는 놀랍게 들릴 수 있지만, 우리가 아는 '이론'(theory)은 바로 체계적 편향(systematic bias)이라고 보아도 무방하다. 다시 말해, 실험을 처음 시작하기 전에 무작위 배치를 하는 이유는 이론적 요소들을 체계적으로 배제하는 것이 목적이다. 모든 체계적 요소들이 배제되었다면 남는 것은 무엇인가? 그렇다. 바로 철저한 혼돈, 다시 말해 알 수 없는 것들만 남아 있을 뿐이다. 즉, 우연이 모든 것을 좌우하는 상태다. 이 상태에서 사례들의 관측값을 얻은 후, 그것의 분산을 구해 보자. 그렇다면 그 분산은 무엇을 의미하는가? 어떠한 체계적 요소들도 배제되었기 때문에, 우리는 왜 그 분산이 발생했는지 알지 못한다. 우리가 알 수 있는 것은 무작위 배치 후 얻은 분산은 오로지 '우연'에 의한 것일 뿐이다. 이 때문에 분산분석에서는 무작위 배치 후 얻은 분산을 '알려지지 않은 분산'(unknown variance)이라고 부른다.

이 상태에서 연구자는 실험계획에 따라 실험조작을 가한다. 이를테면 처치집단에는 처치물을 주고, 통제집단에는 처치물을 주지 않는 것이다. 이렇게 되면 뭐가 생길까? 여기부터는 이론에 따라 만들어진 체계적 편향이 투입된다. 보다 듣기 좋은 말로 하자면 '이론적 예측 가능성'이 투입된다. 무작위 배치를 통해 모든 편향이 제거된 상태이기 때문에, 실험조작을 통해 투입된 편향은 연구자가 확인할 수 있는 유일한 편향이다. 흔히 이 편향을 체계적 편향이라고 부르는데, 이것이 바로 연구가설, 좀더 넓게 보면 이론을 뜻한다. 자 이 체계적 편향 역시도 특정한 분산을 창출하는데, 이렇게 생기는 분산은 연구자가 실행한 실험조작에 의해 생성된 분산이다. 다시 말해, 연구자는 이렇게 생긴 분산의 발생원인을 이미 알고 있다(왜냐하면 연구자가 실험조작으로 창출한 분산이기 때문이다). 이 때문에 분산분석에서는 실험조작으로 생성된 분산을 '알려진 분산'(known variance)이라고 부른다.

분산분석은 무작위 배치를 통해 얻은 '알려지지 않은 분산'과 실험조작을 통해 얻은 '알려진 분산'을 비교하는 방식으로 집단의 평균값들이 서로 동일한지 여부를 테스트한다. 통제집단과 처치집단의 두 집단의 평균을 비교한다고 가정해 보자(독립표본 t 테스트가 사용된 바로 그 상황이다). 무작위 배치가 성공적이었다면 통제집단과 처치집단의 평균은 동일할 것이라고 기대하는 것이 당연하다. 여기에 실험조작을 가한 후 통제집단과 비교할 때 처치집단의 평균이 크게 상승(혹은 감소)했다면 어떨까? 이 경우 두 표본의 평균차이가 커지게 된다. t 테스트 통계치의 공식에서 분자($\overline{X_1}-\overline{X_2}$) 부분이 보여주는 것은 바로 이 평균의 차이다.

하지만 통제집단과 처치집단을 모두 모아 놓고 생각해 보자. 전체분산은 무작위 배치에 의한 분산과 실험조작에 의한 분산, 2개의 분산의 합이다. 2개의 극단적 상황을 생각해 보자. 우선 실험조작이 처참할 정도로 실패했다면 어떻게 될까? 그렇다. 전체분산의 대부분은 무작위 배치에 의한 분산, 즉 '알려지지 않은 분산'으로 구성될 것이다. 반면 실험조작이 매우 성공적이라면 어떻게 될까? 그렇다. 전체분산 중의 상당부분이 실험조작에 의한 분산, 즉 '알려진 분산'으로 구성될 것이다. 다시 말해, '알려지지 않은 분산'에 비해 '알려진 분산'이 크면 클수록 실험처치는 성공적이었다고 판단할 수 있다.

보다 구체적으로 살펴보자. 분산분석을 설명하는 책을 보면 'grand mean'[1]이라는 표현을 자주 관찰할 수 있다. 이것은 실험조건에 속하는 모든 집단들의 관측치 평균이라는 뜻이다. 통제집단과 실험집단으로 구분된 가장 단순한 상황(즉 독립표본 t 테스트가 적용되는 상황)을 한번 생각해 보자. 약간 복잡해 보여도 아래첨자를 다음과 같이 써 보자.

$$i = \text{개인 (individual)} \qquad j = \text{실험조건 (group)}$$

결과변수를 X라고 할 때, j번째 집단에 속한 i번째 개인의 X값은 X_{ij}라고 표현할 수 있다. 즉, 전체평균(grand mean)은 변수 X_{ij}의 평균을 의미한다.

이때 j번째의 실험조건에 의해 추가로 증가된(즉 실험조작으로 추가된) 평균값은 어떻게 나타낼 수 있을까? 이는 전체평균 μ에서 j번째의 실험조건에서의 평균 μ_j가 얼마나 벗어났는가를 통해 확인할 수 있다. 공식으로 표현하면 $\tau_j = \mu_j - \mu$이며, τ_j의 분산이 바로 앞에서 말했던 '알려진 분산'이다. 그렇다면 X_{ij}의 분산, 즉 전체분산에서 τ_j의 분산을 빼면 뭐가 나올까? 그렇다. 바로 '알려지지 않은 분산' 즉 우연에 의한 분산이 나온다. 다음과 같은 공식으로 표현해 보자.

$$X_{ij} = \mu + \tau_j + \epsilon_{ij}$$

위의 공식 좌변과 우변의 분산값을 구해 보자. 다음과 같은 공식으로 표현할 수 있다.

$$Var(X_{ij}) = Var(\mu + \tau_j + \epsilon_{ij})$$

우변은 분산합 법칙을 적용할 수 있다. 분산합 법칙은 독립표본 t 테스트에서 이미 설명한 바 있다. 또한 전체평균 μ는 상수이기 때문에 $Var(\mu) = 0$이 된다. 따라서,

$$Var(\mu + \tau_j + \epsilon_{ij}) = Var(\mu) + Var(\tau_j) + Var(\epsilon_{ij}) = Var(\tau_j) + Var(\epsilon_{ij})$$

---

1 표본전체의 평균이라고 번역하는 것이 좋지만, 어의(語義)에 문제가 있을 수 있기 때문에, 이 책에서는 '전체평균'이라고 번역하였다.

위의 공식을 다음과 같이 간단히 써 보자. $Var(X_{ij})$를 SS_{total}[2]이라고, $Var(\tau_j)$를 $SS_{treatment}$(혹은 $SS_{Between}$)라고 $Var(\epsilon_{ij})$를 SS_{error}(혹은 SS_{Within})라고 간략히 쓴 후 공식을 정리하면 다음과 같다.

$$SS_{total} = SS_{treatment} + SS_{error}$$

만약 실험집단이 k개라고 가정하면, 집단 1개당 알려진 분산은 다음과 같이 계산할 수 있다. $SS_{treatment}$를 $k-1$로 나누면 된다(왜냐하면 전체평균 μ를 계산하면서 k에 1을 빼 주어야 한다. 이에 대해서는 자유도 개념을 떠올리길 바란다). 그렇다면 SS_{error}는 무엇으로 나누어 주어야 할까? 기본적으로 무작위 배치는 사례별로 이루어져 있다. 다시 말해 SS_{error}는 사례수로 나누어 주어야 한다. 하지만 표본수 n을 기준으로 볼 때 μ를 계산하느라 1의 자유도를, 또한 집단 1개당 실험처치 효과를 알아보기 위해 $SS_{treatment}$를 $k-1$로 나누었기 때문에 $k-1$의 자유도를 이미 사용했다. 즉, SS_{error}는 $n-1-(k-1)$로 나누어 주어야 한다.

SS를 자유도로 나누어 준 값을 평균제곱합(mean sum of squares, MS)라고 부른다. 즉, $MS_{treatment}$는 실험조작 하나당 평균제곱값을, MS_{error}는 무작위 배치 하나당 평균제곱값을 의미한다고 볼 수 있다. 분산분석에 사용되는 통계치 F는 $MS_{treatment}$를 MS_{error}로 나누어준 통계치를 뜻한다. 만약 실험조작 하나당 평균제곱값이 무작위 배치 하나당 평균제곱값에 비해 월등히 크다면, 우리는 실험조작을 통해 얻은 '알려진 분산'이 무작위 배치를 통해 얻은 '알려지지 않은 분산'보다 월등히 크다는 것을 알 수 있다. 다시 말해, 이론에 기반한 예상에 부합되는 방식으로 실험조작이 성공했다는 것을 알 수 있다.

2. 일원분산분석의 가정과 분산동질성 가정 충족시 일원분산분석 방법

앞에서는 분산분석의 원리를 간단하게 살펴보았다. 위와 같은 분산분석을 흔히 일원분산분석(oneway analysis of variance, oneway ANOVA)라고 부른다. '일원'(oneway)라는 말이 붙은 이유는 분산분석에 투입된 요인(더 정확하게는 개체간 요인)이 하나이기 때문이다. 만약 개체간 요인이 2개가 투입되면 이원분산분석(twoway ANOVA)라고 불리며, n개가

---

2 SS는 Sum of Squares의 약자다. 번역하면 제곱합, 즉 분산이다.

투입되었다면 n원분산분석(n-way ANOVA)라고 불린다. 투입되는 요인이 2개 이상인 경우는 제4장에서, 그리고 개체내 요인이 투입되는 경우는 제7장에서 소개하도록 하겠다.

이제 분산분석에서의 가정들을 살펴보자. 통계적 가정은 가정일 뿐이다. 다시 말해, 가정이 지켜지지 않았다고 해서 분산분석을 반드시 쓰지 못하는 것은 아니다. 단, 통계적 가정이 충족되지 못했을 때는 분산분석을 실시할 때 매우 조심해야 하고, 가정의 위반 정도가 심각할 경우 어떻게 위반된 가정으로 인한 문제점들을 해결 혹은 완화할 수 있는지 곰곰이 생각해 보아야 한다.

통계적 가정을 살펴보면 다음과 같다. 첫째, 비교하는 집단들의 분산동질성(homogeneity of variance)이 가정된다. 쉽게 말해 각 실험조건들의 분산은 서로서로 같다고 가정한다는 뜻이다. 독립표본 t테스트에서 분산의 동질성을 가정했던 것을 떠올리길 바란다. 분산분석에서도 마찬가지다. 앞에서 전개했던 공식을 잘 따져 보면 그 이유를 쉽게 떠올릴 수 있을 것이다. 이 책의 내용을 잘 읽어 보면 독자들은 다음과 같은 두 가지 가정이 있다는 것을 느낄 것이다. 첫째, 무작위 배치가 성공적이면 각 실험조건별로 분산은 동일하다. 둘째, 실험조작은 실험조작된 실험조건에 속하는 집단의 평균을 증가·감소시키지만, 실험조건 내의 분산에는 영향을 끼치지 않는다[$Var(\epsilon_1) = Var(\epsilon_2) = ... = Var(\epsilon_j)$]. 사실 이는 $X_{ij} = \mu + \tau_j + \epsilon_{ij}$ 공식에서 명확하게 드러나 있다. 즉, μ_j이 변한다고 ϵ_{ij}이 변하지 않는다(두 항은 더하기로 표현되어 있을 뿐이다). 흔히 분산분석의 오차항은 $\epsilon_{ij} \sim NID(0, \sigma^2)$라고도 표현된다. 공식에서 잘 나타나지만 정규성 가정은 분산동질성 가정이 성립해야 가능하다. 그 이유는 바로 σ^2라는 표현에 잘 나타나 있다. 쉽게 말해 공식에 투입되는 분산은 단 하나다. 만약 집단별로 분산이 다르다고 가정하면 어떻게 해야 할까? 이 문제를 해결하면서 나온 최신 통계분석이 바로 다층모형(multi-level model) 혹은 위계적 선형모형(hierarchical linear model, HLM)이다.

현실적으로 분산동질성 가정은 논란의 여지가 많다. 이는 직관적으로 보아도 그러하다. 같은 실험조건에 속한 사람들에게 실험조작을 가하면 어떻게 될까? 민감한 사람은 실험자극을 받으면 큰 변화를 보이지만, 무딘 사람은 실험자극을 받아도 별다른 변화를 보이지 않는다. 다시 말해, 실험조작이 가해진 실험집단의 경우 실험조작 이전에 비해 실험조작 후에 분산이 변동할 가능성이 높다. 하지만 통제집단의 경우는 어떨까? 자극을 받지 않았으니, 민감한 사람이든 무딘 사람이든 상관없이 분산이 변할 이유가 없다. 이렇게 본다면 처치집단과 통제집단의 분산이 다르다고 가정하는 것이 오히려 자연스러운 반면, 분산동질성을 가정하는 것 자체가 부자연스럽게 느껴질 수도 있다.

둘째, 결과변수의 정규성(normality) 가정이다. 분산을 이용해 분석하기 때문에, 분산을 구할 수 없는 균등분포(uniform distribution)나 이항분포 등은 분산분석에서 사용하기에 타당하지 않다. 앞에서 설명했던 분산동질성 가정이 성립한다고 해도 결과변수가 정규분포를 따르는가의 문제는 또 별개다. 그렇다면 결과변수가 정규분포를 따르지 않는 경우는 어떨까? 이 경우 일단 정규분포에서 얼마나 어긋나 있는지에 대한 판단을 먼저 수행해야 한다. 즉, 정규분포라고 보기 어려우면 어려울수록 분산분석 결과가 오류에 빠질 가능성은 더 높아진다. 그러나 수많은 시뮬레이션 결과, 결과변수가 정규분포를 따르지 않아도 분산분석 결과는 상당히 강건하다고(robust) 알려져 있다(물론 정규분포에서 벗어나면 벗어날수록 제1종 오류를 범할 가능성은 상대적으로 증가한다).

셋째는 사례들의 독립성(independence) 가정이다. 이 가정은 분석의 사례들이 서로에 대해 독립적이라는 가정이다. 독립성 가정(independence assumption)에 대해서는 독립표본 t 테스트에서 이미 설명한 바 있다. 즉, 독립표본 t 테스트에서 분산을 설명할 때, 분산합 법칙을 설명한 바 있음을 기억할 것이다. 각 집단에 배치된 사례들은 각 집단에 대해 독립적이다. 이제 이것을 각 집단 내부에도 적용시키면 된다. 하지만 이 가정은 모든 분산분석에서 적용되지 않는다. 나중에 다룰 반복측정분산분석이나 다변량분산분석의 경우 이 가정은 적용되지 않는다(왜냐하면 개체내 요인으로 묶이는 변수들의 경우 각 변수는 다른 변수에 대해 독립적이지 않고 종속적이기 때문이다). 왜 그런지 그 이유는 대응표본 t 테스트에서 이미 설명하였다. 독자들은 대응표본 t 테스트를 종속적 t 테스트라고 부르는 이유가 무엇인지 다시 떠올리길 바란다.

만약 위의 가정들을 모두 충족시켰다면 분산분석의 오차항은 다음과 같이 가정된다.

$$\epsilon_{ij} \sim NID(0, \sigma^2)$$

위의 표현은 간단하지만 언급한 모든 내용이 다 포함된다. NID란 *normally independently distributed*, 즉 분석에 포함되는 사례들은 상호독립적이며 정규분포를 따르도록 분포되어 있다는 뜻이며, 괄호 속의 0은 오차의 평균을 σ^2는 오차항의 분산을 의미한다.

$\epsilon_{ij} \sim NID(0, \sigma^2)$를 가정한 후, '예시데이터_3장_01. sav' 데이터에 분산분석을 적용해 보자. 우선은 수계산을 실시한 후, SPSS를 이용해 분산분석을 실시하도록 하겠다.

통상적인 α 레벨을 기준으로 받아들인다면, 가장 먼저 해야 할 일은 귀무가설과 대안가설을 세우는 일이다. 앞에서 설명한 것처럼 분산분석은 실험처치로 인한 분산이 무작위배치로 인한 분산에 비해 월등히 큰지를 테스트하는 기법으로 실험처치에 따른 집단간 평균차이가 유의미한지 테스트하는 것이 주목적이다. 〈그림 3-1〉에서 잘 나타나듯, '예시데이터_3장_01. sav' 데이터에는 총 3개의 집단들이 존재한다. 만약 실험처치가 실패했다면 세 집단의 평균은 동일할 것이다. 그러나 실험처치가 성공적이라면 세 집단의 평균은 최소 한 쌍 이상에서 차이가 나타날 것이다.

그림 3-1 분산분석 적용 데이터의 예 (예시데이터_3장_01.sav)

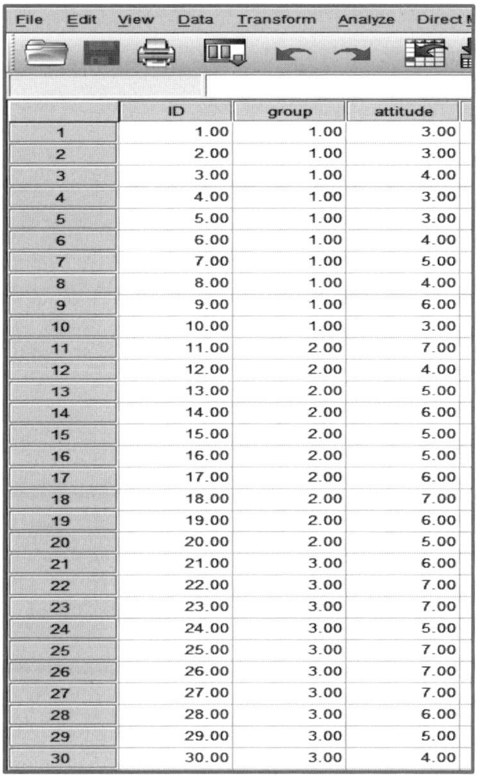

	ID	group	attitude
1	1.00	1.00	3.00
2	2.00	1.00	3.00
3	3.00	1.00	4.00
4	4.00	1.00	3.00
5	5.00	1.00	3.00
6	6.00	1.00	4.00
7	7.00	1.00	5.00
8	8.00	1.00	4.00
9	9.00	1.00	6.00
10	10.00	1.00	3.00
11	11.00	2.00	7.00
12	12.00	2.00	4.00
13	13.00	2.00	5.00
14	14.00	2.00	6.00
15	15.00	2.00	5.00
16	16.00	2.00	5.00
17	17.00	2.00	6.00
18	18.00	2.00	7.00
19	19.00	2.00	6.00
20	20.00	2.00	5.00
21	21.00	3.00	6.00
22	22.00	3.00	7.00
23	23.00	3.00	7.00
24	24.00	3.00	5.00
25	25.00	3.00	7.00
26	26.00	3.00	7.00
27	27.00	3.00	7.00
28	28.00	3.00	6.00
29	29.00	3.00	5.00
30	30.00	3.00	4.00

즉, 분산분석은 독립표본 t 테스트와 비교할 때, 귀무가설은 간단하지만, 대안가설은 상당히 복잡하다. 대안가설의 복잡성 문제로 인해 분산분석은 사후비교 혹은 계획비교와 같은 추가적 분석이 필요하다. 사후비교와 계획비교에 대해서는 나중에 다시 언급하기로 하고, 여기서는 분산분석의 귀무가설 테스트에만 주목하도록 하자. 귀무가설과 대안가설을 작성하면 다음과 같다.

$H_0 : M_1 = M_2 = M_3$

$H_A : M_1 \neq M_2,\ M_1 \neq M_3,\ M_2 \neq M_3$ 중 최소 하나 이상이 해당됨.

멀리 돌아가는 것 같아도 우선은 하나하나 단계에 맞게 수계산을 해보도록 하자. SPSS의 명령문에 익숙해지기 위해 SPSS 명령문을 이용해 수계산을 실시하도록 하겠다. 우선 전체평균인 μ를 구해 보자. 또한 각 집단별 평균인 μ_j도 구해 보자. 이를 위해서는 아래의 MEANS TABLES라는 이름의 SPSS 명령문을 실행하면 편리하다.

```
*전체평균 mu 와 집단별 평균 mu_j를 구한다.
MEANS TABLES attitude BY group / CELLS = MEAN.
```

Report

Mean

실험집단	응답자 태도
통제집단	3.8000
실험집단 1	5.6000
실험집단 2	6.1000
Total	5.1667

우선은 SS_{total}을 구해 보자. 다음과 같은 방식으로 새로운 변수를 설정한 후, 세 변수의 총합(sum)을 구하면 SS_{total}을 얻을 수 있다. 계산 결과 $SS_{total}=58.17$인 것을 확인할 수 있었다.

*먼저 SS_total 을 구하였다.
COMPUTE SS_total = (attitude − 5.1667) * (attitude − 5.1667).
DESCRIPTIVES SS_total / STATISTICS=SUM.

Descriptive Statistics

	N	Sum
SS_total	30	58.17
Valid N(listwise)	30	

다음으로 실험처치에 따른 분산, 즉 '알려진 분산'을 구해 보자. 세 집단이 있기 때문에 세 집단의 평균을 각각 조건에 맞게 넣었다(IF 명령문 참조). 이후 $SS_{treatment}$를 구한 과정은 아래와 같다. 계산결과 $SS_{treatment}=29.27$의 결과를 얻을 수 있었다.

*다음으로 SS_treatment를 구하였다.
COMPUTE mu_j = 3.8.
IF (group = 2) mu_j = 5.6.
IF (group = 3) mu_j = 6.1.
COMPUTE SS_treat = (attitude −mu_j)*(attitude −mu_j).
DESCRIPTIVES SS_treat / STATISTICS=SUM.

Descriptive Statistics

	N	Sum
SS_treat	30	29.27
Valid N(listwise)	30	

이제 SS_{error}를 구할 수 있다. SS_{total}에서 $SS_{treatment}$를 뺀 값이 바로 SS_{error}이다.

$$SS_{error} = SS_{total} - SS_{treatment} = 58.17 - 29.27 = 28.90$$

이제 $SS_{treatment}$의 자유도(df)와 SS_{error}의 자유도를 구해 보자. 위의 데이터에는 3개의 집단들이 존재한다. 따라서 $SS_{treatment}$의 자유도는 $k-1 = 3-1 = 2$이 된다. 또한 SS_{error}의 자유도는 $n-1-(k-1) = 30-1-(3-1) = 27$이 된다.

SS와 df를 이용하여 평균제곱합(MS)을 구하면 $MS_{treatment} = \dfrac{29.27}{2} = 14.64$가 되고, $MS_{error} = \dfrac{28.90}{27} = 1.07$이 된다.

이제 F 테스트 통계치를 구해 보자. $F = \dfrac{MS_{treatment}}{MS_{error}} = \dfrac{14.64}{1.07} = 13.68$이다. 처치효과의 자유도가 2이고, 오차의 자유도가 27일 경우 F 테스트 통계치의 통계적 유의도를 구해 보면 $p = .00008$이 나온다.

이 결과들을 〈표 3-1〉과 같은 형태의 표로 정리해 보자. 〈표 3-1〉은 흔히 분산분석 표 (ANOVA table)라고 불린다.[3]

표 3-1 분산분석 표

	df	SS	MS	F	p
처치	2	29.27	14.63	13.68	.00008
오차	27	28.90	1.07		
모형전체	29	58.17			

물론 SPSS와 같은 통계처리 프로그램을 사용하는 이유는 수계산에 따른 시간을 절약하기 위한 것이고, 따라서 위와 같은 과정을 거칠 필요는 없다. 아래와 같이 UNIANOVA 명령문을 이용해 위의 데이터의 분산분석 결과를 쉽게 얻을 수 있다. 명령문의 작성은 복잡하지 않다. UNIANOVA 뒤에 결과변수를 제시하고 BY 다음에 개체간 요인을 넣으면 된다. 또한 /PRINT 하위명령문을 통해 세 가지 통계치를 보고할 것을 SPSS에 요청하였다. ETASQ 는 효과크기 측정치인 $\eta^2_{partial}$이다(일원분산분석의 경우에 한해 η^2와 $\eta^2_{partial}$는 동일하다). $\eta^2_{partial}$에 대해서는 조금 후에 자세히 설명하도록 하겠다. HOMOGENEITY를 지정하면 집단별 분산동질성을 테스트할 수 있다. DESCRIPTIVE를 지정하면 실험집단의 평균과 표준편차, 사례수와 같은 기술통계치들이 보고된다. 끝으로 /DESIGN 하위명령문에는 개체간 요인을

---

[3] 학계의 표준인 미국심리학회 스타일(American Psychological Association style, APA style)과는 조금 형태가 다르다. 왜냐하면 APA 스타일은 효과크기 측정치인 $\eta^2_{partial}$을 제시하기 때문이다. APA 스타일에 맞는 표는 $\eta^2_{partial}$을 추가로 제시하면 된다.

넣으면 된다. 일원분산분석의 경우 /DESIGN 하위명령문이 간단하지만, 요인이 2개 이상 투입되는 경우 /DESIGN 하위명령문을 어떻게 작성하는가의 문제가 중요해진다.

```
*일원분산분석.
UNIANOVA attitude BY group
/PRINT = ETASQ HOMOGENEITY DESCRIPTIVE
/DESIGN = group.
```

Descriptive Statistics

Dependent Variable: 응답자 태도

실험집단	Mean	Std. Deviation	N
통제집단	3.8000	1.03280	10
실험집단 1	5.6000	.96609	10
실험집단 2	6.1000	1.10050	10
Total	5.1667	1.41624	30

Levene's Test of Equality of Error Variances[a]

Dependent Variable: 응답자 태도

F	df1	df2	Sig.
.112	2	27	.894

Tests the null hypothesis that the error variance of the dependent variable is equal across groups.
a. Design: Intercept + group

Tests of Between-Subjects Effects

Dependent Variable: 응답자 태도

Source	Type III Sum of Squares	df	Mean Square	F	Sig.	Partial Eta Squared
Corrected Model	29.267[a]	2	14.633	13.671	.000	.503
Intercept	800.833	1	800.833	748.183	.000	.965
group	29.267	2	14.633	13.671	.000	.503
Error	28.900	27	1.070			
Total	859.000	30				
Corrected Total	58.167	29				

a. R Squared = .503(Adjusted R Squared = .466)

결과는 위와 같다. 기술통계치인 'Descriptive Statistics'을 해석하는 것은 어렵지 않을 것이다(제1장에서 이미 설명하였기 때문이다). 세 번째의 결과물인 'Levene's Test of Equality of Error Variances'에서는 분산동질성 테스트 결과를 얻을 수 있다. $p = .89$로 나타나 세 집단의 분산은 서로 동일하다는 귀무가설을 받아들일 수 있다. 즉, 분산분석의 두 번째 가정을 데이터에서 확인할 수 있다.

마지막의 'Tests of Between-Subjects Effects'는 가장 중요한 결과물이다. 우선 'Source'라고 된 부분의 group과 Error, Corrected Total, 이 세 부분은 각각 '실험처치', '오차', '모형전체'를 뜻한다. 위에서 우리가 수계산으로 계산한 결과와 비교하여 보자. 어떤가? 결과가 동일함을 발견할 수 있을 것이다.

그렇다면 나머지는 무엇을 뜻할까? 우선 Intercept라고 된 부분은 앞에서 소개했던 전체평균 μ에 해당된다. attitude 변수의 평균은 5.17이다. Intercept라고 된 부분은 $H_0 : \mu = 0$이라는 귀무가설 테스트 결과다(5.17이 평균이니 0보다 큰 것은 사실 당연하다고 보아야 할 것이다). μ는 집단비교를 위한 기준이기 때문에, 이 자체의 테스트 결과에는 사실 큰 의미가 없다. 다섯 번째 줄의 Total이라고 된 부분은 Intercept, 개체간 요인 group, 오차항인 Error가 모두 포함된 SS를 뜻한다. Intercept에 특별한 의미를 부여하는 경우가 아니라면, 마찬가지로 큰 의미는 없다. 끝으로 맨 윗줄의 Corrected Model은 모형에 포함된 요인들의 총효과를 뜻한다. 현재 모형에 투입된 개체간 요인은 group밖에 없기 때문에 Corrected Model에서의 df와 SS는 group의 df와 SS와 동일하다.[4]

마지막 세로줄의 Partial Eta Squared가 무엇인지 설명하겠다. 이는 $\eta^2_{partial}$이며 효과크기 측정치를 뜻한다. t 테스트를 다루면서 Cohen's d를 다룬 바 있다. 사례수에 영향을 받지 않는다는 점은 동일하지만, $\eta^2_{partial}$은 Cohen's d와 효과크기를 바라보는 관점이 상당히 다르다. Cohen's d의 공식은 여러 형태로 나타나지만, 핵심은 두 집단의 평균값 차이를 표준편차로 나누어 준 값이다. 다시 말해, 표준편차 1단위의 증가에 따른 평균차이는 얼마인지 보여주는 통계치다. 반면 $\eta^2_{partial}$은 전체분산 중 요인이 설명하는 분산의 비율은 얼마인가를 보여주는 통계치다. 즉, $\eta^2_{partial}$은 0과 1 사이에 움직일 수밖에 없다. 효과크기 측정치를 소개하는 문헌에서는 흔히 효과크기 측정치를 'd계열'과 'r계열'로 나누는데, 'd계열'에 속하는 가장 대표적인 통계치가 Cohen's d이며, 'r계열'에 속하는 가장 대표적인 통계치가 $\eta^2_{partial}$이다. $\eta^2_{partial}$을 r계열이라고 부르는 이유는 상관계수의 제곱값이 바로 분산값이기 때문이다. 이에 대해서는 상관관계분석(제5장)과 일반최소자승 회귀분석(제10장)에서 다시 자세히 설명하기로 한다. $\eta^2_{partial}$의 공식은 다음과 같다.

$$\eta^2_{partial} = \frac{SS_{treatment}}{SS_{total}} = \frac{1}{1 + \dfrac{df_{error}}{F \times df_{treatment}}}$$

---

4 MS, F, p의 경우, df와 SS를 기반으로 계산하면 된다.

공식에서 나타나듯 $\eta^2_{partial}$을 계산하려면 전체모형의 제곱합인 SS_{total}과 실험요인의 제곱합인 $SS_{treatment}$를 알고 있거나, $F(df_1, df_2)$를 알아야 한다. 바로 이 때문에, 대부분의 논문에서 $F(df_1, df_2)$를 밝힐 것을 요구한다. 위의 분석결과를 예로 들자면 어떤 연구자가 $F(2, 28) = 13.67$이라는 결과만 보여주고, $\eta^2_{partial}$을 보고하지 않았다고 하더라도 논문을 읽는 사람은 $\eta^2_{partial}$을 위의 공식을 이용해 수계산할 수 있다. 하지만 최근에는 거의 대부분의 논문들이 분산분석 결과를 보고할 때, 테스트 통계치와 통계적 유의도는 물론 효과크기 측정치를 보고하도록 요구한다. 따라서 위의 결과를 논문에 보고한다면 $F(2, 29) = 13.67$, $p < .001$, $\eta^2_{partial} = .50$이라는 방식으로 보고하면 된다.

SPSS에서는 제공되지 않는데, 독자들은 상황에 따라 $\eta^2_{partial}$이 아니라 $\omega^2_{partial}$ (부분오메가제곱)을 보고할 것을 요구받는 경우도 있을 수 있다. $\omega^2_{partial}$은 $\eta^2_{partial}$의 공식을 보다 보수적으로 적용한 통계치다. $\omega^2_{partial}$의 공식은 아래와 같다.

$$\omega^2_{partial} = \frac{SS_{treatment} - (k-1)MS_{error}}{SS_{total} + MS_{error}}$$

여기서 분자에서는 오차의 평균제곱을 빼 주고(집단의 수가 많으면 많을수록 더 많이 빼 준다), 분모에서는 오차의 평균제곱을 더해 주었다. 즉, 분자는 작아지고 분모는 커지기 때문에, $\eta^2_{partial}$에 비해 $\omega^2_{partial}$은 더 작은 값을 갖기 쉽다. SPSS에서는 지원이 안 되지만, $\omega^2_{partial}$을 수계산하는 것은 어렵지 않다. 아래의 과정과 같이 $\omega^2_{partial}$은 $\eta^2_{partial} = .50$에 비해 작은 .458의 값이 나온 것을 확인할 수 있다.

$$\omega^2_{partial} = \frac{29.267 - (3-1) \times 1.070}{58.167 + 1.070} = \frac{27.127}{59.237} = .458$$

3. 분산동질성 가정 위배 시 일원분산분석

이제는 조금 복잡하면서도 까다로운 부분을 살펴보자. 앞에서 우리가 살펴본 결과는 분산동질성을 가정한 상태에서 진행된 결과이다. 실제로 분산동질성 테스트 결과 역시 $F(2, 27) = .11$, $p = .89$였기 때문에 분산동질성을 가정하는 것이 크게 비현실적인 것은 아니다. 하지만 분산동질성을 가정하기 어려운 경우는 어떨까? 우선 분산동질성 가정이 성립되기 어려운 상황에서 독립표본 t 테스트는 어떻게 했는지 떠올려 보자. 이 경우에 t분포 대신에 t'분포를 사용하였고, 이 과정에서 자유도(df)를 조정했던 것을 기억할 것이다. 분산분석에서도 마찬가지다. F분포 대신 F''분포를 사용하고〔F 옆에 방점$(')$이 2개 붙는 것에 주의하라〕, 이에 따라 자유도를 더 작게 조정하면 된다. F'' 테스트 통계치의 공식은 아래와 같다. 공식이 매우 복잡해 보이기는 하지만, 가만히 침착하게 살펴보면 놀라울 정도로 t' 테스트 통계치 공식에 반영된 웰치-새터스웨이트의 해와 유사함을 발견할 수 있을 것이다.

$$F'' = \frac{\dfrac{\Sigma w_k (\overline{X_k} - \overline{X_{\cdot}'})^2}{k-1}}{1 + \dfrac{2(k-2)}{k^2-1} \Sigma \left(\dfrac{1}{n_k-1}\right)\left(1 - \dfrac{w_k}{\Sigma w_k}\right)^2}$$

여기서 $w_k = \dfrac{n_k}{s_k^2}$이며, $\overline{X_{\cdot}'} = \dfrac{\Sigma w_k \overline{X_k}}{\Sigma w_k}$임.

$$F'' \sim F((k-1),\, df')$$

$$df' = \frac{k^2-1}{3\Sigma\left(\dfrac{1}{n_k-1}\right)\left(1 - \dfrac{w_k}{\Sigma w_k}\right)^2}$$

공식이 참 복잡해 보일 것이다. 하지만 겁먹지 말자. 공식을 잘 살펴보면 공식이 전달하고자 하는 의미 자체는 크게 어렵지는 않다. F''의 분모와 분자는 각각 집단내 분산과 집단간 분산이다. 다른 점이 있다면 $w_k = \dfrac{n_k}{s_k^2}$라는 가중치를 이용하여 수정을 시도했다는 점이다. df' 역시도 마찬가지다. 결국 수정되는 것은 집단내 분산값이다(앞에서 소개한 $X_{ij} = \mu + \mu_j + \epsilon_{ij}$에서 분산동질성 가정이 적용되는 부분이 ϵ_{ij}인 것은 분산분석의 가정 부분을 소개할 때 이미 설명한 바 있다).

예시 데이터를 통해 분석해 보자. '예시데이터_3장_02.sav'는 앞에서 분석했던 '예시데이터_3장_01.sav'와 그 형태가 동일하지만, 실험집단에 따라 attitude 변수의 분산동질성을 가정하기 어렵다. 데이터를 열어 본 후, 앞서 우리가 사용했던 UNIANOVA 명령문을 이용해 분산분석을 실시한 결과는 다음과 같다.

*예시데이터_3장_02.sav 데이터 분석.

*일원분산분석.

UNIANOVA attitude BY group

/PRINT = ETASQ HOMOGENEITY DESCRIPTIVE

/DESIGN = group.

Levene's Test of Equality of Error Variances[a]

Dependent Variable: 응답자 태도

F	df1	df2	Sig.
3.369	2	27	.049

Tests the null hypothesis that the error variance of
the dependent variable is equal across groups.
a. Design: Intercept + group

Tests of Between-Subjects Effects

Dependent Variable: 응답자 태도

Source	Type III Sum of Squares	df	Mean Square	F	Sig.	Partial Eta Squared
Corrected Model	40.067[a]	2	20.033	17.281	.000	.561
Intercept	885.633	1	885.633	763.965	.000	.966
group	40.067	2	20.033	17.281	.000	.561
Error	31.300	27	1.159			
Total	957.000	30				
Corrected Total	71.367	29				

a. R Squared = .561(Adjusted R Squared = .529)

 분산동질성 테스트 결과를 살펴보자. $F_{(2,\ 27)} = 3.37$, $p < 0.49$가 나왔다. 통계적 유의도 테스트 결과를 따른다면, 세 집단의 분산은 서로 동질적이지 않다고 보는 것이 합당하다. 하지만 위의 분산분석 표에서 얻은 결과인 $F_{(2,\ 27)} = 17.28$, $p < .001$, $\eta^2_{partial} = .56$은 분산의 동질성을 가정한 상태에서 얻은 결과다. 다시 말해, F'' 통계치가 아니며, df_2 역시 조정되지 않은 값이다. 위의 공식을 적용하여 수계산을 하는 것도 한 가지 방법이지만, 이 경우 계산이 복잡해서 실수할 우려도 적지 않다. 무엇보다 SPSS의 다른 명령문을 사용하면 더 쉽게 이 문제를 해결할 수 있다. 아래의 명령문을 실행시켜 보자. ONEWAY 명령문에 /STATISTICS 하위명령문에서 WELCH를 지정하면 F''와 df_2'을 구할 수 있다.

*분산동질성 가정을 적용하지 않는 경우.
ONEWAY attitude BY group
/STATISTICS = HOMOGENEITY WELCH.

Test of Homogeneity of Variances
응답자 태도

Levene Statistic	df1	df2	Sig.
3.369	2	27	.049

ANOVA
응답자 태도

	Sum of Squares	df	Mean Square	F	Sig.
Between Groups	40.067	2	20.033	17.281	.000
Within Groups	31.300	27	1.159		
Total	71.367	29			

Robust Tests of Equality of Means
응답자 태도

	Statistic[a]	df1	df2	Sig.
Welch	10.207	2	14.937	.002

a. Asymptotically F distributed.

위의 결과물의 맨 마지막 'Robust Tests of Equality of Means'를 보길 바란다. 즉, $F''(2, 14.94) = 10.21$, $p = .002$인 결과를 발견할 수 있다. 일단 결과를 보면 알겠지만, F''의 값은 F보다 작으며, df_2'의 값은 df_2보다 작다. 이에 따라 통계적 유의도 값은 $< .001$에서 $.002$로 크게 늘었다. 물론 $\alpha = .05$를 귀무가설을 기각하는 기준으로 삼았을 때, 통계적 의사결정, 즉 "귀무가설을 기각한다"는 결정은 동일하다.

그러나 저자들이 알고 있는 범위에서 분산분석에서 F''과 df_2'을 사용하는 경우는 거의 없었다. 우선 SPSS를 사용하는 경우, 명령문의 이름인 ONEWAY에서도 잘 나타나듯 F''과 df_2'을 사용할 수 있는 경우는 오직 일원분산분석일 때뿐이다. 앞으로 설명할 이원분산분석이나 반복측정분산분석의 경우 F''와 df_2'을 사용하기 어렵다.[5]

---

5 불가능한 것은 아니지만, 대부분의 상용 통계처리 프로그램들에서는 지원되지 않는다. 만약 수계산을 원하는 독자는 다음의 논문들을 참조하길 바란다(Algina & Olejnik, 1984; Brown & Forsythe, 1974).

4. 사후비교를 이용한 집단 사이의 평균비교

지금까지 분산분석의 원리를 살펴보고, 일원분산분석을 어떻게 실시하는지 살펴보았다. 반복되는 것이기는 하지만, 집단 사이의 평균비교를 이해하는 데 필수적인 내용을 다시 정리하고 시작해 보자. 우선 분산분석의 원리는 무작위 배치를 통해 얻어진 알려지지 않은 분산과 실험조작을 통해 얻은 알려진 분산의 비율을 비교하여, 알려진 분산이 알려지지 않은 분산에 비해서 충분히 큰지를 테스트하는 기법이다. 이후 '알려진 분산'과 '알려지지 않은 분산'의 제곱합(SS)을 구하고, 각 분산과 관련된 자유도(df)를 얻은 후, 제곱합을 자유도로 나누어 준 평균제곱(MS)을 계산한 후 이 평균제곱의 비율을 구한 것이 바로 F값이다. $F(df_1, df_2)$와 같은 형태로 나타나며, t분포와는 달리 F분포는 분산분석에 투입된 집단이 몇 개인지(보통 k로 표기), 또한 분석에 사용된 사례가 몇 개인지(흔히 사례수 n으로 표기)에 따라 F 테스트 통계치의 통계적 유의도를 계산할 수 있다. 보다 구체적으로 $F((k-1), (n-k-1))$의 형태를 갖는다.

　사후비교(post hoc comparison), 그리고 다음에 설명할 계획비교가 필요한 이유는 분산분석에서 비교하는 집단이 보통 3개 이상이기 때문이다(2개 집단인 경우도 분산분석을 실시할 수는 있지만, 대개의 경우 독립표본 t 테스트를 실시한다). 테스트 통계치가 2개의 전체평균을 비교하는 독립표본 t 테스트와는 달리, 분산분석의 귀무가설은 비교하는 집단 사이에서 "최소 한 쌍 이상의 평균차이가 존재한다면" 귀무가설을 기각할 수 있다. 바로 이 때문에, 집단의 수가 많으면 많을수록 분산분석에서는 귀무가설을 기각하기 쉽다.

　"최소 한 쌍 이상의 평균차이가 존재한다면"이라는 표현을 보다 정확하게 이해하기 위해서는 오차율(error rate)이라는 개념을 보다 확실하게 이해해야 한다. 예를 들어 세 집단의 평균을 비교하는 분산분석 사례를 가정해 보자. 다시 말해, 여기서 테스트하고자 하는 귀무가설은 $H_0 : M_1 = M_2 = M_3$이다. 두 집단의 평균을 비교하는 독립표본 t 테스트와 세 집단의 평균(정확하게 3개의 평균 쌍)을 비교하는 분산분석에서 $\alpha = .05$라는 기준을 동일하게 적용하면 어떨까? 어쩌면 이는 공정치 않은(unfair) 비교일지도 모른다. 왜냐하면 독립표본 t 테스트의 경우 $M_1 = M_2$ 하나에 $\alpha = .05$를 적용하지만, 세 집단의 평균을 비교하는 분산분석의 경우 $M_1 = M_2$, $M_1 = M_3$, $M_2 = M_3$ 3개에 $\alpha = .05$를 적용하기 때문이다. 다시 말해, 비교되는 평균쌍을 기준으로 생각하면 세 집단의 평균을 비교하는 분산분석은 독립표본 t 테스트에 비해 $\alpha = .05$를 적용할 때 귀무가설을 기각할 가능성이 훨씬 더 높다.

　일원분산분석의 사후비교와 관련하여 두 가지의 오차율 개념이 등장한다. 첫째, '비교당 오차율'(error rate per comparison, PC)은 비교되는 평균의 쌍을 기준으로 계산된 오차율을 의미한다. 둘째, '족내(族內) 오차율'(familywise error rate, FW error rate)이다.

'족'(族, family)이라는 표현에서 알 수 있듯, 족내 오차율은 어떤 집단(들)과 어떤 집단(들)을 비교하는가에 따라 나타나는 여러 개의 비교당 오차율들이 누적되어 전체(즉 族)에 적용된 오차율을 의미한다.

우선 비교당 오차율을 살펴보자. 독립표본 t 테스트에 적용되는 비교당 오차율은 바로 .05다(왜냐하면 적용되는 비교 쌍이 바로 하나뿐이기 때문이다). 또한 독립표본 t 테스트를 전체(즉 족)로 보는 족내 오차율 역시 .05다. 복잡해 보이더라도 다음과 같이 표현해 보자.

$$\alpha_{FW} = 1 - (1 - \alpha_{PC})^1 = 1 - (1 - .05)^1 = .05$$

반면 세 집단의 평균을 비교하는 분산분석의 상황을 살펴보자. 우선 비교당 오차율을 .05로 적용해 보자. 이 경우 3개의 비교쌍들을 비교하면서 누적되는 오차율은 아래의 공식과 같이 계산된다. 세 집단의 평균을 비교하는 분산분석에서는 세 쌍의 평균을 한 번에 비교해야 한다. 비교되는 평균 세 쌍을 하나의 집단으로 간주할 때, 구체적으로 족내 오차율은 다음과 같이 계산된다.

$$\alpha_{FW} = 1 - (1 - \alpha_{PC})^3 = 1 - (1 - .05)^3 \approx .143$$

바로 이 이유 때문에 분산분석 결과로 얻은 F 테스트 통계치의 결과로는 $M_1 = M_2$, $M_1 = M_3$, $M_2 = M_3$ 중 어느 쌍에 통계적으로 유의미한 차이가 있는지 $\alpha = .05$, 더 정확하게는 비교당 오차율 .05를 적용할 수 없다. 다시 말해, 비교당 오차율을 .05로 설정한 후 이를 족내에 적용할 경우, 위에서 볼 수 있듯 족내 오차율에서의 α는 .05보다 훨씬 더 큰 .143이 된다. α 값이 커진다는 것은 제1종 오류가 늘어났다는 말이며, 이는 통계적 의사결정에서 기피하는 상황이다. 참고로 분산분석에서 네 집단을 비교하는 경우, 족내 오차율은 .185가 되고, 다섯 집단의 경우 .226이 된다. 즉, 비교되는 집단의 수가 크면 클수록 비교당 오차율을 .05로 할 경우 족내 오차율 F를 통해서 기각여부를 판단해야 하는 분산분석의 귀무가설은 더 쉽게 기각된다.

그렇다면 이는 어떻게 막을 수 있을까? 두 가지 방법이 있다. 첫 번째 방법은 사후비교다. 사후비교의 핵심 아이디어는 비교집단의 수가 증가하면서 생기는 족내 오차율의 증가를 막기 위해 족(族)에 속해 있는 비교집단의 수에 따라 비교당 오차율을 조정해 주는 것이다. 즉, α_{FW}를 .05로 고정한 후 α_{PC}를 구하면 된다. 위의 공식을 조정하여 α_{PC}를 α_{FW}와 분산분석에서 비교하고자 하는 평균쌍의 수로 표현하면 다음과 같다(여기서 k는 분산분석에서 비교하는 집단의 수를 뜻한다).

$$\alpha_{PC} = 1 - \sqrt[\frac{k(k-1)}{2}]{1 - \alpha_{FW}}$$

세 집단을 비교할 때에 족내 오차율을 .05로 잡아 보도록 하자. 위의 공식에 대입하면, 아래와 같이 계산된다. 즉, 비교당 오차율을 약 .017로 잡아야 족내 오차율이 .05가 된다.

$$\alpha_{PC} = 1 - \sqrt[\frac{k(k-1)}{2}]{1 - \alpha_{FW}}$$
$$= 1 - \sqrt[3]{1 - .05} \approx .017$$

사후비교 방법은 매우 많다. 하지만 이 책에서는 각각에 대해 자세한 설명을 하지 않으려 한다. 그 이유는 각각에 대한 자세한 설명보다 더 중요한 것은 왜 사후비교를 써야 하는지에 대한 목적을 이해하는 것이라고 생각하기 때문이다. 일반적으로 자주 언급되는 사후비교 방법에는 LSD(Least Significance Difference, α_{PC}를 조정하지 않는 기법), HSD(Tukey's Honest Significance Difference), NKT(Newman-Keuls Test), Scheffe's Test, Dunnett's Test, Benjamini-Hochberg Test 등이 있다. 무엇이 가장 좋은지는 연구자에 따라, 관점에 따라 상이하게 다르다.

이 책의 저자들은 사후비교를 사용하는 것에 대해 조금은 거북스럽다는 '의견'을 갖고 있음을 우선 밝힌다.[6] 독자들은 저자들의 의견에 반드시 동의할 필요는 없다. 실제로 대부분의 통계분석을 소개하는 문헌들은 분산분석을 실시한 후 사후비교를 실시하는 것이 '당연한' 관례인 것처럼 소개한다. 저자들 또한 비교당 오차율과 족내 오차율의 차이는 인정하며, 사후비교가 필요한 이유에 대해서는 전적으로 동감한다. 하지만 저자들이 거북스럽다는 표현을 쓰는 이유는 다음과 같다.

첫째, 분산분석에서 비교하는 집단의 수가 많아지면 비교당 오차율이 급격히 낮아진다. 다시 말해, 분산분석에서 비교하는 집단의 수가 많아지고 족내 오차율이 고정된 경우 비교당 오차율이 급격하게 0에 가까워지면서 귀무가설을 수용해야 하는 가능성이 높아진다. 즉, 제2종 오류의 가능성이 증가한다. 예를 들어, 어떤 혈압약이 개발되었다고 가정해 보자. 독립표본 t 테스트를 이용해 테스트한 연구에 따르면 기존 혈압약을 복용하면(처치집단) 복용하지 않은 경우(통제집단)에 비해 혈압이 유의미하게 떨어졌다고 가정해 보자($p = .04$). 그리고 새로운 혈압약을 개발한 연구자는 기존의 연구에서 비교한

---

6 사후비교 적용에 대한 반론에 관심이 있는 독자들은 다음의 문헌들(Abelson, 1995; Cabin & Mitchell, 2000; Moran, 2003; Nakagawa, 2004; O'Keefe, 2003)을 참조하길 바란다.

통제집단과 처치집단에 새로운 혈압약을 복용한 집단(처치집단 2)을 추가했다고 가정해 보자. 위에서 계산하였듯 이 연구에서처럼 세 집단을 비교할 경우 비교당 오차율은 .05가 아니라 .017을 사용해야 한다. 만약 통제집단, 처치집단, 처치집단 2의 세 집단을 비교하는 분산분석을 실시한 결과, 처치집단의 평균혈압과 통제집단의 평균혈압의 평균차이의 통계적 유의도가 기존 연구와 동일하게 $p = .04$가 나왔다고 가정해 보자. 아마도 독자들은 뭔가 이상한 느낌을 들 것이다. 독립표본 t 테스트 결과에서는 $p = .04$가 나왔고 $p = .04 < \alpha_{PC} = .05$였기 때문에, 기존 혈압약 복용효과가 있다는 결과가 나왔는데(즉 귀무가설 기각), 분산분석 후 사후비교를 적용한 결과에서는 $p = .04$가 나와 $p = .04 > \alpha_{PC} = .017$이기 때문에, 기존 혈압약 복용효과는 발견되지 않는다는 결과가 나왔다(즉, 귀무가설을 수용하는 결과다). 과연 기존 혈압약 복용효과는 있다고 보아야 할까, 아니면 없다고 보아야 할까? 약의 효과 유무는 모집단의 모수이기 때문에 어느 누구도 100%의 확신을 갖고 이야기하기 어려운 것이 사실이다. 하지만 한 가지는 확실하다. 현상이 동일하고, 심지어 결과가 동일해도 실험에 포함되는 집단의 수가 바뀌면 비교당 오차율, 즉 기준이 달라지면서 통계적 의사결정마저 바뀔 수 있다는 것이다.

둘째, 실험설계와 사후비교는 철학적으로 잘 맞지 않는다고 생각한다. 실험설계는 말 그대로 연구자가 '설계'한 것이다. 다시 말해, 연구자는 실험결과에 대해서 어떠한 예상, 즉 연구가설을 갖고 있을 수밖에 없다. 예를 들어, 세 집단의 평균을 비교하는 경우 $M_1 = M_2$, $M_1 = M_3$, $M_2 = M_3$ 중 최소 하나에서 통계적으로 유의미한 평균차이가 존재한다는 대안가설과 같은 연구가설을 쓰는 연구자는 아마 많지 않을 것이다. 세 집단을 포함한다고 하더라도 "M_1은 M_2 혹은 M_3보다 크다"와 같은 연구가설을 세우는 것이 보통이다. 만약 이러한 연구가설을 세웠다면 $M_2 = M_3$에 대한 비교당 오차율이 포함되는 사후비교를 쓰는 것은 불필요하지 않을까?

물론 분산분석을 반드시 실험설계 자료에만 사용하는 것은 아니다. 연구가설을 세우지 않거나 세우기 어려울 때, 혹은 비교해야 하는 집단의 수가 고정되어 있는데 사후비교를 수행해 보는 경우 등과 같은 상황에서는 유용성이 없지 않다.

앞에서 소개한 '예시데이터_3장_01.sav' 데이터의 일원분산분석 후 사후비교를 실제로 실시해 보도록 하자. 앞에서도 언급했듯 사후비교 방법은 정말 여러 가지가 존재한다. 사회과학에서는 보통 Tukey's HSD, Scheffe's test, Bonferroni's test 등이 사용된다. 여기서는 Bonferroni's test를 실시해 보자. 사후비교의 결과는 기법에 따라 조금씩 다르지만, 결과를 해석하는 방법은 크게 다르지 않다. 이를 위해서는 UNIANOVA 명령문의 하위 명령문을 /POSTHOC = BONFERRONI로 설정하면 된다.

```
*예시데이터_3장_01.sav 데이터 분석.
*일원분산분석 후 사후비교.
UNIANOVA attitude BY group
/PRINT = ETASQ HOMOGENEITY DESCRIPTIVE
/POSTHOC = group(BONFERRONI)
/DESIGN = group.
```

Multiple Comparisons

응답자 태도
Bonferroni

(I) 실험집단	(J) 실험집단	Mean Difference (I-J)	Std. Error	Sig.	95% Confidence Interval	
					Lower Bound	Upper Bound
통제집단	실험집단1	-1.8000*	.46268	.002	-2.9810	-.6190
	실험집단2	-2.3000*	.46268	.000	-3.4810	-1.1190
실험집단1	통제집단	1.8000*	.46268	.002	.6190	2.9810
	실험집단2	-.5000	.46268	.868	-1.6810	.6810
실험집단2	통제집단	2.3000*	.46268	.000	1.1190	3.4810
	실험집단1	.5000	.46268	.868	-.6810	1.6810

Based on observed means.
The error term is Mean Square(Error)=1.070.
* . The mean difference is significant at the .050 level.

위의 결과가 사후비교 결과다. 통계적 유의도 테스트 결과가 총 6개가 보고되었지만, 실제로는 3개다. 6개의 통계적 유의도 테스트 결과가 어떤 의미인지 살펴보면 다음과 같다.

$$H_0 : M_{통제집단} - M_{실험집단1} = 0$$

$$H_0 : M_{통제집단} - M_{실험집단2} = 0$$

$$H_0 : M_{실험집단1} - M_{통제집단} = 0$$

$$H_0 : M_{실험집단1} - M_{실험집단2} = 0$$

$$H_0 : M_{실험집단2} - M_{통제집단} = 0$$

$$H_0 : M_{실험집단2} - M_{실험집단1} = 0$$

첫 번째 귀무가설과 세 번째 귀무가설을 비교해 보자. 비교되는 집단의 평균이 제시된 순서가 다를 뿐 동일하다. 다시 말해, 6개의 결과가 아니라 이의 절반인 3개의 결과다. 따라서 여기서는 첫 번째, 두 번째, 네 번째 귀무가설 테스트 결과만 해석할 것이다.

우선 통제집단의 평균은 실험집단1의 평균보다 1.80이 작으며, 이 차이는 α_{PW} = .05를 기준으로 볼 때 통계적으로 유의미하다 (p =.002). Sig. 에 표시된 통계적 유의도는 족내 오차율을 .05로 고정한 뒤 계산된 비교당 오차율을 뜻한다. 다음으로 통제집단의 평균은 실험집단 2의 평균보다 2.30이 작으며, 마찬가지로 이 차이도 α_{PW} =.05를 기준으로 볼 때 통계적으로 유의미한 차이다($p < .001$). 반면, 실험집단 1의 평균은 실험집단 2의 평균보다 .50이 작지만, 이 차이는 α_{PW} =.05를 기준으로 볼 때 통계적으로 유의미하지 않다($p = .868$). 즉, 사후비교를 통해 우리는 실험집단 1과 실험집단 2의 평균은 통제집단의 평균보다 통계적으로 유의미하게 높지만, 실험집단 1의 평균은 실험집단 2의 평균과 통계적으로 유의미하게 다르지 않다는 것을 알 수 있다.

만약 세 집단 사이의 평균차이를 독립표본 t 테스트를 통해 살펴보면 통계적 유의도는 어떠할까? 다음과 같이 독립표본 t 테스트를 세 번 실시해 보자. 결과 출력물은 독자 여러분이 직접 확인해 보길 바란다.

*독립표본 t 테스트 결과와 비교해 보자.
T-TEST GROUPS=group(1,2) /VARIABLE=attitude.
T-TEST GROUPS=group(2,3) /VARIABLE=attitude.
T-TEST GROUPS=group(1,3) /VARIABLE=attitude.

독자들은 결과가 달라진 것을 확인할 수 있을 것이다. 우선 통제집단과 실험집단 1의 평균차이를 독립표본 t 테스트를 통해 살펴보았을 때의 통계적 유의도는 $p = .001$이다. 이는 사후비교가 적용되었을 때의 값인 $p = .002$보다 작은 값이다. 통제집단과 실험집단 2의 평균차이의 통계적 유의도는 $p < .001$로 나타났다. 수치상으로는 일단 뭐가 다른지 잘 모르겠다는 독자가 있을지 모르겠다. 하지만 실험집단 1과 실험집단 2의 평균차이의 통계적 유의도는 $p = .295$인데, 이 값은 사후비교를 적용했을 때의 $p = .868$과 비교하였을 때 엄청나게 다른 값인 것 같은 느낌이 든다. 비교당 오차율, 족내 오차율의 개념, 그리고 사후비교가 어떤 역할을 하는지 독자들은 이제 확실한 느낌을 얻을 수 있을 것이다.

5. 계획비교를 이용한 집단 사이의 평균비교

방금 소개한 사후비교는 족내 오차율과 비교당 오차율 개념을 이해한다면 매우 타당하고 합리적이다. 그러나 다음과 같은 상황에서는 효과적으로 대응하기 어렵다. 이를테면 같은 사안을 보도하는 언론사의 정치적 성향이 수용자의 신문보도 신뢰도에 미치는 영향을 연구하는 언론학자의 경우를 한번 생각해 보자. 같은 기사에 대해 언론사의 라벨을 보수성향신문(conservative, C), 중도성향신문(neutral, N), 진보성향신문(progressive, P)으로 구분한 후 무작위 배치를 통해 세 가지 기사를 접한 응답자 집단을 각각 구분했다고 가정해 보자. 또한 만약 이 연구자가 다음과 같은 연구가설을 세웠다고 가정해 보자.

- 연구가설: 중도성향신문에 대한 신뢰도가 정파적 신문(보수성향신문과 진보성향신문)에 대한 신뢰도보다 더 높다.

이때 통계적 의사결정을 위한 귀무가설과 대안가설은 다음과 같다.

$$H_0 : M_N = \frac{M_C + M_P}{2}$$

$$H_A : M_N \neq \frac{M_C + M_P}{2}$$

귀무가설의 기각여부는 족내 오차율을 정한 후, 비교당 오차율을 계산하는 것보다, 비교당 오차율을 바로 적용하는 것이 더 타당할 것이다. 만약 위에서 언급한 것처럼 세 집단간 비교에 적용되는 족내 오차율을 정한 후 비교당 오차율(α_{PC})을 계산하여 사후에 적용시키는 사후비교를 사용할 경우, 제2종 오류가 늘어날 가능성이 더 높아진다. 게다가 사후비교를 사용할 경우 $H_0 : M_N = M_C$와 $H_0 : M_N = M_P$를 각각 테스트한 후 두 번의 통계적 의사결정을 내리기 때문에 엄밀하게 말해 위에서 세운 $H_0 : M_N = \frac{M_C + M_P}{2}$을 테스트한 것이 아니다.

이와 같은 상황에서 문제를 해결하는 방법이 바로 다음에 제시될 계획비교(planned contrast)다. 계획비교란 사전에 비교당 검증에 관한 귀무가설을 계획한 후 사전계획된 귀무가설을 테스트하는 기법이다. 계획비교를 실시하기 위해서는 반드시 이론에 의해 유도된 '계획된' 연구가설이 필요하다. 그렇다면 위에서 언급한 귀무가설($H_0 : M_N = \frac{M_C + M_P}{2}$)을 계획비교를 통해 어떻게 테스트할 수 있을까?

우선 귀무가설인 $H_0 : M_N = \frac{M_C + M_P}{2}$을 아래와 같이 바꾸어 보자.

$$H_0 : -M_C + 2M_N - M_P = 0$$

약간 이상해 보여도 위의 귀무가설은 다음과 같이 바꾸어 쓸 수 있다.

$$H_0 : (-1) \times M_C + 2 \times M_N + (-1) \times M_P = 0$$

보수성향신문, 중도성향신문, 진보성향신문의 평균 앞에 붙은 숫자만 따로 떼어내면 다음과 같다.

$$\{-1,\ 2,\ -1\}$$

테스트하는 가설에 부합하게 비교되는 집단 순서에 맞게끔 순서를 부여하는 것을 흔히 '비교코딩'(contrast coding)이라고 부른다. SPSS의 경우 메뉴판을 이용할 경우 비교코딩을 실시하는 것이 매우 제한적이다. 하지만 SPSS의 신택스를 이용할 경우 비교코딩을 매우 유연하게 실시할 수 있다. 위의 대안가설은 다음과 같은 비교코딩을 통해 테스트할 수 있다.

```
*계획비교.
UNIANOVA credibility BY newspaper
/PRINT = ETASQ HOMOGENEITY DESCRIPTIVE
/LMATRIX='중도성향신문에 대한 신뢰도가 정파적 신문(보수성향신문과 진보성향신문)에 대한 신뢰도
   보다 더 높다' newspaper -1 2 -1
/POSTHOC = newspaper(BONFERRONI)
/DESIGN = newspaper.
```

UNIANOVA 명령문의 /LMATRIX 하위명령문은 세 파트로 구성되어 있다. 우선 따옴표(' ')에는 현재 연구자가 실행하는 계획비교가 무엇을 하고자 하는 것인지를 메모할 수 있다. 예시로 제시된 신택스의 경우, 귀무가설을 써 놓았다. 그다음에는 개체간 요인의 이름이 투입된다. 그다음에는 개체간 요인 값의 순서대로 어떤 비교코딩 값이 부여되는지를 밝혀 두었다. 위의 명령문을 실시한 결과는 다음과 같다. 우선은 사후비교 결과부터 확인해 보자.

Multiple Comparisons

공신력
Bonferroni

(I) 실험집단	(J) 실험집단	Mean Difference (I-J)	Std. Error	Sig.	95% Confidence Interval	
					Lower Bound	Upper Bound
보수성향신문	중도성향신문	-1.0000*	.36616	.033	-1.9346	-.0654
	진보성향신문	-.1000	.36616	1.000	-1.0346	.8346
중도성향신문	보수성향신문	1.0000*	.36616	.033	.0654	1.9346
	진보성향신문	.9000	.36616	.062	-.0346	1.8346
진보성향신문	보수성향신문	.1000	.36616	1.000	-.8346	1.0346
	중도성향신문	-.9000	.36616	.062	-1.8346	.0346

Based on observed means.
The error term is Mean Square(Error)=.670.
* . The mean difference is significant at the .050 level.

위의 결과에 따르면 중도성향신문의 신뢰도 평균은 보수성향신문의 신뢰도 평균보다 1.00점이 더 높으며, 이는 통상적인 통계적 유의도 수준에서 유의미한 차이다$(p = .03)$. 그러나 중도성향신문의 신뢰도 평균은 보수성향신문의 신뢰도 평균보다 .90점이 더 높지만, 이는 통상적인 통계적 유의도 수준에서 유의미한 차이라고 보기 어렵다$(p = .06)$. 적어도 사후비교 결과를 본다면 위에서 언급한 귀무가설 $H_0 : M_N = \dfrac{M_C + M_P}{2}$은 기각될 수 없다. 반면 계획비교를 사용한 테스트 결과는 상당히 다른 이야기를 들려준다.

Contrast Results(K Matrix)[a]

Contrast		Depe⋯
		공신력
L1	Contrast Estimate	1.900
	Hypothesized Value	0
	Difference(Estimate-Hypothesized)	1.900
	Std. Error	.634
	Sig.	.006
	95% Confidence Interval for Difference Lower Bound	.599
	Upper Bound	3.201

a. Based on the user-specified contrast coefficients(L') matrix:
중도성향신문에 대한 신뢰도가 정파적 신문(보수성향신문과 진보성향신문)에 대한 신뢰도보다 더 높다.

Test Results

Dependent Variable: 공신력

Source	Sum of Squares	df	Mean Square	F	Sig.	Partial Eta Squared
Contrast	6.017	1	6.017	8.975	.006	.249
Error	18.100	27	.670			

위의 결과에서 잘 드러나듯, 중도성향신문의 신뢰도 평균은 정파적 신문(보수성향신문과 진보성향신문)의 신뢰도 평균에 비해 1.90점이 더 높으며, 이 차이는 통계적으로 유의미한 차이라고 볼 수 있다$(p = .006)$. 즉, 중도성향신문은 정파적 신문보다 높은 신뢰도를 보인다. 이 결과는 특정 연구가설을 테스트할 때, 계획비교 방법을 택하는지, 아니면 분산분석 후 사후비교를 택하는지에 따라 연구가설 테스트 결과가 얼마나 다를 수 있는지를 명확히 보여준다.

아마도 독자들은 이렇게 물어볼지도 모르겠다. "어느 것이 옳은가?" 저자들 생각에는 적어도 귀무가설 $H_0 : M_N = \dfrac{M_C + M_P}{2}$에 대한 테스트를 실시한다면 계획비교가 더 타당하고 제2종 오류를 범하지 않는 통계적 의사결정 기법이다. 계획비교는 통계적 검정력을 훼손하지 않으면서 연구가설에 맞는 귀무가설을 테스트할 수 있는 분산분석기법이다.

하지만 독자들은 다음과 같은 점에 유의하길 바란다. 첫째, 이론적으로 사전에 예측된 연구가설이 없다면 계획비교를 실시할 수 없다. 어쩌면 당연한 말이지만, 탐색적 연구를 실시한 경우 특정한 방식의 비교코딩을 실시하는 것 자체가 불가능하다. 둘째, 비교코딩에 부여된 숫자들의 총합은 반드시 0이 되어야만 한다. 이 역시도 어찌 보면 당연한 말이다. 좌변과 우변의 동등성을 가정하는 귀무가설을 세운 후, 좌변으로 우변의 모든 항들을 넘길 경우 비교코딩 숫자는 0이 될 수밖에 없다. 셋째, 일원분산분석과 같이 개체간 요인에 적용되는 계획비교는 '직교 계획비교'(orthogonal planned contrast)라고 불린다. 반면 개체내 요인(이를테면 같은 사례를 여러 시점들에 걸쳐 측정한 경우)과 같이 특정변수가 다른 변수에 종속된 경우 '비직교 계획비교'(non-orthogonal planned contrast)라는 말을 쓴다. 하지만 보통 직교 계획비교는 그냥 계획비교라고 불리는 것이 보통이다.

계획비교는 매우 흥미롭다. 특히 서열형 변수(혹은 등간형 변수)로 실험집단들을 구분하였을 경우 실험자극의 효과가 1차함수 형태인지, 아니면 2차함수와 같이 U 혹은 뒤집힌 U 형태(quadratic)인지 등도 테스트할 수 있다. 이를 위한 코딩을 흔히 직교 폴리노미얼 코딩(orthogonal polynomial coding)이라고 부르고, 흔히 효과가 어떤 패턴을 보이는지 분석하는 것을 트렌드 분석(trend analysis)이라고 부른다. 트렌드 분석은 다음과 같은 상황에 특히 유용하다. 예를 들어 "X가 증가하면 증가할수록 Y도 증가할 것이다"와 같이 X-Y의 관계를 1차함수 형태로 예상하는 학설과 "X가 어느 수준까지 증가할수록 Y도 증가하지만, X가 어느 수준을 넘으면 Y는 감소할 것이다"와 같이 X-Y의 관계를 2차함수 형태로 예상하는 학설이 충돌할 때, 계획비교를 사용하면 어떤 주장이 더 데이터에 부합하는지 테스트하는 데 매우 유용하다. 개체간 요인 X가 총 5수준($X_1 \sim X_5$)일 경우 두 학설에 해당되는 비교코딩은 아래와 같다.

- 1차함수 형태 : {-2, -1, 0, 1, 2}
- 2차함수 형태 : {2, -1, -2, -1, 2}[7]

'예시데이터_3장_04.sav' 데이터를 이용해 트렌드 분석을 실시해 보자. 트렌드 분석과 같이 여러 개의 비교코딩을 실시해야 하는 경우 /LMATRIX 하위명령문을 여러 개 같이 쓸 수도 있다. 또한 X의 변화에 따른 Y의 값 변화의 패턴을 살펴보기 위해 /PLOT 하위명령문을 이용해 그래프를 그려도 매우 유용하다. PROFILE(X)라고 지정하면 개체간 요인 X의 변화에 따른 Y값 평균의 변화를 볼 수 있다.

---

7 만약 3차함수 형태라면 {-1, 2, 0, -2, 1}, 4차함수 형태라면 {1, -4, 6, -4, 1}과 같이 비교코딩하면 된다.

```
*예시데이터_3장_04.sav 데이터를 이용한 트렌트 분석.
UNIANOVA Y BY X
/PRINT = ETASQ HOMOGENEITY DESCRIPTIVE
/PLOT=PROFILE(X)
/LMATRIX='linear relationship' X -2 -1 0 1 2
/LMATRIX='quadratic relationship' X 2 -1 -2 -1 2
/DESIGN = X .
```

위의 비교코딩 계획에 맞게 1차함수, 2차함수 형태에 맞도록 프로그래밍한 후 분석을 실시한 결과는 다음과 같다.

- 1차함수 형태: $F(1, 45) = 2.90$, $p = .10$, $\eta^2_{partial} = .06$
- 2차함수 형태: $F(1, 45) = 65.03$, $p < .001$, $\eta^2_{partial} = .59$

위의 분석결과는 자명하다. '예시데이터_3장_04.sav'의 경우 X와 Y의 관계는 2차함수 형태를 띤다. 아래 그래프에서 잘 나타나듯, X가 증가하면 증가할수록 Y값의 평균은 증가하여 $X = 3$일 때 정점을 찍지만 이후에는 Y값이 점차로 감소하는 뒤집힌 U자 패턴 (inverted U pattern)을 띤다.

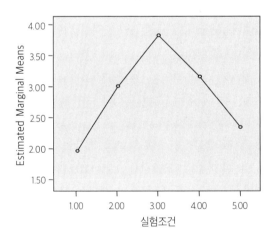

Estimated Marginal Means of 결과변수

지금까지 분산분석의 기본적 원리와 계산방법에서 시작하여, 분산분석으로 귀무가설을 기각할 때 집단간 평균차이를 확인하는 방법으로 사후비교와 계획비교를 살펴보았다. 분산분석은 여러 집단 가운데 최소한 한 쌍 이상에서 통계적으로 유의미한 평균차이가 나타나는가를 살펴보기 때문에, 비교대상별 오차율(error rate per comparison)과 족내 오차율이 서로 다르다. 독자들은 연구목적에 따라 계획비교를 실시할지 아니면 사후비교를 실시할지 현명하게 결정하길 바란다.

참고문헌

Abelson, R. P. (1995), *Statistics as Principled Argument*, Hillsdale, NJ: Lawrence Erlbaum Associates.

Algina, J., & Olejnik, S. F. (1984), Implementing the Welch-James procedure with factorial designs, *Educational and Psychological Measurement*, 44(1), 39-48.

Brown, M., & Forsythe, A. (1974), 372: The ANOVA and multiple comparisons for data with heterogeneous variances, *Biometrics*, 30(4), 719-724.

Cabin, R. J., & Mitchell, R. J. (2000), To Bonferroni or not to Bonferroni: When and how are the questions, *Bulletin of Ecological Society of America*, 81(3), 246-248.

Moran, M. D. (2003), Arguments for rejecting the sequential Bonferroni in ecological studies, *Oikos*, 100(2), 403-405.

Nakagawa, S. (2004), A farewell to Bonferroni: The problems of low statistical power and publication bias, *Behavioral Ecology*, 15(6), 1044-1045.

O'Keefe, D. J. (2003), Colloquy: Should familywise alpha be adjusted? Against familywise alpha adjustment, *Human Communication Research*, 29(3), 431-447.

요인설계와 n원분산분석　　04

앞에서는 분산분석의 기본 원리와 실험집단들의 평균비교 방법(계획비교와 사후비교)을 살펴보았다. 앞에서 언급했던 분산분석의 경우 투입된 실험요인은 단 하나였기 때문에 일원분산분석이라고 불린다. 하지만 투입되는 실험요인이 꼭 하나일 필요는 없다. 상황에 따라 2개 혹은 그 이상의(n개의) 요인들이 실험설계에 투입될 수 있다. 또한 투입되는 n개의 요인들은 개체간 요인(between-subject factor, BS factor)일 수도 있고, 개체내 요인(within-subject factor, WS factor)일 수도 있다(물론 두 가지 요인이 모두 다 같이 들어가는 것도 가능하다).

1. 요인설계, n원분산분석, 그리고 주효과와 상호작용효과

이렇게 복수의 요인들이 실험에 포함된 실험설계를 '요인설계'(factorial design)라고 부른다. 우선 여기서 말하는 요인설계는 완전요인설계(full factorial design)이다. 완전요인설계란 요인과 요인을 교차시킨 모든 실험조건에서 관측치를 얻을 수 있는 실험설계를 말한다. 잘 이해가 안 된다면 예를 들어 보자. 가장 간단한 상황, 즉 요인이 2개이며, 각 요인의 수준도 역시 2개라고 가정해 보자. 이런 가장 간단한 요인설계를 2×2 요인설계라고 부른다[곱셈부호(×)를 기준으로 2개의 요인을 교차했다는 말이고, 각 요인은 2개의 수준을 갖고 있다는 의미다]. 2×2 요인설계의 경우 실험상황은 총 4개가 나오게 된다. 만약 아래와 같이 가능한 네 가지 실험상황 중 세 가지의 실험상황에 대해서만 관측치를 얻도록 연구설계를 했다면 이러한 설계는 요인설계라고 불리지 않는다.

		$Factor_B$	
		Level-1	Level-2
$Factor_A$	Level-1	$n=20$	$n=20$
	Level-2	$n=20$	$n=20$

• 요인설계가 아닌 경우

		$Factor_B$	
		Level-1	Level-2
$Factor_A$	Level-1	$n=20$	$n=20$
	Level-2	$n=20$	$n=0$

　(완전) 요인설계를 따르는 경우 요인의 개수만큼의 주효과와 다른 요인을 기준으로 조건화된 개수만큼의 상호작용효과가 설정된다(주효과와 상호작용효과를 어떻게 해석하는가에 대해서는 잠시 후에 다시 설명할 것이다). 이를테면 A, B의 두 요인이 있는 경우, 주효과는 2개가 나오고, A의 조건에 따른 B의 효과(B의 조건에 따른 A의 효과도 있지만, 실질적으로 AB = BA이기 때문에 하나다)가 하나 나온다. 만약 A, B, C의 세 요인이 있는 경우, 주효과는 3개가 나오고, 상호작용효과는 A의 조건에 따른 B의 효과, A의 조건에 따른 C의 효과, B의 조건에 따른 C의 효과, 'A와 B'의 조건에 따른 C의 효과와 같이 총 4개가 나온다. 두 요인 사이의 상호작용효과는 '2원 상호작용효과'(two-way interaction effect), 세 요인 사이의 상호작용효과는 '3원 상호작용효과'(three-way interaction effect)라고 불린다. 물론 n개 요인 사이의 상호작용효과는 'n원 상호작용효과'(n-way interaction effect)라고 불린다.

　그렇다면 요인이 4개인 완전요인설계의 경우 주효과와 상호작용효과의 개수는 어떨까? 각각의 개수는 다음과 같다.

- 주효과: 4개
- 상호작용효과: 11개(2원 상호작용효과: 6개, 3원 상호작용효과: 4개, 4원 상호작용효과: 1개)

그렇다면 요인이 5개인 완전요인설계는 어떨까?

- 주효과: 5개
- 상호작용효과: 26개(2원 상호작용효과: 10개, 3원 상호작용효과: 10개, 4원 상호작용효과: 5개, 5원 상호작용효과: 1개)

　혹시 원한다면 6개의 요인들로 구성된 완전요인설계의 주효과와 상호작용효과 개수를 한번 구해 보길 바란다. 하지만 저자들은 일단 더 이상 할 필요는 없다고 생각한다. 요인의 수를 이렇게 천천히 늘려 본 이유는 다름 아니라 요인의 수가 늘수록 자료분석 모형이 급속히 복잡해진다는 점을 보여주기 위해서다. 물론 요인의 수가 늘수록 다양한 가능성을 보여줄

그림 4-1 2×2 요인설계 그래프

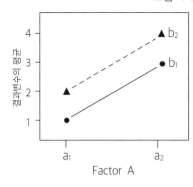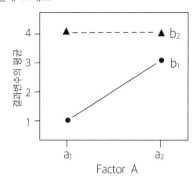

수 있다는 장점이 있지만, 복잡한 모형은 이해하기 어렵고 따라서 지식으로서의 유용성이 떨어진다. 여러분에게 부탁하고 싶은 것은 바로 현실의 복잡성을 잘 반영할 수 있으면서 이해하기도 쉬운 '적절한' 모형을 수립하라는 것이다. 보통 2요인설계(two-factorial design)가 가장 보편적이고, 3요인설계(three-factorial design)도 종종 쓰이는 편이다. 하지만 저자들은 요인이 4개 이상인 경우는 (적어도 사회과학 연구에서) 본 적이 없다.

그렇다면 구체적으로 왜 다요인설계의 해석이 어려운 것일까? 그 이유는 바로 '상호작용효과'에서 찾을 수 있다. 우선 주효과란 "다른 요인(들)의 수준에 따라 특정 요인의 수준변화가 종속변수에 미치는 효과가 달라지는 효과"를 의미한다. 즉, 다른 요인의 수준에 상관없이 발생하는 특정 요인의 효과이기 때문에 효과에 대한 해석이 상대적으로 쉽고 명쾌하다. 반면 상호작용효과는 다소 복잡하다. 상호작용효과는 "다른 요인(들)이 어떤 수준일 경우 특정 요인의 수준변화가 종속변수에 미치는 효과"를 뜻한다.

알쏭달쏭한 표현처럼 들릴지도 모르겠다. 구체적인 예를 들어 보자. 〈그림 4-1〉은 2×2 요인설계를 통해 얻은 결과를 그래프로 나타낸 것이다. 우선 가장 왼쪽 패널부터 살펴보자. A요인 수준에 따른 변화가 종속변수에 미치는 효과는 B요인의 수준과 상관없이 일정하다. 즉, A요인의 주효과를 쉽게 해석할 수 있다(A요인이 a_1에서 a_2로 변하면 종속변수의 값이 B요인이 b_1이든 b_2이든 상관없이 똑같이 2점씩 증가한다). 또한 B요인의 주효과 역시 A요인의 수준과 상관없이 발생한다(B요인이 b_1에서 b_2로 변하면 종속변수의 값이 A요인이 a_1이든 a_2이든 상관없이 똑같이 2점씩 증가한다). 즉, 이 경우 요인설계에서 설정된 상호작용효과는 실험결과에서 발견되지 않았으며, 2개의 주효과들은 모두 발견되었다.

반면 오른쪽의 그래프는 상황이 다르다. 우선 A요인의 효과는 B요인의 수준에 따라 매우 다르다. 즉, B요인이 b_1인 경우 A요인이 a_1에서 a_2로 변하면 종속변수의 값이 2만큼 증가하지만, B요인이 b_2인 경우 A요인이 a_1에서 a_2로 변해도 종속변수의 값이 그대로 유지된다. 즉, A요인의 효과는 b_1 수준인 경우 나타나지만, b_2 수준에서는 나타나지 않는다. 이것이 바로 상호작용효과다. 즉, A요인의 효과는 B요인의 수준에 따라 변하는 모습을 보인다. 바로 이 때문에 어떤 사람들은 상호작용효과를 조건효과(conditional effect)라고 부르기도 한다. 또한 B요인이 A요인의 효과를 조절한다는(moderate) 점에서 조절효과(moderating effect)라고 부르기도 한다. 조건효과나 조절효과라는 말은 연구 '모형'의 측면을 강조하지만, 상호작용효과라는 말은 데이터 '분석'의 측면을 강조한다는 점에서 다소 그 뉘앙스가 다르다.

2. 주효과와 상호작용효과의 계산과 해석

요인설계에 기반한 분산분석 과정은 일원분산분석과 크게 다르지 않다. 물론 분산합을 주효과에 의한 분산과 상호작용효과에 의한 분산으로 구분한다는 점에서 일원분산분석보다는 다소 복잡하지만, 계산방식의 본질은 동일하다. 아래의 사례를 직접 수계산을 해본 후 SPSS를 이용해 분석하는 순서로 설명을 진행하도록 하겠다.

가장 간단한 2×2 요인설계에 기반한 이원분산분석을 사례로 들어 보자. 두 요인의 수준을 교차했을 때 산출되는 네 집단의 평균을 각각 M_{ij}라고 부르자. 예를 들어 a_1과 b_1의 조건에 처한 실험참여자들의 관측치 평균은 M_{11}이며, M_{12}는 a_1과 b_2의 조건에 놓인 실험참여자들의 관측치 평균을 의미한다. 또한 요인 A의 수준을 고려하지 않은 상황에서 b_1의 조건에 처한 실험참여자들의 관측치 평균을 $M_{.1}$, 요인 A의 수준을 고려하지 않은 상황에서 b_2의 조건에 처한 실험참여자들의 관측치 평균을 $M_{.2}$이라고 이름 붙이자. 반면 요인 B의 수준을 고려하지 않은 상황에서 a_1의 조건에 놓인 실험참여자들의 관측치 평균을 $M_{1.}$, 요인 B의 수준을 고려하지 않은 상황에서 a_1의 조건에 처한 실험참여자들의 관측치 평균을 $M_{2.}$이라고 이름 붙여 보자. 총 20명의 실험참여자의 관측치와 실험조건별 평균값들은 〈표 4-1〉과 같다. 〈표 4-1〉의 데이터는 '예시데이터_4장_01.sav'다.

이원분산분석 계산과정도 일원분산분석과 마찬가지지만, 요인이 2개이기 때문에 '알려진 분산'을 'A요인에 의한 분산', 'B요인에 의한 분산', 'A요인과 B요인의 상호작용에 따른 분산'으로 나누어 주는 것이 다르다. 이원분산분석 계산과정은 다음의 순서로 진행된다.

첫째, 표본의 총분산, SS_{total}을 먼저 계산한다. 둘째, '알려진 분산'을 계산한다. 2×2 요인설계의 경우 총 네 집단이 나오며, 이 네 집단 구분에 따른 총분산을 SS_{cell}이라고 이름 붙여 보자. 셋째, 다른 요인의 수준을 고려하지 않을 때, 특정요인 수준에 따른 총분산을 구한다. A요인에 따른 총분산, SS_A와 B요인에 따른 총분산, SS_B를 구한다. 넷째, 두 요인의 상호작용효과에 따른 총분산 $SS_{interaction}$을 구한다. 다섯째, SS_{total}에서 SS_A, SS_B, $SS_{interaction}$을 빼 주어 '알려지지 않은 분산'인 SS_{error}를 구한다.

표 4-1 2×2 요인설계에 기반한 이원분산분석 데이터 (예시데이터_4장_01.sav)

	a_1	a_2	
b_1	5	6	
	6	5	
	8	5	
	6	4	
	6	3	
	$M_{11} = 6.20$	$M_{21} = 4.60$	$M_{.1} = 5.40$
b_2	11	13	
	9	11	
	6	7	
	7	11	
	7	9	
	$M_{12} = 8.00$	$M_{22} = 10.2$	$M_{.2} = 8.58$
	$M_{1.} = 7.40$	$M_{2.} = 7.40$	$M_{..} = 7.25$

이 순서대로 한번 수계산을 실시해 보자. '예시데이터_4장_01. sav'를 SPSS에서 연후, SS_{total}을 구해 보자. 아래에 제시된 결과는 저자들이 SPSS 명령문을 이용해 얻은 결과다. 총분산을 구하는 SPSS 명령문은 다음과 같다.

```
*예시데이터_4장_01.sav 데이터를 이용한 이원분산분석 수계산 과정.
MEANS TABLE X BY A BY B / CELLS=MEAN.
*전체표본의 평균값.
COMPUTE m_grand = 7.25.
*Factor A의 수준별 평균값.
COMPUTE m_i = 7.10.
IF (A = 2) m_i = 7.40.
*Factor B의 수준별 평균값.
COMPUTE m_j = 5.40.
IF (B = 2) m_j = 9.10.
*집단별 평균값.
COMPUTE m_ij = 6.20.
IF (A = 1 AND B = 2) m_ij = 8.00.
IF (A = 2 AND B = 1) m_ij = 4.60.
IF (A = 2 AND B = 2) m_ij = 10.20.
*SS_total, SS_A, SS_B, SS_cell의 계산.
COMPUTE SS_total = (X - m_grand)**2.
COMPUTE SS_A = (m_i - m_grand)**2.
```

```
COMPUTE SS_B = (m_j - m_grand)**2.
COMPUTE SS_cell = (m_ij - m_grand)**2.
DESCRIPTIVES SS_total SS_A SS_B SS_cell / STATISTICS=SUM.
*SS_interaction, SS_error의 계산.
COMPUTE SS_interaction = SS_cell - SS_A - SS_B.
COMPUTE SS_error = SS_total - SS_A - SS_B - SS_interaction.
DESCRIPTIVES SS_interaction SS_error / STATISTICS=SUM.
```

일원분산분석에서 비슷한 과정을 이미 설명하였기 때문에, 여기서는 별도의 설명을 제시하지는 않기로 한다.

$$SS_{total} = \Sigma \, (X_{ij} - M_{..})^2 = 133.75$$

우선 A요인과 B요인의 주효과에 해당되는 총분산은 아래와 같이 표현 가능하다. 아래의 공식에서 n은 조건당 사례수를, k_A와 k_B는 각각 A요인과 B요인 수준의 수를 의미한다 (2×2이기에 각각 2가 된다). 즉, 다른 요인의 수준을 고려하지 않을 때, 해당 요인의 수준별 평균과 전체평균 차이의 제곱에 사례수를 곱해 준 것이 바로 주효과에 관한 총분산이다.

$$SS_A = n \, k_B \, \Sigma \, (M_{i.} - M_{..})^2 = .45$$
$$SS_B = n \, k_A \, \Sigma \, (M_{.j} - M_{..})^2 = 68.45$$

그러면 A요인과 B요인의 상호작용효과와 관련된 총분산은 어떻게 구할 수 있을까? 전체 실험조건에 따른 총분산이 주효과의 총분산과 상호작용효과의 총분산으로 구성되어 있기 때문에, 전체 실험조건에서의 총분산에서 주효과의 총분산 2개를 빼 주면 상호작용효과의 총분산합을 구할 수 있다. 다시 말해, 전체 실험조건에서 나타난 총분산에서 다른 요인 (들)을 고려하지 않았을 때 한 요인에 따른 총분산들의 합을 빼 주면, 조건이 바뀔 때〔즉 다른 요인(들)의 수준이 변화할 때〕의 총분산을 구할 수 있다. 즉, 전체집단간 분산을 다른 요인(들)의 수준을 고려하지 않은 집단간 분산(즉 주효과의 분산)과 다른 요인(들)의 수준을 고려하는 집단간 분산(즉 상호작용효과의 분산)으로 분해해 주는 방식을 취한다.

$$SS_{cell} = n \, \Sigma \, (M_{ij} - M_{..})^2 = 86.95$$
$$SS_{interaction} = SS_{cell} - SS_A - SS_B = 18.05$$

이렇게 보면 SS_{error} 는 SS_{total} 에서 A요인의 주효과에 해당되는 SS_A, B요인의 주효과에 해당되는 SS_B, 그리고 A요인과 B요인의 상호작용효과에 해당되는 $SS_{interaction}$ 의 세 가지 총분산을 뺀 값이 된다.

$$SS_{error} = SS_{total} - SS_{cell} = 46.80$$

이렇게 총분산들을 다 구하고 나면 이제 자유도(df)를 이용해 평균분산(MS)을 구하고, 이를 통해 F 테스트 통계치를 구하면 된다. 우리가 이미 배웠던 일원분산분석의 분산분석표를 구하는 요령을 적용하면 〈표 4-2〉와 같이 분산분석 결과표를 작성할 수 있다.

표 4-2 일원분산분석 결과표 (예시데이터_4장_01.sav)

	SS	df	MS	F	p
주효과(A)	.45	1	.45	.15	.700
주효과(B)	68.45	1	68.45	23.40	<.001
상호작용효과(A×B)	18.05	1	18.05	6.17	.024
오차	46.80	16	2.93		

〈표 4-2〉를 작성하는 것은 쉽지만, 해석하는 것은 생각보다 까다롭다. 유의미한 상호작용효과가 나타났기 때문에 주효과 테스트 결과에 매우 주의를 기울여야 한다. 먼저 유의미한 상호작용효과는 B요인의 효과가 A요인의 수준에 따라 달라진다고 해석할 수도 있고, 마찬가지로 A요인의 효과가 B요인의 수준에 따라 달라진다고 해석할 수도 있다. 여기서는 B요인의 효과가 A요인의 수준에 따라 달라진다는 해석을 취하도록 하겠다. 다시 말해, A요인을 예측변수로 B요인을 조절변수로 상정하고 해석하기로 한다.

그렇다면 B요인의 주효과는 어떻게 해석해야 하는가? 앞에서 언급하였듯 B요인의 주효과는 A요인의 수준에 상관없이 나타나는 B요인의 수준변화에 따른 종속변수의 변화다. 즉, 상호작용효과가 유의미하게 나온 이상, B요인의 주효과를 A요인의 수준과 상관없이 서술하는 것이 사실상 쉽지 않다. 위의 사례에서 우리는 B요인을 조절변수로, A요인을 예측변수로 상정하였다. 따라서 언급된 상호작용효과는 A요인의 효과가 B요인의 수준에 따라 통계적으로 유의미하게 다르다고 해석할 수 있다.

이제 수계산 과정을 통해 이원분산분석 결과를 어떻게 얻는지 살펴보았으니, SPSS에 내장된 모듈을 사용해 이원분산분석을 실시해 보자. 이원분산분석을 실시하는 SPSS의 명령문은 아래와 같다. UNIANOVA 명령문에 결과변수를 명기한 후 BY 라는 명령문 다음에 이원분산분석에 투입되는 2개의 개체간 요인들을 명시하면 된다. /PRINT 하위명령문의 의미와 지정된 ETASQ, HOMOGENEITY, DESCRIPTIVE는 각각 $\eta^2_{partial}$, 분산동질성 테스트 결과, 기술통계치들을 결과에 보고하라는 것을 의미한다.[1] /PLOT 하위명령문에서는 어떠한 그래프를 그릴 것인가를 명시하면 된다. PROFILE(A*B)의 의미는 결과변수의 평균을 Y축에 배치하고, X축에는 예측변수인 A요인의 수준변화를, 그리고 조절변수인 B요인의 수준변화를 범례(legend)로 표기한다는 것을 뜻한다. 독자들이 한 가지 주의할 것은 /DESIGN 하위명령문이다. A는 A요인의 주효과를, B는 B요인의 주효과를, A*B는 A요인과 B요인의 상호작용효과를 뜻한다.

```
*SPSS의 명령문을 이용한 이원분산분석.
UNIANOVA X BY A B
/PRINT = ETASQ HOMOGENEITY DESCRIPTIVE
/PLOT=PROFILE(A*B)
/DESIGN = A  B  A*B.
```

Levene's Test of Equality of Error Variances[a]

Dependent Variable: 관측치

F	df1	df2	Sig.
1.771	3	16	.193

Tests the null hypothesis that the error variance of the dependent variable is equal across group.
a. Design: Intercept + A + B + A * B

Tests of Between-Subjects Effects

Dependent Variable: 관측치

Source	Type III Sum of Squares	df	Mean Square	F	Sig.	Partial Eta Squared
Corrected Model	86.950[a]	3	28.983	9.909	.001	.650
Intercept	1051.250	1	1051.250	359.402	.000	.957
A	.450	1	.450	.154	.700	.010
B	68.450	1	68.450	23.402	.000	.594
A * B	18.050	1	18.050	6.171	.024	.278
Error	46.800	16	2.925			
Total	1185.000	20				
Corrected Total	133.750	19				

a. R Squared = .650 (Adjusted R Squared = .584)

우선 분석결과에서 분산동질성 테스트 결과를 살펴보자. 결과에서 잘 나타나듯 2×2 요인설계에 따라 구분된 4개 집단들의 분산은 동질적이라고 볼 수 있다. 그다음의 'Tests of Between-Subjects Effects'의 결과는 앞에서 우리가 수계산으로 얻었던 결과와 동일하다. 일원분산분석에서 설명하였듯 'Intercept'에 해당되는 가로줄과 'Total'에 해당되는 가로줄은 실질적 의미를 갖지 않는다. 또한 'Corrected Model'에 해당되는 가로줄의 결과는 앞에서 설명한 SS_{cell}을 의미한다. 즉, $SS_{cell} = SS_A + SS_B + SS_{interaction}$을 뜻한다.

---

1 이에 대해서는 앞서 일원분산분석의 명령문을 설명할 때 이미 설명하였다.

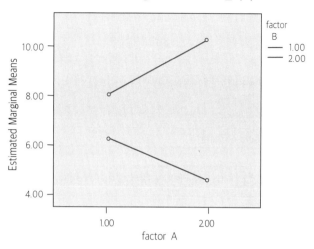

Estimated Marginal Means of 관측치

SPSS의 출력결과물의 맨 마지막에는 위와 같은 그래프가 제시되어 있다. 그래프의 결과를 보면 상호작용의 의미를 상당히 명확히 느낄 수 있을 것이다. A요인의 효과는 B요인이 1인 경우 '음의 효과'(negative effect)를 보이지만, B요인이 2인 경우 '양의 효과'(positive effect)를 보인다. 다시 말해, A요인의 효과는 B요인의 수준에 따라 그 효과의 방향성이 서로 달라진다. 따라서 B요인은 A요인이 결과변수에 미치는 효과를 통계적으로 유의미하게 조절한다.

3. 다원분산분석과 일원분산분석의 관계

앞서 가장 간단한 다원분산분석인 2×2 요인설계 데이터의 이원분산분석 사례를 살펴보았다. 여기서 다음과 같은 질문을 던져 보자. 앞의 이원분산분석에는 총 4개의 실험조건이 존재한다. 그렇다면 2개의 요인을 구분하지 않은 채, 4개 실험집단을 하나의 요인으로 취급하는 일원분산분석기법으로 위의 데이터를 분석하면 이원분산분석기법을 적용한 것과 과연 무엇이 다를까?

우선 결론부터 말하면 두 결과는 서로 다르지 않다. 보다 정확하게 말하자면 적어도 '모형의 설명력'이라는 측면에서 일원분산분석기법을 사용하든 아니면 이원분산분석기법을 사용하든 같은 결과가 나온다. 일원분산분석기법을 이용해서 '예시데이터_4장_01. sav' 데이터를 실제로 분석해 보도록 하자. 우선은 A요인과 B요인을 다음과 같이 하나의 요인으로 합친 후(AB라는 이름의 요인), UNIANOVA 명령문을 이용해 일원분산분석을 실시한 결과를 살펴보자.

```
*일원분산분석에 맞도록 요인을 하나로 생성.
COMPUTE AB = 10*A + B.
*일원분산분석.
GLM X BY AB
/PRINT = ETASQ HOMOGENEITY DESCRIPTIVE
/DESIGN = AB.
```

Tests of Between-Subjects Effects

Dependent Variable: 관측치

Source	Type III Sum of Squares	df	Mean Square	F	Sig.	Partial Eta Squared
Corrected Model	86.950ᵃ	3	28.983	9.909	.001	.650
Intercept	1051.250	1	1051.250	359.402	.000	.957
AB	86.950	3	28.983	9.909	.001	.650
Error	46.800	16	2.925			
Total	1185.000	20				
Corrected Total	133.750	19				

a. R Squared = .650 (Adjusted R Squared = .584)

모형전체의 총분산, SS_{total}은 어떠한가? 그렇다 86.95로 이원분산분석에서 우리가 얻었던 값과 동일하다. 모형전체의 오차 총분산, SS_{error}는 어떠한가? 마찬가지다. 46.80으로 동일하다. 이원분산분석의 경우 주효과와 상호작용효과의 자유도 총합은 3이고, 일원분산분석의 경우도 3의 자유도를 갖고 있다. 달라진 것은 단 하나뿐이다. 일원분산분석에서의 SS_{cell}이 이원분산분석에서는 요인별로(즉 주효과와 상호작용효과별로) 구분되어 있다는 것이 다를 뿐이다. 이런 면에서 볼 때 다원분산분석은 일원분산분석의 분산(합)을 자세히 분해한 것이라고 볼 수 있다.

다원분산분석과 일원분산분석이 실제로는 같은 데이터 분석결과를 상이한 방식으로 제시하는 방법이라는 사실은 일원분산분석을 설명하면서 소개한 계획비교 관점에서 매우 중요하다. 위에서 소개한 데이터를 예로 들어 보자. 위에서 소개했던 2×2 요인설계에서의 실험조건별 평균값을 한번 살펴보자.

	a_1	a_2
b_1	6.20	4.60
b_2	8.00	10.20

분산분석의 기본 아이디어를 설명할 때 이미 언급했지만, 분산분석의 귀무가설 검증은 여러 평균쌍을 비교한 것이라고 설명한 바 있다. 다시 말해, 위의 표를 보고 어떤 독자들

은 다음과 같은 질문을 던질 수 있다. "M_{21} = 4.60과 M_{22} = 10.20은 서로 확연히 다른 것 같다. 하지만 M_{11} = 6.20과 M_{21} = 4.60은 서로 다른지 다르지 않은지 확실히 말하기 어렵지 않을까?" 자, 이런 질문에 대응할 수 있는 통계적 유의도 테스트는 어떻게 할 수 있을까? 적어도 우리가 앞에서 얻었던 이원분산분석 결과로는 충분히 답하기 어렵다. 우선 위의 질문은 A요인의 주효과 혹은 B요인의 주효과에 대한 통계적 유의도 테스트로는 답하기 어렵다. 또한 A요인과 B요인의 상호작용 역시도 $H_0 : M_{11} = M_{21}$이라는 귀무가설을 테스트하기 어렵다(왜냐하면 상호작용효과는 $H_0 : M_{21} - M_{11} = M_{22} - M_{12}$를 테스트한 것이기 때문이다).

다음에 소개할 단순효과분석과 다원분산분석에서의 계획비교를 이해하기 위해서는 다원분산분석과 일원분산분석이 현상을 다른 방식으로 파악하지만 본질적으로는 동일하다는 것을 먼저 이해해야 한다.

4. 단순효과분석과 계획비교

앞에서 일원분산분석기법을 소개했을 때를 돌아보길 바란다. 일원분산분석 결과 귀무가설을 기각했다고 할 때, 집단간 평균차이를 어떻게 테스트했는지 되새겨 보자. 독자들은 이를 위해 사후비교와 계획비교를 이용했던 것을 기억할 것이다. 다원분산분석에서도 마찬가지다. 다원분산분석 결과 귀무가설을 기각했을 때, 집단간 평균차이를 테스트하는 방법도 단순효과분석(simple effect analysis)과 계획비교(planned contrast), 두 가지가 있다.

첫째, 단순효과분석은 일원분산분석 후 실시하는 사후비교와 비슷하지만, 완전히 동일하지는 않고 조금 다르다. 우선 일원분산분석의 경우 주효과만이 존재하지만, 다원분산분석의 경우 주효과와 상호작용효과 두 가지가 존재한다. 일원분산분석에서 사용되는 사후비교가 다원분산분석에서 사용되는 단순효과분석과 다른 이유가 바로 여기에 있다. 단순효과분석의 구체적 사례는 조금 후에 '예시데이터_4장_02.sav' 데이터를 분석하면서 살펴볼 것이다.

둘째, 계획비교를 실시할 경우 다원분산분석을 일원분산분석으로 전환한 후(즉 SS_{cell}을 구하는 방식으로) 일원분산분석을 설명할 때 사용했던 방식으로 계획비교를 실시하면 된다. 마찬가지로 다원분산분석 상황에서의 계획비교를 어떻게 실시할 수 있는지는 '예시데이터_4장_02.sav' 데이터를 분석하면서 살펴볼 것이다.

'예시데이터_4장_02.sav' 데이터에는 2개의 개체간 요인이 포함되어 있다. 첫 번째 요인은 실험참여자의 교육수준이며, 이 요인은 '저학력'과 '고학력'의 두 수준으로 구성되어 있다. 두 번째 요인은 동일한 정보의 전달방식이다. 여기에는 '텍스트 정보로만 전달', '음성 정보로만 전달', '텍스트 정보 및 음성 정보 동시전달'의 세 수준이 존재한다. 실험이 끝난

후 실험참여자들은 자신이 접한 정보의 설득력을 0~10의 리커트 척도에 표시하도록 요구
받았다고 가정해 보자. '예시데이터_4장_02.sav'데이터의 이원분산분석 SPSS 명령문과
그 실시결과는 아래와 같다.

*SPSS의 명령문을 이용한 예시데이터_4장_02.sav 데이터 이원분산분석.
UNIANOVA persuasiveness BY style educ
/PRINT = ETASQ HOMOGENEITY DESCRIPTIVE
/PLOT=PROFILE(style*educ)
/DESIGN = style educ style*educ.

Tests of Between-Subjects Effects

Dependent Variable: 설득력 인식

Source	Type III Sum of Squares	df	Mean Square	F	Sig.	Partial Eta Squared
Corrected Model	211.500[a]	5	42.300	47.062	.000	.849
Intercept	1656.750	1	1656.750	1843.272	.000	.978
style	177.125	2	88.562	98.533	.000	.824
educ	.083	1	.083	.093	.762	.002
style * educ	34.292	2	17.146	19.076	.000	.476
Error	37.750	42	.899			
Total	1906.000	48				
Corrected Total	249.250	47				

a. R Squared = .849 (Adjusted R Squared = .831)

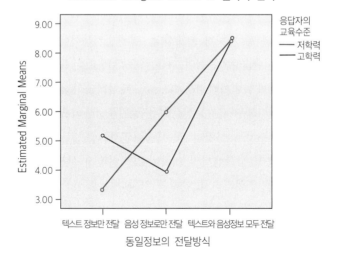

Estimated Marginal Means of 설득력 인식

이원분산분석 결과에서 잘 드러나듯 정보의 전달방식이 정보에 대한 설득력 평가에 미치는 효과는 응답자의 교육수준에 따라 다르게 나타나는 것을 알 수 있다[$F(2, 42) = 19.08$, $p < .001$, $\eta^2_{partial} = .48$]. 또한 정보의 전달방식의 주효과도 확인할 수 있다[$F(2, 42) = 98.53$, $p < .001$, $\eta^2_{partial} = .82$].

이 상호작용효과가 어떤 의미인지는 /PLOT 옵션을 이용해서 그린 그래프를 통해 쉽게 해석할 수 있다. 우선 응답자 수준에 상관없이 정보를 텍스트와 음성 정보 모두 전달한 경우는 텍스트 정보로만 혹은 음성 정보로만 전달한 경우에 비해 설득력 인식의 평균이 더 높은 것으로 나타났다. 하지만 텍스트 정보만 전달한 경우 교육수준이 낮은 응답자에 비해 교육수준이 높은 응답자가 설득력이 높다고 평가한 반면, 음성 정보로만 전달된 경우 반대로 교육수준이 낮은 응답자가 교육수준이 높은 응답자보다 실험 중에 접한 정보의 설득력이 높다고 평가하고 있다. 실험집단별 설득력의 평균은 〈표 4-3〉과 같다.

표 4-3 실험집단별 설득력 평균(예시데이터_4장_02.sav)

		style 요인(i)		
		텍스트 정보만 제공($i = 1$)	음성 정보만 제공($i = 2$)	텍스트, 음성 정보 모두 제공($i = 3$)
educ 요인 (j)	저학력 ($j = 1$)	$M_{11} = 3.25$	$M_{21} = 6.00$	$M_{31} = 8.50$
	고학력 ($j = 2$)	$M_{12} = 5.13$	$M_{22} = 3.75$	$M_{32} = 8.63$

이러한 이원분산분석 결과를 바탕으로 다음과 같은 단순효과분석을 실시해 보자. 첫째, 상호작용효과의 의미를 보다 구체적으로 살펴보자. 응답자의 교육수준에 따라 정보가 전달되는 방식의 효과에 따른 세 집단의 평균은 어떻게 다를까? 위의 이원분산분석의 상호작용효과 테스트 결과는 교육수준이 낮은 응답자들에게서 나타난 정보전달방식의 효과는 교육수준이 높은 응답자들에게서 나타난 정보전달방식의 효과와 통계적으로 유의미하게 다르다는 것을 보여준다. 그렇다면, 교육수준이 낮은 응답자들에게서 나타난 정보전달방식에 따른 세 집단의 평균차이를 테스트하기 위해 족내 오차율을 $\alpha_{FW} = .05$로 고정한 후 조정된 비교당 오차율 α_{PC}를 적용한 사후비교 결과, 혹은 교육수준이 높은 응답자들에게서 나타난 정보전달방식에 따른 세 집단의 평균차이에 대한 사후비교는 각각 어떻게 실시할 수 있을까? 더 구체적으로 교육수준이 낮은 응답자들만의 집단에서 정보전달방식 차이에 따른 평균차이, 즉 다음의 세 귀무가설들을 각각 조정된 비교당 오차율을 적용해 테스트한 결과는 어떻게 구할 수 있을까?

$$H1_0 : M_{11} = M_{21}$$

$$H2_0 : M_{11} = M_{31}$$

$$H3_0 : M_{21} = M_{31}$$

위의 세 가설들을 하나의 족(族)으로 설정한 후 족내 오차율을 $\alpha_{FW} = .05$로 설정한 후, 조정된 비교당 오차율 α_{PC}를 본페로니(Bonferroni) 기법을 이용해 테스트하는 SPSS 명령문은 아래와 같다. 명령문의 다른 부분들은 앞에서 이미 다루었지만, /EMMEANS 부분은 다루지 않았다. 우선 EMMEANS라는 용어는 '추정된 주변부 평균'(estimated marginal means)을 의미한다. TABLES(style * educ)는 두 변수 style과 educ을 교차한 집단의 평균을 도출한다는 것을 의미하며, COMPARE(style)는 style 변수의 수준을 비교한다는 것을 의미한다. 이렇게 하면 educ 변수의 수준별로 style 변수의 수준별 평균값을 비교한다. 그다음 줄에 COMPARE(educ)를 지정하면 style 변수의 수준별로 educ 변수의 수준별 평균값을 비교한다. 끝으로 ADJ(BONFERRONI)는 educ 변수의 수준별로 style 변수의 수준별 평균값을 비교할 때, 사후비교 기법으로 본페로니 기법을 사용한다는 것을 뜻한다.

```
*단순효과분석.
UNIANOVA persuasiveness BY style educ
/PRINT = ETASQ HOMOGENEITY DESCRIPTIVE
/EMMEANS=TABLES(style*educ) COMPARE(style) ADJ(BONFERRONI)
/EMMEANS=TABLES(style*educ) COMPARE(educ) ADJ(BONFERRONI)
/DESIGN = style educ style*educ.
```

위의 명령문 중에서 '/EMMEANS=TABLES(style*educ) COMPARE(style) ADJ (BONFERRONI)' 에 해당되는 결과만 살펴보도록 하자.[2] 해당 결과는 'Estimates', 'Pairwise Comparison', 'Univariate Tests'의 세 가지 표로 구성되어 있다. 순서대로 해당 결과물이 무엇을 의미하는지 살펴보도록 하자.

우선 'Estimates'는 TABLES(style*educ)에 해당되는 값을 뜻한다. 여기에서 보고되는 값은 style 변수의 세 수준과 educ 변수의 두 수준을 교차시켰을 때 얻을 수 있는 6개 집단의 결과변수 평균값과 이때의 표준오차를 뜻한다. 나중에 소개할 공분산분석의 경우 공변량으로 투입된 변수들을 특정수준으로 고정시킨 경우 얻을 수 있는 집단별 조정된 평균(adjusted means)과 표준오차가 계산된다. 분산분석의 경우와 공분산분석의 경우가 어떻게 다른지에 대해서는 나중에 다시 설명하겠다.

---

2 '/EMMEANS=TABLES(style*educ) COMPARE(educ) ADJ(BONFERRONI)'에 해당되는 결과는 독자들이 스스로 해석해 보길 권한다.

Estimates

Dependent Variable: 설득력 인식

동일정보의 전달방식	응답자의 교육수준	Mean	Std. Error	95% Confidence Interval	
				Lower Bound	Upper Bound
텍스트 정보만 전달	저학력	3.250	.335	2.574	3.926
	고학력	5.125	.335	4.449	5.801
음성 정보로만 전달	저학력	6.000	.335	5.324	6.676
	고학력	3.750	.335	3.075	4.426
텍스트와 음성 정보 모두 전달	저학력	8.500	.335	7.824	9.176
	고학력	8.625	.335	7.949	9.301

다음의 'Pairwise Comparisons' 결과물이 바로 위에서 테스트하고자 했던 단순효과분석 결과다. 결과물은 우선 표본을 educ 변수의 수준에 따라 '저학력' 응답자와 '고학력' 응답자로 구분한다. 이후 educ 변수의 수준에 따라 style 변수의 수준별 평균차가 0인지 여부를 본페로니 기법을 적용하여 테스트하였다. 아래의 결과가 잘 보여주듯 저학력 응답자들 중 텍스트 정보만 전달받은 응답자 평균 $M_{11}=3.25$는 음성 정보만 전달받은 응답자 평균 $M_{21}=6.00$보다 통계적으로 유의미하게 작으며($p < .001$; $H1_0$ 기각), 또한 텍스트와 음성 정보를 동시에 전달받은 응답자 평균 $M_{31}=8.50$보다도 통계적으로 유의미하게 작다($p < .001$; $H2_0$ 기각). 또한 $M_{21}=6.00$은 $M_{31}=8.50$보다도 통계적으로 유의미하게 작은 것($p < .001$)을 확인할 수 있다($H3_0$ 기각). 마찬가지로 고학력 응답자들에게서 정보의 전달방식이 응답자의 설득력 인식에 미치는 효과가 어떻게 다른지를 테스트한 결과 역시도 테스트할 수 있다.

Pairwise Comparisons

Dependent Variable: 설득력 인식

응답자의 교육수준	(I) 동일정보의 전달방식	(J) 동일정보의 전달방식	Mean Difference (I-J)	Std. Error	Sig.a	95% Confidence Interval for Difference a	
						Lower Bound	Upper Bound
저학력	텍스트 정보만 전달	음성 정보로만 전달	-2.750*	.474	.000	-3.932	-1.568
		텍스트와 음성 정보 모두 전달	-5.250*	.474	.000	-6.432	-4.068
	음성 정보로만 전달	텍스트 정보만 전달	2.750*	.474	.000	1.568	3.932
		텍스트와 음성 정보 모두 전달	-2.500*	.474	.000	-3.682	-1.318
	텍스트와 음성 정보 모두 전달	텍스트 정보만 전달	5.250*	.474	.000	4.068	6.432
		음성 정보로만 전달	2.500*	.474	.000	1.318	3.682
고학력	텍스트 정보만 전달	음성 정보로만 전달	1.375*	.474	.018	.193	2.557
		텍스트와 음성 정보 모두 전달	-3.500*	.474	.000	-4.682	-2.318
	음성 정보로만 전달	텍스트 정보만 전달	-1.375*	.474	.018	-2.557	-.193
		텍스트와 음성 정보 모두 전달	-4.875*	.474	.000	-6.057	-3.693
	텍스트와 음성 정보 모두 전달	텍스트 정보만 전달	3.500*	.474	.000	2.318	4.682
		음성 정보로만 전달	4.875*	.474	.000	3.693	6.057

Based on estimated marginal means

*. The mean difference is significant at the .050 level.

a. Adjustment for multiple comparisons: Bonferroni.

Univariate Tests

Dependent Variable: 설득력 인식

응답자의 교육수준		Sum of Squares	df	Mean Square	F	Sig.	Partial Eta Squared
저학력	Contrast	110.333	2	55.167	61.377	.000	.745
	Error	37.750	42	.899			
고학력	Contrast	101.083	2	50.542	56.232	.000	.728
	Error	37.750	42	.899			

Each F tests the simple effects of 동일정보의 전달방식 within each level combination of the other effects shown. These tests are based on the linearly independent pairwise comparisons among the estimated marginal means.

끝으로 'Univariate Tests'의 결과는 educ 변수의 수준별 style 변수가 결과변수에 미치는 효과를 보여준다. 즉, Univariate Tests 결과는 저학력 (혹은 고학력) 응답자들에 한해 style 변수의 수준별 세 집단의 설득력 인식 평균이 최소 한 쌍 이상에서 유의미한 차이가 나타나는가를 테스트한 결과다.

단순효과분석은 일원분산분석을 설명할 때 언급한 사후비교와 동일하다. 즉, 앞에서 설명했던 사후비교의 장단점이 단순효과분석에도 그대로 적용된다.

이제는 계획비교를 살펴보도록 하자. 만약 연구자가 "텍스트 정보와 음성 정보 중 어느 한 정보만을 제공해서 보다 높은 설득력을 얻어야만 한다면, 저학력 응답자에게는 텍스트 정보보다는 음성 정보를 제공하는 것이 좋고(연구가설 1) 고학력 응답자에게는 음성 정보보다는 텍스트 정보를 제공하는 것이 효과적이다(연구가설 2)"와 같은 두 가설을 계획비교를 통해 테스트한다고 가정해 보자. '연구가설 1'과 '연구가설 2'를 각각 테스트하기 위해서는 다음의 귀무가설을 테스트해야만 한다.

$$H1_0 : M_{11} = M_{21}$$
$$H2_0 : M_{12} = M_{22}$$

계획비교의 비교코딩을 실시하기 위해 위의 두 귀무가설들을 아래와 같이 다시 작성해 보자. 복잡해 보일 수 있지만 보이는 것보다 단순하다.

$$H1_0 : (+1) \times M_{11} + (-1) \times M_{21} + (0) \times M_{31} +$$
$$(0) \times M_{12} + (0) \times M_{22} + (0) \times M_{32} = 0$$

$$H2_0 : (0) \times M_{12} + (0) \times M_{22} + (0) \times M_{32} +$$
$$(+1) \times M_{12} + (-1) \times M_{22} + (0) \times M_{32} = 0$$

즉, educ 변수와 style 변수를 교차하여 생성된 6개 집단들을 각각 M_{11}, M_{21}, M_{31}, M_{12}, M_{22}, M_{32} 라고 할 때, $H1_0$을 테스트하기 위해서는 순서대로 +1, -1, 0, 0, 0, 0 를, $H2_0$을 테스트하기 위해서는 0, 0, 0, +1, -1, 0 의 비교코딩 계수를 배치하면 된다.

실제로 SPSS를 이용해서 계획비교를 실시해 보도록 하자. 우선 두 개체간 요인을 교차해서 생긴 6개의 집단들을 포괄하는 요인 educ_style을 먼저 생성한다. 이후 educ_style 요인을 이용한 일원분산분석을 실시한다. UNIANOVA 명령문의 /LMATRIX 하위명령문에 대해서는 일원분산분석에서 이미 설명한 바 있다.

```
*계획비교.
*여러 요인들을 하나의 요인으로 변환.
COMPUTE educ_style = 10*educ + style.
*상호작용효과에 대한 단순효과분석.
UNIANOVA persuasiveness BY educ_style
/PRINT = ETASQ HOMOGENEITY DESCRIPTIVE
/LMATRIX = "H0: M(저학력+텍스트) = M(저학력+음성)" educ_style   1 -1 0 0 0 0
/LMATRIX = "H0: M(고학력+텍스트) = M(고학력+음성)" educ_style   0 0 0 1 -1 0
/DESIGN = educ_style.
```

분석결과 $H1_0$의 경우 $F(1, 42) = 33.66$, $p < .001$, $\eta^2_{partial} = .45$로 나타나, 저학력 응답자에게서는 음성 정보가 텍스트 정보보다 효과적이라는 '연구가설 1'을 지지하는 결과를 얻었다. 분석결과 $H2_0$의 경우도 $F(1, 42) = 8.41$, $p = .006$, $\eta^2_{partial} = .17$로 나타나, 고학력 응답자에게서는 텍스트 정보가 음성 정보보다 효과적이라는 '연구가설 2'를 지지하는 결과를 얻었다.

Contrast Results(K Matrix)[a]

Contrast			Depende···설득력 인식
L1	Contrast Estimate		-2.750
	Hypothesized Value		0
	Difference(Estimate-Hypothesized)		-2.750
	Std. Error		.474
	Sig.		.000
	95% Confidence Interval for Difference	Lower Bound	-3.707
		Upper Bound	-1.793

a. Based on the user-specified contrast coefficients(L') matrix: H0: M (저학력+텍스트) = M(저학력+음성)

Test Results

Dependent Variable: 설득력 인식

Source	Sum of Squares	df	Mean Square	F	Sig.	Partial Eta Squared
Contrast	30.250	1	30.250	33.656	.000	.445
Error	37.750	42	.899			

Custom Hypothesis Tests #2
Contrast Results(K Matrix)[a]

Contrast		Depende …
		설득력 인식
L1	Contrast Estimate	1.375
	Hypothesized Value	0
	Difference(Estimate-Hypothesized)	1.375
	Std. Error	.474
	Sig.	.006
	95% Confidence Interval for Difference Lower Bound	.418
	Upper Bound	2.332

a. Based on the user-specified contrast coefficients(L') matrix: H0: M
(고학력+텍스트) = M(고학력+음성)

Test Results

Dependent Variable: 설득력 인식

Source	Sum of Squares	df	Mean Square	F	Sig.	Partial Eta Squared
Contrast	7.563	1	7.563	8.414	.006	.167
Error	37.750	42	.899			

이상으로 다원분산분석의 가장 간단한 형태인 이원분산분석을 소개하였다. 아마 삼원 (혹은 n원)분산분석 결과도 독자들이 직접 시도해 볼 수 있을 것이다. 단, 독자들은 n원 분산분석을 실시할 경우 단순효과분석이 두 가지로 나뉜다는 사실을 명심하길 바란다. 그 것은 단순효과분석이 단순주효과분석(simple main effect analysis)과 단순상호작용효과분 석(simple interaction effect)로 나누어진다는 것이다. 단순주효과분석은 이 글에서 보여 준 것과 동일하지만, 단순상호작용효과분석은 그 의미가 조금 다르고 해석도 다소 복잡하 다. 즉, A, B, C의 세 요인이 있다고 할 때, 이를테면 A요인과 B요인의 상호작용효과 가 C요인의 수준에 따라 어떻게 달라지는가를 보여주는 것이 단순상호작용효과분석이다. 독자들은 한번 시도해 보길 바란다. 저자들이 확신을 갖고 말할 수 있는 것은 그 결과가 매우 복잡하다는 것이다. n원분산분석에서 n이 커지면 커질수록 분산분석 결과는 급속 히 복잡해진다.

지금까지의 분산분석에서는 개체간 요인만을 고려하였다. 다음에는 관측치가 하나의 사례에서 반복적으로 관측되는, 즉 개체내 요인을 분석에 포함하는 기법에 대해 살펴보기로 한다. 구체적으로 제 7장의 반복측정분산분석과 제 8장의 다변량분산분석이 바로 개체내 요인이 분석에 포함된 분산분석기법에 해당된다. 하지만 분산분석은 잠시 여기서 멈추고 먼저 상관관계분석(제 5장)과 카이제곱 테스트 통계치를 이용한 교차빈도표 분석(제 6장)을 먼저 소개한 후, 다시 분산분석, 더 구체적으로 반복측정분산분석과 다변량분산분석을 살펴보도록 하자. 상관관계분석과 카이제곱 테스트는 어떤 변수의 분포가 다른 변수의 분포에 독립적인지 아니면 종속적인지, 즉 변수 사이가 아무런 관련이 없는지 아니면 어떤 연관관계를 갖는지를 테스트하는 기법이다. 이 부분은 이미 대응표본 t 테스트에서 잠시 언급한 바 있다. 다음 장 상관관계분석에서는 연속형 변수들 사이의 상관관계, 서열형 변수들 사이의 상관관계를 소개할 것이다.

상관관계분석

상관관계분석(correlation analysis)은 한 변수의 분포가 다른 변수의 분포에 대해 독립적 인지(independent) 아니면 종속적인지(dependent)를 테스트하는 기법이다. 어떤 표본에 서 응답자의 교육수준의 분포와 소득수준의 분포가 어떤 관계를 맺고 있을지 한번 생각해 보자. 상식적으로 우리는 교육수준이 높으면 높을수록 소득수준이 높을 것이라고 예상할 것이다. 다시 말해, 소득수준의 분포는 교육수준의 분포와 관련을 맺고 있으며, 두 분포 는 상호독립적이라고 말하기 어렵다. 즉, 두 변수의 분포가 서로에 대해 종속적이라면 두 변수는 서로 상관관계를 맺고 있다고 볼 수 있으며, 서로에 대해 독립적이라면 두 변수는 상관관계가 없다고 볼 수 있다.

보통 사회과학 연구들에서는 피어슨의 상관계수, 스피어만의 서열 상관계수 로(Spearman's ordinal correlation ρ), 켄달의 서열 상관계수 타우(Kendall's ordinal measure of relationship τ) 등을 자주 사용한다. 여기서는 변수가 정규분포를 따르는 연속형 변수라고 가정될 때와 서열형 변수라고 가정될 때의 두 가지를 구분해 어떻게 상관관계분석을 실시하는지 살펴보도록 하자.

1. 피어슨 상관관계계수

우선 연속형 변수인 경우 상관관계를 분석해 보자. 이 경우 흔히 사용하는 기법은 피어슨 상관관계계수 혹은 피어슨 적률 상관관계계수(Pearson's product-moment correlation r) 이며, 흔히 r이라고 약칭된다. 피어슨의 r은 상당히 널리 쓰이는, 그리고 상당히 유용한 통계치다. 우선 피어슨의 r은 상관관계분석에 투입되는 두 변수가 연속형 변수이면서 동시에 정규분포를 따른다고 가정할 수 있어야만 한다. 다시 말해, 피어슨의 r을 계산하기 이전에 피어슨 상관관계분석에 투입되는 변수의 분포가 정규분포를 따른다고 볼 수 있을지를 먼저 판단해야 한다.

그렇다면 변수의 분포가 정규분포를 따르는지 어떻게 가정할 수 있을까? 크게 두 가지 방법이 있다. 첫 번째 방법은 변수의 분포에 대해 이론적 가정을 취하는 방법이다. 다시 말해, 변수가 측정된 방식이 정규분포를 따른다고 연구자가 이론적으로 가정하는 것이다. 사회과학 데이터 분석에서 리커트 척도(1~5점 척도로 측정되며 흔히 1을 '전혀 동의하지 않는다', '3'을 '그저 그렇다', '5'를 '매우 동의한다'로 간주한다)로 측정된 변수들의 상관관계분석에 피어슨의 r을 적용하는 것은 매우 흔하다. 그렇다면 1~5점 척도로 측정한 변수들은 과연 정규분포를 따를까? 그건 알 수 없다. 하지만 연구자가 이런 변수를 정규분포로 따른다고 가정한다면, 피어슨의 r을 사용할 수 있다(부디 독자들은 이 표현을 조심하여 받아들이길 바란다. "사용할 수 있다"와 "사용해도 된다"는 절대로 같은 뜻이 아니다). 실제로 정말 많은 수의 연구는 리커트 척도로 측정된 변수들의 상관관계를 피어슨의 r을 이용해 별다른 문제의식 없이 자연스럽게 사용한다.

두 번째 방법은 변수의 분포가 정규분포에 합당한지 테스트해 보는 것이다. 여기에는 여러 가지 방법이 있다. 우선 이론적으로 도출한 정규분포와 데이터에서 얻은 분포가 서로 동일한지 여부를 테스트하는 기법들이 있다(여기서 독자들은 일원표본 t 테스트를 떠올려 보길 바란다. 일원표본 t 테스트는 표본의 평균과 알려진 모집단의 평균이 동일한지를 테스트한다. 다시 말해, 일원표본 t 테스트와 데이터의 분포가 수학적으로 알려진 정규분포가 동일한지 여부를 테스트하는 것은 개념적으로 동일하다). 이 기법은 흔히 정규성 테스트(normality test)라 불리며, SPSS에서는 콜모고로프-스미르노프 테스트(Kolomogorov-Smirnov test)와 샤피로-윌크 테스트(Shapiro-Wilk test)를 제공한다. 유용한 듯 보이지만, 이 테스트들은 표본의 크기가 작은 경우만 유용하며, 대규모의 표본의 경우 정규성 테스트 통계치는 그다지 믿을 만한 성과를 보여주지 못한다(표본크기가 크면 히스토그램으로는 완벽한 정규분포도 정규성 가정 테스트를 통과하지 못하는 경우가 대부분이다. 그 이유는 표본의 큰 경우 통계적으로 유의미한 결과라고 판단되기 쉽기 때문이다). 정규성 테스트를 어떻게 적용하는지는 조금 후에 실제로 살펴보도록 하자.

보다 유용하며 보다 널리 사용되는 방법은 히스토그램이나 정규 Q-Q 플롯(normal Q-Q plot)과 같은 그래픽을 통해 변수의 분포를 육안으로 살펴본 후 변수가 정규분포를 따른다고 볼 수 있는지 판단하는 방법이다. 좋은 방법이지만, 한 가지 문제는 정규분포 여부를 판가름할 때 연구자의 주관적 편향성을 완전히 배제하기 어렵다.

우선 연속형 변수의 정규분포를 두 번째 방법, 즉 데이터에 기반해서 판단해 보도록 하자. '예시데이터_5장_01. sav' 데이터를 열면 다음과 같이 총 7개의 변수를 확인할 수 있다.

- ID: 개인식별번호
- search: 스마트폰을 이용한 검색시간 (일일, 분)
- game: 스마트폰을 이용한 게임시간 (일일, 분)
- lang: 해당학기의 언어영역 평가점수
- math: 해당학기의 수리영역 평가점수
- grade_lang: 언어영역 등급
- grade_lang: 수리영역 등급

이 중 search, game, lang, math 변수는 연속형 변수이며, grade_lang와 grade_math는 서열형 변수다(왜냐하면 A, B, C, D는 서열을 나타낼 뿐이기 때문이다). SPSS를 이용해 히스토그램을 그리는 방법은 FREQUENCIES 명령문의 하위명령문 HISTOGRAM을 쓰면 된다. 연속형 변수인 search, game, lang, math의 히스토그램을 그리려면 아래와 같은 SPSS 명령문을 실행하면 된다.

*연속형 변수의 분포를 히스토그램으로 살펴본다.
FREQUENCIES search game lang math / HISTOGRAM.

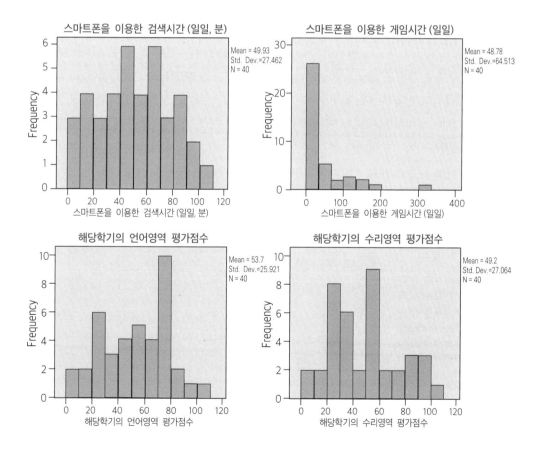

앞의 히스토그램을 보면 독자들은 어떤 느낌이 드는가? 일단 저자들의 느낌으로는 game 변수는 정규분포를 따른다고 보기 너무 어려울 듯하다. 그러면 다른 변수들은 어떻 때 보이는가? 저자들이 볼 때는 별 문제가 없어 보이지만, 아까 설명하였듯 이건 보는 사람들 주관적 판단이기 때문에 뭐라고 확연한 결정을 내리기는 쉽지 않다. 현재의 표본 크기가 40 정도로 큰 편이 아니니, 한번 정규성 테스트를 실시해 보자. 정규성 테스트와 정규 Q-Q 플롯을 그리기 위해서는 EXAMINE 명령문을 사용하면 된다. SPSS 명령문은 아래와 같다.

```
*정규분포 테스트도 가능하다. 하지만 표본이 클 경우는 효용성이 적다.
*QQ Plot을 육안으로 살펴보는 것이 흔히 추천된다.
EXAMINE VARIABLES = search game lang math
/PLOT NPPLOT.
```

우선 'Tests of Normality'라는 부분이 정규성 테스트 결과다. 히스토그램을 보면 저자들의 판단이 상당히 그럴듯하다는 것을 알 수 있다. 즉, search, lang, math 변수의 경우 모두 통계적 유의도가 .05보다 크기 때문에 귀무가설("이론적으로 상정한 정규분포와 데이터의 분포는 동일하다")을 받아들인다. 하지만 game 변수의 경우 통계적 유의도가 $p < .001$로 나타나 데이터의 분포는 이론적으로 상정한 정규분포와 다르다고 볼 수 있다. 다시 말해, 데이터에서 살펴본 game 변수의 분포는 정규분포와 다르다고 보는 것이 타당하다. 그러나 앞에서도 언급하였듯 정규성 테스트 결과는 표본이 클 경우 거의 무용지물(無用之物)에 가깝다. 왜냐하면 사례가 많으면 많을수록 테스트 통계치가 크게 나오고, 따라서 사례수의 증가에 따라 p값이 0에 빠르게 수렴하기 때문이다(즉, 알려진 정규분포와 우리가 관측한 데이터의 분포가 서로 동일하다는 귀무가설을 기각하기 쉽다).

Tests of Normality

	Kolmogorov-Smirnov[a]			Shapiro-Wilk		
	Statistic	df	Sig.	Statistic	df	Sig.
스마트폰을 이용한 검색시간(일일, 분)	.087	40	.200*	.973	40	.439
스마트폰을 이용한 게임시간(일일, 분)	.259	40	.000	.730	40	.000
해당학기 언어영역 평가점수	.119	40	.164	.968	40	.321
해당학기 수리영역 평가점수	.124	40	.124	.960	40	.163

a. Lilliefors Significance Correction
*. This is a lower bound of the true significance.

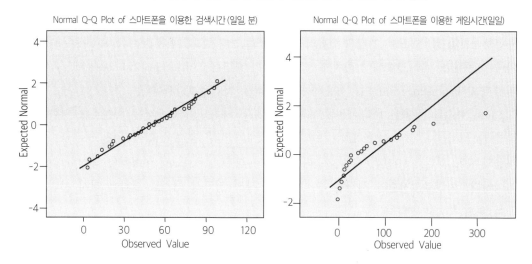

Search 변수의 정규 Q-Q 플롯과 Game 변수의 정규 Q-Q 플롯

다음으로 정규 Q-Q 플롯을 간단히 설명해 보자. 여기서는 search 변수와 game 변수의 정규 Q-Q 플롯만 살펴보고, lang, math 변수는 살펴보지 않기로 한다. lang, math 변수의 경우 독자들이 직접 살펴보길 바란다. 우선 search 변수의 정규 Q-Q 플롯은 위와 같다.

정규 Q-Q 플롯의 X축과 Y축에 주목하길 바란다. X축은 관측된 값, 그리고 Y축은 정규분포의 값, 즉 이론적으로 도출된 값이다. 만약 관측된 변수가 정확하게 정규분포를 띨 경우 모든 점(즉 데이터 포인트)들은 직선 위에 놓이게 된다. 직선에서 더 많이 벗어날수록 관측된 데이터 포인트가 정규분포에서 멀리 떨어져 존재함을 뜻한다. 위의 결과는 어떤가? 데이터 포인트들이 직선 위에 상당히 잘 놓여 있음을 눈으로 확인할 수 있다. 다시 말해, 육안으로 보았을 때, search 변수는 정규분포에 '상당히' 가깝다(하지만 매우 엄격한 잣대를 적용하는 독자들이라면 저자의 해석에 동의하지 않을 수도 있다).

반면 game 변수의 정규 Q-Q 플롯을 살펴보도록 하자. 결과는 search 변수의 정규 Q-Q 플롯과 상당히 다른 것을 알 수 있다. game 변수의 경우 데이터 포인트들이 직선에서 상당히 벗어나 있다. 즉, game 변수는 정규분포와는 거리가 있는 분포임을 독자들도 느낄 수 있을 것이다.

그렇다면 game 변수를 피어슨 상관관계분석에 투입할 수 있을까? 이를 위해서는 두 가지 방법이 존재한다. 첫째, game 변수의 분포가 '이론적으로' 정규분포를 따른다고 가정한다면(즉 실제분포와는 상관없이 이론적으로 정규분포를 따른다고 가정한다면) 피어슨 상관관계분석을 실시하는 것이 가능하다. 둘째, game 변수를 전환하여 정규분포에 가깝게 바꾼 후 피어슨 상관관계분석을 실시할 수 있다. game 변수의 히스토그램을 보면 몇몇 이용자들이 스마트폰 게임을 상당히 많이 이용하지만 대부분의 이용자들은 그다지 많은 시간을 소요하지 않고 있음을 알 수 있다. 이러한 분포를 흔히 우편향분포(rightly skewed distribution)라고 부르는데, 사회과학 데이터에서 흔히 관찰되는 분포 중 하나다(예를 들어 소득수준 변수). 우편향분포를 정규분포에 가깝게 변환하는 방법으로는 자연로그변환(log transformation)이 자주 사용된다. 즉, 변수의 관측치에 로그의 밑이 자연상수(mathematical constant, e)인 자연로그(natural logarithm)를 적용하는 것이 바로 자연로그변환이다.

game 변수를 자연로그를 이용해 변환해 보도록 하자. SPSS에서는 자연로그 전환을 위해 LN( ) 함수를 지원하고 있다. 만약 자연로그가 아닌 로그의 밑이 10인 상용로그를 사용할 수도 있다.[1] 10진법 자료(이를테면 '돈')의 경우 상용로그를 이용하면 해석이 더욱 용이하다. 자연로그전환을 실시한 후, 히스토그램과 정규성 테스트 결과를 다시 살펴보도록 하자.[2]

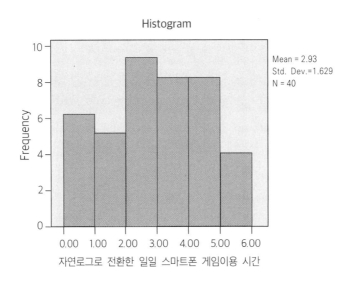

Histogram

Mean = 2.93
Std. Dev.=1.629
N = 40

자연로그로 전환한 일일 스마트폰 게임이용 시간

Tests of Normality

	Kolmogorov-Smirnov[a]			Shapiro-Wilk		
	Statistic	df	Sig.	Statistic	df	Sig.
자연로그로 전환한 일일 스마트폰 게임이용 시간	.135	40	.063	.935	40	.024

a. Lilliefors Significance Correction

---

1 LN( ) 함수 대신 LG10( ) 함수를 이용하면 된다.
2 정규 Q-Q 플롯의 경우 독자들이 직접 살펴보길 바란다.

이제 정규분포에 상당히 근접한 것을 알 수 있다. 하지만 샤피로-윌크 테스트 결과에 따르면 자연로그변환을 실시해도 여전히 정규분포와는 다소 거리가 있음을 알 수 있다(p = 0.24). 그럼에도 불구하고 이 책에서는 자연로그 전환을 실시한 log_game 변수가 정규분포를 따른다고 가정하도록 하겠다.

본격적으로 피어슨의 r을 계산해 보자. SPSS 명령문은 아래와 같이 매우 간단하다.

*네 변수의 피어슨 상관관계 행렬을 구하였다.
CORRELATIONS search log_game lang math.
*만약 결측값이 있으며 리스트별 삭제를 실시한다면 아래와 같이 하면 된다.
*데이터에 결측값이 없기 때문에 위의 결과와 동일하다.
CORRELATIONS search log_game lang math / MISSING = LISTWISE.

위의 두 CORRELATIONS 명령문의 결과는 동일하기 때문에 /MISSING = LISTWISE 하위명령문을 붙인 결과를 살펴보자. 흔히 아래와 같은 결과를 상관관계 행렬(correlation matrix)이라고 부른다. 사회과학 연구에서 상관관계 행렬은 정말 자주 쓰이고, 자주 나온다.

Correlations [a]

		스마트폰을 이용한 검색시간 (일일, 분)	자연로그로 전환한 일일 스마트폰 게임이용 시간	해당학기의 언어영역 평가점수	해당학기의 수리영역 평가점수
스마트폰을 이용한 검색시간(일일, 분)	Pearson Correlation	1	-.265	.632	.672
	Sig.(2-tailed)		.099	.000	.000
자연로그로 전환한 일일 스마트폰 게임이용 시간	Pearson Correlation	-.265	1	-.155	-.274
	Sig.(2-tailed)	.099		.340	.087
해당학기의 언어영역 평가점수	Pearson Correlation	.632	-.155	1	.805
	Sig.(2-tailed)	.000	.340		.000
해당학기의 수리영역 평가점수	Pearson Correlation	.672	-.274	.805	1
	Sig.(2-tailed)	.000	.087	.000	

a. Listwise N=40

피어슨의 r의 귀무가설은 무엇일까? 언급하였듯 상관관계분석에서는 두 변수가 서로에 대해 독립적인지를 테스트한다. 피어슨의 r의 경우 두 변수가 서로에 대해 같은 방향으로 완벽하게 종속적일 경우 1의 값을, 정반대 방향으로 완벽하게 종속적일 경우 -1의 값을, 하지만 완벽하게 독립적인 경우 0의 값을 갖는다. 따라서 X 변수와 Y 변수의 피어슨의 r의 귀무가설과 대안가설은 아래와 같다.

$$H_0 : r_{XY} = 0$$

$$H_A : r_{XY} \neq 0$$

위의 결과에서 6개 피어슨의 r 중에, 3개의 경우에 귀무가설을 기각하는 반면에 ($r_{search, lang}$ = .63, p < .001, $r_{search, math}$ = .67, p < .001, $r_{lang, math}$ = .81, p < .001), 3개의 경우에 귀무가설을 받아들이게 된다 ($r_{search, \log(game)}$ = -.27, p = .10, $r_{\log(game), lang}$ = -.16, p = .34, $r_{\log(game), math}$ = -.27, p = .09).

여기서는 $r_{search, lang}$ = .63, p < .001의 결과만 구체적으로 해석해 보자. r = .63은 두 변수 중 어느 한 변수의 표준편차가 1만큼 증가하면, 다른 변수는 약 .63 표준편차만큼 증가하며, 이는 통계적으로 유의미한 상관관계라고 볼 수 있다. 여기서 반드시 기억할 것은 r은 절대로 인과관계로 해석되면 안 된다는 점이다. 물론 상황에 따라 인과관계로 해석될 수도 있다 (예를 들어, X 변수가 Y 변수보다 시간적으로 먼저 발생하였고, X 변수와 Y 변수의 관계에 영향을 끼치는 다른 변수가 전혀 없다고 가정할 수 있을 때이다). 하지만 통계치 r은 두 변수의 상관관계를 다루지 결코 인과관계를 다루지 않는다.

앞에서 언급한 해석의 기본단위가 표준편차라는 점에 주목하길 바란다. 사실 그 이유는 피어슨의 r 공식에서 쉽게 유추할 수 있다. 피어슨의 r 공식은 아래와 같다.

$$r = \frac{\Sigma(X - \overline{X})(Y - \overline{Y})}{\sqrt{\Sigma(X - \overline{X})^2}\sqrt{\Sigma(Y - \overline{Y})^2}}$$
$$= \frac{S_{XY}}{\sqrt{S_{XX}\, S_{YY}}}$$

피어슨의 r의 경우 분자에는 두 변수의 공분산이, 분모에는 각 변수의 표준편차가 투입되어 있다. 따라서 r을 해석할 때는 한 변수의 1 표준편차 증가는 다른 변수의 r만큼의 표준변차 변화와 상관관계를 갖는다고 해석할 수 있다.

그렇다면 피어슨의 r의 통계적 유의도 검증을 위한 테스트 통계치와 자유도는 어떻게 구할 수 있을까? 아쉽게도 SPSS의 경우 피어슨의 r의 테스트 통계치와 자유도를 별도로 보고하지 않는다. 이 책을 읽는 상당수의 독자들은 논문을 작성할 때, 미국심리학회 인용방식 (APA style)을 따를 것이다. 피어슨의 r을 보고할 때, 자유도를 괄호 안에 보고하는 것이 APA 인용방식이지만, 아쉽게도 SPSS 아웃풋에는 자유도가 계산되어 있지 않다. 이 이유 때문인지는 모르겠지만, APA 인용방식을 따르는 논문의 경우에도 r을 보고할 때는 자유도를 별도로 표기하지 않는 경우가 빈번하다.

피어슨 상관계수의 자유도는 $df = n - 2$의 공식을 따른다. 사례수에서 2를 빼 준 이유는 위의 r 공식에서 유추할 수 있다. r을 계산하기 위해 $\overline{X}$와 $\overline{Y}$의 두 평균을 사용했다.

이에 따라 자유도는 전체 사례에서 $\overline{X}$와 $\overline{Y}$의 두 평균에 해당되는 2를 빼 준 값을 사용한다.[3] 다음으로 피어슨의 r의 테스트 통계치는 t 다. 피어슨 r의 변수가 정규분포를 따른다는 것에서 충분히 그 이유를 유추할 수 있을 것이다. 피어슨 r의 테스트 통계치 t는 아래의 공식을 따른다.

$$t = r \sqrt{\frac{n-2}{1-r^2}}$$

위의 상관관계 행렬을 보고 다음과 같이 해석할 수 있다. 첫째, 스마트폰 검색에 소요되는 시간과 게임에 이용하는 시간은 큰 상관관계를 갖지 않는다[$r(38) = -.27$, $p = .10$]. 둘째, 언어영역 평가점수와 수리영역 평가점수는 통계적으로 유의미한 높은 상관관계를 갖는다[$r(38) = .81$, $p < .001$]. 즉, 언어영역 평가점수가 높은 학생은 수리영역 평가점수도 높으며, 그 반대도 성립한다. 셋째, 스마트폰 검색 이용시간과 언어영역 평가점수, 수리영역 평가점수는 통계적으로 유의미한 높은 상관관계를 갖고 있다[각각 $r(38) = .63$, $p < .001$; $r(38) = .67$, $p < .001$]. 넷째, 스마트폰 게임 이용시간과 언어영역 평가점수, 수리영역 평가점수는 서로 부정적 상관관계를 맺고 있지만, 통계적으로 유의미한 결과는 아니다[각각 $r(38) = -.16$, $p = .34$; $r(38) = -.27$, $p = .09$].

2. 부분상관관계계수

앞부분에서 잠시 언급했지만, 피어슨의 r은 인과관계로 해석될 수 없다. 하지만 변수들을 측정한 방법이나 상관계수 해석의 기본이 되는 이론에 따라 상관계수를 인과관계의 맥락에서 해석하는 것이 가능한 경우도 분명 존재한다. 만약 연구의 맥락에 따라 상관계수를 인과관계에 대한 수치로 해석할 수 있는 경우라고 하더라도(즉, 한 변수가 다른 변수에 시간적으로 선행한다고 하더라도), 여전히 예측변수와 결과변수의 관계에 영향을 미치는 제3의 변수의 존재 가능성을 부정하기 어려울 수 있다. 만약 상관관계분석에서 고려하는 두 변수에 영향을 끼치는 제3의 변수를 확정할 수 있다면, 제3의 변수를 통제한 후 두 변수의 상관관계를 계산할 수 있다. 사회과학 연구에서는 제3의 변수를 통제한 후 계산된 두 변수의 상관관계를 '부분상관관계'(혹은 편상관관계, partial correlation)라고 부른다.

부분상관관계의 원리는 간단하다. 피어슨 r 공식에서 잘 나타나듯, r은 두 변수의 공

---

3 이 부분이 잘 이해되지 않으면 앞에서 소개했던 t 테스트에 대한 설명을 다시 살펴보길 바란다.

분산을 각 변수의 분산으로 나누어 준 것이다. 만약 제 3의 변수가 있다면 제 3의 변수와 두 변수의 공분산을 제외한 후 남은 각 변수의 공분산과 분산을 구할 수 있을 것이다. 바로 이를 이용하면 부분상관관계계수를 구할 수 있다. 위에서 살펴본 '예시데이터_5장_01. sav' 데이터에서 log_game 변수를 통제한 후 search 변수와 lang 변수의 부분상관관계계수를 구해 보자. 이때의 SPSS 명령문은 아래와 같다.

*log_game 변수와의 공분산을 통제한 후 search, lang 변수 사이의 부분상관계수.
PARTIAL CORR search lang BY log_game.

Correlations

Control Variables			스마트폰을 이용한 검색시간 (일일, 분)	해당학기의 언어영역 평가점수
자연로그로 전환한 일일 스마트폰 게임이용 시간	스마트폰을 이용한 검색시간(일일, 분)	Correlation	1.000	.621
		Significance(2-tailed)		.000
		df	0	37
	해당학기의 언어영역 평가점수	Correlation	.621	1.000
		Significance(2-tailed)	.000	
		df	37	0

log_game 변수를 통제하지 않았을 때의 두 변수의 피어슨 상관계수는 $r(38) = .63$이었다($p < .001$). log_game 변수를 통제한 부분상관관계계수 역시도 크게 다르지 않은 $r_{partial}(37) = .62^4$로 나타났다($p < .001$). 즉, log_game 변수는 search 변수와 lang 변수의 관계에 큰 영향을 미치지 않는다는 것을 알 수 있다.

이번에는 math 변수를 통제한 후 search 변수와 lang 변수의 부분상관계수를 한번 구해 보자. SPSS 명령문을 다음과 같이 작성한 후, 부분상관계수를 구하면 $r_{partial}(37) = .21$, $p = .21$을 얻을 수 있다. 이 결과는 $r(38) = .63$, $p < .001$과 비교할 때 정말 많이 다르다. 다시 말해, math 변수를 통제할 경우에 search 변수와 lang 변수는 더 이상 통계적으로 유의미한 상관관계를 보여주지 않는다.

앞에서 설명하였듯, 부분상관관계계수는 제 3의 변수와 상관관계에 투입되는 두 변수 사이의 공분산을 제외한 후 계산된다. 다시 말해, log_game 변수를 통제해도 search 변수와 lang 변수의 상관관계가 크게 바뀌지 않은 이유는 두 변수와 log_game 변수가 큰 상관관계를 갖지 않기 때문이다[lang 변수와는 $r(38) = -.16$, $p = .34$; search 변수와는 $r(38) = -.27$, $p = .09$]. 그러나 math 변수의 경우 search 변수, lang 변수와 강한 상관관

---

4 변수 하나를 통제하였기 때문에 상관계수의 자유도가 하나 더 줄었다. 즉, 부분상관계수의 경우 자유도는 $df = n - 2 - k$ (k는 통제되는 변수의 개수)로 계산된다.

계를 갖고 있었기 때문에〔search 변수와는 $r(38) = .67$, $p < .001$; lang 변수와는 $r(38) = .81$, $p < .001$〕, math 변수를 통제하면 상관계수의 값은 크게 떨어진다.

지금까지 정규분포를 따르는 연속형 변수들 사이의 피어슨 상관계수 r을 구하는 방법을 살펴보았다. 상관계수 계산에 투입되는 변수 중 하나는 정규분포를 따르는 연속형 변수지만, 다른 한 변수는 이분변수(dichotomous variable, 예를 들어 성별과 같이 0, 1로 코딩된 변수를 말한다)인 경우에도 피어슨의 r을 쓰기도 한다.[5] 물론 이러한 경우에는 점-이계열 상관계수(point-biserial correlation coefficient, r_{pb}[6])를 써야 하지만, 저자들이 알고 있는 대부분의 연구에서는 피어슨의 r을 사용한다. 그 이유는 나중에 언급할 일반최소자승 회귀분석에서 설명하겠지만, 이분변수의 경우 0 혹은 1로 코딩된 형태의 더미변수로 치환된 후 예측변수로 사용되는 것이 보통이기 때문이다. 만약 이분변수가 결과변수로 해석되는 연구맥락의 경우, 정규분포를 갖는 연속형 변수와 이분변수의 관계를 피어슨의 r을 이용해 서술하는 것은 온당하지 못하다(더 나중에 설명하겠지만, 이런 경우라면 피어슨의 r을 사용하는 것보다 로지스틱 회귀분석을 실시하는 것이 더 바람직하다).

3. 서열형 변수 사이의 상관관계계수

지금까지는 상관관계분석 대상이 되는 변수들을 정규분포의 연속형 변수라고 가정하였다. 여기서는 서열형 변수의 경우 사용되는 상관관계계수인 스피어만의 로(Spearman's ρ)와 켄달의 타우(Kendall's τ)를 살펴보도록 하자.

우선 스피어만의 ρ를 살펴보자. ρ를 계산하기 위해서는 상관관계를 계산하는 변수를 서열형 변수로 전환한 후, 피어슨의 r 공식을 사용한다. 즉, 변수의 값을 순서대로 나열하고 서열값으로 전환한 후, 서열형 변수로 전환된 두 변수의 공분산을 각 서열형 변수의 표준편차로 나누어 준 것이 바로 스피어만의 ρ이다. 아래는 스피어만의 ρ와 스피어만의 ρ의

---

5 엄밀하게 말해 이분변수의 표준편차는 의미가 없다(남성이 0, 여성이 1로 코딩된 성별 변수에서 표준편차는 실질적 의미가 없기 때문이다. 왜냐하면 성별은 남성이거나 여성인, 즉 유목이기 때문이다). 표준편차가 의미가 없다 보니 r을 해석하는 것도 불가능하다. 왜냐하면 r은 두 변수 중 한 변수가 1 표준편차 증가할 때 다른 변수가 r의 표준편차만큼 변한다고 해석되기 때문이다. 즉, 이분변수의 경우 r은 해석이 불가능한 수치가 되어 버린다〔물론 부호(sign)는 의미가 없지 않다〕.

6 r_{pb} 공식은 다음과 같다. 공식을 보면 느낄 수 있겠지만, 독립표본 t 테스트의 테스트 통계치 공식과 그 모습이 상당히 유사하다. 그 이유는 만약 이분변수가 '원인'으로 해석되는 연구맥락에서는 사실 r_{pb}가 적용되는 상황은 다름 아닌 독립표본 t 테스트가 적용되는 상황과 동일하기 때문이다.

$$r_{pb} = \frac{M_1 - M_0}{s_n} \sqrt{\frac{n_1 n_0}{n^2}}, \text{ 여기서 } s_n = \sqrt{\frac{1}{n}\sum_{i=1}^{n}(X_i - \overline{X})^2}$$

테스트 통계치 공식이다. 피어슨의 r과 마찬가지로 스피어만의 ρ의 경우도 $df = n\text{-}2$의 자유도를 가지는 t 테스트 통계치의 통계적 유의도를 계산한다.

$$\text{Spearman's } \rho = \frac{cov(rank_X, rank_Y)}{\sigma_{rank_X} \sigma_{rank_Y}}$$

$$t = \rho \left(\sqrt{\frac{(n-2)}{1-\rho^2}} \right)$$

스피어만의 ρ의 부호는 두 변수의 상관관계가 어떤 방향인지 나타낸다. 하지만 스피어만의 ρ의 수치는 명확한 해석이 어렵다. 피어슨의 r의 경우 한 변수의 표준편차가 1 증가할 때, 다른 변수는 r만큼의 표준편차가 변한다는 구체적인 해석이 가능하지만, 스피어만의 ρ은 이러한 방식처럼 깨끗한 설명이 불가능하다.[7]

켄달의 τ 역시도 변수를 순서대로 나열한 서열을 사용한다는 점에서 스피어만의 ρ와 유사하다. 하지만 켄달의 τ의 경우 변수의 서열이 일치하는 사례(K)와 일치하지 않는 사례(L)를 이용해 계산되며, 구체적으로는 아래의 공식을 따른다. 한 가지 흥미로운 점은 켄달의 τ의 경우 z 테스트 통계치를 통계적 유의도 테스트에 사용한다는 것이다. 다시 말해, 켄달의 τ의 경우 자유도를 특별히 계산하지 않는다(t 테스트를 설명하기 전에 z 테스트를 설명한 바 있다. 이때도 자유도를 고려하지 않았던 것을 떠올리길 바란다).

$$\tau = \frac{(K-L)}{\frac{n(n-1)}{2}}$$

$$z = \frac{3(K-L)}{\sqrt{\frac{n(n-1)(2n+5)}{2}}}$$

만약 두 변수에서의 서열이 모두 일치하는 경우는 $K = \frac{n(n-1)}{2}$이고, $L = 0$이 되기 때문에 $\tau = 1$이 되며, 두 변수에서의 서열이 정확하게 뒤집힌 경우는 $K = 0$이고, $L = \frac{n(n-1)}{2}$이기 때문에 $\tau = -1$이 된다. 켄달의 τ 역시 부호는 의미가 있지만, τ의 수치는 구체적으로 해석되기 어렵다.

이제 SPSS를 이용해 스피어만의 ρ와 켄달의 τ를 실제로 계산해 보자. 또한 서열형 변

---

7 물론 한 변수를 순서대로 나열하여 변환한 서열형 변수의 표준편차가 1 증가할 때, 다른 변수를 순서대로 나열하여 변환한 서열형 변수의 표준편차는 ρ 만큼 변한다고 해석할 수 있지만, 독자들도 느끼듯 이러한 해석에서 실질적 의미를 찾는 것은 매우 어렵다.

수를 정규분포를 따르는 연속형 변수라고 가정한 후 피어슨 r을 구했을 때, 스피어만의 ρ와 켄달의 τ와 어떤 차이가 있는지도 살펴보자. 앞에서 소개한 '예시데이터_5장_01. sav' 데이터 중 game, log_game, grade_lang, grade_math 변수의 세 변수를 사례로 이용해 보자. 앞에서도 언급했듯 grade_lang, grade_math는 전형적인 서열형 변수이며, game 변수는 정규분포를 따르지 않는 변수다. 우선 이 네 변수 사이의 스피어만의 ρ와 켄달의 τ는 아래와 같은 SPSS 명령문을 실행시키면 된다.

*스피어만의 로와 켄달의 타우 상관계수를 동시에 계산.[8]
NONPAR CORR
/VARIABLES=game log_game grade_lang grade_math
/PRINT=BOTH.

Correlations

			스마트폰을 이용한 게임시간 (일일)	자연로그로 전환한 일일 스마트폰 게임이용 시간	언어영역 등급	수리영역 등급
Kendall's tau_b	스마트폰을 이용한 게임시간(일일)	Correlation Coefficient	1.000	1.000	-.205	-.227
		Sig.(2-tailed)			.100	.068
		N	40	40	40	40
	자연로그로 전환한 일일 스마트폰 게임이용 시간	Correlation Coefficient	1.000	1.000	-.205	-.227
		Sig.(2-tailed)			.100	.068
		N	40	40	40	40
	언어영역 등급	Correlation Coefficient	-.205	-.205	1.000	.697
		Sig.(2-tailed)	.100	.100		.000
		N	40	40	40	40
	수리영역 등급	Correlation Coefficient	-.227	-.227	.697	1.000
		Sig.(2-tailed)	.068	.068	.000	
		N	40	40	40	40
Spearman's rho	스마트폰을 이용한 게임시간(일일)	Correlation Coefficient	1.000	1.000	-.254	-.272
		Sig.(2-tailed)			.113	.089
		N	40	40	40	40
	자연로그로 전환한 일일 스마트폰 게임이용 시간	Correlation Coefficient	1.000	1.000	-.254	-.272
		Sig.(2-tailed)			.113	.089
		N	40	40	40	40
	언어영역 등급	Correlation Coefficient	-.254	-.254	1.000	.770
		Sig.(2-tailed)	.113	.113		.000
		N	40	40	40	40
	수리영역 등급	Correlation Coefficient	-.272	-.272	.770	1.000
		Sig.(2-tailed)	.089	.089	.000	
		N	40	40	40	40

---

8 만약 스피어만의 ρ만 계산하고 싶다면 /PRINT 하위명령문에 BOTH 대신 SPEARMAN을, 켄달의 τ만을 계산하고 싶다면 /PRINT 하위명령문에 BOTH 대신 KENDALL을 입력하면 된다.

위의 표 맨 마지막 세로줄의 결과에 집중해 보자. 우선 grade_lang 변수와 game 변수 사이의 스피어만의 ρ와 켄달의 τ, 그리고 grade_lang 변수와 game 변수 사이의 스피어만의 ρ와 켄달의 τ를 비교해 보자. 어떤가? 그렇다. 동일하다. grade_lang 변수와 game 변수 사이의 스피어만의 ρ의 경우, $\rho = .21$이며 이때의 통계적 유의도는 $p = .10$이다. 마찬가지로 grade_lang 변수와 log_game 변수 사이의 스피어만의 ρ 역시도 $\rho = -.21$, $p = .10$이다. 켄달의 τ 역시 $\tau = -.25$, $p = .11$로 동일한 것을 알 수 있다. grade_math 변수의 경우도 상황은 동일하다. 이 결과는 서열형 변수에 사용하는 스피어만의 ρ와 켄달의 τ의 특징이 무엇인지 잘 보여준다. log_game 변수는 game 변수를 로그변환한 것이다. 분명히 변수의 값(value)은 로그변환을 통해 달라졌으며, 피어슨의 r 역시도 로그변환 이전과 이후가 달라졌던 사실을 독자들은 기억할 것이다. 하지만 스피어만의 ρ와 켄달의 τ의 경우 로그변환을 하기 이전과 이후가 전혀 바뀌지 않았다. 그 이유는 변수의 값의 상대적 크기, 즉 시열만을 고려하였기 때문이다.

이제 피어슨의 r을 구해 보자. 아래의 SPSS 명령문을 실행시키면 다음과 같은 결과를 얻을 수 있다.

*만약 grade_lang 변수를 연속형 변수라고 가정한다면?.
CORRELATIONS game log_game grade_lang grade_math.

Correlations

		스마트폰을 이용한 게임시간 (일일)	자연로그로 전환한 일일 스마트폰 게임이용 시간	언어영역 등급	수리영역 등급
스마트폰을 이용한 게임시간(일일)	Pearson Correlation	1	.770	-.090	-.096
	Sig.(2-tailed)		.000	.579	.556
	N	40	40	40	40
자연로그로 전환한 일일 스마트폰 게임이용 시간	Pearson Correlation	.770	1	-.241	-.250
	Sig.(2-tailed)	.000		.133	.120
	N	40	40	40	40
언어영역 등급	Pearson Correlation	-.090	-.241	1	.751
	Sig.(2-tailed)	.579	.133		.000
	N	40	40	40	40
수리영역 등급	Pearson Correlation	-.096	-.250	.751	1
	Sig.(2-tailed)	.556	.120	.000	
	N	40	40	40	40

어떤가? 다소의 차이가 느낄 수 있을 것이다. 가장 두드러진 변화는 서열형 변수인 grade_lang, grade_math 변수와 game 변수의 상관관계다. 피어슨의 상관계수의 game 변수의 경우 grade_lang 변수와 $r(38) = -.09$, $p = .58$, grade_math 변수와는 $r(38) = -.10$, $p = .56$으로 나타났다. 반면 스피어만의 ρ는 각각 $\rho = -.25$, $p = .11$, $\rho = -.27$, $p = .09$로 나타났으며, 켄달의 τ의 경우 각각 $\tau = -.21$, $p = .10$, $\tau = -.23$, $p = .07$로 나타났다. 상관계수의 크기는 증가하였으며, 통계적 유의도가 0에 더 가까워졌다. 즉, "상관관계가 존재하지 않는다"는 귀무가설을 더 쉽게 기각할 수 있는, 통계적 검증력이 더 높아진 결과를 얻었다. 다시 말해, 변수의 분포를 적절하게 파악하지 못하면 제2종 오류를 범할 가능성이 높아짐을 알 수 있다.

지금까지 정규분포를 가정할 수 있는 연속형 변수들 사이의 상관계수인 피어슨의 r, 서열형 변수에서 사용할 수 있는 스피어만의 ρ와 켄달의 τ를 살펴보았다. 서열형 변수들 사이의 상관관계를 살펴볼 수 있는 스피어만의 ρ와 켄달의 τ는 분명 유용하다. 하지만 적어도 이 책의 맥락에서는 피어슨의 r이 더 중요하다. 피어슨의 r이 왜 더 많이 사용되며 이 책의 저자들이 피어슨의 r의 중요성을 더 강조하는가에 대해서는 일반최소자승 회귀분석과 관련해서 다시 언급할 예정이다.

다음 장에서는 명목형 변수와 명목형 변수의 상관관계를 테스트하기 위한 카이제곱 테스트를 소개할 것이다. 사회과학분석에서 카이제곱 테스트는 두 명목형 변수를 교차시킨 교차빈도표와 함께 주로 제시된다. 하지만 이외에도 카이제곱 테스트는 반복측정분산분석에서 모클리의 W, 후반부에 소개할 로지스틱 회귀분석, 탐색적 인자분석에서 등장할 모형적합도 테스트 등 정말 광범위하게 사용된다.

카이제곱 테스트를 이용한 교차빈도표 분석 06

앞에서는 정규분포를 따른다고 가정할 수 있는 연속형 변수에 적용 가능한 피어슨의 r 상관계수와 서열형 변수에 적용할 수 있는 스피어만의 ρ와 켄달의 τ 상관계수를 소개하였다. 여기서는 두 명목형 변수들의 교차빈도표와 두 명목형 변수의 독립성을 테스트하는 카이제곱 테스트를 설명할 것이며, 명목형 변수들의 상관관계계수로 분할계수와 크래머의 V를 소개할 예정이다.

1. 교차빈도표

교차빈도표(crosstabulation)는 일상생활에서도 쉽게 접할 수 있는 통계분석결과표이며, 표본을 설명하는 데 매우 유용하다. 교차빈도표는 어떤 명목형 변수의 빈도표를 다른 명목형 변수의 수준별로 구성한 통계분석표를 의미한다. 아마 독자들은 실제 사례를 보면 "아, 이런 표!"라고 바로 이해할 수 있을 것이다. 교차빈도표를 그리기 위한 사례로 '예시데이터_6장_01.sav'를 이용할 것이다. 이 데이터는 아래와 같은 총 3개의 변수들로 구성되어 있다.

- ID: 개인식별번호
- polid: 응답자의 정치적 성향을 뜻하며, 1의 값은 보수성향, 2의 값은 중도성향, 3의 값은 진보성향을 나타낸다.
- inc: 응답자의 소득수준을 뜻하며, 1은 저소득층, 2는 중간소득층, 3은 고소득층을 나타낸다.

어떤 독자들은 polid 변수와 inc 변수를 서열형 변수로 볼지도 모르겠다. 하지만 적어도 이 책에서는 두 변수를 명목형 변수로 가정할 것이다.[1] 이 데이터에 대해서 아래의 SPSS 명령문을 실행해 보길 바란다. CROSSTABS 명령문을 이용하여 BY 앞의 변수를 가로줄에, BY 뒤의 변수를 세로줄에 배치하는 방식으로 교차빈도표를 그릴 수 있다.

*교차빈도표만 그리는 경우.
CROSSTABS inc BY polid.

응답자 소득수준 * 응답자 정치성향 Crosstabulation

Count

		응답자 정치성향			Total
		보수적	중도적	진보적	
응답자 소득수준	저소득	7	10	3	20
	중간소득	6	6	14	26
	고소득	6	2	2	10
Total		19	18	19	56

위의 결과는 별도의 해석이 필요 없을 정도로 명료하다. 예를 들어, 저소득층 응답자 20명 중 자신의 정치성향을 보수성향이라고 응답한 사람이 7명, 중도성향이라고 응답한 사람은 10명, 진보성향 응답자는 3명이다. 하지만 위의 교차빈도표는 해석할 때 다소의 어려움이 있을 수 있다. 예컨대 보수성향의 중간소득층 응답자 6명과 보수성향의 고소득층 응답자 6명은 빈도는 동일하지만, 그 의미는 다르다. 왜냐하면 중간소득층의 경우 26명 중 6명이 보수성향을 보이지만(즉 23%), 고소득층의 경우 10명 중 6명이 보수성향을 보이기 때문이다(60%). 만약 가로줄의 명목형 변수(여기서는 inc 변수) 수준별로 세로줄 명목형 변수(여기서는 polid 변수)의 비율분포 정보를 원한다면 위의 SPSS 명령문을 아래와 같이 바꾸면 된다.

*교차빈도표에서 세로줄에 놓이는 변수(polid) 집단별 가로에 놓이는 변수(inc)의 비율을 살펴보는 경우.
CROSSTABS inc BY polid
/CELLS = COUNT ROW.

---

1 실제로 서열형 변수는 명목형 변수의 속성을 다 포괄하기 때문에 이러한 가정을 취하는 데 별 문제는 없다.

응답자 소득수준 * 응답자 정치성향 Crosstabulation

			응답자 정치성향			Total
			보수적	중도적	진보적	
응답자 소득수준	저소득	Count	7	10	3	20
		% within 응답자 소득수준	35.0%	50.0%	15.0%	100.0%
	중간소득	Count	6	6	14	26
		% within 응답자 소득수준	23.1%	23.1%	53.8%	100.0%
	고소득	Count	6	2	2	10
		% within 응답자 소득수준	60.0%	20.0%	20.0%	100.0%
Total		Count	19	18	19	56
		% within 응답자 소득수준	33.9%	32.1%	33.9%	100.0%

위의 교차빈도표는 훨씬 더 해석하기 좋다. 저소득층 응답자의 경우 중도성향이라고 자신의 정치적 성향을 밝힌 사람들이 가장 많았지만(50%), 중간소득층 응답자의 경우 진보성향이(54%), 고소득층 응답자의 경우 보수성향이 가장 높게 나타났다(60%).

만약 가로줄 명목형 변수를 기준으로 세로줄 명목형 변수의 비율을 구하는 대신, 세로줄 명목형 변수를 기준으로 가로줄 명목형 변수의 비율을 구하려 한다면 다음과 같이 /CELLS 하위명령문의 ROW를 COLUMN으로 바꾸면 된다.

*교차빈도표에서 가로줄에 놓이는 변수(inc) 집단별 세로줄에 놓이는 변수(polid)의 비율을 살펴보는 경우.
CROSSTABS inc BY polid
/CELLS = COUNT COLUMN.

응답자 소득수준 * 응답자 정치성향 Crosstabulation

			응답자 정치성향			Total
			보수적	중도적	진보적	
응답자 소득수준	저소득	Count	7	10	3	20
		% within 응답자 정치성향	36.8%	55.6%	15.8%	35.7%
	중간소득	Count	6	6	14	26
		% within 응답자 정치성향	31.6%	33.3%	73.7%	46.4%
	고소득	Count	6	2	2	10
		% within 응답자 정치성향	31.6%	11.1%	10.5%	17.9%
Total		Count	19	18	19	56
		% within 응답자 정치성향	100.0%	100.0%	100.0%	100.0%

위의 교차빈도표의 경우 inc 변수의 분포는 polid 변수의 분포와 서로 독립적(independent)일까? 아니면 종속적(dependent)일까? 교차빈도표에서 사용된 두 명목형 변수의 독립성 테스트를 통해 두 변수의 상관관계를 테스트할 때 이용하는 기법으로 카이제곱 테스트를 살펴보도록 하자.

2. 관측빈도와 기대빈도, 카이제곱 테스트

카이제곱 테스트(χ^2 test)는 교차빈도표의 두 명목형 변수의 독립성 테스트 기법이지만, 다른 맥락들에서도 다양하게 이용되는 테스트다. 일단 카이제곱 테스트의 원리에 대한 설명부터 시작하자. t 테스트는 2개 평균의 동일성을 테스트하는 기법이다. 예를 들어 일원표본 t 테스트의 경우 '표본의 평균'과 알려진 '모집단의 평균'을 서로 비교한다. 앞에서 설명했듯, 표본의 평균과 모집단의 평균이 크게 다를수록 일원표본 t 테스트 결과로 귀무가설을 기각할 가능성은 더 높아진다.

카이제곱 테스트도 마찬가지다. 교차빈도표에 적용되는 카이제곱 테스트에서는 '관측빈도'(observed frequency)와 '기대빈도'(expected frequency)라는 2개의 빈도의 차이가 미미한지 아니면 뚜렷하게 다른지를 테스트하는 방식을 통해 교차빈도표의 두 명목형 변수들의 독립성을 테스트한다. 우선 '관측빈도'는 교차빈도표를 구해서 얻은 각 칸의 빈도를 의미한다. 그렇다면 기대빈도는 무엇일까? 기대빈도는 두 명목형 변수의 분포의 정보를 이용하여 '기대할 수 있는 빈도'를 의미한다. 자, inc 변수와 polid 변수가 서로 독립적이라고 가정해 보자. 그렇다면 inc 변수의 분포는 polid 변수의 분포에 무관하게 일정하게 나타나야 하며, 그 반대도 마찬가지다. 교차빈도표를 그려 보지 않았다고 가정할 때 우리는 다음의 정보를 알고 있다.

표 6-1 응답자 소득수준과 정치성향 교차빈도표(기대빈도 계산 전)

	보수적	중도적	진보적	소득수준 총합
저소득층	?	?	?	20
중간소득층	?	?	?	26
고소득층	?	?	?	10
정치성향 총합	19	18	19	56

두 명목형 변수가 서로 독립적이라면 위의 9개 칸의 빈도는 어떻게 될 것이라고 기대할 수 있을까? 그렇다. 총사례수인 56명에 inc 변수 수준별 비율, 그리고 polid 변수 수준별 비율을 곱하면 된다. 이러한 방식으로 〈표 6-1〉의 교차빈도표를 기대빈도로 채워 보도록 하자. [2]

---

[2] SPSS 명령문을 이용해 기대빈도를 계산하는 방법은 아래와 같다. /CELLS 하위명령문에 EXPECTED를 지정하면 기대빈도가 보고되며, RESID를 추가로 지정하면 관측빈도에서 기대빈도를 빼 준 값을 알 수 있다.

*칸별 기대빈도와 관측빈도, 그 차를 구하는 경우.

CROSSTABS inc BY polid

/CELLS = COUNT EXPECTED RESID.

표 6-2 응답자 소득수준과 정치성향 교차빈도표(기대빈도 계산 후)

	보수적	중도적	진보적	소득수준 총합
저소득층	$6.8 = 56 \times \frac{19}{56} \times \frac{20}{56}$	$6.4 = 56 \times \frac{18}{56} \times \frac{20}{56}$	$6.8 = 56 \times \frac{19}{56} \times \frac{20}{56}$	20
중간소득층	$8.8 = 56 \times \frac{19}{56} \times \frac{26}{56}$	$8.4 = 56 \times \frac{18}{56} \times \frac{26}{56}$	$8.8 = 56 \times \frac{19}{56} \times \frac{26}{56}$	26
고소득층	$3.4 = 56 \times \frac{19}{56} \times \frac{10}{56}$	$3.2 = 56 \times \frac{18}{56} \times \frac{10}{56}$	$3.4 = 56 \times \frac{19}{56} \times \frac{10}{56}$	10
정치성향 총합	19	18	19	56

카이제곱 테스트 통계치(χ^2)는 실제 데이터의 교차빈도표에서 얻은 관측빈도(O_{ij})와 위와 같은 방식으로 계산된 기대빈도(E_{ij})의 차의 제곱을 기대빈도로 나누어 준 통계치다 (i는 가로줄 명목형 변수의 수준을 j는 세로줄 명목형 변수의 수준을 의미한다). 구체적으로는 아래와 같다. 즉, 관측된 빈도가 두 명목형 변수의 독립성을 가정하였을 때 기대된 빈도와 다르면 다를수록 두 명목형 변수는 서로가 서로에 대해 종속적이라는 뜻이며, 다시 말해, 두 변수는 서로 상관관계를 맺고 있다고 볼 가능성이 높다.

$$\chi^2 = \sum_{i=1}^{I} \sum_{j=1}^{J} \frac{(O_{ij} - E_{ij})^2}{E_{ij}}$$

위의 공식에 따라 카이제곱 테스트 통계치를 계산해 보자.

$$\chi^2 = \frac{(.2)^2}{.2} + \frac{(3.6)^2}{6.4} + \frac{(-3.8)^2}{6.8} +$$

$$\frac{(-2.8)^2}{8.8} + \frac{(-2.4)^2}{8.4} + \frac{(5.2)^2}{8.8} +$$

$$\frac{(2.6)^2}{3.4} + \frac{(-1.2)^2}{3.2} + \frac{(-1.4)^2}{3.4}$$

$$= 11.74$$

이때의 카이제곱 테스트 통계치의 자유도는 가로줄 명목형 변수의 수준에서 1을 빼 준 값($I-1$)과 세로줄 명목형 변수의 수준에서 1을 빼 준 값($J-1$)을 곱하여 계산된다. 그 이유는 명목형 변수의 수준별 비율은 전체 수준에서 하나를 몰라도 계산이 가능하기 때문이다(즉 이미 수준 하나는 가정되었다는 의미다). 예를 들어 inc 변수의 수준은 3수준이며, 이 세 수준을 합치면 100%가 된다는 것을 우리는 이미 알고 있다. 고소득층이 18%, 중간소득층이 46%라면 저소득층 응답자의 비율은 얼마일까? 그렇다. 36%다. 이는 일원표본 t 테스트의 경우 $df = n - 1$을 적용하는 것이나, 일원분산분석에서 F 테스트 통계치의 첫 번째 자유도가 $df_1 = k - 1$로 계산되는 것과 동일한 원리다.

SPSS를 이용해 카이제곱 통계치를 계산하는 방법은 아래와 같다. /STATISTICS 하위명령문에 CHISQ를 지정하면 카이제곱 통계치를 쉽게 구할 수 있다.

```
*카이제곱 테스트 통계치를 계산하는 경우.
CROSSTABS inc BY polid
/CELLS = COUNT ROW
/STATISTICS = CHISQ.
```

Chi-Square Tests

	Value	df	Asymp.Sig. (2-sided)
Pearson Chi-Square	11.744ᵃ	4	.019
Likelihood Ratio	11.535	4	.021
Linear-by-Linear Association	.000	1	1.000
N of Valid Cases	56		

a. 3 cells(33.3%) have expected countless than 5.
The minimum expected count is 3.21.

이 결과에서 Pearson Chi-Square 부분의 결과에 주목하길 바란다.[3] 카이제곱값이 11.74이고 자유도가 4인 경우, 통계적 유의도는 $p = .019$로 나타났다[$\chi^2(4, N = 56) = 11.74, p = .02$]. 즉, 두 명목형 변수가 서로에 대해 독립적이라는 귀무가설을 기각하고 두 명목형 변수는 서로 연관되어 있다고 볼 수 있다. 그렇다면 Likelihood Ratio는 무엇일까? 이는 흔히 '우도비'라고 번역되며 $LR \chi^2$, G^2, D라는 이름으로도 약칭된다. 이는 한 명목형 변수의 분포를 다른 명목형 변수를 고려하는 모형의 우도 함수와 고려하지 않는 모형의 우도 함수의 비율로 나타낸 것을 의미한다.

이 부분에 대한 구체적인 설명은 이 책 후반부의 로지스틱 회귀분석에서 제시하도록 하겠다. '우도비'는 유목형 자료분석(categorical data analysis)에서 정말 자주 등장하는 테스트 통계치이지만, 일단 여기서는 잠시 잊도록 하자. 하지만 제11장에서 로지스틱 회귀분석을 실시할 때 이 부분은 다시 중요하게 자세히 언급될 예정이다. 그리고 Linear-by-Linear Association의 경우 두 명목형 변수가 선형적 연관관계를 갖고 있는지에 대한 테스트인데, 명목형 변수라고 분석에서 가정한 이상 아무런 의미가 없는 부분이다. 두 명목형 변수를 이용하는 교차빈도표를 대상으로 카이제곱 테스트를 실시하는 경우 독자들은 이 결과를 무시하길 바란다.

---

3 참고로 이 Pearson은 피어슨의 상관계수 r의 그 피어슨이다.

끝으로 결과출력표 마지막을 보면 "3 cells (33.3%) have expected count less than 5…"라는 설명이 있다. 번역하자면 기대빈도가 5보다 작은 칸이 총 3칸 있다는 뜻이다. 이 경우 '피셔의 정확테스트'(Fisher's Exact Test)를 실시해야 한다고 알려져 있다. 이유를 쉽게 설명하자면 기대빈도가 너무 작을 경우 분석의 안정성이 떨어지며 카이제곱 테스트 통계치가 커지기 쉽기 때문에 보다 정확한 테스트를 실시해야 한다는 의미다. 위의 SPSS 명령문에 /METHOD 하위명령문에 EXACT를 첨가하여 아래와 같이 바꾸면 피셔의 정확테스트를 실시할 수 있다.

```
*피셔의 정확테스트 실시.
CROSSTABS inc BY polid
/CELLS = COUNT ROW
/STATISTICS = CHISQ
/METHOD = EXACT.
```

Chi-Square Tests

	Value	df	Asymp.Sig. (2-sided)	Exact Sig. (2-sided)	Exact Sig. (1-sided)	Point Probability
Pearson Chi-Square	11.744a	4	.019	.018		
Likelihood Ratio	11.535	4	.021	.034		
Fisher's Exact Test	10.805			.024		
Linear-by-Linear Association	.000b	1	1.000	1.000	.545	.089
N of Valid Cases	56					

a. 3 cells(33.3%) have expected countless than 5. The minimum expected count is 3.21.
b. The standardized statistic is .000.

위의 결과에서 알 수 있듯, 피셔의 정확테스트를 적용하면 $\chi^2 (4, N = 56) = 10.81, p = .02$ 를 얻을 수 있다. 피어슨 카이제곱 테스트 통계치의 통계적 유의도와 비교해 보면 알겠지만 p값이 다소 보수적으로 추정되었다(즉 p값이 0에서 보다 멀어졌다).

여기서 독자들은 카이제곱 테스트 통계치의 특징으로 다음을 꼭 기억해 주길 바란다. 카이제곱 테스트는 (사실 다른 테스트 통계치도 처지는 다르지 않지만) 사례수에 매우 민감하게 반응한다. 구체적으로 자유도가 고정되었을 때 표본이 크면 클수록 카이제곱 테스트 통계치는 귀무가설을 기각하기 쉬워진다. 다시 말해, 표본의 크기가 큰 경우 제1종 오류를 범하게 될 가능성이 높다. 따라서 카이제곱 테스트에 미치는 사례수의 효과를 조정해 주고, 앞에서 설명한 피어슨의 r이나 스피어만의 ρ, 켄달의 τ처럼 절댓값이 0~1의 범위를 갖는 방식으로 조정해 줄 필요가 있다.

다음에는 명목형 변수의 상관관계계수로 분할계수와 크래머의 V를 살펴보도록 하자.

3. 두 명목형 변수의 상관관계계수

이 책에서는 교차빈도표의 두 명목형 변수 사이의 상관관계계수로 분할계수와 크래머의 V를 소개하였다. 이외에도 여러 상관관계계수들이 있지만, 저자들의 판단으로는 자주 사용되지 않는 듯하다. 두 상관계수들은 모두 카이제곱 통계치를 사례수로 나누어 주는 방식으로 사례수 증가에 따른 카이제곱 통계치를 조정해 준다. 구체적으로 각 상관계수의 공식을 살펴보자.

우선 '분할계수'(contingency coefficient, CC)의 공식은 아래와 같다. 공식에서 잘 드러나듯 사례수가 크면 클수록 분모가 커지기 때문에 CC는 점점 0에 가까워진다. 반면 χ^2가 매우 큰 반면 N이 매우 작을 경우 CC는 1에 근접한다.

$$CC = \sqrt{\frac{\chi^2}{\chi^2 + N}}$$

크래머의 V(Cramer's V)의 공식 역시도 비슷한 모양을 갖지만, 분모의 형태가 CC와 조금 다르다. 여기서 I와 J는 각 명목변수(nominal variable) 수준의 수를 의미한다. 즉, I와 J 중 더 작은 값에서 1을 뺀 후 사례수를 곱한 값이 분모에 투입되었다. 여기서 독자들에게 한 가지 첨언할 것이 있다. 2×2 형태의 교차빈도표에 크래머의 V를 적용한 경우 파이(ϕ)라고 쓴다. 2×2 형태의 교차빈도표에 투입되는 변수는 모두 이분변수이고, 이는 일종의 서열형 변수라고도 볼 수 있기 때문에 ϕ의 경우 부호를 붙여 표기할 수 있다.

$$V = \sqrt{\frac{\chi^2}{N \times (\min(I, J) - 1)}}$$

앞에서 얻은 χ^2와 사례수($N=56$) 정보를 이용해서 CC와 크래머의 V를 구할 수 있다. 독자들은 CC와 크래머의 V를 한번 직접 계산해 보길 바란다. SPSS 명령문을 이용해서 CC와 크래머의 V를 구하는 방법은 아래와 같다. CC는 /STATISTICS 하위명령문에 CC를 지정하면 되며, 크래머의 V의 경우 PHI라고 지정하면 된다. [4]

---

4 ϕ가 크래머의 V의 특수 케이스라는 것은 바로 위 단락에서 설명하였다.

*명목형 변수간 상관관계.
CROSSTABS inc BY polid
/CELLS = COUNT ROW
/STATISTICS = CHISQ CC PHI
/METHOD = EXACT.

Symmetric Measures

		Value	Approx. Sig.	Exact Sig.
Nominal by Nominal	Phi	.458	.019	.018
	Cramer's V	.324	.019	.018
	Contingency Coefficient	.416	.019	.018
N of Valid Cases		56		

결과를 보면 알 수 있듯 $CC = .42$, 크래머의 $V = .32$가 나왔다.[5] 위의 교차빈도표는 3×3이기 때문에 Phi 부분의 결과, 즉 ϕ는 반드시 무시해야만 한다. 하지만 만약 분석하는 교차분석표가 2×2 형태라면 Phi 부분의 결과는 ϕ를 의미한다. CC와 크래머의 V 모두 두 명목변수가 서로 상관관계가 강할수록 1에 근접하지만, 서로 독립적일 경우 0에 근접한다. 하지만 각 수치는 피어슨의 r처럼 수치에 대해 구체적인 해석을 제시할 수는 없다.

t 테스트를 시작으로 분산분석을 소개한 후, 두 변수들 사이의 상관관계를 정량화시킨 여러 형태들의 상관계수들을 살펴보았다. 다음 장에는 분산분석으로 다시 돌아갈 것이다. 우선 다음 장에서 소개할 분산분석에서는 반복적으로 관측된 데이터, 즉 개체내 요인이 포함된 경우에 사용하는 반복측정분산분석을 소개할 것이다.

---

5 테스트 통계치는 피어슨 카이제곱 테스트 통계치의 통계적 유의도이다.

반복측정분산분석　07

앞에서 우리는 분산분석의 기본 원리와 집단간 요인의 효과를 분석하는 일원분산분석 및 다원분산분석을 살펴보았다. 또한 분산분석을 실시한 후 집단 사이의 평균을 비교하는 기법으로 사후비교와 계획비교를 살펴보았다. 이번에 다룰 내용은 결과변수가 여럿일 경우 적용하는 분산분석기법이다.

1. 반복측정분산분석의 특징

'반복측정'이라는 말이 함의하듯, 반복측정분산분석(analysis of variance with repeated measures, repeated measures ANOVA)의 결과변수들은 '반복적으로(repeatedly) 측정'된 것으로 가정된다. 이를테면 피험자들에게 특정 약물을 투여한 후 24시간 동안 매 시간마다 혈압을 측정했다면, "혈압은 24번 반복적으로 측정되었다"라고 볼 수 있다. 이 경우 혈압에 영향을 미친 요인은 두 가지다. 첫째는 피험자에게 약물을 투입하였는가 여부다. 즉, 약물처치를 받은 집단과 받지 못한 집단의 두 수준으로 구성된 개체간 요인이 바로 약물투입 여부다. 둘째, 사람의 혈압은 시간이 지나면서 바뀐다. 즉, 시간의 변화는 약물처치를 받은 집단이나 그렇지 않은 집단 모두에게서 나타나며, 따라서 개체내 요인이라고 불린다. 반복측정분산분석에서는 반드시 최소 1개 이상의 개체내 요인이 포함되어 있어야 한다.
　여기서 어떤 독자들은 다음과 같이 질문을 던질지도 모르겠다. 개체간 요인과 개체내 요인의 차이가 어찌되었든, 어차피 요인이 2개라면 앞서 다루었던 이원분산분석과 다를 바가 없지 않겠느냐는 질문이다. 사실 틀린 말은 아니다. 하지만 완전히 맞는 말도 아니다. 왜일까? 개체간 요인(2개 수준)과 개체내 요인(2개 수준)이 각각 하나씩 있는 〈표 7-1〉과 같은 사례를 한번 고려해 보자. 여기서 실험조건이 0인 경우를 통제집단으로 1인 경우를 처치집단이라고 하고, '태도 0'은 실험이 끝난 후 바로 측정한 태도, '태도 1'은 1주일이 지난 후 측정한 태도라고 가정해 보자.

표 7-1 반복측정분산분석 데이터 1

개인 ID	실험조건	태도 0	태도 1
1	1	3	5
2	1	4	5
3	1	5	6
4	0	5	5
5	0	4	3
6	0	3	4

즉, 여기서 개체간 요인은 실험조건이고, 시간(1주일 차이가 나는 시점)이 개체내 요인이 된다. 총 6명의 피험자가 투입된 이 실험의 데이터를 〈표 7-2〉와 같이 바꾸었다고 가정해 보자.

표 7-2 반복측정분산분석 데이터 2

개인 ID	실험조건	태도	시점
1	1	3	0
2	1	4	0
3	1	5	0
4	0	5	0
5	0	4	0
6	0	3	0
1	1	5	1
2	1	5	1
3	1	6	1
4	0	5	1
5	0	3	1
6	0	4	1

우선 6명의 피험자에게서 나온 사례가 12이 되었다. 그리고 '태도'라는 종속변수 하나와 '실험조건'(개체간 요인)과 '시점'(개체내 요인)의 두 요인이 쉽게 눈에 띌 것이다. 이렇게 본다면 앞에서 우리가 다루었던 2×2 요인설계 데이터와 크게 다르지 않다. 우리는 앞

에서 2×2 요인설계를 이원분산분석으로 분석할 때, 주효과가 2개, 상호작용효과가 1개 나온다는 것을 이미 배운 바 있다. 비록 개체내 요인이 들어갔다고 하더라도 위의 데이터 역시 개체간 요인의 주효과 1개와 개체내 요인의 주효과 1개, 그리고 개체간 요인과 개체내 요인의 상호작용효과 1개가 존재한다는 것도 동일하다.

하지만 개체간 요인으로만 구성된 2×2 요인설계와 결정적으로 다른 점이 하나 존재한다. 그것은 바로 일원분산분석을 설명하면서 언급했던 가정 중 하나인 '독립성'(independence)이 충족되지 않는다는 것이다. 왜인가는 위의 데이터에서 쉽게 드러난다. 데이터의 첫 번째 사례와 일곱 번째 사례를 비교해 보길 바란다. 어떤 응답자에게서 나온 사례일까? 그렇다. '개인 ID = 1'인 사람에게서 나온 사례들이다(사례 '들'이라고 표현한 것에 주의). 그렇다면 독립성 가정은 무엇일까? 그렇다. 분석에 투입되는 사례들은 서로서로 상호독립적이어야 한다. 즉, 서로서로 무관해야 한다는 것이다. 하지만 같은 사람에게서 나온 두 사례가 과연 상호독립적이라고 할 수 있을까? 그렇게 말할 수 없다. 물론 두 사례가 완전히 동일하지 않은 것이 사실이다(왜냐하면 시간이 흘렀기 때문이다). 두 사례는 다르기는 하지만 같은 사람에게서 나왔다는 점에서 '개인 ID = 1'인 사람의 특징을 공통적으로 반영한다.

즉, 독립성 가정이 충족되지 않기 때문에 앞에서 배운 분산분석과는 다른 분산분석을 써야 하는 이유를 쉽게 짐작할 수 있을 것이다. 그렇다면 반복측정분산분석은 어떻게 될까? 앞에서 다원분산분석을 설명할 때, 일원분산분석과의 관련성에 대해서 언급한 적이 있었던 것을 기억할 것이다. 구체적으로 말하자면, 이원분산분석에서 2개의 주효과와 1개의 상호작용효과에 해당되는 총분산들은 설계의 조건별 총분산과 동일하다(즉, $SS_A + SS_B + SS_{AB} = SS_{cell}$). 다시 말해, 설계의 조건별 총분산을 요인들의 주효과와 상호작용효과로 나누어 준 것이 바로 다원분산분석이라고 말할 수 있다. 이에 대해 앞에서 '분산분해'라는 표현을 쓴 적이 있는 것을 독자들은 기억할 것이다.

반복측정분산분석 역시도 마찬가지다. 편의상 위와 같이 개체내 요인과 개체간 요인이 각각 하나씩 있는 실험설계를 가정해 보자. 우선 이 경우 개체간 요인에 의해 창출되는 분산(실험처치에 따른 분산, $SS_{BETWEEN}$)과 개체내 요인에 의해 창출되는 분산(시간변화에 따른 분산, SS_{WITHIN}) 두 가지를 생각해 볼 수 있다. 또 개체내 요인에 의해 창출되는 분산(SS_{WITHIN})은 모든 개체에서 나타난, 즉 실험처치 여부와 상관없이 발생하는 시간변화에 따른 분산(SS_{TIME})과, 실험처치 여부에 따라 다르게 발생하는 시간변화에 따른 분산($SS_{TIME \times BETWEEN}$)으로 나누는 것이 가능하다. 이 말을 공식으로 풀어서 쓰면 다음과 같다.

$$SS_{cell} = SS_{BETWEEN} + SS_{WITHIN}$$

$$= SS_{BETWEEN} + SS_{TIME} + SS_{TIME \times BETWEEN}$$

하지만 앞에서 설명하였듯 SS_{TIME}과 $SS_{TIME \times BETWEEN}$은 독립성 가정을 충족시키지 못한다. 그렇다면 "독립성 가정을 충족시키지 못한다"는 말은 무엇을 의미하는가? 그 의미는 다음과 같다. 같은 응답자에게서 복수의 측정치가 나왔기 때문에, 같은 응답자에게서 나온 측정치는 공유분산(common variance)을 가질 수밖에 없다. 여기서 독자들은 앞서 배웠던 대응표본 t 테스트를 떠올리길 바란다.

대응표본 t 테스트에서 비교하는 것은 개체내 요인 내의 평균들이며, 위의 사례에서 개체내 요인은 2개의 수준을 갖는다. 대응표본 t 테스트의 경우 자유도가 어떻게 계산되는지 다시 떠올리길 바란다. 자유도는 $df = n - 1$이다. 위에서 소개한 데이터의 시점에 따라 태도가 어떻게 달라지는가를 대응표본 t 테스트를 실시할 경우 자유도는 $df = 6 - 1 = 5$가 나온다. 즉, SS_{WITHIN}에 속하는 관측치가 총 12개임에도 불구하고 검증에 사용되는 자유도는 12를 2로 나눈 후(즉, 개체내 요인으로 나눈 후)의 값을 사용한다. 약간 설명이 혼란스럽게 느껴질 수도 있지만, 여기의 메시지는 간단하다. 그것은 바로 독립성 가정을 충족시키지 못할 경우, 관측값들의 총개수에서 분석에 투입되는 모수(parameter)를 빼주는 방식으로 계산된 자유도보다 훨씬 더 작은 자유도를 적용해야 한다는 사실이다.

SS_{TIME}과 $SW_{TIME \times BETWEEN}$에서의 독립성 가정의 충족여부와 관련하여 반복측정분산분석은 앞에서 소개한 개체간 요인을 투입한 분산분석과는 다른 두 가지 통계값이 제시된다. 우선은 독립성 가정이 충족되는지, 또 충족되지 않는다면 얼마나 가정이 위배되는지를 테스트하는 통계치다. 이와 관련해 반복측정분산분석에서는 모클리의 W를 소개할 예정이다. 사실 모클리의 W 통계치는 내적으로 많은 문제점들이 있지만(이에 대해서는 모클리의 W 통계치를 설명한 후 다시 설명하기로 한다), 유용성이 아예 없다고 보기는 어렵다. 둘째, 앞에서 언급하였던 것처럼 자유도를 조정하는 방법이다. 자유도 조정은 이미 t 테스트에서의 t' 분포와 분산분석에서의 F'' 분포에서 이미 다룬 바 있다. 자유도 조정의 핵심은 독립성 가정 위배가 심하면 심할수록 자유도를 더 작게, 즉 제 1종 오류를 줄이는 방식으로 자유도를 조정한다는 것이다.

2. 구형성 가정

우선은 독립성 가정의 충족여부에 대해서 생각해 보자. 우선 문제를 구체화시키기 위해 〈표 7-3〉과 같이 3개 수준을 갖는 개체간 요인(grp라는 이름의 변수)과 4개 수준을 갖는 개체내 요인(time_y라는 이름의 변수이며 이는 y1, y2, y3, y4의 수준을 의미)을 갖는 데이터를 상정해 보자. 〈표 7-3〉의 데이터는 '예시데이터_7장_01. sav'이다.

표 7-3 반복측정분산분석 데이터 3(예시데이터_7장_01.sav)

id	y1	y2	y3	y4	grp
1	37	64	69	75	1
2	39	53	62	64	1
3	48	45	72	48	1
4	40	43	61	67	1
5	41	46	55	56	1
6	25	18	59	82	2
7	29	47	56	84	2
8	25	36	64	74	2
9	26	25	65	73	2
10	27	49	65	73	2
11	37	25	59	72	3
12	39	35	59	43	3
13	34	29	53	60	3
14	51	59	85	72	3
15	46	45	64	68	3

우선 독립성 가정이 성립한다면 y1, y2, y3, y4의 관계는 어떻게 될까? 보다 구체적으로 y들의 값이 서로서로 상관관계를 갖지 않는다면, time_y의 수준에 따라 y의 값이 서로 독립적이라고 생각할 수 있지 않을까? 이를 살펴보기 위해 우선 네 변수들의 상관관계를 먼저 살펴보도록 하자. 다음의 SPSS 명령문을 실행하면 상관관계 행렬을 얻을 수 있다.

*네 변수의 상관관계 행렬 계산.
CORRELATIONS y1 y2 y3 y4.

Correlations

		y1	y2	y3	y4
y1	Pearson Correlation	1	.510	.480	-.532
	Sig.(2-tailed)		.052	.070	.041
	N	15	15	15	15
y2	Pearson Correlation	.510	1	.520	-.032
	Sig.(2-tailed)	.052		.047	.909
	N	15	15	15	15
y3	Pearson Correlation	.480	.520	1	.059
	Sig.(2-tailed)	.070	.047		.834
	N	15	15	15	15
y4	Pearson Correlation	-.532	-.032	.059	1
	Sig.(2-tailed)	.041	.909	.834	
	N	15	15	15	15

위의 자료를 보면 잘 드러나지만, y2와 y4, y3와 y4를 제외하고는 네 변수들의 상관관계가 상당히 높게 나타난다. 이를테면, y1의 값이 높을수록 y2의 값이 높을 확률이 높다 ($r = .51$). 다시 말해, y2의 값은 y1과 독립적이라고 보기 어렵다. 상관관계는 이해가 쉽지만, 반복측정분산분석에서는 공분산 행렬을 사용해야 한다. 그 이유는 상관관계 행렬의 경우 네 변수들의 분산을 모두 1로 표준화시켰기 때문이다. 분산의 원래 값을 살릴 수 있도록 위의 상관행렬을 공분산 행렬로 바꾸어 보자. 아래의 SPSS 명령문에서 /STATISTICS 하위명령문의 옵션을 ALL로 해주면 공분산을 쉽게 구할 수 있다.

*네 변수의 공분산 행렬 계산.
CORRELATIONS y1 y2 y3 y4 / STATISTICS=ALL.

Correlations

		y1	y2	y3	y4
y1	Pearson Correlation	1	.510	.480	-.532
	Sig.(2-tailed)		.052	.070	.041
	Sum of Squares and Cross-products	1004.933	792.933	450.200	-728.600
	Covariance	71.781	56.638	32.157	-52.043
	N	15	15	15	15
y2	Pearson Correlation	.510	1	.520	-0.32
	Sig.(2-tailed)	.052		.047	.909
	Sum of Squares and Cross-products	792.933	2402.933	754.200	-68.600
	Covariance	56.638	171.638	53.871	-4.900
	N	15	15	15	15
y3	Pearson Correlation	.480	.520	1	.0.59
	Sig.(2-tailed)	.070	.047		.834
	Sum of Squares and Cross-products	450.200	754.200	876.400	75.800
	Covariance	32.157	53.871	62.600	5.414
	N	15	15	15	15
y4	Pearson Correlation	-.532	-0.32	.0.59	1
	Sig.(2-tailed)	.041	.909	.834	
	Sum of Squares and Cross-products	-728.600	-68.600	75.800	1863.600
	Covariance	-52.043	-4.900	5.414	133.114
	N	15	15	15	15

위의 결과물을 알아보기 쉽게 다시 정리하면 〈표 7-4〉와 같다.

표 7-4 표본의 공분산 행렬(예시데이터_7장_01.sav)

	y1	y2	y3	y4
y1	71.78	56.64	32.16	-52.04
y2	56.64	171.64	53.87	-4.90
y3	32.16	53.87	62.60	5.41
y4	-52.04	-4.90	5.41	133.11

우선 상관계수 행렬에서 1에 해당되는, 즉 대각선에 놓인 공분산값은 분산값이다. 공분산 행렬에서 흔히 이 부분을 대각요소(diagonal elements)라고 부른다. 반면, 상관행렬에서 변수들 사이의 상관계수는 탈대각요소(off-diagonal elements)라고 부른다. 우선 대각요소 부분은 이미 t 테스트와 분산분석을 설명하면서 이야기한 바 있다. 바로 분산동질성 검증에 해당되는 부분이다. 즉, y1의 분산, y2의 분산, y3의 분산, y4의 분산이 서로서로 비슷한 값을 갖는다면 분산동질성을 가정할 수 있지만, 현격히 다르다면 분산동질성을 가정하기 어렵다. 적어도 눈으로 보기에 71.78, 171.64, 62.60, 133.11이라는 네 분산값은 상당히 들쑥날쑥하다고 보는 것이 적당할 듯하다(눈으로 본 값의 차이가 통계적으로도 유의미한 차이라고 할 수 있는가를 테스트한 것이 바로 '분산동질성 테스트'이다).

탈대각요소 부분은 바로 독립성 가정과 관련되어 있다. 즉, 탈대각요소 부분에서 발견된 공분산이 0이라면 독립성 가정이 충족되었다고 볼 수 있다. 이와 관련하여 흔히 등장하는 개념이 '복합대칭'(compound symmetry, CS)과 '구형성'(sphericity)이다. 우선 복합대칭이라는 이름이 붙은 이유는 대각요소들과 탈대각요소들의 분산이 동등하다고 가정하기 때문이다('복합'이라는 말이 붙은 이유는 대각요소와 탈대각요소가 있기 때문이며, '대칭'이라는 말은 요소들 간의 동등성을 다루기 때문에 붙은 이름이다). 복합대칭의 공분산구조를 보다 구체적으로 쓰면 아래와 같다. 아래의 행렬에서 볼 수 있듯 대각요소들은 $\sigma^2 + \sigma_1$로 동일하고, 탈대각요소들은 σ_1로 동일하다. 어떤가? 위에서 우리가 얻은 표본의 공분산구조와 복합대칭에서 가정하는 공분산구조는 서로 달라 보이지 않는가?

$$\begin{bmatrix} \sigma^2 + \sigma_1 & \sigma_1 & \sigma_1 & \sigma_1 \\ \sigma_1 & \sigma^2 + \sigma_1 & \sigma_1 & \sigma_1 \\ \sigma_1 & \sigma_1 & \sigma^2 + \sigma_1 & \sigma_1 \\ \sigma_1 & \sigma_1 & \sigma_1 & \sigma^2 + \sigma_1 \end{bmatrix}$$

복합대칭의 가정에 비해 구형성 가정은 다소 약하다. 우선 구형성 가정에서는 개체내 요인에 속하는 변수들의 차이값의 분산이 동일한지 여부를 테스트한다. 말이 약간 복잡하게 들릴 수도 있으니 구체적인 사례를 들어보자. 위에서는 y1, y2, y3, y4의 네 변수들이 존재하며, 따라서 (y1-y2), (y1-y3), (y1-y4), (y2-y3), (y2-y4), (y3-y4)의 변수들 사이의 차이값들을 구할 수 있다. 이 6개 분산들이 동일하다는 말은 무슨 말일까? 일상적인 말로 풀어쓰기는 쉽지 않지만, 6개 차이값의 분산이 동일하다는 말은 CS에서 이야기하는 것과 비슷한 의미를 갖는다. 즉, 공분산 행렬의 요소들이 동일하다는 말은 개체내 요인 수준에 따라 분산의 동질성이 확보된다는 말로 받아들일 수 있다.

이 구형성 가정에 대한 테스트 통계치로 '모클리의 W'(Mauchly's W)가 있다. 개체내 요인이 투입되는 반복측정분산분석에 대한 분석결과를 제공하는 통계분석 프로그램들은 대부분 모클리의 W를 제공해 준다. 앞에서도 언급했지만 모클리의 W는 아래와 같은 귀무가설을 테스트한다.

$$H_0: \sigma_{y1-y2} = \sigma_{y1-y3} = \sigma_{y1-y4} = \sigma_{y2-y3} = \sigma_{y2-y4} = \sigma_{y3-y4}$$

귀무가설이 나름 깔끔해 보일지 모르겠지만, 모클리의 W 공식은 이해하기가 쉽지 않다. 특히 행렬식에 익숙하지 않으면 이해하는 것이 매우 어렵다. 하지만 이에 독자들은 겁먹지 말고 아래의 공식을 살펴보길 바란다(우선 여기서 k는 개체내 요인의 수준이다. 위의 사례에서는 y1, y2, y3, y4로 $k = 4$가 된다).

$$W = \frac{\Pi \lambda_j}{(\frac{1}{k-1} \Sigma \lambda_j)^{k-1}}$$

우선 공식의 분자부분을 보자. Π라는 표시는 λ_j에 해당되는 요소들의 곱을 의미한다. 그렇다면 λ_j는 무엇일까? 처음 들으면 낯설게 들릴 수도 있지만, λ_j는 위에서 우리가 얻은 표본의 공분산 구조를 추정된 모집단 공분산 구조로 변환한 후 얻은 아이겐값들을 의미한다(이 아이겐값은 제14장 주성분분석과 탐색적 인자분석에서 다시 언급될 예정이다). 우선 표본의 공분산 구조와 추정된 모집단 공분산 구조(estimated population covariance structure)에 대해서 이해한 후, 아이겐값들을 어떻게 구하는지 살펴보도록 하자. 추정된 모집단 공분산 구조는 표본의 공분산 구조를 표준화시킨 것으로 생각할 수 있다. 위에서 우리가 얻은 공분산 구조를 다시 살펴보도록 하자(〈표 7-4〉 참조).

표 7-5 표본의 공분산 행렬과 주변부 공분산(예시데이터_7장_01.sav)

	y1	y2	y3	y4	행별평균공분산
y1	71.78	56.64	32.16	-52.04	27.14
y2	56.64	171.64	53.87	-4.90	69.31
y3	32.16	53.87	62.60	5.41	38.51
y4	-52.04	-4.90	5.41	133.11	20.40
열별평균공분산	27.14	69.31	38.51	20.40	38.84

표본의 공분산 구조들의 주변부 공분산을 구하면 〈표 7-5〉와 같이 변환이 가능하다. 주변부 공분산을 이용하여 4×4의 표본 공분산 행렬에 다음과 같은 공식을 적용하여 다시금 4×4의 공분산 행렬을 구해 보자($cov[i,j]$는 i번째 행과 j번째 열에 속한 행렬요소를 의미하며, $cov[i,.]$는 i번째 행의 행별평균공분산을 $cov[.,j]$는 j번째 행의 행별평균공분산을, $cov[.,.]$은 전체행렬의 평균공분산을 의미한다).

$$cov[i,j] - cov[.,j] - cov[i,.] + cov[.,.]$$

계산해 보면 〈표 7-6〉과 같은 4×4의 공분산 행렬을 얻을 수 있다. 이것이 바로 추정된 모집단 공분산 행렬이다(〈표 7-6〉의 공분산 행렬에서 행별, 열별 평균공분산이 어떻게 변했는지 보면 왜 이것을 추정된 모집단 공분산 행렬이라고 말하는지 감이 올 것으로 믿는다).

표 7-6 추정된 모집단 공분산 행렬(예시데이터_7장_01.sav)

	y1	y2	y3	y4	행별평균공분산
y1	56.35	-0.97	5.35	-60.73	0.00
y2	-0.97	71.85	-15.11	-55.77	0.00
y3	5.35	-15.11	24.42	-14.65	0.00
y4	-60.73	-55.77	-14.65	131.16	0.00
열별평균공분산	0.00	0.00	0.00	0.00	0.00

하지만 아직 갈 길이 멀다. 이렇게 추정된 공분산 행렬을 흔히 S라고 부른다. 이 S 행렬의 아이겐값들을 구해야 한다. 이 부분을 말로 설명하기는 정말 어렵다. 우선 여기서 아이겐값들이란 $\det(S - cI) = 0$을 만족시키는 상수 c의 값들을 의미하는데, 아마도 이 말이 상당히 낯설게 느껴질 것이다. 하지만 독자들은 겁내지 않길 바란다. 우선 S에 대해서는 이미 추정된 모집단 공분산 행렬이라고 설명한 바 있다. I는 단위행렬(identity matrix)인데, 대각요소가 1이고 탈대각요소가 0인 행렬을 의미하며, 4×4의 행렬의 경우 아래와 같다.

$$\begin{bmatrix} 1 & 0 & 0 & 0 \\ 0 & 1 & 0 & 0 \\ 0 & 0 & 1 & 0 \\ 0 & 0 & 0 & 1 \end{bmatrix}$$

즉 cI의 경우 다음과 같다.

$$\begin{bmatrix} c & 0 & 0 & 0 \\ 0 & c & 0 & 0 \\ 0 & 0 & c & 0 \\ 0 & 0 & 0 & c \end{bmatrix}$$

그렇다면 det ( )라는 표현은 무엇일까? det ( )는 determinant이며, 우리말로 흔히 '행렬식'이라고 번역된다. 고등학교 때 행렬을 배운 독자들은 역행렬을 구하는 공식을 배운 바 있을 것이다. 아마 문과생이더라도 2×2 행렬의 역행렬을 구한 적이 있을 것이다. 즉, $\begin{pmatrix} a & b \\ c & d \end{pmatrix}$라는 행렬의 역행렬은 $\frac{1}{ad-bc}\begin{pmatrix} d & -b \\ -c & a \end{pmatrix}$라는 것을 배웠을 것이다. 여기서 $ad-bc$에 해당되는 부분이 바로 행렬식, 즉 det ( )이다. 만약 이 부분이 기억나지 않는다면, 그리고 깊이 들어가고 싶지 않은 독자들은 이 결과를 그냥 받아들이길 부탁드린다.

아쉽게도 수계산을 통해 아이겐값을 구하는 것은 불가능에 가깝다. 일단 저자들 중 한 명이 오픈소스 프로그램인 R을 이용해 아이겐값을 구해 보니 다음과 같은 3개의 아이겐값들을 구할 수 있었다(물론 4개가 나오지만, 추정된 모집단의 공분산 행렬의 경우 마지막 아이겐값은 언제나 0이 나온다. 즉, 실질적인 아이겐값은 3개다. 다시 말해, 개체내 요인의 수준을 k라고 할 때, 추정된 모집단 공분산 행렬을 통해 추출할 수 있는 아이겐값의 수는 $k-1$이 된다). 계산결과 첫 번째 아이겐값은 186.7079, 두 번째 아이겐값은 72.0887, 세 번째 아이겐값은 24.9844을 얻을 수 있었다.

이제 모클리의 W를 다음과 같이 구할 수 있다.

$$W = \frac{186.7079 \times 72.0887 \times 24.9844}{\left(\frac{1}{(4-1)}(186.7079 + 72.0887 + 24.9844)\right)^{(4-1)}}$$

$$= \frac{336278.3}{846420.5}$$

$$= .397$$

모클리의 W에 대한 통계적 유의도 테스트는 카이제곱 분포를 이용한다. 모클리의 W의 카이제곱 통계치는 다음과 같은 공식을 이용하여 계산할 수 있다.

$$\chi^2_W = \left(\frac{2(k-1)^2 + k + 2}{6(k-1)(n-1)} - 1\right)(n-1)\ln W$$

이미 우리는 $k = 4$, $n = 15$, 그리고 $W = .397$이라는 값을 갖고 있기 때문에 χ^2_W의 값을 구할 수 있다. 그 값은 11.69다. 그리고 모클리의 W가 테스트하는 귀무가설의 경우 총 6개의 분산들이 서로 같은지 테스트하기 때문에 χ^2_W의 자유도를 $df = 6 - 1 = 5$[1]라고 구할 수 있다. $\chi^2_W(5) = 11.69$의 경우 통계적 유의수준은 .039이다. 즉, 모클리의 W가 테스트하는 귀무가설을 기각해야 하며, 이는 예시로 제시된 데이터에서 구형성을 가정할 수 없음을 뜻한다.

독자들은 지금까지 상당히 어려운 길을 따라왔다. 아마도 독자들은 모클리의 W를 계산하는 법이 어떻다는 것을 대략적으로 이해하였을 것이다. 하지만 모클리의 W 공식이 의미하는 바가 어떤 것인지는 쉽게 머릿속에 떠오르지 않을 수 있다. 사실 모클리의 W 공식이 의미하는 바를 말로 설명하기란 쉽지 않다.

하지만 앞에서 예를 든 사례가 아닌 다른 사례, 즉 구형성을 가정할 수 있는, 다시 말해 측정치들이 독립성 가정을 따른다고 볼 수 있는 사례에서 계산된 모클리의 W 공식 도출과정을 비교해 보면 모클리의 W 공식이 의미하는바가 무엇인지 이해할 수 있을 듯하다. 자, 다음과 같은 상관관계를 갖는 표본의 공분산 행렬을 상상해 보자. 앞의 사례와 마찬가지로 $k = 4$, $n = 15$라고 가정하자.

표 7-7 상관관계 행렬

	y1	y2	y3	y4
y1	1.00	0.14	-0.17	0.12
y2	0.14	1.00	-0.04	-0.13
y3	-0.17	-0.04	1.00	0.20
y4	0.12	-0.13	0.20	1.00

표 7-8 표본의 공분산 행렬(구형성 가정)

	y1	y2	y3	y4
y1	0.98	0.19	-0.17	0.15
y2	0.19	1.87	-0.06	-0.23
y3	-0.17	-0.06	1.06	0.26
y4	0.15	-0.23	0.26	1.57

우선 상관관계 행렬 〈표 7-7〉에서 알 수 있듯 y1~y4 사이의 상관관계가 이전 사례와 비교할 때 그렇게 강하지 않다. 앞서와 마찬가지로 표본의 공분산 행렬 〈표 7-8〉을 추정된 모집단 공분산 행렬로 바꾸면 〈표 7-9〉와 같다.

---

1 프로그램에 따라 $df = n$을 적용하기도 한다. 하지만 저자가 아는 한 대부분의 통계분석 프로그램에서는 $df = n - 1$의 공식을 적용한다.

표 7-9 추정된 모집단의 공분산 행렬(구형성 가정)

	y1	y2	y3	y4
y1	0.77	-0.18	-0.37	-0.22
y2	-0.18	1.35	-0.41	-0.75
y3	-0.37	-0.41	0.87	-0.09
y4	-0.22	-0.75	-0.09	1.06

이 추정된 모집단의 공분산 행렬을 이용해서 아이겐값들을 추출하면, 각각 2.0344, 1.1527, 0.8559를 얻을 수 있다(여기에 대해서는 수계산이 어렵다는 것을 언급한 바 있다). 이렇게 얻은 아이겐값들(λ_j)을 이용하여 모클리의 W를 계산하면 0.820이라는 값을 얻을 수 있다. 또한 $\chi^2_W(5)$를 계산하면 2.51이라는 값을 얻을 수 있고, 이때의 통계적 유의도 값은 .775다.

두 사례를 비교해 보면 의미는 상당히 명확해진다. 즉, 개체내 요인에 속한 변수들의 상관계수가 약해지니(즉 독립성 가정을 그렇게 크게 위배하지 않게 되니), χ^2_W의 값이 작아진 것을 확인할 수 있다(아울러 귀무가설, 즉 개체내 요인에 해당되는 변수들의 차이값의 분산이 동일하다고 가정할 수 있다).

모클리의 W를 계산하는 과정과 그것의 의미를 이해했다면, 이제는 이것의 약점이 무엇인지 살펴보자. 모클리의 W에 대한 비판은 크게 두 종류로 나눌 수 있다. 우선 첫 번째 비판은 모클리의 W 통계치 자체에 대한 비판이다. 이를 위해서는 앞에서 언급했던 χ^2_W의 공식을 다시 살펴보는 것이 좋다.

$$\chi^2_W = (\frac{2(k-1)^2 + k + 2}{6(k-1)(n-1)} - 1)(n-1)\ln W$$

비판의 핵심은 간단하다. 공식의 중간부분에 있는 $(n-1)$이 바로 비판의 핵심이다. 즉, n이 커지면 χ^2_W의 값도 당연히 커진다. 사실 모클리의 W에 대한 비판은 카이제곱 통계치에 대한 비판, 즉 사례가 많아지면 귀무가설을 기각하기가 쉽다는 비판과 동일하다. 다시 말해, 표본의 수가 작을 경우 귀무가설을 기각하기 너무 어렵기 때문에 제2종 오류를 범할 확률이 높고(즉, 구형성을 가정할 수 없는데 가정하는 것으로 판단), 표본의 수가 클 경우 귀무가설을 기각하기 너무 쉽기 때문에 제1종 오류를 범할 확률이 높다(즉, 구형성을 가정할 수 있어도 가정하지 않는 것으로 판단).

다음으로 두 번째 비판은 통계치의 내재적 문제가 아닌 반복측정된 데이터가 어떻게 생성되는가에 기반한 본질적 비판이다. 설명하였듯 개체내 요인의 경우 같은 응답자에게서 복수의 측정치를 얻기 때문에 기본적으로 측정치들 사이에 독립성 가정이 지켜지기 어렵다. 다시 말해, 연구설계의 측면에서 복수의 측정치들 사이에 공유분산이 존재한다고 보는 것이 매우 자연스럽다. 즉, 오히려 공유분산이 존재하지 않는다고 가정하는 것은 사실 비현실적이다. 모클리의 W와 χ^2_W를 이용해 통계적 유의도 검증을 실시할 필요조차 없다. 요컨대, 본질적으로 반복측정된 데이터는 구형성 가정을 취하는 것이 비현실적이라고 볼 수 있다. 왜냐하면 데이터를 얻는 단계부터 이미 구형성 가정을 적용하지 않고 있기 때문이다. 이 책의 저자들도 개인적으로 모클리의 W를 사용하지 않는 것이 더 타당하다고 생각한다.

하지만 거의 대부분의 통계 프로그램들이 반복측정분산분석 결과를 제시할 때 모클리의 W를 이용자들에게 제시한다는 점, 그리고 많은 수의 사회과학 논문들에서 여전히 모클리의 W를 보고한다는 점에서 모클리의 W를 이해하는 것이 아주 무의미한 것은 아닐 것이다.

3. 구형성 가정 위배와 개체내 요인의 테스트 통계치의 자유도 조정

참 먼 거리를 달려온 것 같지만, 아직 끝나지 않았다. 자, 우리가 앞에서 살펴본 데이터의 경우 $\chi^2_W(5) = 11.69$, $p = .039$로 나타나, 구형성을 가정할 수 없었던 것을 알 수 있다. 그렇다면, 이런 경우는 어떻게 해야 할까? 앞서 설명하였듯 구형성을 가정할 수 없는 경우 F통계치의 자유도를 조정해 주어야 한다. 그 이유는 앞서 설명했던 t'분포, F분포의 논리와 크게 다르지 않다. 즉, 제1종 오류를 줄이기 위해 자유도를 감소시킨다. 자유도 조정과 관련해 SPSS를 포함한 대부분의 통계분석 프로그램은 다음의 세 가지 ϵ를 제공해 준다.

- 하한값(lower bound, LB) ϵ (ϵ_{LB})
- 그린하우스-가이저(Greenhouse-Geisser, GG)의 ϵ (ϵ_{GG})
- 후인-펠트(Huynh-Feldt, HF)의 ϵ (ϵ_{HF})

구형성을 가정했을 경우의 자유도에 ϵ을 곱하면 수정된 자유도를 얻을 수 있다. 즉, $F(df_1, df_2)$를 사용하는 것이 아니라, $F(\epsilon \times df_1,\ \epsilon \times df_2)$를 사용하여 유의도 검증을 실시한다. 우선 ϵ_{LB}의 공식을 살펴보면 아래와 같다.

$$\epsilon_{LB} = \frac{1}{k-1}$$

앞의 데이터에서 우리는 ϵ_{LB}를 1/3, 즉 약 .3333이라고 얻을 수 있다. 반면, ϵ_{GG}의 공식은 아래와 같다. 공식에서 나타나듯 λ_j, 즉 아이겐값들을 알아야 하며, 앞에서 이미 살펴보았듯 아이겐값의 수계산은 쉽지 않다. 앞에서 얻은 아이겐 값들인 186.7079, 72.0887, 24.9844을 이용하여 ϵ_{GG}를 계산하면 다음과 같다.

$$\epsilon_{GG} = \frac{(\Sigma \lambda_j)^2}{(k-1)\Sigma \lambda_j^2}$$

$$= \frac{80531.66}{(4-1)(40680.84)}$$

$$= .6598$$

ϵ_{HF}의 공식은 ϵ_{GG}의 공식을 다소 수정해 준 것이다. ϵ_{GG}를 수정한 이유는 ϵ_{GG}가 자유도를 매우 강하게, 다시 말해 매우 보수적으로 수정해 주기 때문이다. 공식을 보면 다음과 같다(실제로 ϵ_{HF}의 값이 ϵ_{GG}보다 다소 상승한 것을 확인할 수 있다).

$$\epsilon_{HF} = \frac{n(k-1)\epsilon_{GG} - 2}{(k-1)(n-1-(k-1)\epsilon_{GG})}$$

$$= \frac{15 \cdot (4-1) \cdot 0.6598 - 2}{(4-1) \cdot (15-1-(4-1) \cdot 0.6598}$$

$$= .7679$$

정리하면 다음과 같다. 하한값으로 수정한 ϵ_{LB}가 가장 작고, 그다음은 그린하우스-가이저의 ϵ_{GG}이며, 후인-펠트의 ϵ_{HF}가 가장 큰 값을 갖는다. 하한값 ϵ은 잘 사용하지 않는데 그 이유는 지나칠 정도로 보수적이기 때문이다. 만약 여러분이 제 1종 오류를 줄이려는 목적으로 자유도를 조정하고자 한다면 ϵ_{GG}를, 제 2종 오류를 줄이려는 목적으로 자유도를 조정하고 싶다면 ϵ_{HF}를 쓰길 권한다.

자, 이제 모든 준비는 끝났다. 이제 반복측정분산분석을 실제로 한번 실시해 보자. 반복되지만 앞에서 언급했던 자료 〈표 7-3〉을 다시 살펴보자.

표 7-10 긴 형태 데이터(예시데이터_7장_02.sav)

id	y	grp	time
1	37	1	1
2	39	1	1
3	48	1	1
4	40	1	1
5	41	1	1
6	25	2	1
7	29	2	1
8	25	2	1
9	26	2	1
10	27	2	1
11	37	3	1
12	39	3	1
13	34	3	1
14	51	3	1
15	46	3	1
1	64	1	2
2	53	1	2
3	45	1	2
4	43	1	2
5	46	1	2
6	18	2	2
7	47	2	2
8	36	2	2
9	25	2	2
10	49	2	2
11	25	3	2
12	35	3	2
13	29	3	2
14	59	3	2
15	45	3	2
1	69	1	3
2	62	1	3
3	72	1	3
4	61	1	3
5	55	1	3
6	59	2	3
7	56	2	3
8	64	2	3
9	65	2	3
10	65	2	3
11	59	3	3
12	59	3	3
13	53	3	3
14	85	3	3
15	64	3	3
1	75	1	4
2	64	1	4
3	48	1	4
4	67	1	4
5	56	1	4
6	82	2	4
7	84	2	4
8	74	2	4
9	73	2	4
10	73	2	4
11	72	3	4
12	43	3	4
13	60	3	4
14	72	3	4
15	68	3	4

이런 형태의 자료를 〈표 7-10〉과 같이 한번 바꾸어 보자. 해당 데이터는 '예시데이터_7 장_02.sav'라는 이름으로 저장되어 있다. 〈표 7-3〉의 '예시데이터_7장_01.sav' 데이터를 〈표 7-10〉의 '예시데이터_7장_02.sav' 데이터와 같은 형태로 바꾸는 과정을 흔히 '재구조 화'(reshaping) 라고 부른다.[2] 또한 '예시데이터_7장_01.sav'의 형태로 나타난 데이터를 '넓 은 형태 데이터'(wide format data) 라고, '예시데이터_7장_02.sav'의 형태로 나타난 데이터 를 '긴 형태 데이터'(long format data) 라고 부른다.

이렇게 변환시킨 데이터는 개체간 요인이 투입된 분산분석에서 사용한 데이터 구조와 동 일하다. 여기서 y를 종속변수로 그리고 id와 time이라는 변수를 고정요인으로 투입한 이원 분산분석을 실시해 보자. 단, 이때 id와 time의 상호작용은 고려하지 않고 주효과 2개만 투입하길 바란다. 이를 위한 SPSS 명령문은 아래와 같다.

```
*예시데이터_7장_02.sav 데이터의 Epsilon 적용.
UNIANOVA Y BY ID time
/DESIGN= ID time.
```

Test of Between-Subjects Effects

Dependent Variable: Y

Source	Type III Sum of Squares	df	Mean Square	F	Sig.
Corrected Model	13055.000a	17	767.941	8.118	.000
Intercept	162448.067	1	162448.067	1717.325	.000
ID	2174.933	14	155.352	1.642	.107
time	10880.067	3	3626.689	38.340	.000
Error	3972.933	42	94.594		
Total	179476.000	60			
Corrected Total	17027.933	59			

a. R Squared = .767 (Adjusted R Squared = .672)

우선 ID에 따른 총분산(SS_{ID} = 2174.93) 은 개체간 분산을 의미하며, time에 따른 총분산 (SS_{time} = 10880.07) 은 개체내 분산을 의미한다. time 요인의 F통계치는 $F(3, 42) = 38.340$ 이다. 바로 이 값이 구형성을 가정하였을 때의 F통계치다. 하지만 우리는 모클리의 W

---

2 데이터 재구조화는 다음의 SPSS 명령문을 실행하면 된다.
```
VARSTOCASES
/ID=ID
/MAKE Y FROM y1 y2 y3 y4
/INDEX=time (4)
/KEEP=grp
/NULL=KEEP.
```

통계치에 대한 통계적 유의도 테스트 결과를 통해 구형성 가정이 충족되지 않는 것을 이미 알고 있다. 따라서 $F(3, 42) = 38.340$의 자유도(df)들을 조정해 주어야 한다.

만약 ϵ_{LB}를 적용하면 어떻게 될까? $F(1, 14) = 38.340$이 된다. 마찬가지로 ϵ_{GG}의 경우는 $F(1.9794, 27.7116) = 38.340$이 된다. 또한 ϵ_{HF}를 적용한 경우에는 $F(2.3037, 32.2518) = 38.340$이 된다. 자, ϵ들을 적용한 경우 자유도가 어떻게 조정되었으며, 이 경우 각 F값의 유의도가 어떻게 변하고 있는지 살펴보자. 과도할 정도로 자세하지만, 여기서는 소수점 10번째 자리까지 살펴보도록 하자(〈표 7-11〉 참조).

표 7-11 구형성 가정과 ϵ 적용 시 통계적 유의도 변화

	구형성 가정	ϵ_{LB} 적용	ϵ_{GG} 적용	ϵ_{HF} 적용
통계적 유의도	<.0000000001	0.0000234595	0.0000000113	0.0000000009

결론은 간단명료하다. ϵ_{LG}를 적용하였을 때 유의도가 가장 크며, 구형성 가정을 취할 경우 유의도가 가장 작다. 또한 ϵ_{GG}가 ϵ_{HF}에 비해 통계적 유의도가 더 크다. 즉, ϵ_{LB}, ϵ_{GG}, ϵ_{HF}, 구형성 가정의 순서대로 제1종 오류를 범할 확률이 증가하는 반면, 제2종 오류를 범할 확률은 감소한다.

4. 반복측정분산분석 실행 및 결과해석

자, 이제 SPSS 실습을 진행해 보자. 사실 앞에서 설명했던 방식처럼 수계산을 통해 반복측정분산분석을 실시하는 것은 매우 번거롭고 까다로운 일임에 틀림없다. 데이터를 변환시키고, 모클리의 W, ϵ 값 등을 계산하는 것을 매번 수계산 과정을 통해 실시하고 싶어 하는 독자는 없을 것이다. 대부분의 통계분석 프로그램들은 반복측정분산분석을 쉽게 분석하기 위한 모듈을 제공하며, 이는 SPSS도 마찬가지다.

앞서 분석했던 사례, 즉 개체내 요인만 투입된 반복측정분산분석을 실시해 보자. '넓은 형태 데이터', 즉 '예시데이터_7장_01.sav'를 다시 열어 보자. 그리고 개체간 요인인 grp 변수는 고려하지 말고, 개체내 요인 time 하나의 효과만을 고려해 보자. 다음과 같이 SPSS 명령문을 작성한 후 실행하면 개체내 요인의 효과만을 추정한 반복측정분산분석 결과를 얻을 수 있다.

반복측정분산분석의 경우 일원분산분석과 이원분산분석(다원분산분석 포함)에서 사용했던 UNIANOVA라는 명령문 대신 'GLM'이란 명령문을 사용해야 한다. GLM은 'Generalized Linear Model'의 약자이며, 흔히 일반선형모형이라고 번역된다. 일반선형모형에 대해서

는 나중에 다시 설명하기로 하고, 현 단계에서 독자들은 일단 GLM이라는 명령문을 사용해 반복측정분산분석을 실시한다는 것 정도만 이해하는 것으로 충분할 것이다. 두 번째 줄의 /WSFACTOR의 하위명령문은 개체내 요인을 지정하는 명령문이다. '/WSFACTOR= time 4 Polynomial'는 y1~y4까지 개체내 요인에는 총 4개의 수준이 존재하며, 이 개체내 요인의 이름은 time이라고 지정된다는 것을 의미하며, Polynomial은 결과변수의 값을 time이라는 변수의 수준들에 따라 다항식의 형태[3]로 가정한다는 뜻이다. /PRINT 하위명령문에 대해서는 이미 일원분산분석을 설명하면서 소개한 바 있다. 마지막 줄의 /WSDESIGN은 개체내 요인을 어떻게 모형에 설계하는가를 지정하는 방법이다. 현재 개체내 요인이 하나이기 때문에 time 하나를 지정했다.

```
*예시데이터_7장_01.sav 데이터의 반복측정분산분석.
GLM y1 y2 y3 y4
/WSFACTOR= time 4 Polynomial
/PRINT=ETASQ DESCRIPTIVE
/WSDESIGN=time.
```

SPSS 출력물이 꽤 많이 나온 것을 확인할 수 있을 것이다. 반복측정분산분석과 관련된 결과는 'Multivariate Tests', 'Mauchly's Test of Sphericity', 'Tests of Within-Subjects Effects', 'Tests of Within-Subjects Contrasts', 'Tests of Between-Subjects Effects' 등이다. 이 책에서는 Multivariate Tests 출력결과의 경우 반복측정분산분석을 소개할 때 설명하지 않을 것이다. 저자들의 생각으로는 'Multivariate Tests' 출력결과의 경우 반복측정분산분석보다는 다음에서 소개될 '다변량분산분석'에서 소개하는 것이 더 타당하다고 생각하기 때문이다. 만약 Multivariate Tests 부분의 의미가 궁금하신 독자들은 다변량분산분석 부분의 설명을 참조하길 바란다.

이제 순서대로 결과물을 살펴보자. 'Mauchly's Test of Sphericity'는 바로 모클리의 W와 이에 대한 통계적 유의도 테스트 결과를 뜻한다. 수계산을 실시하였을 때의 결과는 Mauchly's $W=.397$, $\chi_W^2(5) = 11.69$, $p = .039$였다. 그 값은 어떤가? 독자들은 앞에서 우리 손으로 힘겹게 계산했던 결과와 별 차이 없는 결과가 나타남을 발견했을 것이다.[4] 즉, 아래의 결과에 따르면 '구형성 가정'은 위배된 것을 알 수 있다. 구형성 가정이 위배되었기 때문에 우리는 ϵ을 이용해 자유도를 조정해 주어야 한다. 앞에서 소개하였듯 ϵ은 ϵ_{LB}, ϵ_{GG}, ϵ_{HF} 세 가지가 제시되어 있다. 여기서는 ϵ_{GG}를 사용할 것이다.

---

3 $y = c_1 \cdot time_1 + c_2 \cdot time_2 + c_3 \cdot time_3 + c_4 \cdot time_4 + e$와 같은 형태가 바로 다항식이다

4 물론 카이제곱값이 조금 다르지만, 이러한 차이가 나타난 이유는 수계산 과정에서 반올림을 적용하면서 오차가 발생했기 때문이다.

Mauchly's Test of Sphericity[b]

Measure: MEASURE_1

Within Subjects Effect	Mauchly's W	Approx. Chi-Square	df	Sig.	Epsilon[a]		
					Greenhouse-Geisser	Huynh-Feldt	Lower-bound
time	.397	11.744	5	.039	.660	.768	.333

Tests the null hypothesis that the error covariance matrix of the orthonormalized transformed dependent variables is proportional to an identify matrix.
a. May be used to adjust the degrees of freedom for the averaged tests of significance. Corrected tests are displayed in the Tests of Within-Subjects Effects table.
b. Design: Intercept
Within Subjects Design: time

다음의 'Tests of Within-Subjects Effects'는 개체내 요인의 효과를 보여준다. 'Sphericity Assumed'는 구형성 가정을 취한 경우, 'Greenhouse-Geisser'는 ϵ_{GG}를 적용한 경우, 'Huynh-Feldt'는 ϵ_{HF}를 적용한 경우, 'Lower-bound'는 ϵ_{LB}를 적용한 경우를 뜻한다. 여기서는 ϵ_{GG}를 적용하기로 했기 때문에 개체내 요인 time이 y변수에 미치는 효과는 $F(3, 42) = 38.34$, $\epsilon_{GG} = .66$, $p < .001$, $\eta^2_{partial} = .73$이다.

Tests of Within-Subjects Effects

Measure: MEASURE_1

	Source	Type III Sum of Squares	df	Mean Square	F	Sig.	Partial Eta Squared
time	Sphericity Assumed	10880.067	3	3626.689	38.340	.000	.733
	Greenhouse-Geisser	10880.067	1.980	5496.104	38.340	.000	.733
	Huynh-Feldt	10880.067	2.304	4722.433	38.340	.000	.733
	Lower-bound	10880.067	1.000	10880.067	38.340	.000	.733
Error (time)	Sphericity Assumed	3972.933	42	94.594			
	Greenhouse-Geisser	3972.933	27.714	143.353			
	Huynh-Feldt	3972.933	32.255	123.174			
	Lower-bound	3972.933	14.000	283.781			

다음으로 'Tests of Within-Subjects Contrasts'는 일원분산분석을 설명하면서 소개했던 트렌드 분석결과다.[5] 즉, 개체내 요인의 변화에 따라 평균값이 일차함수의 형태를 보이는지('Linear' 부분의 결과), 혹은 이차함수의 형태를 보이는지('Quadratic' 부분의 결과), 아니면 3차함수의 형태를 보이는지('Cubic' 부분의 결과)를 테스트한 결과가 바로 이 표에 보고되어 있다. 만약 데이터 분석자가 개체내 요인과 결과변수 사이에 특정한 함수관계를 가정했다면 이 결과는 유용하게 사용될 수 있다. 다시 말해, 아래의 결과에 따르면 time 변수와 y 변수의 관계는 일차함수, 즉 단선형적 관계를 가정할 때 가장 잘 설명된다는 것을 알 수 있다. 이 결과는 트렌드 분석에 해당되는 연구가설을 수립한 경우는 유용하지만, 그렇지 않은 경우는 특별히 주목할 이유가 없다.

---

5 독자들은 결과표의 제목에 '비교'(contrasts)가 들어 있는 것을 확인할 수 있을 것이다.

Tests of Within-Subjects Contrasts

Measure: MEASURE_1

Source	time	Type III Sum of Squares	df	Mean Square	F	Sig.	Partial Eta Squared
time	Linear	9976.333	1	9976.333	64.031	.000	.821
	Quadratic	2.400	1	2.400	.036	.852	.003
	Cubic	901.333	1	901.333	14.553	.002	.510
Error (time)	Linear	2181.267	14	155.805			
	Quadratic	924.600	14	66.043			
	Cubic	867.067	14	61.933			

끝으로 'Tests of Between-Subjects Effects'는 개체간 요인의 효과에 대한 테스트 결과다. 여기서는 개체간 요인을 사용하지 않았기 때문에, 결과 자체는 큰 의미를 갖지 않는다. 앞서 일원분산분석에서 설명하였듯 아래 결과에서 보고된 Intercept의 효과는 전체 평균, 즉 μ가 0인지 아닌지를 테스트한 것이기 때문에 대부분의 경우 큰 의미를 갖는다고 말할 수 없다. 나중에 개체간 요인을 투입했을 때, 이 부분의 결과를 어떻게 해석할지는 차후에 다시 언급할 것이다.

Tests of Between-Subjects Effects

Measure: MEASURE_1
Transformed Variable: Average

Source	Type III Sum of Squares	df	Mean Square	F	Sig.	Partial Eta Squared
Intercept	162448.067	1	162448.067	1045.675	.000	.987
Error	2174.933	14	155.352			

앞에서는 개체내 요인만을 투입한 반복측정분산분석을 실시해 보았다. 이제 개체간 요인을 추가로 투입하여 이원(two-way) 반복측정분산분석을 실시해 보자. 즉, 개체내 요인인 time 변수의 주효과, 개체간 요인인 grp 변수의 주효과, 그리고 time 변수와 grp 변수의 상호작용효과를 반복측정분산분석을 통해 살펴보자. 개체간 요인을 추가로 투입하는 SPSS 명령문은 아래와 같다.

```
*예시데이터_7장_01.sav 데이터의 반복측정분산분석.
*개체간 요인으로 grp 변수를 투입.
GLM y1 y2 y3 y4 BY grp
/WSFACTOR= time 4 Polynomial
/PRINT=ETASQ DESCRIPTIVE
/WSDESIGN=time
/DESIGN=grp.
```

앞서 언급하였듯 'Multivariate Tests' 결과는 다변량분산분석을 설명하면서 소개하기로
하고 여기서는 따로 설명하지 않을 것이다. 다음으로 'Mauchly's Test of Sphericity'의
결과 $W = .55$, $\chi^2(5) = 6.46$, $p = .27$로 나타나 구형성 가정이 충족된 것으로 나타났다.
즉, 개체간 요인을 고려하지 않은 경우 구형성 가정이 성립하지 않았지만, 개체간 요인을
모형에 반영할 경우 구형성 가정이 성립하는 것을 볼 수 있다.

Mauchly's Test of Sphericity[b]

Measure: MEASURE_1

Within Subjects Effect	Mauchly's W	Approx. Chi-Square	df	Sig.	Epsilon[a]		
					Greenhouse-Geisser	Huynh-Feldt	Lower-bound
time	.547	6.461	5	.266	.788	1.000	.333

Tests the null hypothesis that the error covariance matrix of the orthonormalized transformed
dependent variables is proportional to an identify matrix.
a. May be used to adjust the degrees of freedom for the averaged tests of significance.
Corrected tests are displayed in the Tests of Within-Subjects Effects table.
b. Design: Intercept + grp
Within Subjects Design: time

구형성 가정이 충족되었다고 볼 수 있기 때문에, 자유도 수정을 실시하지 않을 수도 있
다(즉, ϵ을 이용해 F테스트 통계치의 자유도를 수정하지 않아도 된다는 의미다). 이에 여기
서는 'Sphericity Assumed'에 보고된 분산분석 결과를 이용할 것이다. 즉, time 변수의
주효과는 통계적으로 유의미했으며〔$F(3, 36) = 63.74$, $p < .001$, $\eta^2_{partial} = .84$〕, 개체내 요
인인 time 변수와 개체간 요인인 grp 변수의 상호작용효과 역시도 통계적으로 유의미한
것〔$F(6, 36) = 5.64$, $p < .001$, $\eta^2_{partial} = .48$〕을 알 수 있다.

Tests of Within-Subjects Effects

Measure: MEASURE_1

Source		Type III Sum of Squares	df	Mean Square	F	Sig.	Partial Eta Squared
time	Sphericity Assumed	10880.067	3	3626.689	63.735	.000	.842
	Greenhouse-Geisser	10880.067	2.363	4604.969	63.735	.000	.842
	Huynh-Feldt	10880.067	3.000	3626.689	63.735	.000	.842
	Lower-bound	10880.067	1.000	10880.067	63.735	.000	.842
time*grp	Sphericity Assumed	1924.433	6	320.739	5.637	.000	.484
	Greenhouse-Geisser	1924.433	4.725	407.256	5.637	.001	.484
	Huynh-Feldt	1924.433	6.000	320.739	5.637	.000	.484
	Lower-bound	1924.433	2.000	962.217	5.637	.019	.484
Error (time)	Sphericity Assumed	2048.500	36	56.903			
	Greenhouse-Geisser	2048.500	28.352	72.252			
	Huynh-Feldt	2048.500	36.000	56.903			
	Lower-bound	2048.500	12.000	170.708			

다음으로 'Tests of Within-Subjects Contrasts'의 경우, 앞서 설명하였듯 특별한 트렌드를 예상했다면 이 결과가 유용한 정보를 제시하겠지만, 그렇지 않았다면 이 결과는 특별히 해석할 필요가 없기 때문에 여기서는 특별한 해석을 취하지 않았다. 다음으로 개체간 요인인 grp 변수의 효과는 'Tests of Between-Subjects Effects'에서 찾아볼 수 있다. 반복측정분산분석 결과 grp 변수의 주효과는 통계적으로 유의미하지 않은 것으로 나타났다[$F(2, 12) = .52$, $p = .61$, $\eta_{partial}^2 = .08$].

Tests of Between-Subjects Effects

Measure: MEASURE_1
Transformed Variable: Average

Source	Type III Sum of Squares	df	Mean Square	F	Sig.	Partial Eta Squared
Intercept	162448.067	1	162448.067	974.542	.000	.988
grp	174.633	2	87.317	.524	.605	.080
Error	2000.300	12	166.692			

위의 분석결과를 요약하면 다음과 같다. 첫째, 구형성 가정이 충족되었고, 이에 따라 반복측정분산분석의 F테스트 통계치의 자유도를 조정하지 않았다. 둘째, 개체간 요인(grp 변수) 하나, 개체내 요인(time 변수) 하나가 투입된 이원 반복측정분산분석 결과 통계적으로 유의미한 상호작용효과가 나타났다. 즉, grp 수준별 y의 평균값 패턴은 time의 시점에 따라 통계적으로 유의미하게 다르다고 볼 수 있다(혹은 grp 수준별 y 값의 개체내 변화 패턴은 통계적으로 유의미하게 다르다고도 볼 수 있다). 상호작용효과의 패턴을 살펴보기 위해서는 아래의 SPSS 명령문을 시행하면 된다(독자들은 '/PLOT=PROFILE(time*grp)' 부분에 주목하길 바란다). 그 결과는 아래와 같다.

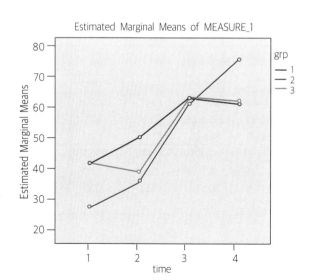

*상호작용효과의 그래프 그리기.
GLM y1 y2 y3 y4 BY grp
/WSFACTOR= time 4 Polynomial
/PRINT=ETASQ DESCRIPTIVE
/PLOT=PROFILE(time*grp)
/WSDESIGN=time
/DESIGN=grp.

5. 단순효과분석

독자들은 다원분산분석에서 단순효과분석(simple effect analysis)을 실시했던 것 기억할 것이다. 즉, 한 요인의 수준별로 다른 요인이 결과변수에 미치는 효과가 어떤지 살펴볼 수 있다. 위의 이원 반복측정분산분석 역시도 요인이 2개 포함되었다는 점에서 마찬가지로 단순효과분석을 실시할 수 있다. 반복측정분산분석의 단순효과분석 역시도 개체간 요인만 투입된 경우와 동일하며, 마찬가지로 /EMMEANS 하위명령문을 이용한다. 구체적인 SPSS 명령문은 아래와 같다. 즉, 이 책에서는 시점별로 grp 수준에 따른 세 집단의 평균이 어떻게 다른지 살펴보았으며('COMPARE(grp)' 부분), 본페로니 기법을 적용하였다('ADJ(BONFERRONI)' 부분).

```
*반복측정분산분석 후 단순효과분석.
GLM y1 y2 y3 y4 BY grp
/WSFACTOR=time 4 Polynomial
/EMMEANS=TABLES(time*grp) COMPARE(grp) ADJ(BONFERRONI)
/PRINT=DESCRIPTIVE ETASQ
/WSDESIGN=time
/DESIGN=grp.
```

우선 'Univarate Tests' 부분을 먼저 살펴보자. 시점에 따른 개체간 요인인 grp 변수가 결과변수에 미치는 효과는 다음과 같다. 결과에서 쉽게 드러나듯 time 변수의 시점이 '1'이었을 때만 세 집단 사이에서 최소 한 쌍 이상의 유의미한 평균차이를 발견할 수 있다 $[F(2, 12) = 15.97, p < .001, \eta^2_{partial} = .73]$. 반면, 나머지 세 시점에서는 grp 변수의 세 시점별 평균들은 통계적으로 유의미하게 다르다고 보기 어려운 것을 알 수 있다.

Univariate Tests
Measure: MEASURE_1

	Time	Sum of Squares	df	Mean Square	F	Sig.	Partial Eta Squared
1	Contrast	730.533	2	364.267	15.974	.000	.727
	Error	274.400	12	22.867			
2	Contrast	630.933	2	315.467	2.136	.161	.263
	Error	1772.000	12	147.667			
1	Contrast	14.800	2	7.400	.103	.903	.017
	Error	861.600	12	71.800			
2	Contrast	722.800	2	361.400	3.802	.053	.388
	Error	1140.800	12	95.067			

Each F tests the simple effects of grp within each level combination of the other effects shown.
These tests are based on the linearly independent pairwise comparisons among the estimated marginal means.

이에 따라 time 변수의 시점이 1인 경우의 사후비교 결과만 살펴보겠다.[6] 사후비교 결과 grp = 2인 집단의 평균은 grp = 1인 집단의 평균 혹은 grp = 3인 집단의 평균과 비교할 때 통계적으로 유의미하게 달랐지만($p = .001$), grp = 1인 집단의 평균과 grp = 3인 집단의 평균은 통계적으로 유의미하게 다르지 않은 것을 확인할 수 있다($p \approx 1.00$).

Pairwise Comparisons

Measure: MEASURE_1

time	(I) grp	(J) grp	Mean Difference (I-J)	Std. Error	Sig.ᵃ	95% Confidence Interval for Differenceᵃ	
						Lower Bound	Upper Bound
1	1	2	14.600*	3.024	.001	6.194	23.006
		3	-.400	3.024	1.000	-8.806	8.006
	2	1	-14.600*	3.024	.001	-23.006	-6.194
		3	-15.000*	3.024	.001	-23.406	-6.594
	3	1	.400	3.024	1.000	-8.006	8.806
		2	15.000*	3.024	.001	6.594	23.406
2	1	2	15.200	7.685	.214	-6.162	36.562

즉, 단순효과분석을 통해 앞에서 우리가 얻었던 통계적으로 유의미한 상호작용효과의 테스트 결과인 $F(6, 36) = 5.64$, $p = .001$, $\eta_{partial}^2 = .48$이 어디에서 비롯된 것인지를 확인할 수 있다. 독자들은 일원분산분석과 다원분산분석을 설명할 때, 사후비교 혹은 단순효과분석을 소개한 후 계획비교를 소개했던 것을 기억할 것이다. 반복측정분산분석에서도 마찬가지다. 단순효과분석을 실시했으니, 이제 반복측정분산분석에서 계획비교를 어떻게 실시할 수 있는지 살펴보도록 하자.

6. 계획비교

다음으로는 계획비교(planned contrast)를 해보자. 개체간 요인과 개체내 요인이 같이 투입된 반복측정분산분석의 경우 계획비교를 실시하는 것은 다소 복잡하다. 그 이유는 각 요인별로 비교코딩을 다르게 붙여야 하기 때문이다. 여기서는 2개의 연구가설을 계획비교를 통해 테스트를 실시할 것이다. 계획비교를 이용해 테스트할 수 있는 연구가설을 제시하기 전에 우선 M_{ij}를 j번째의 시점의 i번째 grp 수준에 따른 평균이라고 가정해 보자. 즉, 개체내 요인과 개체간 요인을 교차할 경우 다음과 같이 총 12개의 평균들을 도출할 수 있다.

---

[6] 다른 시점들의 경우는 직접 확인해 보길 바란다. 당연한 결과겠지만 2, 3, 4 시점의 경우 모든 평균쌍이 통계적으로 유의미하게 다르지 않다.

표 7-12 개체내 요인과 개체간 요인 교차 시 평균

	time = 1	time = 2	time = 3	time = 4
grp = 1	M_{11}	M_{12}	M_{13}	M_{14}
grp = 2	M_{21}	M_{22}	M_{23}	M_{24}
grp = 3	M_{31}	M_{32}	M_{33}	M_{34}

계획비교를 실시할 연구가설 두 가지는 각각 다음과 같다.

- 연구가설 1: 측정종료시점에서 두 번째 집단의 평균은 나머지 집단의 평균보다 높을 것이다.
- 연구가설 2: 최초측정시점을 기준으로 측정종료시점에서의 증가한 평균은 두 번째 집단이 나머지 두 집단에 비해 더 높을 것이다.

'연구가설 1'은 측정시점이 4로 고정되어 있다. 반면 연구가설 2는 측정시점 1과 측정시점 4의 차이를 고려하지만, 측정시점 2와 측정시점 3은 고려하지 않는다. 위의 연구가설들을 테스트하기 위한 귀무가설은 아래와 같다.

- $H1_0 : M_{24} = \dfrac{M_{14} + M_{34}}{2}$
- $H2_0 : M_{24} - M_{21} = \dfrac{(M_{14} - M_{11}) + (M_{34} - M_{31})}{2}$

계획비교를 위한 비교코딩 계수는 어떻게 부여될 수 있을까? 위의 귀무가설에 맞게 M_{11}, M_{21}, M_{31}, M_{12}, M_{22}, M_{32}, M_{13}, M_{23}, M_{33}, M_{14}, M_{24}, M_{34}에 해당되는 계수를 순서대로 부여하면 다음과 같다.

- $H1_0$: {0, 0, 0, 0, 0, 0, 0, 0, 0, -1, +2, -1}
- $H2_0$: {+1, -2, +1, 0, 0, 0, 0, 0, 0, -1, +2, -1}

다원분석의 경우 여러 개의 요인들을 하나의 요인으로 바꾸었다. 그렇다면 반복측정분산분석에서도 그렇게 해야 할까? 그렇지 않다. 그 이유는 개체내 요인과 개체간 요인은 그 성격이 서로 다르기 때문이다. 반복측정분산분석의 경우 비교코딩을 개체내 요인과 개체간 요인에 각각 적용하는 방법을 사용한다. 위의 비교코딩 계수를 개체간 요인의 계수, 그리고 개체내 요인의 계수로 구분해 보자. 예를 들어, M_{ij}에 붙는 비교코딩 계수를 개체간 요인인 grp = i의 비교코딩 계수와 time = j의 비교코딩 계수로 나눈다고 생각해 보도록 하자. 이 경우 위에서 사용한 비교코딩 계수는 다음과 같이 나눌 수 있을 것이다.

- $H1_0$: $\{-1\times0,\ +2\times0,\ -1\times0,\ -1\times0,\ +2\times0,\ -1\times0,\ -1\times0,\ +2\times0,\ -1\times0,$
  $-1\times0,\ +2\times0,\ -1\times0\}$
- $H2_0$: $\{-1\times-1,\ +2\times-1,\ -1\times-1,\ -1\times0,\ -2\times0,\ -1\times0,\ -1\times0,\ -2\times0,\ -1\times0,$
  $-1\times+1,\ +2\times+1,\ -1\times+1\}$

이렇게 개체간 요인과 개체내 요인으로 구분한 후 각 수준에 맞도록 비교코딩 계수를 붙여 보도록 하자. 개체간 요인의 경우 /LMATRIX 하위명령문을 썼던 것을 기억할 것이다. 반면 개체내 요인의 경우 /MMATRIX 하위명령문을 사용한다. 우선 '연구가설 1'을 테스트하기 위한 $H1_0$에 해당되는 SPSS의 명령문은 아래와 같다. 독자들은 /MMATRIX 하위명령문은 비교코딩을 부여하는 방식이 조금 다르다는 것을 느낄 수 있을 것이다. 즉, 개체내 요인에 해당되는 각 변수의 이름 뒤에 비교코딩 계수를 부여하면 된다. $H1_0$의 경우 최종시점만을 고려하기 때문에 y1, y2, y3의 뒤에는 각각 0을, y4 다음에만 1을 부여하였다.

```
*계획비교가 적용된 반복측정분산분석.
*연구가설 1: 측정종료시점에서 두 번째 집단의 평균은 나머지 집단의 평균보다 높을 것이다.
GLM y1 y2 y3 y4 BY grp
/WSFACTOR=time 4 Polynomial
/PRINT=DESCRIPTIVE ETASQ
/LMATRIX = 'grp2 vs mean(grp1+grp3)' grp -1 2 -1
/MMATRIX = '최종측정시점만 고려하는 연구가설1' y1 0 y2 0 y3 0 y4 1
/WSDESIGN=time
/DESIGN=grp.
```

Contrast Results(K Matrix)[a]

Contrast		Transforme··· 최종측정시점만 고려하는 연구가설 1
L1	Contrast Estimate	29.400
	Hypothesized Value	0
	Difference(Estimate-Hypothesized)	29.400
	Std. Error	10.681
	Sig.	.018
	95% Confidence Interval for Difference — Lower Bound	6.128
	95% Confidence Interval for Difference — Upper Bound	52.672

a. Based on the user-specified contrast coefficients(L') matrix: grp2 vs mean (grp1+grp3)

Test Results

Transformed Variable: 최종측정시점만 고려하는 연구가설 1

Source	Sum of Squares	df	Mean Square	F	Sig.	Partial Eta Squared
Contrast	720.300	1	720.300	7.577	0.18	.387
Error	1140.800	12	95.067			

위의 결과에 따르면 $H1_0$는 기각되어야 한다$[F(1, 12) = 7.58, \ p = .02, \ \eta^2_{partial} = .39]$. 즉, 연구자의 '연구가설 1'은 데이터에서 지지받고 있다.

'연구가설 2'를 테스트하기 위한 $H2_0$에 해당되는 SPSS의 명령문은 아래와 같다. $H2_0$ 의 경우 최종시점에서의 평균값에서 최초시점에서의 평균값을 빼 주고, 중간의 2와 3 시점은 고려하지 않기 때문에 y2, y3의 뒤에는 각각 0을, y4 다음에 1을, 그리고 y1 다음에는 -1을 부여하였다.

```
*계획비교가 적용된 반복측정분산분석.
*연구가설2: 최초측정시점을 기준으로 측정종료시점에서의 증가한 평균은 두 번째 집단이 나머지 두
  집단에 비해 더 높을 것이다.
GLM y1 y2 y3 y4 BY grp
/WSFACTOR=time  4 Polynomial
/PRINT=DESCRIPTIVE ETASQ
/LMATRIX = "grp2 vs mean(grp1+grp3)" grp -1 2 -1
/MMATRIX = 'mean(time4) - mean(time1)' y1 -1 y2 0 y3 0 y4 1
/WSDESIGN=time
/DESIGN=grp.
```

Contrast Results(K Matrix)ª

Contrast			Transforme⋯
			mean(time=4) -mean(time1)
L1	Contrast Estimate		59.000
	Hypothesized Value		0
	Difference(Estimate-Hypothesized)		59.000
	Std. Error		11.933
	Sig.		.000
	95% Confidence Interval for Difference	Lower Bound	33.000
		Upper Bound	85.000

a. Based on the user-specified contrast coefficients(L') matrix: grp2 vs mean (grp1+grp3)

Test Results

Transformed Variable: mean(time=4)-mean(time1)

Source	Sum of Squares	df	Mean Square	F	Sig.	Partial Eta Squared
Contrast	2900.833	1	2900.833	24.445	.000	.671
Error	1424.000	12	118.667			

위의 결과에 따르면 $H2_0$ 역시 기각되어야 한다〔$F(1, 12) = 24.45$, $p < .001$, $\eta^2_{partial} =$ .67〕. 즉, '연구가설 2' 역시도 데이터에서 지지받았다.

반복측정분산분석은 데이터 분석을 처음 접하는 사람들에게는 상당히 어렵게 느껴질 수 있다. 하지만, 반복측정분산분석은 잘만 배워두면 최신의 다양한 통계기법들을 이해하는 데 큰 도움이 되는 기초 통계기법이다. 다음 장에서는 반복측정분산분석 결과에서 저자들이 설명하지 않았던 'Multivariate Tests' 결과물과 관련된 다변량분산분석을 소개할 것이다.

다변량분산분석

앞서 반복측정분산분석을 설명하면서 다변량분산분석(multivariate analysis of variance, MANOVA)에 대해 언급한 바 있다. 사실 다변량분산분석과 반복측정분산분석에서 사용되는 데이터의 구조는 상당부분 비슷하지만, 모형을 구성하는 방식은 상당히 다르다. 저자들은 가능하면 반복측정분산분석이 다변량분산분석보다 훨씬 더 유용한 정보를 제공한다고 믿지만, 맥락에 따라 다변량분산분석을 사용하는 것이 나은 경우도 있다.

1. 반복측정분산분석과 다변량분산분석

〈표 8-1〉과 같은 사례를 한번 생각해 보자. 자료에서 잘 드러나듯 factor 1과 factor 2는 개체간 요인이다. factor 1과 factor 2라는 개체간 요인들을 이용해 cognition, attitude, behavior라는 이름의 결과변수들을 예측한다고 가정해 보자. 우선은 cognition, attitude, behavior라는 결과변수들을 어떻게 이해하는가에 따라 반복측정분산분석을 사용할지 아니면 다변량분산분석을 사용할지를 결정할 수 있다. 우선 반복측정분산분석을 사용한다면 cognition, attitude, behavior라는 각 결과변수를 개체내 요인의 수준으로 간주하여 '결과변수 유형'이라는 개체내 요인을 설정할 수 있을 것이다. 이 경우에 이 데이터는 2개의 개체간 요인(factor 1, factor 2) 그리고 1개의 개체내 요인(결과변수 유형)을 투입한 3원(three-way) 반복측정분산분석을 실시할 수 있을 것이다.

표 8-1 개체간 요인과 결과변수 데이터 (예시데이터_8장_01.sav)

id	cognition	attitude	behavior	factor1	factor2
1	3	5	9	1	1
2	3	1	9	1	2
3	0	4	7	1	3
4	3	3	8	1	1
5	3	0	10	1	2
6	3	5	7	1	3
⋮	⋮	⋮	⋮	⋮	⋮
31	7	5	7	3	1
32	7	2	5	3	2
33	1	4	5	3	3
34	5	4	5	3	1
35	7	2	5	3	2
36	4	3	5	3	3

하지만 3개의 원인변수들을 개체내 요인으로 가정하지 않는다면 어떻게 될까? 다시 말해, 연구자에 따라 factor1과 factor2라는 개체간 요인들이 결과변수들에 미치는 영향을 연구할 수도 있을 것이다. 이 경우 연구자가 선택할 수 있는 방법은 두 가지다.[1] 첫째, 종속변수별로 다원분산분석을 각각 적용하는, 즉 세 번의 이원분산분석을 실시하는 것이다. 둘째는 다변량분산분석을 실시하는 것이다. 그렇다면 다변량분산분석은 세 번의 이원분산분석을 실시하는 것보다 어떤 면에서 더 나을까? 사실 요인이 각각의 종속변수에 미치는 효과에 중점을 둔다면 분산분석을 세 번 실시한 것과 큰 차이는 없다. 하지만 factor 1과 factor 2의 상호작용효과가 세 가지 종속변수들에 미치는 효과에 집중한다면 다변량분산분석은 추가적 정보를 제공하며, 그 추가적 정보가 바로 반복측정분산분석에서 설명하지 않았던 'Multivariate Tests' 관련 결과다.

---

[1] 사실 MANOVA보다는 상관오차통제 회귀분석(seemingly unrelated regression, SUR)을 사용하는 것이 훨씬 더 좋다고 보지만, SUR이 이 책의 수준을 넘는다고 판단해 소개하지 않았다. SUR은 결과변수 오차항들의 상관관계를 통제한 후 예측변수가 각 결과변수에 미치는 효과를 추정하는 기법이다. MANOVA의 경우 결과변수 오차항들을 상호독립적이라고 가정한다는 점에서 SUR과 구분된다.

2. 다변량분산분석과 다변량 테스트 통계치

이제 위에서 제시된 간단한 데이터를 분석해 보도록 하자. 해당 데이터는 '예시데이터_8장_01.sav'에서 찾아볼 수 있다. 우선 각각의 종속변수에 대해 이원분산분석을 개별적으로 적용한 결과를 살펴보도록 하자. 이를 위한 SPSS 명령문은 아래와 같다. 명령문에 대한 구체적인 설명과 결과에 대해서는 다원분산분석을 소개할 때 이미 설명하였기 때문에 구체적인 설명은 제시하지 않았다.

```
*'예시데이터_8장_01.sav' 데이터 분석.
*cognition 변수를 결과변수로 하는 이원분산분석.
UNIANOVA cognition BY factor1 factor2
/PRINT=ETASQ HOMOGENEITY DESCRIPTIVE
/DESIGN= factor1 factor2 factor1*factor2.
*attitude 변수를 결과변수로 하는 이원분산분석.
UNIANOVA attitude BY factor1 factor2
/PRINT=ETASQ HOMOGENEITY DESCRIPTIVE
/DESIGN= factor1 factor2 factor1*factor2.
*behavior 변수를 결과변수로 하는 이원분산분석.
UNIANOVA behavior BY factor1 factor2
/PRINT=ETASQ HOMOGENEITY DESCRIPTIVE
/DESIGN= factor1 factor2 factor1*factor2.
```

각 결과변수별 factor 1의 주효과, factor 2의 주효과, factor 1과 factor 2의 상호작용효과를 정리하면 〈표 8-2〉와 같다. 〈표 8-2〉의 결과를 이해하는 것은 어렵지 않을 것이다.

표 8-2 이원분산분석 적용 시 결과변수별 효과

	factor1의 주효과	factor2의 주효과	상호작용효과
인지(cognition) 변수	$F(2, 27) = 18.83$, $p < .001$, $\eta^2 partial = .58$	$F(2, 27) = 2.87$, $p = .07$, $\eta^2 partial = .18$	$F(4, 27) = 2.43$, $p = .07$, $\eta^2 partial = .27$
태도(attitude) 변수	$F(2, 27) = 30.81$, $p < .001$, $\eta^2 partial = .70$	$F(2, 27) = 4.86$, $p = .02$, $\eta^2 partial = .27$	$F(4, 27) = .32$, $p = .86$, $\eta^2 partial = .05$
행동(behavior) 변수	$F(2, 27) = 41.18$, $p < .001$, $\eta^2 partial = .75$	$F(2, 27) = 2.16$, $p = .14$, $\eta^2 partial = .14$	$F(4, 27) = .65$, $p = .63$, $\eta^2 partial = .09$

이제 다변량분산분석을 실시해 보자. 다변량분산분석을 실시하기 위한 SPSS 명령문은 앞의 반복측정분산분석에서 소개한 명령문과 크게 다르지 않다. 사실 MANOVA 명령문은 UNIANOVA 명령문과 구조가 거의 유사하다. 다른 점이 있다면 UNIANOVA의 자리에 GLM이 들어 있으며, 결과변수가 하나가 아닌 3개가 제시된다는 점 정도뿐이다.

```
*다변량분산분석.
GLM cognition attitude behavior BY factor1 factor2
/PRINT=ETASQ HOMOGENEITY DESCRIPTIVE
/DESIGN= factor1 factor2 factor1*factor2.
```

우선 factor 1의 주효과, factor 2의 주효과, factor 1과 factor 2의 상호작용효과의 테스트 결과를 살펴보자. 각 결과변수별로 이원분산분석을 실시한 결과와 비교하면 어떠한가? 그렇다. 동일하다. 다시 말해, 요인의 주효과와 상호작용효과라는 점에서 다변량분산분석은 결과변수별로 일원분산분석 혹은 다원분산분석을 실시한 결과와 절대 다르지 않다. 그렇다면 다변량분산분석의 장점 혹은 독특한 점은 무엇일까? 그것은 바로 반복측정분산분석에서 설명하지 않았던 'Mutivariate Tests' 결과, 이 중 가장 많이 쓰이는 윌크스의 람다(Wilks' Λ)라는 통계치다.

많이 사용되지는 않지만, 우선 'Box's Test of Equality of Covariance Matrices'라는 결과를 살펴보자. 결과표의 제목과 하단부를 통해서도 눈치챌 수 있지만, 이 테스트 결과는 집단별 결과변수의 공분산 행렬의 동질성 여부를 테스트한다. 다시 말해, 결과변수가 여러 개인 다변량 상황에서의 분산동질성 테스트라고 생각해도 무방하다. 한 가지 유의할 점은 박스의 M 테스트 통계치의 통계적 유의도 테스트 기준은 α = .05가 아니라 α = .001을 기준으로 잡는 것이 통상적이다(그 이유는 박스의 M이 매우 민감한, 즉 귀무가설을 쉽게 기각하는 통계치이기 때문이다). 만약 $p < .001$인 결과를 얻었다면, 다변량분산분석의 테스트 결과에 문제가 있다고 볼 수 있다. 보다시피 현재의 분석결과에서는 결과변수의 공분산 행렬이 동질적이라고 보아도 큰 문제가 없다.

Box's Test of Equality of Covariance Matrices[a]

Box's M	85.127
F	1.288
df1	36
df2	842.581
Sig.	.122

Tests the null hypothesis that the observed covariance matrices of the dependent variable are equal across groups.

a. Design: Intercept+factor1+factor2+factor1*factor2

보다 중요한, 그리고 다변량분산분석의 핵심적 통계치는 'Mutivariate Tests' 결과다. 아래에서 나타나듯 총 4개의 다변량 테스트 통계치들이 보고되어 있다〔필라이의 트레이스 (Pillai's trace), 윌크스의 람다(Wilks'Λ), 호텔링의 트레이스(Hotelling's or Hotelling-Lawley's Trace), 로이의 최대근(Roy's largest root)〕. [2] 아주 특별한 경우가 아니라면 대체로 이 4개의 다변량 테스트 통계치는 서로 크게 다르지 않다. 저자들이 인지하는 한 대부분의 사회과학 연구에서는 Wilks' Λ를 주로 사용한다. Wilks' Λ는 전체분산 중에서 테스트하고자 하는 요인에 인해서 '설명되지 않는' 분산의 비율을 정량화한 통계치다. Wilks' Λ는 아래의 공식과 같다〔여기서 H는 가설(hypothesis)에서 설정된 요인에 따른 행렬을 E는 전체분산 중 오차 (error)의 행렬을 의미한다. 또한 det( ) 함수는 determinant, 즉 행렬식을 의미하며, 행렬의 아이겐값을 뜻한다. 이에 대해서는 '반복측정분산분석'을 소개할 때 모클리의 W를 설명하면서 이미 설명한 바 있다〕.

$$\text{Wilks}'\,\Lambda = \frac{\det(H)}{\det(H+E)} = \prod_{i=1}^{q} \frac{1}{1+\lambda_i}$$

즉, λ_i가 0에 가까울수록, Wilks' Λ는 1에 가까워지는데, 이는 전체분산에서 설명되지 않는 분산이 더 높아지는 것을 의미한다(앞에서 독자들이 이미 배웠던 에타제곱이나 오메가제곱과는 그 해석이 정반대다). 독자들은 Wilks' Λ 역시도 결국 분산의 비율이라는 점에서 분산분석의 테스트 통계치인 F 값을 쓸 수 있음을 짐작할 수 있을 것이다. 다시 말해, 다변량 통계치의 F 값의 유의확률이 α보다 작다면 가설로 설정된 요인의 효과가 존재한다고, 즉 유의미한 평균차이가 존재한다고 볼 수 있다.

우선 'Intercept' 부분의 결과는 큰 의미가 없다. 다음으로 factor 1과 factor 2의 상호작용효과의 경우 Wilks' Λ=.58이 나왔고(상호작용효과로 설명하지 못하는 분산이 약 58%가량이라는 뜻이다), 이는 p =.259로 유의미하지 않은 것으로 나타났다. 즉, 두 요인의 상호작용효과는 세 결과변수들에 별다른 효과를 미치지 못한다. 하지만 factor 1의 주효과, factor 2의 주효과의 경우 통계적으로 유의미한 Wilks' Λ 값을 얻어, 세 결과변수들에

---

2 구체적으로 설명하기에는 너무 번잡하지만, 이 중 로이의 최대근은 일반적으로 많이 쓰이지 않는다. 이 4개의 다변량 통계치 중 윌크스의 람다가 가장 먼저 제안되었지만, 필라이의 트레이스가 가장 검증력과 통계적 강건성(robustness) 이 좋은 통계로 알려져 있다(Johnson & Wichern, 2002). 특히 앞에서 소개했던 박스의 M 통계치가 일반적인 유의도 수준인 α = .001보다 작은 p 값을 보일 경우는 필라이의 트레이스를 사용하는 것이 더 낫다고 권고된다. "대개" 필라이의 트레이스 값과 윌크스의 람다 값의 합은 1에 수렴하는 것이 보통이다. 독자들은 아래의 공식을 보면 그 이유에 대해 어느 정도 감을 잡을 수 있을 것이다. 여기서 소문자 람다(λ_i)는 아이겐값을 의미한다.

$$\text{Pillai's trace} = trace\,[H(H+E)^{-1}] = \sum_{i=1}^{q} \frac{\lambda_i}{1+\lambda_i}$$
$$\text{Wilks}'\,\Lambda = \frac{\det(H)}{\det(H+E)} = \prod_{i=1}^{q} \frac{1}{1+\lambda_i}$$

Multivariate Tests^c

Effect		Value	F	Hypothesis df	Error df	Sig.	Partial Eta Squared
Intercept	Pillai's Trace	.981	420.051ª	3.000	25.000	.000	.981
	Wilks' Lambda	.019	420.051ª	3.000	25.000	.000	.981
	Hotelling's Trace	50.406	420.051ª	3.000	25.000	.000	.981
	Roy's Largest Root	50.406	420.051ª	3.000	25.000	.000	.981
factor1	Pillai's Trace	1.587	33.257	6.000	52.000	.000	.793
	Wilks' Lambda	.041	32.941ª	6.000	50.000	.000	.798
	Hotelling's Trace	8.143	32.571	6.000	48.000	.000	.803
	Roy's Largest Root	5.161	44.726ᵇ	3.000	26.000	.000	.838
factor2	Pillai's Trace	.513	2.987	6.000	52.000	.014	.256
	Wilks' Lambda	.542	2.986ª	6.000	50.000	.014	.264
	Hotelling's Trace	.744	2.976	6.000	48.000	.015	.271
	Roy's Largest Root	.566	4.904ᵇ	3.000	26.000	.008	.361
factor1*factor2	Pillai's Trace	.449	1.189	12.000	81.000	.305	.150
	Wilks' Lambda	.580	1.266	12.000	66.435	.259	.166
	Hotelling's Trace	.675	1.332	12.000	71.000	.221	.184
	Roy's Largest Root	.595	4.014ᵇ	4.000	27.000	.011	.373

a. Exact statistic
b. The statistic is an upper bound on F that yields a lower bound on the significance level
c Design: Intercept + factor1 + factor2 + factor1*factor2

미치는 전반적 효과가 통계적으로 유의미한 것으로 나타났다. factor 1이 세 결과변수에 미치는 주효과의 경우 Wilks' Λ = .04, $p < .001$, $\eta^2_{partial}$ = .80이, factor 2가 세 결과변수에 미치는 주효과는 Wilks' Λ = .54, $p = .014$, $\eta^2_{partial}$ = .26으로 나타났다.

만약 연구자가 개체간 요인이 개별 결과변수에 미치는 효과에 주목하고자 한다면, Wilks' Λ는 그다지 매력적인 통계치라고 보기 어렵다. 하지만 개체간 요인이 결과변수 전반에 미치는 효과에 주목하려 한다면 Wilks' Λ는 연구자가 말하고자 하는 바를 잘 보여주는 통계치일 것이다. 즉, 연구자의 목적이 무엇인가에 따라 다변량분산분석은 매력적일 수도 있고, 그렇지 않을 수도 있다.

3. 사후비교

다변량분산분석의 경우도 사후비교, 단순효과분석, 계획비교를 실시할 수 있다. 우선 단순효과분석과 사후비교를 살펴보자. 앞의 결과에서 살펴보았듯, factor 1과 factor 2의 상호작용효과는 발견되지 않았다. 다시 말해, factor 1 및 factor 2의 주효과를 기준으로 각 요인별 수준에 따른 평균을 본페로니 기법을 이용해 사후비교해 보자. 각 요인별 사후비교 명령문은 아래와 같다. 다원 다변량분산분석에서 주효과에 따른 사후비교를 실시하는 방법은 /EMMEANS 하위명령문에서 사후비교를 실시하고자 하는 요인을 TABLES(factor1)과 같은 방법으로 지정한 후 COMPARE와 ADJ(BONFERRONI)를 병기해 주면 된다. 나머지는 다원분산분석을 소개하면서 제시한 SPSS 명령문과 동일한 구조를 갖는다.

```
*단순효과분석 / 사후비교.
GLM cognition attitude behavior BY factor1 factor2
/EMMEANS=TABLES(factor1) COMPARE ADJ(BONFERRONI)
/EMMEANS=TABLES(factor2) COMPARE ADJ(BONFERRONI)
/PRINT= ETASQ HOMOGENEITY DESCRIPTIVE
/DESIGN= factor1 factor2 factor1*factor2.
```

사후비교 결과는 factor 1에 관한 것과 factor 2에 관한 것 총 두 가지다. 여기서는 두 번째, factor 2에 관한 것만 살펴보자. 결과는 'Estimates', 'Pairwise Comparisons', 'Multivariate Tests', 'Univariate Tests' 총 네 가지로 구성되어 있다. Estimates는 factor2의 수준별 cognition, attitude, behavior 세 변수의 추정된 평균값이 들어 있다. 독자들은 결과를 이해하는 데 큰 어려움은 없을 것이다.

우선은 가장 아래에 있는 'Univariate Tests'부터 살펴보자. 이 결과는 factor 1의 수준을 고려하지 않았을 때, factor 2가 각 결과변수에 미치는 효과를 테스트한 것이다. 결과에서 잘 나타나듯, 통상적 통계적 유의도를 기준으로 할 때 factor 2의 효과는 오직 attitude 변수에서만 확인되었다$[F(2, 27) = 4.86, p = .02, \eta^2_{partial} = .27]$. 하지만 이 결과는 세 번의 이원분산분석 결과에서 이미 나왔던 것을 다변량분산분석 맥락에서 다시 확인한 것에 불과하다. 독자들은 그 결과가 동일하다는 것을 직접 확인해 보길 바란다.

Univariate Tests

Dependent Variable		Sum of Squares	df	Mean Square	F	Sig.	Partial Eta Squared
인지	Contrast	8.222	2	4.111	2.865	.074	.175
	Error	38.750	27	1.435			
태도	Contrast	22.389	2	11.194	4.855	.016	.265
	Error	62.250	27	2.306			
행동	Contrast	7.167	2	3.583	2.162	.135	.138
	Error	44.750	27	1.657			

The F test the effect of 요인 2. This test is based on the linearly independent pairwise comparisons among the estimated marginal means.

다음으로 'Pairwise Comparisons'라고 된 결과를 살펴보자. cognition 변수와 behavior 변수의 경우 유의미한 평균차이를 확인하지 못하였다. 그러나 attitude 변수의 경우 본페로니 기법을 적용하여 factor 2의 수준이 1인 집단과 2인 집단에서 통계적으로 유의미한 평균차이가 나타나는 것을 확인할 수 있다($p = .03$). 하지만 factor 2의 수준이 1인 집단과 3인 집단, 혹은 factor 2의 수준이 2인 집단과 3인 집단은 통계적으로 유의미하게 평균차이가 나타나지 않았다.

Pairwise Comparisons

			Mean Difference (I-J)	Std. Error	Sig.a	95% Confidence Interval for Difference^a	
						Lower Bound	Upper Bound
인지	1	2	-.500	.489	.947	-1.748	.748
		3	.667	.489	.552	-.582	1.915
	2	1	.500	.489	.947	-.748	1.748
		3	1.167	.489	.073	-.082	2.415
	3	1	-.667	.489	.552	-1,915	.582
		2	-1.167	.489	.073	-2.415	.082
태도	1	2	1.750*	.620	.026	.168	3.332
		3	.167	.620	1.000	-1.416	1.749
	2	1	-1.750*	.620	.026	-3.332	-.168
		3	-1.583*	.620	.050	-3.166	-.001
	3	1	-.167	.620	1.000	-1.749	1.416
		2	1.583*	.620	.050	.001	3.166
행동	1	2	.667	.526	.646	-.675	2.008
		3	1.083	.526	.147	-.258	2.425
	2	1	-.667	.526	.646	-2.008	.675
		3	.417	.526	1.000	-.925	1.758
	3	1	-1.083	.526	.147	-2.425	.258
		2	-.417	.526	1,000	-1.758	.925

Based on estimated marginal means
a. Adjustment for multiple comparisons: Bonferroni.
*. The mean difference is significant at the .050 level.

하지만 이 역시도 그다지 놀라울 것은 없다. 그 이유는 각 결과변수를 대상으로 이원분산분석 후 사후비교를 해도 동일한 결과를 얻을 수 있기 때문이다. 아래의 SPSS 명령문을 실행한 후 그 결과를 비교해 보길 바란다. 독자들은 동일한 결과를 얻을 수 있음을 알 수 있을 것이다. 반복해서 말하지만, 요인의 주효과와 상호작용효과가 결과변수에 어떤 영향을 미치는가에 초점을 맞춘다면 다변량분산분석과 일련의 개별 분산분석의 결과는 아무런 차이가 없다.

*단순효과분석 / 사후비교.

UNIANOVA attitude BY factor1 factor2

/EMMEANS=TABLES(factor1) COMPARE ADJ(BONFERRONI)

/EMMEANS=TABLES(factor2) COMPARE ADJ(BONFERRONI)

/PRINT= ETASQ HOMOGENEITY DESCRIPTIVE

/DESIGN= factor1 factor2 factor1*factor2.

Pairwise Comparisons

Dependent Variable: 태도

(I) 요인2	(J) 요인2	Mean Difference (I-J)	Std. Error	Sig.a	95% Confidence Interval for Difference[a]	
					Lower Bound	Upper Bound
1	2	1.750*	.620	.026	.168	3.332
	3	.167	.620	1.000	-1.416	1.749
2	1	-1.750*	.620	.026	-3.332	-.168
	3	-1.583*	.620	.050	-3.166	-.001
3	1	-.167	.620	1.000	-1.749	1.416
	2	1.583*	.620	.050	.001	3.166

Based on estimated marginal means

*. The mean difference is significant at the .050 level.

a. Adjustment for multiple comparisons: Bonferroni.

다변량분산분석 결과의 독특한 점은 바로 'Multivariate Tests'의 Wilks' Λ다. 즉, 이 결과를 통해 factor2의 주효과가 세 결과변수에 미치는 효과가 어떠한지 테스트할 수 있다. 아래의 결과에서 알 수 있듯, Wilks' $\Lambda = .54$, $F(6, 50) = 2.99$, $p = .01$, $\eta^2_{partial} = .26$ 이다. 즉, factor 2의 주효과는 세 종속변수의 분산 중 약 46%를 설명하며, 이는 통계적으로 유의미한 결과로 나타났다.

Multivariate Tests

	Value	F	Hypothesis df	Error df	Sig.	Partial Eta Squared
Pillai's trace	.513	2.987	6.000	52.000	.014	.256
Wilks' lambda	.542	2.986[a]	6.000	50.000	.014	.264
Hotelling's trace	.744	2.976	6.000	48.000	.015	.271
Roy's largest root	.566	4.904[b]	3.000	26.000	.008	.361

Each F tests the multivariate effect of 요인 2. These tests are based on the linearly independent pairwise comparisons among the estimated marginal means.

a. Exact statistic

b. The statistic is an upper bound on F that yields a lower bound on the significance level.

4. 계획비교

다음으로 계획비교(planned contrast)를 실시해 보도록 하자. 계획비교를 실시하기 위해서는 다변량분산분석의 모형을 조금 변화시켜야 한다. 독자들은 이원분산분석의 경우 어떻게 했는지 기억할 것이다. 그렇다. 두 요인을 하나의 요인으로 만들어 일원분산분석에서 /LMATRIX 하위명령문을 사용하였다. 여기서도 마찬가지다. 우선 factor 1과 factor 2의 수준별 총 9개의 평균들을 다음과 같이 지정해 보자.

		factor2	
	1	2	3
factor1 1	M_{11}	M_{12}	M_{13}
2	M_{21}	M_{22}	M_{23}
3	M_{31}	M_{32}	M_{33}

자, factor 2의 수준을 고려하지 않은 상황에서 factor 1의 수준을 비교하는 계획비교를 실시한다면 어떻게 하면 될까? 보다 구체적으로 factor 2의 수준에 상관없이 factor 1의 수준이 3인 경우의 평균이 1과 2인 경우의 평균과 비교할 때 같은지 다른지 여부를 테스트하는 다음과 같은 귀무가설을 고려해 보도록 하자.

$$H_0 : \frac{M_{31} + M_{32} + M_{33}}{3} = \frac{M_{11} + M_{12} + M_{13} + M_{21} + M_{22} + M_{23}}{6}$$

위의 귀무가설은 아래와 같이 쓸 수 있다.

$$H_0 : M_{11} + M_{12} + M_{13} + M_{21} + M_{22} + M_{23} - 2M_{31} - 2M_{32} - 2M_{33} = 0$$

이 경우의 수준별 부여되는 비교코딩 계수를 나열하면 다음과 같다.

$$\{M_{11}, \ M_{12}, \ M_{13}, \ M_{21}, \ M_{22}, \ M_{23}, \ M_{31}, \ M_{32}, \ M_{33}\} =$$
$$\{1, \ 1, \ 1, \ 1, \ 1, \ 1, \ -2, \ -2, \ -2\}$$

이렇게 계수를 부여한 후 다변량분산분석의 계획비교를 실시하기 위한 SPSS 명령문과 그 결과는 아래와 같다.

*두개의 요인을 하나의 요인으로 통합.
COMPUTE factor12 = 10*factor1 + factor2.
*계획비교.
GLM cognition attitude behavior BY factor12
/LMATRIX = "factor1: 3 vs (1&2)" factor12 1 1 -2 1 1 -2 1 1 -2
/PRINT= ETASQ HOMOGENEITY DESCRIPTIVE
/DESIGN= factor12.

결과에서 'Univariate Test Results'라는 결과표는 각 결과변수별로 적용한 위의 계획비교 결과다. 아래의 결과에서 알 수 있듯 계획비교 결과 cognition 변수에서만 통계적으로 유의미한 결과를 얻을 수 있었지만〔$F(1, 27) = 6.72$, $p = .04$, $\eta_{partial}^2 = .15$〕, attitude 변수와 behavior 변수에서는 factor 1의 수준이 3인 집단의 평균은 나머지 집단의 평균과 유의미하게 다르다는 결과를 얻지 못하였다.

Univariate Test Results

Source	Dependent Variable	Sum of Squares	df	Mean Square	F	Sig.	Partial Eta Squared
Contrast	인지	6.772	1	6.722	4.684	.039	.148
	태도	4.014	1	4.014	1.741	.198	.061
	행동	4.500	1	4.500	2.715	.111	.091
Error	인지	38.750	27	1.435			
	태도	62.250	27	2.306			
	행동	44.750	27	1.657			

다변량 검정 결과

	값	F	가설 자유도	오차 자유도	유의확률	부분 에타 제곱	비중심 모수	관측 검정력[b]
Pillai의 트레이스	.209	2.201[a]	3.000	25.000	.113	.209	6.604	.492
Wilks의 람다	.791	2.201[a]	3.000	25.000	.113	.209	6.604	.492
Hotelling의 트레이스	.264	2.201[a]	3.000	25.000	.113	.209	6.604	.492
Roy의 최대근	.264	2.201[a]	3.000	25.000	.113	.209	6.604	.492

a. 정확한 통계량
b. 유의수준 = .05을(를) 사용하여 계산

일변량 검정 결과

소스	종속 변수	제곱합	자유도	평균 제곱	F	유의확률	부분 에타 제곱	비중심 모수	관측 검정력[b]
대비	cognition	6.722	1	6.722	4.684	.039	.148	4.684	.551
	attitude	4.014	1	4.014	1.741	.198	.061	1.741	.247
	behavior	4.500	1	4.500	2.715	.111	.091	2.715	.356
오차	cognition	38.750	27	1.435					
	attitude	62.250	27	2.306					
	behavior	44.750	27	1.657					

a. 유의수준 = .05을(를) 사용하여 계산

이제 'Multivariate Test Results'의 결과를 보자. 우선 3개의 결과변수 전반에 걸쳐, $M_{3.}$ 은 $M_{2.}$과 $M_{3.}$의 평균에 비해 유의미하게 다르지 않은 것을 발견할 수 있다(Wilks' $\Lambda = .79$, $p = .11$).

Multivariate Test Results

	Value	F	Hypothesis df	Error df	Sig.	Partial Eta Squared
Pillai's trace	.209	2.201[a]	3.000	25.000	.113	.209
Wilks' lambda	.791	2.201[a]	3.000	25.000	.113	.209
Hotelling's trace	.264	2.201[a]	3.000	25.000	.113	.209
Roy's largest root	.264	2.201[a]	3.000	25.000	.113	.209

a. Exact statistic

계획비교를 이용하면 국소적 부분에서의 상호작용도 테스트할 수 있다. factor 1이 2 수준에서 3 수준으로 바뀔 때의 효과가 factor 2가 2 수준인지 아니면 3 수준인지에 따라 유의미하게 달라지는지 여부를 테스트해 보도록 하자. 이 경우 다음과 같은 귀무가설을 세울 수 있다.

$$H_0 : \ M_{22} - M_{32} = M_{23} - M_{33}$$

위의 귀무가설은 아래와 같은 방식으로 다시 쓸 수 있다.

$$H_0 : \ 0 \times M_{11} + 0 \times M_{12} + 0 \times M_{13} + 0 \times M_{21} + 1 \times M_{22} - 1 \times M_{23} + 0 \times M_{31} - 1 \times M_{32} + 1 \times M_{33} = 0$$

이 경우의 수준별로 부여되는 비교코딩 계수를 나열하면 다음과 같다.

$$\{M_{11}, \ M_{12}, \ M_{13}, \ M_{21}, \ M_{22}, \ M_{23}, \ M_{31}, \ M_{32}, \ M_{33}\} =$$
$$\{0, \ 0, \ 0, \ 0, \ 1, \ -1, \ 0, \ -1, \ 1\}$$

이러한 계획비교를 실시하기 위한 SPSS 명령문과 분석결과는 아래와 같다.

```
*계획비교를 이용한 국지적 상호작용효과 테스트.
GLM cognition attitude behavior BY factor12
/LMATRIX = "H0: M22 - M32 = M23 - M33" factor12 0 0 0 0 1 -1 0 -1 1
/PRINT= ETASQ HOMOGENEITY DESCRIPTIVE
/DESIGN= factor12.
```

Multivariate Test Results

	Value	F	Hypothesis df	Error df	Sig.	Partial Eta Squared
Pillai's trace	.244	2.683[a]	3.000	25.000	.068	.244
Wilks' lambda	.756	2.683[a]	3.000	25.000	.068	.244
Hotelling's trace	.322	2.683[a]	3.000	25.000	.068	.244
Roy's largest root	.322	2.683[a]	3.000	25.000	.068	.244

a. Exact statistic

Univariate Test Results

Source	Dependent Variable	Sum of Squares	df	Mean Square	F	Sig.	Partial Eta Squared
Contrast	인지	7.563	1	7.563	5.269	.030	.163
	태도	.562	1	.562	.244	.625	.009
	행동	1.000	1	1.000	.603	.444	.022
Error	인지	38.750	27	1.435			
	태도	62.250	27	2.306			
	행동	44.750	27	1.657			

우선 3개의 결과변수 전반에 걸쳐, 계획비교를 통해서 살펴보려는 귀무가설은 기각되지 않았다(Wilks' Λ = .76, p = .07). 그러나 개별 종속변수에 대한 계획비교 결과는 다소 다른 것을 발견할 수 있다. 물론 attitude 변수와 behavior 변수의 경우 계획비교에서 가정한 귀무가설을 기각하지 못하였지만, cognition 변수의 경우 귀무가설을 기각하여 [$F(1, 27)$ = 5.27, p = .03], factor 1이 2 수준에서 3 수준으로 변하면서 나타나는 효과는 factor 2가 3 수준일 경우보다 2 수준일 때 유의미하게 크다는 결론을 얻을 수 있었다.

아마도 앞부분의 개체간 요인을 투입한 일원분산분석과 다원분산분석을 이해한 독자라면 다변량분산분석과 다변량분산분석의 사후비교와 계획비교 부분이 그렇게 어렵게 느껴지지는 않을 것이다. 다음 장에서는 분산분석에 공변량을 투입하는 공분산분석을 소개한 후, 분산분석과 일반최소자승 회귀분석의 관계를 살펴보도록 하자. 이를 통해 분산분석, 공분산분석, 회귀분석 등을 일반선형모형이라는 통합모형으로 어떻게 이해할 수 있는지도 살펴볼 것이다.

참고문헌

Johnson, R. A. & Wichern, D. W. (2002), *Applied Multivariate Statistical Analysis* (5th Ed.), Upper Saddle River, NJ: Prentice Hall.

공분산분석   09

공분산분석(analysis of covariance, ANCOVA)은 공변량(covariate)을 추가로 모형에 투입해 공변량이 결과변수에 미치는 효과를 통제하는 확장된 분산분석의 일종이다.

1. 분산분석과 공분산분석

그렇다면 '공변량'은 무엇일까? 공변량은 다음과 같은 조건을 충족시켜야 한다고 알려져 있다. 첫째, 공변량은 결과변수와 상관관계를 맺고 있다고 가정할 수 있어야 한다. 둘째, 공변량과 결과변수의 관계는 실험집단들에 따라 다르지 않다고 가정할 수 있어야 한다. 셋째, 그러나 공변량은 분산분석에 투입되는 요인들과는 독립적 관계를 가진다고 가정할 수 있어야 한다(여기에는 공변량들끼리의 상관관계도 존재하지 않는다고 가정할 수 있어야 한다는 것도 포함된다). 다른 말로 하면, 분산분석에 투입되는 예측변수와는 상관관계를 맺지 않는다고 가정할 수 있어야 한다.

   공변량을 이해하려면 우선 분산분석이 개발되고 주로 적용되는 실험설계 상황을 다시 떠올릴 필요가 있다. 실험설계의 첫 단계는 바로 무작위 배치다. 실험처치를 제외한 다른 요인들이 결과변수에 미치는 효과가 실험조건별로 균질적이 되게 하는 것이 바로 무작위 배치의 목적이다. 만약 결과변수와 어떤 연관성을 갖는 피험자의 내적 특성이 있다고 가정해 보자. 실험조건에 대해 표본을 무작위로 배치한 후, 실험처치를 하면 '실험요인'과 '공변량'의 관계는 어떻게 될까? 만약 무작위 배치가 성공적이었다면, 요인과 공변량의 관계는 상호독립적이라고 기대할 수 있을 것이다. 즉, 공변량이 결과변수에 미치는 효과는 요인이 종속변수에 미치는 효과와 독립적이라고 볼 수 있다.

너무 추상적이라고 느껴질 수 있다. 구체적인 예를 들어 보자. 어떤 연구자가 혈압약의 효과를 실험으로 살펴보는 상황을 가정해 보자. 100명의 고혈압 환자를 선발하여 무작위로 설정된 50명에게는 실제 혈압약을 제공하고, 나머지 50명에게는 위약(placebo)을 제공했다고 가정해 보자. 또한 약을 제공한 후, 100명의 고혈압 환자의 최고혈압을 측정했다고 가정해 보자. 이 경우 혈압약 제공 여부는 요인이 되고, 처치 후 측정한 최고혈압은 결과 변수가 될 것이다. 자, 종속변수에 영향을 주는 고혈압 환자의 내적 특성은 무엇이 있을까? 우선 '연령'을 생각해 볼 수 있지 않을까? 왜냐하면 나이와 혈압은 정적 상관관계가 있을 가능성이 높기 때문이다(즉, 나이를 먹을수록 혈압이 더 높아지는 것이 보통이기 때문이다). 이러한 실험상황에서 '연령'을 공변량으로 간주할 수 있다. 만약 무작위 배치에 문제가 없다면 실제 혈압약을 받은 집단의 연령분포는 위약을 받은 집단의 연령분포와 동일할 것이다. 즉, 고혈압 환자의 연령은 처치 후 측정된 혈압과 연관성을 갖지만, 실험의 요인인 혈압약 처치 여부와는 연관성이 없다고 기대할 수 있다.

자, 이제 상황을 정리해 보자. 공분산분석은 요인이 결과변수에 미치는 효과와 아울러 공변량이 종속변수에 미치는 효과도 아울러 고려하는 분산분석기법이다. 연구자의 입장에서 한번 생각해 보자. 연구자는 요인의 효과에 관심이 많을까? 아니면 공변량의 효과에 관심이 많을까? 독자들은 답을 쉽게 떠올릴 수 있을 것이다. 공변량보다는 요인의 효과에 더 관심이 많다(다시 말해, 연구자의 입장에서 연령이 혈압에 미친다는 알려진 효과보다는 혈압약이 효과가 있는지 여부에 더 관심이 많을 것은 당연하다).

그렇다면 왜 분산분석 대신 공분산분석을 하는 것이 더 나을까? 여기에 대해서는 논란의 여지가 있을 수 있다. 우선 공분산분석을 지지하는 입장의 논리를 먼저 살펴보자. 분산분석의 논리를 한 번 더 되돌아보자(언제나 기초는 중요하다는 것을 다시 떠올리자). 분산분석은 '알려지지 않은 분산'에 대한 '알려진 분산'의 비율을 계산한다. 이를 통해 알려진 분산이 알려지지 않은 분산보다 충분히 크다면 실험조작이 성공했다고 판단한다. 그래서 분산분석의 경우 F 테스트 통계치의 공식은 아래와 같이 표현된다.

$$F = \frac{MS_{treatment}}{MS_{error}} = \frac{SS_{treatment}/df_{treatment}}{SS_{error}/df_{error}}$$

자, 여기서 MS_{error}와 SS_{error}에 집중해 보자. 이 오차분산을 '알려진 개체내 분산'과 '알려지지 않은 개체내 분산'(즉 오차)으로 다시 나눌 수 있다면 어떨까? 다시 말해, '연령'과 같은 '공변량이 설명해 줄 수 있는 분산'과 '공변량으로 설명한 후에도 여전히 알려지지

184

않은 분산'으로 나눌 수 있을 것이다. 공변량에 의해 설명된 분산을 통제한(즉 제거한) 후에도 여전히 알려지지 않은 분산을 SS'_{error} 라고 이름 붙여 보자. 또 앞에서 설명했듯, 공변량의 분산과 SS_{treat} 는 서로 연관되지 않은 것도 다시 떠올리길 바란다. 이 경우의 F 테스트 통계치는 다음과 같이 바꿀 수 있다. 앞에서의 F 테스트 통계치와 구분하기 위해 공변량으로 설명한 분산을 제거한 후 계산된 F 테스트 통계치는 F' 라고 표기하자.

$$F' = \frac{MS_{treatment}}{MS'_{error}} = \frac{SS_{treatment}/df_{treatment}}{SS'_{error}/df'_{error}}$$

자, 이제 F와 F'를 비교해 보자. 우리는 $SS'_{error} < SS_{error}$ 인 것을 알고 있다(왜냐하면 공변량을 적용함으로써 SS_{error} 의 일부가 제거되었기 때문이다). 즉, 분모가 줄면 F 값은 어떻게 될까? $F' > F$가 될 것이다. 다시 말해, 공변량을 추가로 투입함으로써 오차의 분산을 줄이고, 이를 통해 실험요인의 효과를 추정하는 F 테스트 통계치를 보다 크게 만드는 것이 가능하다. F 테스트 통계치가 늘어나면 귀무가설을 더 기각하기 쉽기 때문에 제2종 오류를 감소시킬 수 있다는 점이 공분산분석의 강점으로 흔히 언급된다.

하지만 세상 모든 것이 그렇듯, 통계기법 역시 모든 면에서 좋다고 가정하는 것은 쉽지 않다. 이제 앞에서 언급한 공분산분석 가정들의 타당성에 대한 비판을 살펴보자. 통계적 가정들의 현실적용 가능성에 대한 회의적 반응이 이 비판의 핵심이다. 이 비판이 적용될지 여부는 연구의 맥락에 따라 다른 것이 보통이다.

공분산분석을 실시하게 되면 SS_{error} 만 변하는 것이 아니라 df_{error} 도 변한다. 즉, 분산분석에서의 F는 $F(df_1, df_2) = F((k-1), (n-k))$이지만, 공분산분석에서의 F'은 투입된 공변량의 개수를 b라고 할 때 $F'(df_1, df_2) = F((k-1), (n-k-b))$가 된다. 자, 이제 두 경우의 자유도를 비교해 보자. df_1은 동일하다. 하지만 공분산분석의 df_2는 분산분석의 df_2에 비해서 더 작다. df_1이 고정된 상태에서 df_2가 작아지면 어떻게 될까? 그렇다. 통계적 유의도인 p값이 더 커질 가능성이 커지며, 이 경우 귀무가설을 더 쉽게 수용하게 되면서 제2종 오류가 늘어날 가능성도 배제하기 어렵다. 다시 말해, 공변량을 잘못 선정하여 공분산분석에 투입할 경우 df_2가 감소하여 실험요인의 효과를 발견하기는 더 어려워진다.

아무튼 여기서 다루었던 분산분석에 공변량을 투입하여 공분산분석을 실시해 보도록 하자. 여기서는 이원공분산분석 한 가지만 살펴보자. 일원공분산분석, 반복측정공분산분석, 다변량공분산분석의 경우도 공변량이 추가되었을 뿐, 이원분산분석과 크게 다르지 않다. 예시로 살펴볼 데이터는 '예시데이터_9장_01.sav'이다. 이 데이터는 '예시데이터_4장

_02. sav' 데이터에 agree라는 변수와 open이라는 변수를 덧붙인 데이터다. 여기서 agree 변수는 응답자가 타인에게 협조적 태도를 보이는 성향을, open 변수는 새로운 경험에 대한 응답자의 개방적 성향을 측정한 것이며,[1] 두 변수 모두 실험자극을 제시하기 전에 측정된 것이라고 가정해 보자.

'예시데이터_4장_02. sav' 데이터를 이용한 이원분산분석에서는 정보를 전달하는 방식을 나타내는 style이라는 이름의 변수와 응답자의 교육수준을 나타내는 educ라는 이름의 변수를 개체간 요인으로 설정하고, 제공받은 정보에 대한 응답자의 설득력 인식을 나타내는 변수를 결과변수로 설정하였다. 우선 제4장에서 실시했던 이원분산분석 결과를 먼저 살펴보자. 아래의 SPSS 명령문을 실행시킨 결과는 다음과 같다.

```
*이원분산분석.
UNIANOVA persuasiveness BY style educ
/PRINT = ETASQ HOMOGENEITY DESCRIPTIVE
/DESIGN = style educ style*educ.
```

Tests of Between-Subjects Effects

Dependent Variable: 설득력 인식

Source	Type III Sum of Squares	df	Mean Square	F	Sig.	Partial Eta Squared
Corrected Model	211.500ª	5	42.300	47.062	.000	.849
Intercept	1656.750	1	1656.750	1843.272	.000	.978
style	177.125	2	88.562	98.533	.000	.824
educ	.083	1	.083	.093	.762	.002
style*educ	34.292	2	17.146	19.076	.000	.476
Error	37.750	42	.899			
Total	1906.000	48				
Corrected Total	249.250	47				

a. R Squared = .849 (Adjusted R Squared = .831)

만약 연구자가 agree 변수를 위의 이원분산분석 모형에 공변량으로 투입했다고 가정해 보자. 실험자극을 제시한 후 측정된 정보에 대한 응답자의 설득력 인식은 어쩌면 응답자가 연구자에게 협조하려는 의향을 반영한 것일지도 모르기 때문이다. 다시 말해, 응답자가 제시받은 정보가 설득력이 있다고 판단한 것은 정보에 대한 판단일 수도 있지만, 타인에게 호의적으로 보이려는 응답자의 성향이 반영된 것일 수도 있다. 아무튼 이러한 연구자의 판단이 옳다고 가정하고, 또한 공변량인 agree 변수가 앞에서 언급한 공변량에 대한

---

[1] 심리학에서 흔히 제시하는 '5가지 주요 성격'(Big Five personality)이라고 알려진 요소 중 두 가지다. 5가지 주요 성격은 언급한 개방성(openness), 친화성(agreeableness) 외에도 성실성(conscientiousness), 외향성(extraversion), 신경성(neuroticism) 등으로 구성된다.

가정을 충족시킨다고 가정해 보자. 아래와 같은 SPSS 명령문을 통해 공분산분석을 실시할 수 있다. 아래의 명령문에서 잘 나타나듯, 개체간 요인인 style 변수와 educ 변수 뒤에 WITH를 밝혀 공변량이 시작된다는 것을 명확하게 한 후, 공변량인 agree 변수의 이름을 투입한다. 또한 /DESIGN 하위명령문에 공변량인 agree 변수를 추가로 지정한다.

```
*이원공분산분석: 친화성을 공변량으로 투입.
UNIANOVA persuasiveness BY style educ WITH agree
/PRINT = ETASQ HOMOGENEITY DESCRIPTIVE
/DESIGN = style educ style*educ agree.
```

Tests of Between-Subjects Effects

Dependent Variable: 설득력 인식

Source	Type III Sum of Squares	df	Mean Square	F	Sig.	Partial Eta Squared
Corrected Model	218.985ª	6	36.497	49.442	.000	.879
Intercept	53.880	1	53.880	72.990	.000	.640
style	153.708	2	76.854	104.112	.000	.835
educ	.001	1	.001	.002	.965	.000
style*educ	26.711	2	13.355	18.092	.000	.469
agree	7.485	1	7.485	10.139	.003	.198
Error	30.265	41	.738			
Total	1906.000	48				
Corrected Total	249.250	47				

a. R Squared = .879(Adjusted R Squared = .861)

우선 위의 결과에서 MS_{error}와 df_{error}에 주목하여 보자. 이원분산분석의 경우에는 $MS_{error} = .90$, $df_{error} = 42$였지만, 이원공분산분석은 $MS_{error} = .74$, $df_{error} = 41$로 나타났다. 앞의 설명과 동일하게 공변량을 투입하자 MS_{error}와 df_{error} 둘 다 감소한 것을 알 수 있다.

이제 style 요인의 주효과와 관련 MS_{style}, F_{style}의 값을 각각 비교해 보자. 이원분산분석의 경우 $MS_{style} = 88.56$, $F_{style}(2, 42) = 98.53$이었으나, 이원공분산분석의 경우 $MS_{style} = 76.85$, $F_{style}(2, 42) = 104.11$로 나타났다. 즉, 개체간 요인의 MS가 감소하기는 했지만, MS_{error}의 감소 덕분에 F 테스트 통계치는 훨씬 더 큰 값을 얻었다. 다시 말해, 제 2종 오류의 가능성은 상대적으로 감소했다고 볼 수 있다. educ 요인의 주효과, style과 educ의 상호작용효과 역시도 조금씩 바뀐 것을 발견할 수 있을 것이다. educ 요인의 주효과의 경우 이원분산분석을 실시하나 이원공분산분석을 실시하나 그 효과는 매우 미미하지만, 상호작용효과의 경우 이원공분산분석의 결과가 훨씬 더 작은 F 테스트 통계치를 얻은 것을 발견할 수 있다. 즉, 이원공분산분석을 실시하여 제 2종 오류의 가능성이 상대적으로 조금 더 커졌다고 볼 수 있다.

이제는 agree 변수 대신 open 변수를 공변량으로 가정한 후 공분산분석을 실시해 보자. 아래와 같이 SPSS 명령문을 작성한 후 실행하면 다음과 같은 결과를 얻을 수 있다.

```
*이원공분산분석: 개방성을 공변량으로 투입.
UNIANOVA persuasiveness BY style educ WITH open
/PRINT = ETASQ HOMOGENEITY DESCRIPTIVE
/DESIGN = style educ style*educ open.
```

Tests of Between-Subjects Effects

Dependent Variable: 설득력 인식

Source	Type III Sum of Squares	df	Mean Square	F	Sig.	Partial Eta Squared
Corrected Model	212.335a	6	35.389	39.305	.000	.852
Intercept	196.114	1	196.114	217.815	.000	.842
style	172.119	2	86.060	95.582	.000	.823
educ	.073	1	.073	.082	.777	.002
style*educ	35.114	2	17.557	19.500	.000	.487
agree	.835	1	.835	.927	.341	.022
Error	36.915	41	.900			
Total	1906.000	48				
Corrected Total	249.250	47				

a. R Squared = .852(Adjusted R Squared = .830)

위의 결과를 보면 공변량인 open이 결과변수에 미치는 효과는 무시할 수 있을 정도로 미미하다[$F(1, 41) = .93$, $p = .34$]. 또한 open이 공변량으로 투입된 이원공분산분석의 $MS_{error} = .90$과 이원분산분석의 $MS_{error} = .90$은 소수점 둘째자리를 기준으로 볼 때 동일하다. 다시 말해, open 변수와 같이 결과변수와 상관관계를 맺지 않는 변수를 공변량으로 투입한 경우 MS_{error}는 별다른 변화가 없는데 공연히 df_2만 감소하여 개체간 요인들의 F 테스트 통계치만 상대적으로 작아지게 된다. 즉, 공변량이 적절치 않게 투입된 공분산분석의 경우 제 2종 오류의 가능성만 늘리는 역효과로 이어질 가능성을 배제하기 어렵다.

그렇다면 분산분석과 공분산분석, 어떤 방법이 더 타당한 것일까? 도대체 어떻게 해야할까? 저자들의 생각을 표현하자면, "정답은 없다" 정도가 가장 무난하지 않을까 싶다. 그래도 저자들의 의견을 꼭 밝히라고 한다면 가능하면 무작위 배치를 실시한 실험데이터의 경우 공분산분석보다는 분산분석이 더 낫다고 생각한다. 물론 언제나 그렇지는 않을지도 모른다. 때에 따라서는 공변량이 반드시 투입되어야 하는 경우가 있는 것 또한 부정하기 어려울 것이다. 결국 연구자가 해야 할 일은 실험이 적용되는 영역과 관련된 문헌들을 매우 자세히 검토하는 것이다. 관련문헌들을 충분히 검토한 후, 공변량을 적절하게 설정하고 측정한 다음 공분산분석을 실시한다면 공분산분석을 실시하는 것이 더 바람직할수도 있다는 것이 저자들의 생각이다.

2. 공분산분석 실시 후 사후비교

공분산분석에서도 분산분석을 설명하면서 소개했던 사후비교, 단순효과분석과 계획비교 등을 실시할 수 있다. 아래의 SPSS 명령문은 style 변수와 educ 변수를 개체간 요인으로, agree 변수를 공변량으로 투입한 이원공분산분석 후 본페로니 기법을 이용한 단순효과분석이다. /EMMEANS 하위명령문을 사용하는 것은 동일하지만, 마지막의 WITH(agree=MEAN)가첨부된 것이 이원분산분석 후 단순효과분석과는 다르다. WITH(agree=MEAN)는 공변량의 수준이 표본의 평균이라고 가정한 상태에서 단순효과분석을 실시한다는 의미이다. 만약 agree 변수의 특정값을 지정하고 싶다면 MEAN 대신에 특정값을 지정하면 된다. 예를 들어 agree 변수가 2인 경우를 가정한 상태에서 단순효과분석을 실시한다면 WITH(agree=2)와 같이 바꾸면 된다.

```
*단순효과분석.
UNIANOVA persuasiveness BY style educ WITH agree
/PRINT = ETASQ HOMOGENEITY DESCRIPTIVE
/EMMEANS=TABLES(style*educ) COMPARE(style) ADJ(BONFERRONI) WITH(agree=MEAN)
/EMMEANS=TABLES(style*educ) COMPARE(educ) ADJ(BONFERRONI) WITH(agree=MEAN)
/DESIGN = style educ style*educ agree.
```

우선 'Estimates'의 결과부터 살펴보자. 결과표의 마지막 줄의 문장을 해석하면 "결과표에 보고된 평균은 공변량인 agree 변수의 값이 3.4375인 경우에 추정된 것이다"라고 할수 있다. 이원분산분석의 사후비교의 경우 'Estimates'에 보고된 평균값은 각 집단별 결과변수의 평균값과 동일하다. 하지만 공분산분석을 실시한 경우, Estimates에 보고된 평균값은 공분산의 값이 특정값을 갖는다고 가정한 후(여기서는 평균값으로 가정되었다) 계산된실험조건별 결과변수 예측값이다. 이 때문에 흔히 공분산분석을 실시한 후의 Estimates에 보고된 평균값을 '조정된 평균'이라고 부른다.

Estimates

Dependent Variable: 설득력 인식

동일정보의 전달방식	응답자의 교육수준	Mean	Std. Error	95% Confidence Interval	
				Lower Bound	Upper Bound
텍스트 정보만 전달	저학력	3.278[a]	.304	2.665	3.892
	고학력	5.097[a]	.304	4.483	5.710
음성 정보로만 전달	저학력	5.972[a]	.304	5.358	6.585
	고학력	4.062[a]	.319	3.417	4.706
텍스트와 음성 정보 모두 전달	저학력	8.358[a]	.307	7.738	8.978
	고학력	8.483[a]	.307	7.863	9.103

a. Covariates appearing in the model are evaluated at the following values: 친화성 성향점수 = 3.4375.

다음으로 'Pairwise Comparisons'라는 이름의 결과표와 'Univariate Tests'라는 이름의 결과표의 해석은 이원분산분석의 단순효과분석 결과표와 동일하게 해석할 수 있다. 따라서 이 부분은 별도의 설명을 제공하지 않겠다. 이 부분에 대한 해석은 제4장을 참조하길 바란다.

3. 계획비교

이제는 계획비교를 실시해 보자. 제4장에서 소개했던 이원분산분석에서의 계획비교를 이원공분산분석에서 어떻게 실시할 수 있는지 살펴보자. 제4장에서의 사례와 마찬가지로 만약 연구자가 "텍스트 정보와 음성 정보 중 어느 한 정보만을 제공해서 보다 높은 설득력을 얻어야만 한다면, 저학력 응답자에게는 텍스트 정보보다는 음성 정보를 제공하는 것이 좋고('연구가설 1') 고학력 응답자에게는 음성 정보보다는 텍스트 정보를 제공하는 것이 효과적이다('연구가설 2')"와 같은 두 가설을 테스트한다고 가정해 보자. 이원공분산분석에서는 공변량의 값이 투입되어 있기 때문에, 각 집단의 평균이 아닌 공변량을 통제한 후의 조정된 평균값을 계획비교한다는 점이 다르기는 하지만, 본질적으로 공분산분석의 계획비교는 분산분석의 계획비교와 동일하다.

$$H1_0 : M_{adjusted\ 11} = M_{adjusted\ 21}$$
$$H2_0 : M_{adjusted\ 12} = M_{adjusted\ 22}$$

계획비교의 비교코딩을 실시하기 위해 위의 두 귀무가설들을 아래와 같이 다시 작성해 보자. 비교코딩 계수를 부여하는 방법에 대해서는 이원분산분석을 실시할 때 이미 설명한 바 있다.

$$H1_0 : (+1) \times M_{11} + (-1) \times M_{21} + (0) \times M_{31} +$$

$$(0) \times M_{12} + (0) \times M_{22} + (0) \times M_{32} = 0$$

$$H2_0 : (0) \times M_{12} + (0) \times M_{22} + (0) \times M_{32} +$$

$$(+1) \times M_{12} + (-1) \times M_{22} + (0) \times M_{32} = 0$$

즉, educ 변수와 style 변수를 교차해 생성된 6개의 집단을 각각 M_{11}, M_{21}, M_{31}, M_{12}, M_{22}, M_{32}라고 할 때, $H1_0$을 테스트하기 위해서는 순서대로 |+1, -1, 0, 0, 0, 0|을, $H2_0$을 테스트하기 위해서는 |0, 0, 0, +1, -1, 0|의 비교코딩 계수를 배치하면 된다.

실제로 SPSS를 이용해서 계획비교를 실시해 보자. 우선 두 개체간 요인을 교차해서 생긴 6개의 집단들을 포괄하는 요인 educ_style을 먼저 생성해야 한다. 이후 educ_style 요인을 이용한 일원분산분석을 실시한다. UNIANOVA 명령문의 /LMATRIX 하위명령문에 대해서는 일원분산분석에서 이미 설명한 바 있다.

```
*공분산분석의 계획비교.
*여러 요인들을 하나의 요인으로 변환.
COMPUTE educ_style = 10*educ + style.
*상호작용효과에 대한 단순효과분석.
UNIANOVA persuasiveness BY educ_style WITH agree
/PRINT = ETASQ HOMOGENEITY DESCRIPTIVE
/LMATRIX= "H0: Adj.M(저학력+텍스트) = Adj.M(저학력+음성)" educ_style 1 -1 0 0 0 0
/LMATRIX= "H0: Adj.M(고학력+텍스트) = Adj.M(고학력+음성)" educ_style 0 0 0 1 -1 0
/DESIGN = educ_style agree.
```

Contrast Results(K Matrix)[a]

Contrast			Depende···
			설득력 인식
L1	Contrast Estimate		-2.693
	Hypothesized Value		0
	Difference(Estimate-Hypothesized)		-2.693
	Std. Error		.430
	Sig.		.000
	95% Confidence Interval for Difference	Lower Bound	-3.562
		Upper Bound	-1.825

a. Based on the user-specified contrast coefficients(L') matrix: H0: Adj. M (저학력 + 텍스트) = Adj. M(저학력 + 음성)

Test Results

Dependent Variable: 설득력 인식

Source	Sum of Squares	df	Mean Square	F	Sig.	Partial Eta Squared
Contrast	28.966	1	28.966	39.239	.000	.489
Error	30.265	41	.738			

Contrast Results(K Matrix)ᵃ

Contrast		Depende···
		설득력 인식
L1	Contrast Estimate	1.035
	Hypothesized Value	0
	Difference(Estimate-Hypothesized)	1.035
	Std. Error	.443
	Sig.	.024
	95% Confidence Interval for Difference Lower Bound	.141
	Upper Bound	1.929

a. Based on the user-specified contrast coefficients(L') matrix: H0: Adj. M
(고학력 + 텍스트) = Adj. M(고학력 + 음성)

Test Results

Dependent Variable: 설득력 인식

Source	Sum of Squares	df	Mean Square	F	Sig.	Partial Eta Squared
Contrast	4.034	1	4.034	5.464	.024	.118
Error	30.265	41	.738			

분석결과 $H1_0$의 경우 $F(1, 41) = 39.24$, $p < .001$, $\eta^2_{partial} = .49$로 나타나, 저학력 응답자에게는 음성 정보가 텍스트 정보보다 효과적이라는 '연구가설 1'을 지지하는 결과를 얻었다. 분석결과 $H2_0$의 경우도 $F(1, 41) = 5.46$, $p = .02$, $\eta^2_{partial} = .12$로 나타나, 고학력 응답자에게는 텍스트 정보가 음성 정보보다 효과적이라는 '연구가설 2'를 지지하는 결과를 얻었다. 이 결과를 공변량을 투입하지 않은 경우의 계획비교와 비교해 보길 바란다. 대체적으로 큰 차이는 없지만, $H1_0$의 테스트 통계치는 증가한 반면, $H2_0$의 테스트 통계치는 감소했음을 발견할 수 있을 것이다.

지금까지 분산분석 모형에 공변량을 추가로 투입한 공분산분석에 대해서 살펴보았다. 제3장, 제4장, 제7장, 제8장의 분산분석에 대한 설명과 제5장에서의 피어슨의 상관관계 r을 이해했다면 큰 문제 없이 공분산분석을 이해할 수 있을 것이다. 다음 장에서는 일반최소자승 회귀분석을 소개할 것이다. 일반최소자승 회귀분석의 결과제시 방식은 분산분석의 결과제시 방식과 달라 보이지만, 본질적으로 두 기법은 동일하다.

일반최소자승 회귀분석　　　　　　　　　　10

일반최소자승 회귀분석(ordinary least squares regression analysis, OLS regression analysis)
은 사회과학은 물론 다른 학문분과들에서도 광범위하게 사용되는 통계기법이다. 저자들이
인지하는 한 사회과학 연구에서 실험설계를 기반으로 수집된 데이터에는 주로 분산분석을
적용하고, 설문조사 혹은 아카이브를 통해 얻은 데이터에는 주로 회귀분석을 사용한다. 하
지만 이는 일종의 관습에 불과하다. 실험설계에서 얻은 데이터를 회귀분석으로 처리해도
아무런 문제가 없으며, 설문조사 데이터를 분산분석으로 분석해도 아무런 문제가 없다. 분
산분석과 회귀분석의 관계에 대해서는 다음의 제 11장에서 더 구체적으로 언급할 것이다.

　OLS 회귀분석과 분산분석이 실상은 다르지 않다는 이야기로 이 장을 시작하는 데는 다
이유가 있다. 분산분석을 설명하면서 분산분석의 가정들이 무엇인지 소개한 바 있다. 흔
히 $\epsilon \sim NID\,(0,\,\sigma^2)$ 로 표현되는 분산분석의 오차항 가정은 OLS 회귀분석에서도 그대
로 적용되기 때문이다. 또한 공분산분석에서 공변량을 소개하면서 언급했던 공변량의 가
정 역시도 OLS 회귀분석에 그대로 적용된다. 즉, OLS 회귀분석의 가정들을 정리하면
〈표 10-1〉과 같다.

　OLS 회귀분석을 설명하는 방법에는 여러 가지가 있겠지만, 이 책에서는 앞에서 소개
했던 여러 통계기법들을 OLS 회귀분석 맥락에서 소개하는 방법을 사용하려 한다. 앞에
서 설명했던 내용을 충실하게 학습하신 독자라면 다양한 형태의 OLS 회귀분석을 이해하
는 데 큰 문제가 없을 것으로 믿는다. 우선은 정규분포를 따르는 두 연속형 변수들의 상
관관계를 분석하기 위한 피어슨 상관계수 r이 OLS 회귀분석과 어떻게 연관되는지 설명
할 것이다.

표 10-1 OLS 회귀분석의 가정

- 결과변수는 정규분포를 따른다고 가정한다.
  (*NID*에서 *N*, 즉 normally에 해당되는 부분을 말한다.)
- OLS 회귀분석의 오차항은 동질적이어야 한다.
  ($NID(0, \sigma^2)$에서 σ^2에 해당되는 부분이다.)
- OLS 회귀분석에 투입되는 관측치들은 서로에 대해 독립적이어야 한다.
  (*NID*에서 *I*, 즉 independently에 해당되는 부분이다.)
- 결과변수를 예측하기 위한 예측변수들은 독립적이라고 가정할 수 있어야 한다.
  (공분산분석에서 공변량은 요인과 상관관계를 갖지 않는다.)

1. 피어슨 상관계수로 본 OLS 회귀분석

피어슨 상관계수 r은 정규분포를 따른다고 가정되는 두 연속형 변수들의 공분산을 각 변수의 표준편차로 나누는 방식으로 계산된다. 피어슨 상관계수를 설명하는 데 사용하였던 '예시데이터_5장_01. sav' 데이터를 다시 열어 보자. 여기서 search 변수와 lang 변수를 각각 X축과 Y축으로 설정한 후 산점도(scatter plot)를 그려 본 후 피어슨의 r을 구해 보자.

```
*두 변수의 산점도 그리기.
GRAPH / SCATTERPLOT = search WITH lang.
*피어슨의 상관계수 계산.
CORRELATIONS search lang.
```

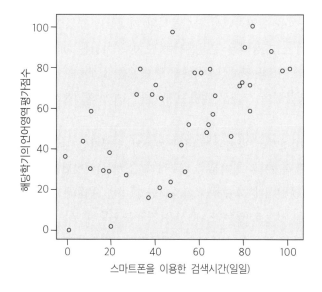

두 변수 사이의 피어슨 상관계수는 $r(38) = .63$, $p < .001$이지만, 위의 산점도에 일직선으로 된 예측선들을 그려 본다고 가정해 보자. 일단 $r(38) = .63$이라는 점에서 예측선은 x축의 값(search 변수)이 증가하면 y축의 값(lang 변수)이 증가하는 선이라는 것을 독자들은 짐작할 수 있을 것이다. 이렇게 그을 수 있는 예측선을 다음과 같은 방정식으로 표현한다고 가정해 보자(여기서 i는 i번째 응답자를 뜻한다).

$$y_i = \alpha + \beta x_i + \epsilon_i$$

위와 같이 추정된 예측선들 중 데이터를 가장 잘 설명하는 예측선은 어떤 예측선일까? 이 책에서는 OLS 회귀분석의 OLS는 ordinary least squares의 약자인 것을 여러 번 언급하였다. 이름을 통해 추론할 수 있듯 least squares는 '제곱이 최소'라는 뜻이다. OLS의 의미는 바로 위의 방정식에서 ϵ_i의 제곱을 최소로 하는 예측선을 위의 산점도에서 나타난 선형관계를 가장 잘 요약해 준 예측선으로 간주한다는 것을 뜻한다. 다시 말해, 위의 방정식을 아래와 같이 바꾼 후,

$$\epsilon_i = y_i - \alpha - \beta x_i$$

위의 ϵ_i의 제곱값의 합이 최소가 될 때 $\left(\min\left(\sum_{i=1}^{n} \epsilon_i^2\right) = \min\left(\sum_{i=1}^{n} (y_i - \alpha - \beta x_i)^2\right) \right)$의 α와 β를 추정한 것이 바로 OLS 회귀방정식이다. 즉, 오차항의 제곱값이 최소가 되는 회귀방정식의 모수를 추정하는 것이 바로 OLS 회귀분석이다.

그렇다면 $\min\left(\sum_{i=1}^{n} \epsilon_i^2\right)$일 때의 α와 β는 각각 어떤 값일까? 통계학자들의 교과서를 보면 편도함수 혹은 부분도함수(partial derivative)와 같은 말들이 나오는데, 수학적 지식이 없는 독자들이라면 이 말을 이해하는 것은 쉽지 않다. 아쉽지만 독자들은 추정된 α와 β인 $\hat{\alpha}$와 $\hat{\beta}$가 다음의 공식을 따른다는 것을 받아들이길 바란다.

$$\hat{\beta} = \frac{\sigma_{xy}}{\sigma_x^2} = \frac{Cov(x, y)}{Var(x)}$$

$$\hat{\alpha} = \bar{y} - \hat{\beta}\bar{x}$$

즉, $\hat{\beta}$의 값을 알면 $\hat{\alpha}$의 값을 알 수 있다. $\hat{\beta}$의 값을 주의 깊게 보길 바란다. 분자에는 두 변수의 공분산이, 그리고 분모에는 예측변수의 분산이 투입되어 있다. 그렇다면 이 공식에 결과변수 y의 표준편차 σ_y^2으로 좌변과 우변을 모두 나누어 보자.

$$\frac{\hat{\beta}}{\sigma_y} = \frac{\sigma_{xy}}{\sigma_x^2 \sigma_y}$$

$$= \frac{\sigma_{xy}}{\sigma_x \sigma_x \sigma_y}$$

$$= \frac{1}{\sigma_x} \times \frac{\sigma_{xy}}{\sigma_x \sigma_y}$$

$$= \frac{1}{\sigma_x} \times r$$

위의 전환식의 오른쪽에 무엇이 있는가? 그렇다. 바로 피어슨의 r이 삽입되어 있다. 위의 식을 조금 더 정리하면 $\hat{\beta}$는 아래와 같으며, $\hat{\beta}$를 이용하여 $\hat{\alpha}$도 구할 수도 있다.

$$\hat{\beta} = r\,\frac{\sigma_y}{\sigma_x}$$

$$\hat{\alpha} = \bar{y} - r\,\frac{\sigma^y}{\sigma^x}\,\bar{x}$$

다시 말해, 두 변수의 평균과 공분산, 분산(표준편차)만 알고 있다면 위의 산점도에서 표시한 search 변수를 이용해 lang 변수를 예측하는 회귀방정식을 구할 수 있다. 독자들은 한번 위의 공식을 이용해 수계산을 해보길 바란다. 아래와 같은 방식으로 기술통계치를 구하고 필요한 정보들을 정리하면 다음과 같다.

*두 변수의 평균과 표준편차 계산.
DESCRIPTIVES search lang.

- 상관계수: $r(38) = .63$ (두 변수의 공분산과 각 변수의 표준편차를 이용해도 상관없음).
- search 변수의 평균과 표준편차: $\bar{x} = 49.93$, $\sigma_x = 27.46$
- lang 변수의 평균과 표준편차: $\bar{y} = 53.70$, $\sigma_y = 25.92$

위와 같이 정리된 결과를 이용해 $\hat{\beta}$, $\hat{\alpha}$를 구하면, $\hat{\beta} = .59$, $\hat{\alpha} = 24.01$을 얻을 수 있다. 흔히 위와 같이 예측변수가 하나만 투입된 OLS 회귀분석을 단순 OLS 회귀분석(simple OLS regression analysis)이라고 부른다. 그리고 대개의 경우 사회과학 논문에서는 단순 OLS 회귀분석은 거의 사용되지 않는다. 특별한 경우가 아니라면 예측변수가 하나뿐인 경우 피어슨의 r을 보고하는 경우가 대부분이다(왜냐하면 피어슨의 r을 쓰는 것이 훨씬 간단하기 때문이다).

하지만 예측방정식을 구해야 하는 경우는 단순 OLS 회귀분석을 실시하는 것이 유용하다. SPSS 명령문으로는 다음과 같은 방법으로 단순 OLS 회귀분석을 실시할 수 있다. 나중에 소개할 다중 OLS 회귀분석의 경우도 OLS 회귀분석의 명령문은 REGRESSION 명령문으로 동일하다. 우선 REGRESSION 명령문의 VARIABLES 옵션을 통해 모형에 어떤 변수들이 들어가는지 확정한 후, /DEPENDENT 하위명령문에서 결과변수(종속변수)를 지정해 주고, /METHOD 하위명령문에서 예측변수를 지정해 주면 된다. 예측변수인 search 앞에 ENTER 라는 명령어가 들어가는데 그 의미에 대해서는 다중 OLS 회귀분석을 소개할 때 설명하기로 하자.

```
*단순 OLS 회귀분석.
REGRESSION VARIABLES = lang search
/DEPENDENT = lang
/METHOD = ENTER search.
```

결과물들 중에서 다른 것들은 우선 잊어버리고 'Coefficients'라는 이름의 결과표에만 주목하자.

Coefficients[a]

Dependent Variable: 설득력 인식

Model		Unstandardized Coefficients		Standardized Coefficients	t	Sig.
		B	Std. Error	Beta		
1	(Constant)	23.907	6.740		3.547	.001
	스마트폰을 이용한 검색시간(일일)	.597	.119	.632	5.030	.000

a. Dependent Variable: 해당학기의 언어영역 평가점수

우선 'Constant'는 '절편' 혹은 '상수'라는 불리며 이는 $\hat{\alpha}$를, 그리고 그 아래의 search 변수는 각각 $\hat{\alpha}$와 $\hat{\beta}$에 대한 결과다. $\hat{\alpha}$와 $\hat{\beta}$는 'Unstandardized Coefficients' 부분에서 찾을 수 있다. 앞에서 수계산한 결과와는 완전히 동일하지 않다. $\hat{\alpha} = 23.91$과 $\hat{\beta} = .60$으로 계산되었는데, 이는 소수점을 반올림하면서 생긴 사소한 차이에 불과하다. Unstandardized Coefficients는 비표준화 회귀계수라고 부른다. $\hat{\alpha}$의 의미는 예측변수인 search가 0의 값을 가질 때 결과변수인 lang의 예측값을 의미한다. 다시 말해, 스마트폰으로 검색을 전혀 하지 않은 학생의 언어영역 평가점수는 약 23.91점이다. $\hat{\beta}$의 의미는 스마트폰 검색시간이 1분 증가할 때 언어영역 평가점수는 약 .60점이 증가한다는 의미다.

그렇다면 'Standardized Coefficients', 즉 표준화 회귀계수는 어떻게 해석될까? 표준화 회귀계수는 예측변수와 결과변수를 모두 표준화시켰을(standardized) 때 표준화된 예

측변수가 표준화된 결과변수에 미치는 효과를 의미한다. 변수를 표준화시킨다는 의미는 평균을 0으로, 표준편차를 1로 변환한다는 뜻이다. 다시 말해, 표준화 회귀계수 .63은 예측변수가 1 표준편차 증가하면 결과변수가 .63 표준편차 증가한다는 뜻이다. 독자들은 표준화 회귀계수의 효과에 대해 어디선가 많이 들어보았을 것이다. 표준화 회귀계수는 피어슨의 r의 해석과 동일하다(물론 피어슨의 r의 경우 예측변수와 결과변수를 구분하지 않기 때문에 해석의 뉘앙스는 조금 다르다. 그러나 인과성은 데이터를 획득한 상황에서 확보되지, 통계기법이나 통계치의 특성에 따라 확보되는 것이 아니기 때문에 본질적 해석은 동일하다).

상당수의 사회과학 문헌들에서는 b를 '비표준화 회귀계수'로, β를 '표준화 회귀계수'로 통칭한다. 하지만 독자들은 가능하면 자신이 비표준화 회귀계수를 사용했는지 아니면 표준화 회귀계수를 사용했는지 분명히 밝힌 후 통상적 표현방식을 사용하길 바란다.

실제로 위에서 언급한 표준화된 x변수와 y변수의 평균과 표준편차를 $\hat{\alpha}$와 $\hat{\beta}$의 공식에 한번 넣어 보자. 표준화된 변수는 평균이 0이고 표준편차가 1이다. 따라서 $\hat{\beta}$는 r과 동일해지고, $\hat{\alpha}$는 두 변수의 평균들이 모두 0이기 때문에 0이 된다. 즉, 표준화 회귀계수 결과의 경우 절편값은 존재하지 않는다(혹은 0인 값으로만 존재한다).

Model Summary

Model	R	R Square	Adjusted R Square	Std. Error of the Estimate
1	.632[a]	.400	.384	20.346

a. Predictors: (Constant), 스마트폰을 이용한 검색시간(일일)

이제 위의 회귀분석에서 'Model Summary'라는 이름의 결과표를 보자. 첫 번째 세로줄은 R이라는 이름이 나온다. R은 흔히 다중 상관계수(multiple correlation)라는 이름으로도 불린다. 단순 OLS 회귀분석의 경우(오직 이 경우에만) 이 값은 피어슨의 r과 동일하다. 소문자(r)가 아니고, 대문자(R)를 쓴 이유는 OLS 회귀분석(단순 OLS 회귀분석과 다중 OLS 회귀분석 모두)의 경우 '결과변수'와 '일군(一群)의 예측변수들'의 상관계수를 의미하기 때문이다. 즉, 변수 대 변수의 상관관계를 표시하는 소문자 r과 구분하기 위해 대문자 R로 표기한 것이다. 단순 OLS 회귀분석의 경우 예측변수가 하나이기 때문에 피어슨의 r과 R이 같은 값을 갖는다.

이 R을 제곱한 값이 바로 R Square, 흔히 R^2, 설명분산(explained variance)이라고 불리는 값이다. 이 R^2은 앞서의 SPSS 분산분석 결과 하단에 언제나 보고되었던 것과 동일하다. R^2을 설명분산이라고 부르는 이유는 이 값이 1에서 표준화된 오차항의 제곱을 빼 준 값이기 때문이다.[1] 세 번째의 Adjusted R Square는 수정된 R^2이라고 불리며

R^2을 수정한 값이다. 공식은 다음과 같다. 여기서 n은 표본의 사례수를, k는 회귀분석 모형에 투입된 예측변수의 개수를 의미한다. 수정된 R^2은 나중에 소개될 다중 OLS 회귀분석에서 예측변수의 증가가 모형의 타당성에 미치는 효과를 추정하는 데 중요한 역할을 한다.

$$R^2_{adjusted} = 1 - \left[\frac{(1-R^2)(n-1)}{n-k-1} \right]$$

끝으로 'ANOVA'라는 결과표를 보자. 이름에서 명확히 드러나듯 이는 분산분석 결과표다. 우선 이 결과는 분산분석에서 실험요인을 투입하지 않고, 공변량으로 search 변수만 투입했을 때의 결과와 동일하다.[2] 단순 OLS 회귀분석의 경우에는 그다지 큰 의미는 없지만, 다중 OLS 회귀분석의 경우 중요한 의미가 있다. 이 결과는 예측변수 혹은 예측변수들의 설명력을 분산분석으로 테스트한 결과이다. 단순 OLS 회귀분석의 경우 예측변수의 t 테스트 통계치(여기서는 $t = 5.03$)를 제곱하면, ANOVA 결과표의 F 테스트 통계치[$F(1, 38) = 25.30 = 5.03^2$]를 얻을 수 있다. 이 결과만 봐도 잘 드러나지만, 분산분석과 OLS 회귀분석은 이름과 결과의 표현방식이 다를 뿐 결과가 동일하다는 것을 알 수 있다.

---

1 x변수와 y변수가 모두 표준화된 변수라고 가정하면 단순 OLS 회귀방정식은 다음과 같다.

$$y_i = \hat{\beta} x_i + \epsilon_i$$
$$= r x_i + \epsilon_i$$

이 공식을 제곱하면 다음과 같다.

$$y_i^2 = r^2 x_i^2 + \epsilon_i^2 + 2 r x_i \epsilon_i^2$$

위의 공식에서 $2 r x_i \epsilon_i^2$의 경우 예측변수와 오차항은 서로 독립적이기 때문에 0이 된다. 즉, 아래와 같다.

$$y_i^2 = r^2 x_i^2 + \epsilon_i^2$$

좌변과 우변을 각각 분산으로 표시해 보자. 그러면 변수가 표준화되어 있기 때문에 분산은 1이며, 오른쪽의 경우 $\epsilon_i \sim NID(0, \sigma^2)$을 적용하여 다음과 같이 표현할 수 있다.

$$1 = r^2 + \sigma^2$$

설명되는 분산과 설명되지 않는 분산의 합을 1이라고 할 때, 피어슨의 상관계수 r의 제곱은 전체분산 1 중에서 오차항의 분산, 즉 설명되지 않는 분산을 빼준 값이다. 다시 말해, 전체분산을 1이라고 할 때, 어느 정도 비율의 분산이 설명되었는지가 바로 r^2이다. 이는 단순 OLS 회귀분석에 적용된 경우지만, 마찬가지의 논리가 다중 OLS 회귀분석에도 적용되어 R^2은 회귀모형에 투입된 예측변수가 설명하는 분산비율이라고 해석된다.

2 독자들은 아래의 SPSS 명령문을 실행해 보길 바란다. 동일한 결과를 얻을 수 있을 것이다. 만약 예측변수가 2개 이상 투입된 다중 OLS 회귀분석의 경우, 동일한 방식의 분산분석 결과에서 'Corrected Model'이라는 부분의 결과를 찾아보면 동일한 결과를 얻을 수 있다.

```
UNIANOVA lang WITH search
/DESIGN = search.
```

Model		Sum of Squares	df	Mean Square	F	Sig.
1	Regression	10474.232	1	10474.232	25.303	.000[a]
	Residual	15730.168	38	413.952		
	Total	26204.400	39			

a. Predictors: (Constant), 스마트폰을 이용한 검색시간(일일)
b. Dependent Variable: 해당학기의 언어영역 평가점수

앞에서 소개했던 피어슨의 r을 이용해 단순 OLS 회귀분석을 소개하였다. 실제 연구에서는 단순 OLS 회귀분석보다 피어슨의 r이 더 빈번하게 사용되지만, OLS 회귀분석을 이해하기 위한 첫 단계로 매우 큰 의미가 있다. 피어슨의 r의 가정과 마찬가지로 OLS 회귀분석의 예측변수는 정규분포를 따르는 연속형 변수로 가정되었다.

다음에는 가장 먼저 소개했던 추리통계분석기법인 t 테스트를 통해 OLS 회귀분석을 살펴보도록 하자. 지금 살펴본 OLS 회귀분석과는 달리 t 테스트의 경우 예측변수가 연속형 변수가 아니라 명목형 변수의 형태를 띤다. 즉, 예측변수가 명목형 변수일 때는 OLS 회귀분석 모형에 어떻게 투입되는지 살펴보도록 하자.

2. 독립표본 t 테스트로 본 OLS 회귀분석

독립표본 t 테스트에서는 정규분포를 따르는 연속형 변수에 대한 두 집단의 평균이 서로 동일한지 여부를 테스트한다. 즉, 결과변수는 정규분포를 따른다고 가정된 연속형 변수이며, '실험집단 대 통제집단'처럼 2개 수준의 명목변수가 예측변수로 사용된다. 결과변수가 정규분포를 따른다고 가정된 연속형 변수이지만 예측변수가 명목변수이기 때문에 앞서 설명한 피어슨의 r과는 상황이 다르다.

OLS 회귀분석을 이용해 독립표본 t 테스트가 적용되는 데이터를 분석할 때는 '더미변수'(dummy variable) 혹은 '가변수', '이분변수'가 예측변수로 투입된다. 더미변수는 2개 수준의 명목변수에 각각 0과 1의 값을 부여한 변수를 뜻한다. 앞서 소개했던 단순 OLS 회귀방정식을 다시 써 보자.

$$y_i = \alpha + \beta\,x_i + \epsilon_i, \quad \epsilon_i \sim NID\,(0,\,\sigma^2)$$

여기서 x_i는 더미변수이기 때문에 이 값은 0과 1 둘 중의 하나의 값을 갖는다. 여기서 $x_i = 0$인 경우의 방정식과 $x_i = 1$인 경우의 방정식을 구분해서 적어 보자.

- $x_i = 0$인 경우: $y_i = \alpha + \epsilon_i$
- $x_i = 1$인 경우: $y_i = \alpha + \beta + \epsilon_i$

위의 OLS 회귀방정식을 추정한 후 추정된 β가 0의 값과 다르지 않은 결과였다고 가정해 보자(즉, $H_0 : \hat{\beta} = 0$라는 귀무가설을 수용하는 경우). 이 경우는 x_i가 0이든 1이든 어떤 값을 갖더라도 기대평균은 $\hat{\alpha}$으로 동일하다. 다시 말해, $x_i = 0$으로 표시된 집단과 $x_i = 1$로 표시된 집단의 y_i의 평균은 동일하다.

제 2장에서는 '예시데이터_2장_04.sav' 데이터를 독립표본 t 테스트로 분석하였다. 위에서 소개한 방식으로 같은 데이터를 단순 OLS 회귀분석을 적용해 보자. 우선 독립표본 t 테스트 기법을 이용해 group 변수가 1인 집단의 know 변수 평균과 group 변수가 2인 집단의 know 변수 평균이 통계적으로 유의미하게 다른지를 테스트하는 SPSS 명령문과 결과는 아래와 같다[$t(18) = -3.08$, $p = .006$].

```
*독립표본 t 테스트.
T-TEST GROUPS=group(1,2) / VARIABLE = know.
```

Group Statistics

집단구분 (통제집단 vs. 처치집단)		N	Mean	Std. Deviation	Std. Error Mean
지식수준	통제집단	10	4.0000	1.63299	.51640
	처치집단	10	6.3000	1.70294	.53852

Independent Samples Test

		Levene's Test for Equality of Variances		t-test for Equality of Means						
		F	Sig.	t	df	sig (2-tailed)	Mean Difference	Std. Error Difference	95% Confidence Interval of the Difference	
									Lower	Upper
지식수준	Equal variances assumed	.048	.829	-3.083	18	.006	-2.30000	.74610	-3.86750	-.73250
	Equal variances not assumed			-3.083	17.968	.006	-2.30000	.74610	-3.86770	-.73230

앞에서 설명하였듯 OLS 회귀분석에 투입되는 명목변수는 더미변수로 전환해 주어야 한다. SPSS의 RECODE 명령문을 이용해 group 변수를 더미변수인 d_group으로 만든 후 REGRESSION 명령문을 이용해 OLS 회귀분석을 실시하는 SPSS 명령문은 아래와 같다. 흔히 d_group 변수와 같은 더미변수에서 0으로 코딩된 집단을 기준집단(reference group, base group)이라고 부른다.

```
*가변수(더미변수)를 이용하여 OLS 회귀분석 실시.
RECODE group (1=1)(2=0) INTO d_group.
REGRESSION VARIABLES = know d_group
/DEPENDENT = know
/METHOD = ENTER d_group.
```

출력결과물에서 'Coefficients'라는 이름의 출력창에만 주목하자. 다른 출력창의 경우 앞의 단순 OLS 회귀분석에서 제시한 설명을 이해한 독자라면 출력결과를 해석하는 데 큰 무리가 없을 것이다. 아무튼 아래의 결과물을 통해 y_i, 즉 know 변수를 예측하는 예측방정식은 다음과 같이 작성할 수 있다.

Coefficients[a]

Model		Unstandardized Coefficients		Standardized Coefficients	t	Sig.
		B	Std. Error	Beta		
1	(Constant)	6.300	.528		11.941	.000
	d_group	-2.300	.746	-.588	-3.083	.006

a. Dependent Variable: 지식수준

y_i(know 변수) 예측방정식: $\hat{y_i} = 6.30 - 2.30\, x_i$

위의 방정식을 통해서 우리는 $x_i = 0$, 즉 d_group 변수가 0의 값을 가질 경우의 y_i, 즉 know 변수의 평균은 6.30의 값을 가지며, $x_i = 1$이 되면 y_i는 6.30 - 2.30 = 4.00의 값을 가지게 될 것이라고 예상할 수 있다. d_group 변수가 0이라는 의미는 원래의 group변수가 2의 값을 갖는다는 의미며, d_group 변수가 1이라는 의미는 원래의 group 변수가 1의 값이라는 뜻이다. 위에서의 독립표본 t 테스트 결과 중 'Group Statistics'의 집단평균과 동일하며, 또한 독립표본 t 테스트의 테스트 통계치와 통계적 유의도는 위의 OLS 회귀분석 결과에서 d_group 변수의 비표준화 회귀계수의 t 테스트 통계치와 통계적 유의도와 정확하게 일치한다.

여기서 한 가지 질문을 던져 보자. 위의 OLS 회귀분석 결과에서 '표준화 회귀계수'는 어떤 의미를 가지며, 어떻게 해석해야 할까? 예측변수가 정규분포를 따르는 연속형 변수라고 가정될 때, 단순 OLS 회귀분석일 경우 피어슨의 r과 표준화 회귀계수는 정확하게 동일하다는 것을 설명하였다. 또한 표준화 회귀계수의 경우 예측변수가 1 표준편차 증가할 때 결과변수는 r만큼 변화한다고 해석하는 것도 말한 바 있다.

그렇다면 위에서 얻은 표준화 회귀계수 -.59도 "더미변수 d_group이 1 표준편차 증가하면 know 변수는 -.59 표준편차 감소하며, 이는 통계적으로 유의미한 결과다($p = .006$)"라고 해석해야 하는가? 의견이 엇갈릴 수 있을지도 모르지만, 저자들은 이렇게 해석하면 안 된다고 굳게 믿는다. 0 혹은 1로 코딩된 더미변수는 본질적으로 명목형 변수이며, 더미변수의 경우 0의 값을 갖거나 1의 값을 갖거나 둘 중의 하나지 결코 '표준편차'의 의미를 갖지 않는다. 다시 말해, 표준화 회귀계수의 경우 그 부호(+인가, 0인가, 아니면 −인가?)는 의미가 있을지 몰라도 수치는 실제적 의미를 갖기 어려우며 실질적 해석을 제공하는 것 또한 불가능하다.

따라서 저자들은 더미변수가 예측변수로 들어간 경우 OLS 회귀분석에서는 '비표준화 회귀계수'만 사용해야 한다고 생각한다. 하지만 정말 수많은 논문들에서 더미변수가 투입된 회귀분석 결과를 보고할 때 '표준화 회귀계수만' 보고하기도 한다. 저자들은 이러한 관례가 옳다고 생각하지 않으며, 또한 향후 개선되어야 한다고 생각한다.[3]

위의 사례에서 잘 드러나듯 예측변수가 2개 수준의 명목형 변수이고 결과변수가 정규분포를 따른다고 가정된 연속형 변수인 경우 독립표본 t 테스트와 OLS 회귀분석의 결과는 동일하다. 어떤 독자들은 독립표본 t 테스트에서 집단간 분산동질성 가정 여부에 따라 t 분포와 t' 분포를 구분하였는데, OLS 회귀분석에서는 왜 구분하지 않는가에 대해 의문을 제기할지도 모르겠다. 만약 이런 질문이 떠올랐다면 공부를 충실하게 한 독자라고 볼 수 있다. 여기서 다루는 OLS 회귀분석 모형의 경우 t 분포만 가정하고, t' 분포는 가정하지 못한다. 그 이유는 $\epsilon_i \sim NID(0, \sigma^2)$에서 찾을 수 있다. 즉, OLS 회귀방정식의 경우 표본전체를 아우르는 오차항 하나, 즉 σ^2만을 다룬다. 다시 말해, 표본전체의 분산(표준편차)이 동질적이라고 가정한다.[4]

독립표본 t 테스트의 경우 예측변수인 명목형 변수의 수준이 2개다. 만약 명목형 변수의 수준이 3개 혹은 그 이상인 경우는 어떻게 될까? 다음에는 분산분석의 관점으로 본 OLS 회귀분석을 소개할 것이다.

3. 분산분석으로 본 OLS 회귀분석

일원분산분석에서 시작해 보자. 제3장에서 다루었던 '예시데이터_3장_01. sav' 데이터에서는 3개 수준의 명목형 변수인 group 변수를 개체간 요인으로, 정규분포를 따른다고 가정된 연속형 변수인 attitude를 결과변수로 하는 일원분산분석을 소개한 바 있다. 일단 앞에서 소개했던 SPSS 명령문과 일원분산분석 결과는 다음과 같다.

---

3 이에 대한 보다 자세한 설명으로는 코헨 등(Cohen, Cohen, West, & Aiken, 2003, p. 316)을 참고하길 바란다.
4 실제로 이 가정은 분산분석의 가정이기도 하다. 즉, t 테스트, 분산분석, 회귀분석 모두 같은 가정을 공유한다.

*일원분산분석.

UNIANOVA attitude BY group

/PRINT = ETASQ HOMOGENEITY DESCRIPTIVE

/DESIGN = group.

Descriptive Statistics

Dependent Variable: 응답자 태도

실험집단	Mean	Std. Deviation	N
통제집단	3.8000	1.03280	10
실험집단1	5.6000	.96609	10
실험지단2	6.1000	1.10050	10
Total	5.1667	1.41624	30

Tests of Between-Subjects Effects

Dependent Variable: 응답자 태도

Source	Type III Sum of Squares	df	Mean Square	F	Sig.	Partial Eta Squared
Corrected Model	29.267a	2	14.633	13.671	.000	.503
Intercept	800.833	1	800.833	748.183	.000	.965
group	29.267	2	14.633	13.671	.000	.503
Error	28.900	27	1.070			
Total	859.000	30				
Corrected Total	58.167	29				

a. R Squared = .503 (Adjusted R Squared = .466)

    OLS 회귀분석의 경우 예측변수로 투입되는 명목형 변수는 모두 더미변수로 바꾸어 주어야만 한다. group 변수가 포괄하는 집단은 '통제집단', '실험집단1', '실험집단2'이다. 여기서 통제집단을 기준집단으로 선정한 후 다음과 같은 방식으로 실험집단1을 나타내는 더미변수와 실험집단2를 나타내는 더미변수를 각각 생성해 보자. 이렇게 생성된 2개의 더미변수를 REGRESSION 명령문에 투입하여 그 결과를 추정해 보자.

*더미변수 생성하여 OLS 회귀분석 실시.

RECODE group (1=0)(2=1)(3=0) INTO d_group1.

RECODE group (1=0)(2=0)(3=1) INTO d_group2.

REGRESSION VARIABLES = attitude d_group1 d_group2

/DEPENDENT = attitude

/METHOD = ENTER d_group1 d_group2.

Coefficients^a

Model		Unstandardized Coefficients		Standardized Coefficients	t	Sig.
		B	Std. Error	Beta		
1	(Constant)	3.800	.327		11.615	.000
	d_group1	1.800	.463	.609	3.890	.001
	d_group2	2.300	.463	.779	4.971	.000

a. Dependent Variable: 응답자 태도

결과 중 'Coefficients'를 먼저 살펴보자. OLS 회귀방정식은 다음과 같이 표현될 수 있다. d_group1 변수를 x_1이라고 하고, d_group2 변수를 x_2로, attitude 변수를 y라고 표현하자.

$$\hat{y} = 3.80 + 1.80\,x_1 + 2.30\,x_2$$

통제집단이 기준집단이기 때문에 절편인 3.80이 바로 통제집단의 평균값이 된다. 만약 응답자가 '실험집단 1'에 속해 있다면 $x_1 = 1$이지만, $x_2 = 0$이 되어 실험집단 1의 평균값은 $3.80 + 1.80 = 5.603$이 된다. 마찬가지로 만약 응답자가 '실험집단 2'에 속해 있다면 $x_1 = 0$이지만, $x_2 = 1$이 되어 실험집단 2의 평균값은 $3.80 + 2.30 = 6.10$이 된다. 일원분산분석 결과에서 얻은 각 집단별 평균값과 비교해 보면 동일한 것을 알고 있을 것이다.

자, 이제 각 예측변수의 계수값에 대한 통계적 유의도 테스트를 살펴보자. 각 회귀계수에 대한 통계적 유의도 테스트는 더미변수로 표현된 집단의 평균이 기준집단의 평균에 비해 통계적으로 유의미한 차이를 보이는가를 테스트한 것이다. 다시 말해, d_group1 변수의 회귀계수에 대한 통계적 유의도는 $H_0 : \beta_1 = 0$인 귀무가설을 테스트한 것이며, 다르게 표현하자면 $H_0 : M_{실험집단1} = M_{통제집단}$인 귀무가설을 테스트한 것이다.

그렇다면 위의 OLS 회귀분석 결과를 이용해서 $H_0 : M_{실험집단1} = M_{실험집단2}$의 귀무가설을 테스트할 수 있을까? 테스트할 수 없다.[5] 왜냐하면 위의 결과는 기준집단과 예측변수로 표현된 집단의 평균차이를 테스트한 것이며, 예측변수들로 표현된 집단들 간의 평균차이 테스트가 아니기 때문이다. 만약 $H_0 : M_{실험집단1} = M_{실험집단2}$을 테스트하고자

---

5 물론 수계산을 하면 테스트할 수 있다. 두 더미변수의 비표준화 회귀계수의 차이를 표준오차(SE)로 나누어 주면(하단의 공식 참조) 두 집단의 평균차에 대한 t 테스트 통계치를 얻을 수 있다(여기서 β는 비표준화 회귀계수를 의미한다).

$$t_{\beta_i - \beta_j} = \frac{\beta_i - \beta_j}{SE_j}$$

그러나 이 공식은 현재의 상황에서만 적용 가능하다. 두 회귀계수들의 동등성을 테스트하는 방법으로는 월드의 카이제곱 테스트가 있지만, 이 책의 범위를 넘어서기 때문에 구체적 설명을 제시하지 않았다.

한다면, '실험집단 1'(혹은 '실험집단 2')을 기준집단으로 선정한 후 '통제집단'과 '실험집단 2'(혹은 '실험집단 1')를 나타내는 더미변수 2개를 OLS 회귀분석 모형에 투입하면 된다. [6]

여기서 어떤 독자들은 족내 오차율 α_{FW}를 떠올리면서 결과에 보고된 통계적 유의도의 비교당 오차율 문제를 제기할지도 모르겠다. 만약 이런 질문을 제기하는 독자에게는 저자들이 깊은 감사의 말을 전하고 싶다. 그렇다. 위에서 보고된 결과는 족내 오차율을 고려하지 않은 것이다. 일원분산분석에서 본페로니 기법을 이용하여 사후비교를 실시해 보면 통제집단과 실험집단 1의 평균차이는 통계적 유의도가 $p = .002$로 나타나는 것을 확인할 수 있다. [7] 만약 족내 오차율을 고정하고 비교당 오차율을 조정할 필요가 있다면, OLS 회귀분석을 실시하지 말고 분산분석을 실시한 후 사후비교를 하길 바란다. 또한 사후비교 시 비교당 오차율을 조정하지 않는다면, 본페로니와 같은 기법을 사용하지 말고 최소자승 차이법(least squares difference, LSD)을 사용하면 OLS 회귀분석과 동일한 결과를 얻을 수 있다. 구체적으로 /EMMEANS 하위명령문에 ADJ(LSD)로 지정하면 된다.

다음으로 'ANOVA' 결과를 보길 바란다. 이 결과는 일원분산분석 결과에서 Corrected Model 그리고 group 변수가 attitude 변수에 미치는 효과에 대한 테스트 통계치와 동일하다. 다시 말해, ANOVA와 OLS 회귀분석은 수학적으로 동일하며 결과의 제시방식이 다를 뿐이다.

---

6 아래의 SPSS 명령문을 실행하면 그 결과를 얻을 수 있다. 두 실험집단의 평균은 통계적으로 유의미한 차이를 보이지 않는 것을 확인할 수 있다($p = .29$).

*더미변수 생성하여 OLS 회귀분석 실시.
RECODE group (1=1)(2=0)(3=0) INTO d_group0.
REGRESSION VARIABLES = attitude d_group0 d_group2
/DEPENDENT = attitude
/METHOD = ENTER d_group0 d_group2.

Coefficients[a]

Model		Unstandardized Coefficients		Standardized Coefficients	t	Sig.
		B	Std. Error	Beta		
1	(Constant)	5.600	.327		17.117	.000
	d_group0	-1.800	.463	-.609	-3.890	.001
	d_group2	.500	.463	.169	1.081	.289

a. Dependent Variable: 응답자 태도

7 아래의 SPSS 명령문을 실행하면 그 결과를 확인할 수 있다.
*일원분산분석 사후비교.
UNIANOVA attitude BY group
/PRINT = ETASQ HOMOGENEITY DESCRIPTIVE
/EMMEANS=TABLES(group) COMPARE(group) ADJ(BONFERRONI)
/DESIGN = group.

ANOVA[b]

Model		Sum of Squares	df	Mean Square	F	Sig.
1	Regression	29.267	2	14.633	13.671	.000[a]
	Residual	28.900	27	1.070		
	Total	58.167	29			

a. Predictors: (Constant), d_group2, d_group1
b. Dependent Variable: 응답자 태도

'Model Summary'의 결과는 앞에서 이미 설명한 것과 동일하다. 일원분산분석을 실시
한 후 결과표의 하단에 보고된 R squared, Adjusted R Squared 결과와 동일하다. 즉,
예측변수가 설명하는 결과변수의 분산비율을 의미한다.

Descriptive Statistics

Dependent Variable: 응답자 태도

실험집단	Mean	Std. Deviation	N
통제집단	3.8000	1.03280	10
실험집단1	5.6000	.96609	10
실험지단2	6.1000	1.10050	10
Total	5.1667	1.41624	30

그러면 이원분산분석으로 넘어가 보자. 이원분산분석(다원분산분석도 포함)은 요인 하
나의 주효과만을 고려하는 일원분산분석과 달리 상호작용효과가 포함되어 있다는 점이 다
르다. 그렇다면 이원분산분석의 관점에서 OLS 회귀분석을 실행해 보자. 분석사례로는
'예시데이터_4장_02. sav' 데이터를 분석해 보자. 제4장 이원분산분석에서는 응답자의 교
육수준을 두 수준으로 나눈 educ 변수와 정보를 제공하는 방식을 세 수준으로 나눈 style
변수를 개체간 요인들로, 결과변수로는 응답자의 주관적 설득력 인식을 이용하였다. 이
원분산분석을 실시하고 단순효과분석을 실시하는 SPSS 명령문은 아래와 같다.[8]

```
*예시데이터_4장_02.sav 데이터.
*이원분산분석 실시후 단순효과분석.
UNIANOVA persuasiveness BY educ style
/PRINT = ETASQ HOMOGENEITY DESCRIPTIVE
/EMMEANS=TABLES(educ*style) COMPARE(style) ADJ(LSD)
/DESIGN = educ style educ*style.
```

8 독자들은 회귀분석과의 비교를 위해 /EMMEANS 하위명령문에서 ADJ(LSD)를 사용하였으며, 비교당 오차율을 족
내 오차율에 맞추어 조정하지 않았다는 점을 염두에 두길 바란다.

Tests of Between-Subjects Effects

Dependent Variable: 설득력 인식

Source	Type III Sum of Squares	df	Mean Square	F	Sig.	Partial Eta Squared
Corrected Model	211.500[a]	5	42.300	47.062	.000	.849
Intercept	1656.750	1	1656.750	1843.272	.000	.978
educ	.083	1	.083	.093	.762	.002
style	177.125	2	88.562	98.533	.000	.824
educ•style	34.292	2	17.146	19.076	.000	.476
Error	37.750	42	.899			
Total	1906.000	48				
Corrected Total	249.250	47				

a. R Squared = .849 (Adjusted R Squared = .831)

Estimates

Dependent Variable: 설득력 인식

응답자의 교육수준	동일정보의 전달방식	Mean	Std. Error	95% Confidence Interval	
				Lower Bound	Upper Bound
저학력	텍스트 정보만 전달	3.250	.335	2.574	3.926
	음성 정보로만 전달	6.000	.335	5.324	6.676
	텍스트와 음성 정보 모두 전달	8.500	.335	7.824	9.176
고학력	텍스트 정보만 전달	5.125	.335	4.449	5.801
	음성 정보로만 전달	3.750	.335	3.074	4.426
	텍스트와 음성 정보 모두 전달	8.625	.335	7.949	9.301

Pairwise Comparisons

Dependent Variable: 설득력 인식

동일정보의 전달방식	(I) 응답자의 교육수준	(J) 응답자의 교육수준	Mean (I-J)	Std. Error	Sig.[a]	95% Confidence Interval for Difference[a]	
						Lower Bound	Upper Bound
텍스트 정보만 전달	저학력	고학력	-1.875*	.474	.000	-2.832	-.918
	고학력	저학력	1.875*	.474	.000	.918	2.832
음성 정보로만 전달	저학력	고학력	2.250*	.474	.000	1.293	3.207
	고학력	저학력	-2.250*	.474	.000	-3.207	-1.293
텍스트와 음성 정보 모두 전달	저학력	고학력	-.125	.474	.793	-1.082	.832
	고학력	저학력	.125	.474	.793	-.832	1.082

Based on estimated marginal means

*. The mean difference is significant at the .050 level.

a. Adjustment for multiple comparisons: Least Significant Difference(equivalent to no adjustments).

자, 이제 이 결과를 OLS 회귀분석에서 어떻게 구현할 수 있을까? *t* 테스트와 일원분산
분석에서 실시하였듯, educ 변수와 style 변수를 모두 더미변수로 바꿔 보자. educ 변수
의 경우 '저학력'을 기준집단으로 하였고, style 변수의 경우 '텍스트와 음성 정보 모두 전
달한 경우'를 기준집단으로 하였다. 아래와 같이 RECODE 명령문을 이용해 더미변수들을
만들어 보자.

```
*더미변수 생성.
RECODE educ (1=0)(2=1) INTO educ_high.
RECODE style (1=1)(2=0)(3=0) INTO style_text.
RECODE style (1=0)(2=1)(3=0) INTO style_audio.
```

이렇게 더미변수를 만든 후 생성된 더미변수를 이용해 상호작용효과를 나타내는 더미
변수를 추가로 만들면 상호작용효과를 테스트할 수 있다. 예를 들어, educ_high 변수와
style_text 변수를 곱하면 어떻게 될까? 1의 값을 갖는 응답자는 educ 변수에서 고학력
으로 코딩되었으면서 style 변수에서 텍스트만 전달받은 사람을 뜻한다. 이 변수를 이용
하면 style 변수에서 텍스트만 전달받은 사람들 중에서 educ_high 변수가 0인 집단과 1
인 집단의 차이를 테스트할 수 있게 된다. 생성된 더미변수를 이용하여 다음과 같은 2개
의 더미변수를 추가로 생성해 보자. 이렇게 준비한 총 5개의 더미변수들을 예측변수로,
persuasiveness 변수를 결과변수로 투입한 OLS 회귀모형을 REGRESSION 명령문을 통해
추정해 보았다.

```
*상호작용효과 테스트 더미변수 생성.
COMPUTE high_text = educ_high * style_text.
COMPUTE high_audio = educ_high * style_audio.
*OLS 회귀모형 추정.
REGRESSION VARIABLES = persuasiveness educ_high style_text style_audio high_text
   high_audio
/DEPENDENT = persuasiveness
/METHOD = ENTER educ_high style_text style_audio high_text high_audio.
```

'Model Summary', 'ANOVA' 결과의 경우 앞에서 이미 설명한 바 있다. 아마도 해석에
어려움을 느끼지는 않을 것이다. 그러나 상호작용효과가 투입된 OLS 회귀모형의 경우
'Coefficients' 결과표를 해석하는 것이 생각보다 쉽지 않을 것이다. 하나하나 살펴보자.

Coefficients[a]

Model		Unstandardized Coefficients		Standardized Coefficients	t	Sig.
		B	Std. Error	Beta		
1	(Constant)	8.500	.335		25.359	.000
	educ_high	.125	.474	.207	.264	.793
	style_text	-5.250	.474	-1.086	-11.075	.000
	style_audio	-2.500	.474	-.517	-5.274	.000
	high_text	1.750	.670	.286	2.610	.012
	high_audio	-2.375	.670	-.388	-3.543	.001

a. Dependent Variable: 설득력 인식

persuasiveness 변수를 y, educ_high 변수를 x_1, style_text 변수를 x_2, style_audio 변수를 x_3이라고 한다면 위의 OLS 회귀방정식은 다음과 같이 표현할 수 있다.

$$\hat{y} = 8.500 + .125\,x_1 - 5.250\,x_2 - 2.500\,x_3 + 1.750\,x_1 x_2 - 2.375\,x_1 x_3$$

이 방정식을 다음과 같이 조금만 더 정리해 보자.

$$\hat{y} = 8.500 + .125\,x_1 +$$
$$(-5.250 + 1.750\,x_1)\,x_2 +$$
$$(-2.500 - 2.375\,x_1)\,x_3$$

x_1, x_2, x_3 변수가 0인지 1인지만 알고 있다면 위의 방정식을 이용하여 y변수의 예측값이 얼마인지 계산할 수 있다. 우선 위에서 표현된 회귀방정식의 첫 줄은 style 변수의 기준집단일 경우를 보여준다. 즉, style 변수의 값이 3인 경우를 기준집단으로 삼았기 때문에, '텍스트와 음성 정보 모두가 제공된 경우' 저학력 응답자와 고학력 응답자가 느끼는 설득력 인식의 평균값이 된다. 다시 말해, educ_high 변수가 0인 경우($x_1 = 0$)의 응답자(저학력 응답자) 집단의 설득력 인식 평균은 8.500이, educ_high 변수가 1인 경우($x_1 = 1$)의 응답자(고학력 응답자) 집단의 설득력 인식 평균은 8.625가 된다.

두 번째 줄의 값은 style 변수가 1의 값을 갖는 경우(즉 $x_2 = 1$이며 $x_3 = 0$)의 저학력 응답자($x_1 = 0$)의 설득력 인식 평균(8.500 - 5.250 = 3.250)과 고학력 응답자($x_1 = 1$)의 설득력 인식 평균(8.500 + .125 - 5.250 + 1.750 = 5.125)을 나타낸다.

세 번째 줄의 값은 style 변수가 2의 값을 갖는 경우(즉 $x_2 = 0$이며 $x_3 = 1$)의 저학력 응답자($x_1 = 0$)의 설득력 인식 평균(8.500 - 2.500 = 6.000)과 고학력 응답자($x_1 = 1$)의

설득력 인식 평균(8.500 + .125 - 2.500 - 2.375 = 3.750)을 나타낸다.

계산이 다소 복잡하기는 하지만, 각 실험집단별로 결과변수의 평균(이 경우 예측값)을 계산하는 것은 어렵지 않다. 문제는 회귀분석 모형에 투입된 예측변수의 회귀계수의 의미와 해석이다. 특히 상호작용효과 항이 투입되면 회귀분석 모형의 회귀계수의 의미와 이에 대한 해석에 매우 주의해야 한다. 앞에서 세 줄로 나누어 표현한 회귀방정식을 살펴보자. 독자들은 각 줄의 x_1 변수에 붙은 회귀계수가 무엇을 의미하는지는 이원분산분석의 단순효과분석 결과물을 보면 단박에 알아차릴 수 있을 것이다.

단순효과분석 결과의 마지막 줄에는 style 변수가 3의 수준일 경우 저학력 응답자의 설득력 인식 평균과 고학력 응답자의 설득력 인식 평균의 차이와 이에 대한 통계적 유의도 테스트 결과가 나타나 있다. 고학력 응답자의 설득력 인식 평균에서 저학력 응답자의 설득력 인식 평균을 뺀 값이 얼마인가? 평균차이가 .125이며 이는 통계적으로 유의미한 차이가 아니다(p = .793). 이제 회귀분석결과에서 educ_high의 비표준화 회귀계수와 통계적 유의도 결과를 비교하길 바란다. 어떤가? 그렇다. 동일하다.

이제는 단순효과분석 결과의 첫 줄을 살펴보자. 첫 줄에는 style 변수가 1의 수준일 경우 저학력 응답자의 설득력 인식 평균과 고학력 응답자의 설득력 인식 평균의 차이와 이에 대한 통계적 유의도 테스트 결과가 나타나 있다. 고학력 응답자의 설득력 인식 평균에서 저학력 응답자의 설득력 인식 평균을 뺀 평균차이는 1.875이며 이는 통계적으로 유의미한 차이다(p < .001). 이제 회귀분석결과에서 high_text의 비표준화 회귀계수와 통계적 유의도 결과를 비교해 보자. 이번에는 결과가 다르다(β = 1.750, p = .012).

하지만 high_text의 비표준화 회귀계수에서 educ_high의 비표준화 회귀계수를 더해 보길 바란다. 그러면 1.875라는 값을 그대로 얻을 수 있다. 즉, 같은 결과를 다른 방식으로 제시한 것이다. 그렇다면 high_text 의 회귀계수에 대한 통계적 유의도인 p = .012는 상호작용효과, 즉 style = 3 인 조건에서 educ 변수가 설득력 인식에 미치는 효과와 style = 1 인 조건에서 educ 변수가 설득력 인식에 미치는 효과가 통계적으로 유의미하게 서로 다른지를 테스트한 것이다.

이 표현을 들어본 독자는 계획비교를 떠올릴지도 모르겠다. 이에 대한 계획비교를 실시해 보길 바란다. 계획비교 결과, F 테스트 통계치는 6.815, 통계적 유의도는 p = .012가 나온다. F 테스트 통계치에 제곱근을 씌우면, 회귀분석 결과에서 얻은 t = 2.61을 얻을 수 있다. 즉, 표현이 다를 뿐 이원분산분석의 단순효과 분석결과와 회귀분석의 상호작용효과 분석결과는 동일하다. 이런 이유 때문에 회귀분석에서 상호작용효과 항이 투입된 분석결과를 해석할 때는 극도의 주의가 필요하다.[9]

---

9 물론 다른 연구자의 상호작용효과 분석결과를 읽을 때도 매우 비판적으로 읽을 필요가 있다.

또 다른 예를 들어 보자. 이번에는 style 변수의 기준집단을 '텍스트만 제공한 상황'으로 바꾸어 설정한 후, 다음과 같은 OLS 회귀분석을 실행해 보자.

```
*기준집단을 교체한 후 동일모형 추정.
RECODE style (1=0)(2=0)(3=1) INTO style_both.
COMPUTE high_both = educ_high * style_both.
*OLS 회귀모형 추정.
REGRESSION VARIABLES = persuasiveness educ_high style_both style_audio high_both
  high_audio
/DEPENDENT = persuasiveness
/METHOD = ENTER educ_high style_both style_audio high_both high_audio.
```

Coefficients[a]

Model		Unstandardized Coefficients		Standardized Coefficients	t	Sig.
		B	Std. Error	Beta		
1	(Constant)	3.250	.335		9.696	.000
	educ_high	1.875	.474	.411	3.955	.000
	style_both	5.250	.474	1.086	11.075	.000
	style_audio	2.750	.474	.569	5.801	.000
	high_both	-1.750	.670	-.286	-2.610	.012
	high_audio	-4.125	.670	-.675	-6.153	.000

a. Dependent Variable: 설득력 인식

'Model Summary'와 'ANOVA' 관련 결과를 독자들은 직접 확인해 보길 바란다. 어떤가? 한 치의 오차도 없이 동일하다. 하지만 'Coefficients'의 결과는 어떤가? 매우 다르다. 특히 educ_high 변수의 경우 앞의 결과와 여기서의 결과는 매우 달라 보인다. style 변수를 3수준을 기준집단으로 한 경우 educ_high의 효과는 마치 미미한 것처럼 보이지만($p = .793$), style 변수를 1수준을 기준집단으로 선정한 경우 educ_high의 효과는 매우 거대한 것처럼 보인다($p < .001$).

하지만 위의 회귀방정식을 이용해서 여섯 집단의 결과변수 평균값을 한번 계산해 보자. 어떤가? 독자들은 그 값들이 완전히 서로 동일한 것을 알 수 있다. 단, 회귀계수가 다르게 보일 뿐이다. 즉, 상호작용효과가 투입된 회귀방정식의 경우 개별 예측변수의 회귀계수 혹은 회귀계수에 대한 통계적 유의도에 집착하지 말아야 하며, 언제나 상호작용효과 항이 실제로 의미하는 것이 무엇인지 조심스럽게 접근해야 한다. 이는 다음에 소개될 연속형 변수와 더미변수의 상호작용효과 추정, 그리고 연속형 변수 사이의 상호작용효과 추정에도 그대로 적용된다. 회귀분석에서 상호작용효과를 추정하고 해석할 때 독자들은 매우 주의하길 바란다.

여기서는 일원분산분석과 이원분산분석이 OLS 회귀분석 모형에서 어떻게 구현되는가를 다루어 보자. 이제는 예측변수로 연속형 변수와 명목형 변수를 동시에 사용하는 OLS 회귀분석을 알아보자.

4. 공분산분석으로 본 다중회귀분석

더미변수가 아닌 변수들이 2개 이상 투입된 OLS 회귀분석을 다중 OLS 회귀분석(multiple OLS regression analysis)이라고 부른다.[10] 다중회귀분석을 이해하기 위한 가장 좋은 사례는 바로 공분산분석이다. 독자들은 공분산분석에서는 명목형 변수가 요인으로 투입되고, 연속형 변수가 공변량으로 투입되었던 것을 기억할 것이다. '예시데이터_9장_01.sav' 데이터를 불러온 후, 제9장에서 소개했던 공분산분석을 실시해 보자.

```
*예시데이터_9장_01.sav 데이터.
*이원공분산분석 실시.
UNIANOVA persuasiveness BY educ style WITH agree
/PRINT = ETASQ HOMOGENEITY DESCRIPTIVE
/EMMEANS=TABLES(style*educ) COMPARE(educ) ADJ(LSD) WITH(agree=MEAN)
/DESIGN = educ style educ*style agree.
```

Tests of Between-Subjects Effects

Dependent Variable: 설득력 인식

Source	Type III Sum of Squares	df	Mean Square	F	Sig.	Partial Eta Squared
Corrected Model	218.985ᵃ	6	36.497	49.442	.000	.879
Intercept	53.880	1	53.880	72.990	.000	.640
educ	.001	1	.001	.002	.965	.000
style	153.708	2	76.854	104.112	.000	.835
educ*style	26.711	2	13.355	18.092	.000	.469
agree	7.485	1	7.485	10.139	.003	.198
Error	30.265	41	.738			
Total	1906.000	48				
Corrected Total	249.250	47				

a. R Squared = .879(Adjusted R Squared = .861)

---

10 이런 의미에서 앞서 다루었던 이원분산분석 사례 역시도 다중 OLS 회귀분석이라고 부를 수 있다.

Estimates

Dependent Variable: 설득력 인식

동일정보의 전달방식	응답자의 교육수준	Mean	Std. Error	95% Confidence Interval	
				Lower Bound	Upper Bound
텍스트 정보만 전달	저학력	3.278[a]	.304	2.665	3.892
	고학력	5.097[a]	.304	4.483	5.710
음성 정보로만 전달	저학력	5.972[a]	.304	5.358	6.585
	고학력	4.062[a]	.319	3.417	4.706
텍스트와 음성 정보 모두 전달	저학력	8.358[a]	.307	7.738	8.978
	고학력	8.483[a]	.307	7.863	9.103

a. Covariates appearing in the model are evaluated at the following values: 친화성 성향점수=3.4375.

Pairwise Comparisons

Dependent Variable: 설득력 인식

동일정보의 전달방식	(I) 응답자의 교육수준	(J) 응답자의 교육수준	Mean (I-J)	Std. Error	Sig.[a]	95% Confidence Interval for Difference[a]	
						Lower Bound	Upper Bound
텍스트 정보만 전달	저학력	고학력	-1.818*	.430	.000	-2.687	-.950
	고학력	저학력	1.818*	.430	.000	.950	2.687
음성 정보로만 전달	저학력	고학력	1.910*	.443	.000	1.016	2.804
	고학력	저학력	-1.910*	.443	.000	-2.804	-1.016
텍스트와 음성 정보 모두 전달	저학력	고학력	-.125	.430	.773	-.993	.743
	고학력	저학력	.125	.430	.773	-.743	.993

Based on estimated marginal means
*. The mean difference is significant at the .050 level.
a. Adjustment for multiple comparisons: Least Significant Difference(equivalent to no adjustments).

공분산분석은 분산분석에 공변량을 추가로 투입한 것과 크게 다르지 않다는 것은 제 9장에서 이미 설명한 바 있다. OLS 회귀분석에서도 마찬가지다. 앞에서 실시했던 방식 그대로 educ 변수와 style 변수를 더미변수로 변환시키고, 상호작용효과 항들도 준비한 후, 공변량인 agree 변수를 추가로 투입하면 된다. 이 과정은 아래의 SPSS 명령문에서 발견할 수 있다.

```
*더미변수 생성.
RECODE educ (1=0)(2=1) INTO educ_high.
RECODE style (1=1)(2=0)(3=0) INTO style_text.
RECODE style (1=0)(2=1)(3=0) INTO style_audio.
*상호작용효과 테스트 더미변수 생성.
COMPUTE high_text = educ_high * style_text.
COMPUTE high_audio = educ_high * style_audio.
*OLS 회귀모형 추정.
REGRESSION VARIABLES = persuasiveness educ_high style_text style_audio high_text
  high_audio agree
/DEPENDENT = persuasiveness
/METHOD = ENTER educ_high style_text style_audio high_text high_audio agree.
```

Coefficients[a]

Model		Unstandardized Coefficients		Standardized Coefficients	t	Sig.
		B	Std. Error	Beta		
1	(Constant)	6.799	.615		11.064	.000
	educ_high	.125	.430	.027	.291	.773
	style_text	-5.080	.433	-1.051	-11.735	.000
	style_audio	-2.387	.431	-.494	-5.537	.000
	high_text	1.693	.608	.277	2.786	.008
	high_audio	-2.035	.617	-.333	-3.299	.002
	친화성 성향점수	.454	.142	.186	3,184	.003

a. Dependent Variable: 설득력 인식

공변량인 agree 변수의 테스트 통계치 $t = 3.184$를 제곱한 후 공분산분석 결과의 공변량의 F 테스트 통계치와 비교해 보라. 독자들은 동일한 값을 얻을 수 있다(당연한 것이지만, t 테스트 통계치와 F 테스트 통계치의 통계적 유의도는 완전히 동일하다).

독자들은 공분산분석을 소개할 때, "공변량이 결과변수에 미치는 효과를 통제하고"라는 표현을 썼던 것 기억할 것이다. 또한 '통제한다'는 것은 공변량의 값이 전체평균값으로 고정된 때를 의미한다는 것도 기억할 것이다. 다중 OLS 회귀분석의 경우도 마찬가지이다.

우선은 educ 변수와 style 변수, 그리고 이 두 변수의 상호작용효과를 통제한 후의 agree 변수가 결과변수에 미치는 효과에 대해 설명해 보자. 우선 비표준화 회귀계수 $\beta = .454$는 통계적으로 유의미한 결과다(다시 말해, 0과 다른 값이다. $p = .003$). 이 결과는 agree 변수가 1단위 증가할 때, 응답자의 설득력 인식 변수의 값이 약 .454점 증가하며, 이 증가분은 통계적으로 유의미하다고 해석할 수 있다. 또한 agree 변수가 연속형 변수이기 때문에 표준화 회귀계수 $\beta* = .186$ 역시도 해석할 수 있다. 이는 응답자의 친화성 성향 점수가 1 표준편차 증가할 때, 결과변수인 설득력 인식은 약 .186 표준편차 증가함을 의미한다. 그러나 더미변수의 경우 표준화 회귀계수의 부호는 의미가 있을 수는 있지만, 그 회귀계수를 구체적으로 해석하는 것은 별 의미가 없다.

agree 변수가 결과변수에 미치는 효과를 통제한 후의 educ 변수와 style 변수가 결과변수에 미치는 효과는 주의하여 해석해야 한다. 그 이유는 각 집단의 평균을 추정할 때 긴요하게 사용되는 절편값이 agree 변수를 투입하지 않을 때와 투입할 때 각기 다른 의미를 갖기 때문이다. 만약 연속형 변수인 agree 변수를 투입하지 않았을 때 절편값은 educ_high, style_text, style_audio 변수의 값이 모두 0일 때, 즉 "텍스트와 음성 정보 두 가지를 모두 접한 저학력 응답자들이 인식한 설득력의 평균"을 의미한다. 하지만 연속형 변수인 agree 변수를 투입할 경우의 절편값은 educ_high, style_text, style_audio 변수의 값은 물론

agree 변수도 0의 값을 가질 때, 즉 "텍스트와 음성 정보 두 가지를 모두 접한 친밀성 성향점수가 0점인 저학력 응답자들이 인식한 설득력의 평균"을 의미한다.

여기서 문제가 발생한다. 바로 agree 변수가 0이 될 수 있는가의 문제다. 데이터에서 보면 agree 변수는 1~5점을 범위로 갖는 연속형 변수다. 다시 말해, 표본에는 agree 변수의 값이 0인 사례가 단 한 사례도 존재하지 않는다. 이런 상황에서 모든 변수가 0의 값을 가질 때 결과변수 예측값인 '절편'의 의미는 무엇일까? 아마도 대부분의 독자들은 그 의미가 없다고 이야기할 것이다.

이러한 문제를 해결하기 위해 흔히 '중심화 변환'(centering)이 대안으로 제시되곤 한다. 중심화 변환이란 회귀변수에 투입되는 변수에 해당변수의 평균값을 빼주는 방식으로 변수를 변환하는 것을 의미한다. 즉, 중심화 변환을 거친 변수는 0의 평균을 갖는 변수로 바뀌지만, 중심화 변환 이전과 이후의 변수의 분산(표준편차)은 그대로 유지된다. 평균만 0으로 이동하고 분산이 유지된다는 것은 회귀계수를 추정할 때 상당히 큰 매력으로 다가온다. 왜냐하면 예측변수의 회귀계수를 추정할 때 변수들의 분산과 공분산을 이용하기 때문이다. 다시 말해, 회귀계수와 이에 대한 테스트 통계치는 변하지 않은 상황에서 절편값에 현실적 의미를 부여해 준다. 한번 중심화 변환을 시도한 후 OLS 회귀분석을 실시해 보자.

```
*agree 변수의 중심화 변환.
DESCRIPTIVES agree.
COMPUTE c_agree = agree - 3.4375.
*OLS 회귀모형 추정.
REGRESSION VARIABLES = persuasiveness educ_high style_text style_audio high_text
    high_audio c_agree
/DEPENDENT = persuasiveness
/METHOD = ENTER educ_high style_text style_audio high_text high_audio c_agree.
```

Coefficients[a]

Model		Unstandardized Coefficients		Standardized Coefficients	t	Sig.
		B	Std. Error	Beta		
1	(Constant)	8.358	.307		27.225	.000
	educ_high	.125	.430	.027	.291	.773
	style_text	-5.080	.433	-1.051	-11.735	.000
	style_audio	-2.387	.431	-.494	-5.537	.000
	high_text	1.693	.608	.277	2.786	.008
	high_audio	-2.035	.617	-.333	-3.299	.002
	c_agree	.454	.142	.186	3.184	.003

a. Dependent Variable: 설득력 인식

중심화 변환 이전과 이후의 결과는 절편값만 빼고 모두 동일하다. 그렇다면 이때의 절편값 8.358은 무엇을 의미할까? 그렇다. 모형에 투입된 모든 변수들이 0인 경우, 즉 친화성 성향이 표본의 평균값을 가지면서 텍스트와 음성 정보 두 가지를 모두 접한 저학력 응답자가 인식한 설득력의 평균이 바로 절편값의 의미다. 공분산분석 결과의 Estimates에서 공변량을 평균으로 설정할 때, style 변수의 수준이 3이고 educ 변수의 수준이 1인 경우 응답자 집단의 결과변수 평균인 것을 알 수 있다.

여기서의 결론도 동일하다. 공분산분석 역시도 OLS 회귀분석으로 그대로 재현할 수 있다. 여기서 이렇게 물어보는 것도 가능할 것이다. OLS 회귀분석을 안 써도 이미 앞에서 배운 기법들로 해결이 가능하다면 OLS 회귀분석을 왜 써야 할까? 아마도 다음에 소개할 부분이 이에 대한 답을 제공해 주는 것이 아닐까 싶다. 다음에는 '다중회귀분석에서 통제변수의 효과 통제', '연속형 변수와 명목형 변수 사이의 상호작용효과 테스트', '두 연속형 변수 사이의 상호작용효과 테스트', '모형비교'를 살펴보자. 이 부분은 앞에서 소개했던 기법들과는 그 맥락이 조금 다르다(물론 본질적으로는 다르다고 보기 어렵다). 끝으로 OLS 회귀분석을 이용해 매개효과를 어떻게 테스트할 수 있는지도 간단히 소개하겠다.

5. 다중회귀분석에서 통제변수의 효과 통제

아마도 사회과학 연구자들이 다중회귀분석을 사용하는 가장 큰 이유는 통제변수의 효과를 통제한 후 연구자가 관심을 갖는 예측변수가 결과변수에 미치는 효과를 테스트할 수 있기 때문이다. 물론 공변량이 투입된 공분산분석의 경우도 상황은 비슷하지만, 한 가지 다른 점도 있다(하지만 결정적 차이라고 할 수는 없다. 통상적으로 이야기되는 차이에 불과하며, 일반선형모형에서 다시 설명하겠지만 공분산분석과 OLS 회귀분석은 본질적으로 아무런 차이가 없다). 공분산분석의 경우 공변량과 실험요인의 관계가 상호독립적이라고 가정하였다. 그런데 만약 공분산분석에 공변량을 하나 투입하는 것이 아니라 2개 혹은 그 이상 투입하는 경우 공변량 사이에 상관관계가 존재할 수 있다. 즉, OLS 회귀분석의 맥락에서 예측변수들 사이에 상관관계가 존재할 수도 있다.

이러한 상황은 설문조사나 아카이브 데이터를 분석할 경우 실험을 실시하는 경우보다 훨씬 더 자주 발생할 수 있다. 실험의 경우 무작위 배치를 사용하지만, 실험조작을 가하지 않은 현실의 관측 데이터를 이용하는 경우 결과변수에 영향을 미칠 것으로 간주되는 예측변수들 사이의 상관관계가 0, 즉 상관관계가 존재하지 않는 경우가 드물다. 예를 들어 선거에서의 유권자의 투표행태 연구에서는 '연령이 높을수록 보수정당을 지지하는 성향이 강하며', '소득수준이 높을수록 보수정당을 지지하는 성향이 강한' 관계가 잘 알려져 있다. 그렇다면 '연령과 소득수준'의 관계는 어떨까? 전반적으로는 유권자의 연령이 높을수록 소득수준도 높다. 이 경우에 유권자의 투표행태를 연구하는 연구자는 다음과 같은 질문을 던질 수 있다. "연령과 소득수준 중 어떤 예측변수가 유권자의 보수정당 지지성향을 더 잘 예측하는가?" 혹은 "연령이 유권자의 보수정당 지지성향에 미치는 효과를 통제하였을 때, 소득수준이 보수정당 지지성향에 미치는 효과는 어떠한가?"

이와 같은 상황에서 다중 OLS 회귀분석은 상당히 유용하다. 실제 분석사례로 '예시데이터_10장_01.sav' 데이터를 사용해 보자. 이 데이터는 총 6개의 변수들로 구성되어 있다. 데이터의 'Variable View' 탭을 확인하면 각 변수가 무엇을 의미하는지 쉽게 확인할 수 있다.

- y2: 행위 (행동으로 옮긴 경우는 1, 그렇지 않은 경우는 0)
- y1: 행위의도 (숫자가 클수록 강한 행위의도. 범위는 1~10)
- x1: 주관적 태도 (숫자가 클수록 행위대상에 대한 긍정적 태도. 범위는 1~10)
- x2: 지각된 규범 (숫자가 클수록 행위를 해도 좋다는 규범으로 인식. 범위는 1~10)
- x3: 지각된 통제력 (숫자가 클수록 행위를 스스로 통제할 수 있다고 인식. 범위는 1~10)
- female: 응답자의 성별 (여성인 경우는 1, 남성인 경우는 0)

변수를 본 독자들 중 몇몇은 이 데이터가 '계획된 행위 이론'(theory of planned behavior, TPB)(Ajzen, 1991; Fishbein & Ajzen, 2010)을 배경으로 수집된 것임을 눈치챌 것이다. 합리적 선택이론에서는 인간의 행위(behavior)를 행위의도(behavioral intention)로 예측할 수 있으며, 행위의도는 행위대상에 대한 행위자의 주관적 태도(attitude), 행위자가 지각하는 규범(norm), 행위자 스스로 지각하는 행동에 대한 통제력(perceived control)의 세 가지를 통해 예측된다고 가정한다. 독자에 따라 TPB에 대한 호불호가 갈릴 수도 있지만, 이 책의 목적은 TPB를 설명하는 것이 아니라 OLS 회귀분석을 설명하는 것이니, TPB의 모형이 타당하다고 가정해 보자. TPB 모형은 〈그림 10-1〉과 같다.

우선 행위는 0 혹은 1의 값을 갖는 더미변수이기 때문에 OLS 회귀분석의 결과변수로 사용될 수 없다['행위'(y2) 변수의 예측은 나중에 로지스틱 회귀분석에서 다루어 보겠다]. 따라서 여기서는 '행위의도'(y1)를 결과변수로 '태도'(x1), '규범'(x2), '통제력'(x3)을 예측변수로 투입하는 다중 OLS 회귀분석을 실시하여 보자. 다중 OLS 회귀분석을 실시하기

그림 10-1 TPB 모형

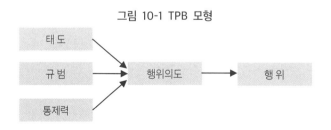

이전에 예측변수들과 행위의도, 그리고 예측변수들끼리의 피어슨의 r이 어떤지를 다음의 SPSS 명령문을 통해 살펴보도록 하자.

```
*상관관계 행렬 구하기.
CORRELATIONS y1 x1 x2 x3 / MISSING=LISTWISE.
```

Correlations[a]

		행위의도	주관적 태도	지각된 규범	지각된 통제력
행위의도	Pearson Correlation	1	.568	.564	.367
	Sig.(2-tailed)		.000	.000	.000
주관적 태도	Pearson Correlation	.568	1	.360	.204
	Sig.(2-tailed)	.000		.000	.000
지각된 규범	Pearson Correlation	.564	.360	1	.236
	Sig.(2-tailed)	.000	.000		.000
지각된 통제력	Pearson Correlation	.367	.204	.236	1
	Sig.(2-tailed)	.000	.000	.000	

a. Listwise N = 900

우선 결과변수와 각 예측변수 사이의 상관관계를 살펴보면 행위의도 변수와 주관적 태도, 지각된 규범 사이의 상관관계[각각 $r(898) = .57$, $r(898) = .56$]가 행위의도 변수와 지각된 통제력의 상관관계보다 더 크게 나타난다[$r(898) = .37$]. 또한 예측변수들 사이의 상관관계를 살펴보면 가장 작게는 태도와 지각된 통제력 변수 사이의 $r(898) = .20$부터 가장 크게는 태도와 지각된 규범 사이의 $r(898) = .36$으로 나타난다(다시 말해, 예측변수들은 서로가 서로에 대해서 독립적이라고 보기 어렵다). 또한 네 변수들 사이의 상관관계는 모두 $p < .001$로 무시하기 어려운 상관관계라고 볼 수 있다.

이제 다중 OLS 회귀분석으로 위의 TPB 모형을 추정해 보자. 우선은 앞에서 소개한 REGRESSION 명령문과 동일한 방식으로 결과변수와 예측변수를 지정하는 방식으로 모형을 추정해 보자. 우선 예측변수들이 모두 연속형 변수이며, 0의 값을 갖지 않기 때문에 모두 중심화 변환을 실시한 후 OLS 모형에 투입하였다.

```
*다중 OLS 회귀모형 추정.
*중심화 변환.
DESCRIPTIVES x1 x2 x3.
COMPUTE c_x1 = x1 - 4.99.
COMPUTE c_x2 = x2 - 4.96.
COMPUTE c_x3 = x3 - 4.97.
REGRESSION VARIABLES = y1 c_x1 c_x2 c_x3
/DEPENDENT = y1
/METHOD = ENTER c_x1 c_x2 c_x3.
```

우선 예측변수들이 결과변수를 얼마나 잘 설명하는지 살펴보자. 태도, 규범, 통제력의 세 변수는 행위의도라는 결과변수의 분산을 약 51%가량 설명하는 것으로 나타났다 ($R^2 = .51$, $R^2_{adjusted} = .51$).

Model Summary

Model	R	R Square	Adjusted R Square	Std. Error of the Estimate
1	.712[a]	.507	.506	1.165

a. Predictors: (Constant), c_x1, c_x2, c_x3

또한 세 변수를 투입한 모형의 설명력은 통계적으로 유의미한 것을 아래의 결과표를 통해 알 수 있다[$F(3, 896) = 307.52$, $p < .001$].

ANOVA[b]

Model		Sum of Squares	df	Mean Square	F	Sig.
1	Regression	1251.315	3	417.105	307.522	.000[a]
	Residual	1215.284	896	1.356		
	Total	2466.599	899			

a. Predictors: (Constant), c_x1, c_x2, c_x3
b. Dependent Variable: 행위의도

아래의 결과표가 다중 OLS 회귀분석의 가장 핵심적인 결과다. 아래의 결과에서 알 수 있듯, 세 예측변수의 회귀계수는 모두 통계적으로 유의미한 것을 알 수 있다(모두 $p < .001$).

구체적으로 '절편'(Constant)을 해석하면 다음과 같다. 태도, 규범, 통제력의 세 예측변수들이 모두 표본의 평균값을 가지는 경우의 행위의도는 4.981이며, 이 값은 0과 비교했을 때 통계적으로 유의미하게 다르다($p < .001$). 각 예측변수가 결과변수에 미치는 효과는 앞서 설명했던 방식과 동일하다. 예를 들어 비표준화 회귀계수 부분을 설명하면, 규범과 지각된 통제력을 통제한 후, 태도 변수가 1 단위 증가할 때 행위의도는 .622 단위 증가하며, 이는 통계적으로 유의미한 증가라고 할 수 있다($p < .001$). 표준화 회귀계수 부분을 설명하면, 규범과 지각된 통제력을 통제한 후, 태도 변수가 1 표준편차 증가할 때 행위의도는 약 .392 표준편차만큼 증가하는데, 이 증가분은 통계적으로 유의미하다($p < .001$).

Coefficients[a]

Model		Unstandardized Coefficients		Standardized Coefficients	t	Sig.
		B	Std. Error	Beta		
1	(Constant)	4.981	.039		128.306	.000
	c_x1	.622	.040	.392	15.457	.000
	c_x2	.617	.042	.376	14.698	.000
	c_x3	.200	.024	.199	8.170	.000

a. Dependent Variable: 행위의도

단순 OLS 회귀분석에서 예측변수와 결과변수의 피어슨의 r은 표준화 회귀계수와 동일하다는 것을 설명하였다. 그렇다면 다중 OLS 회귀분석에서는 어떤지 한번 살펴보자. 예를 들어 태도 변수와 행위의도 변수의 피어슨 r은 $r(898)=.568$이었지만, 태도 변수의 표준화 회귀계수는 $\beta^*=.392$로 나타났다. 다시 말해, 다중 OLS 회귀분석의 표준화 회귀계수는 피어슨의 r과 동일한 값을 갖지 않는다. 그렇다면 왜 그런 것일까? 부분상관계수에 대한 설명을 돌이켜 보면 그 이유를 짐작할 수 있을 것이다. 바로 다른 예측변수와의 공분산이 통제되면서(즉 제거되면서), 상관계수의 분자부분의 분산 및 공분산이 변화했기 때문이다.

이 부분을 자세히 설명하려면 행렬식에 대한 이해가 필요하다. 아쉽게도 이러한 방식의 소개는 이 책의 범위를 벗어난다. 그러나 예측변수가 2개만 투입된 다중 OLS 회귀분석의 경우 독자들은 수계산을 통해 "실제로 통제가 어떻게 이루어지는지"에 대한 감을 잡을 수 있을 것이다. 예측변수가 2개만 투입된 경우의 각 예측변수의 표준화 회귀계수를 계산하는 공식은 아래와 같다.

$$\beta_1^* = \frac{r_{1y} - (r_{12} \times r_{2y})}{1 - r_{12}^2}$$

$$\beta_2^* = \frac{r_{2y} - (r_{12} \times r_{1y})}{1 - r_{12}^2}$$

분모에는 1에서 두 예측변수의 상관계수의 제곱을 빼 준 값이 들어 있다. 피어슨 상관계수의 제곱은 설명분산이라고 설명한 바 있다(R^2에 대한 앞의 설명을 되새겨 보자). 즉, 위의 공식에서 분모는 각 예측변수가 다른 예측변수를 얼마나 설명하는지를 제거한 것을 의미한다. 이제 분자를 살펴보자. 처음에 나온 상관계수는 해당 예측변수와 결과변수의 상관관계다. 여기서 뭘 빼 주었는가? 그렇다. 두 예측변수의 상관계수와 다른 예측변수와 결과변수의 상관계수를 곱한 값을 빼 준다. 다시 말해, 분모의 두 번째 부분에서는 다른 예측변수가 결과변수에 미치는 효과를 제거한다. 이렇게 예측변수 상호간, 그리고 해당 예측변수가 아닌 다른 예측변수가 결과변수에 미치는 효과를 제거하는 방식이 바로 '통계적 통제'다. 한번 위의 공식에 따라 수계산을 해보자. 이번 OLS 회귀분석에서는 행위의도를 결과변수로 하고, 태도와 규범만 예측변수로 투입했다고 가정해 보자. 앞에서 살펴본 상관관계 행렬표에서 $r_{12}=.360$, $r_{1y}=.568$, $r_{2y}=.564$를 위의 공식에 맞게 투입하면 아래와 같다.

$$\beta_1^* = \frac{.568 - (.360 \times .564)}{1 - .360^2} = \frac{.36496}{.8704} = .419$$

$$\beta_2^* = \frac{.564 - (.360 \times .568)}{1 - .360^2} = \frac{.35952}{.8704} = .413$$

Coefficients[a]

Model		Unstandardized Coefficients		Standardized Coefficients	t	Sig.
		B	Std. Error	Beta		
1	(Constant)	4.980	.040		123.833	.000
	c_x1	.666	.041	.419	16.090	.000
	c_x2	.678	.043	.413	15.848	.000

a. Dependent Variable: 행위의도

이제 SPSS 명령문을 통해 예측변수가 2개 투입된 다중 OLS 회귀모형을 추정한 후, 표준화 회귀계수가 어떻게 보고되는지 살펴보면 동일한 결과를 얻을 수 있다. 독자들은 통계적 통제란 어떤 의미인지 감을 잡았으리라 믿는다. 비표준화 회귀계수의 경우에 $\beta = \beta^* \times \dfrac{\sigma_y}{\sigma_{x_k}}$ 의 공식을 사용하면 계산할 수 있다.

여기서 한 가지 질문을 던져보자. 위와 같이 두 예측변수가 투입된 다중 OLS 회귀분석의 경우, 만약 두 예측변수의 상관계수가 1의 값을 가지면 어떻게 될까? 그렇다. 분모가 0이 되면서 예측변수의 표준화 회귀계수 값이 무한대(∞)의 값을 갖게 된다. 다시 말해, 예측변수들 사이의 상관관계가 1에 근접할수록 문제가 생길 가능성이 높아진다고 볼 수 있다. 실제로 $r_{1y} = .568$, $r_{2y} = .564$는 고정되어 있지만, r_{12}의 값이 .01에서 .99로 움직인다고 가정해 보자. 즉, 예측변수들 사이의 상관관계가 1에 근접할수록 각 예측변수의 표준화 회귀계수가 어떻게 변하는지 시뮬레이션을 해본 결과는 〈그림 10-2〉와 같다.[11]

〈그림 10-2〉에서 명확하게 나타나듯 r_{12}의 값이 .80 정도를 지나면 각 예측변수의 표준화 회귀계수값이 두드러지게 달라진다. r_{12}의 값이 .90 정도를 지나면 첫 번째 예측변수의 경우 급속히 증가하는 반면 두 번째 예측변수의 경우 급속히 감소하는 모습을 볼 수 있다. 각 예측변수와 결과변수의 상관관계는 $r_{1y} = .568$, $r_{2y} = .564$로 거의 유사한데, 두 변수 사이의 상관관계가 높으면 높을수록 첫 번째 예측변수가 결과변수에 미치는 효과는 상대적으로 더욱 강하게, 그리고 두 번째 예측변수가 결과변수에 미치는 효과는 상대적으로 더욱 약하게 추정되는 것을 알 수 있다. 다시 말해, 예측변수들 사이의 상관계수가 점차 1에 가까워질수록 표준화 회귀계수는 안정성을 잃을 수 있다.

---

11 시뮬레이션의 과정 및 결과 그래프는 저자들 중 한 명이 다음과 같은 R 프로그래밍을 이용해 얻은 결과다. R 프로그램과 그 프로그래밍 과정에 대해서는 백영민(2015; 2016)을 참조하길 바란다.

```
std_beta1 <- (r_1y - (r_12 * r_2y))/(1 - r_12^2)
std_beta2 <- (r_2y - (r_12 * r_1y))/(1 - r_12^2)
plot(r_12,std_beta1,xlim=c(0,1),ylim=c(0,0.8),type='l',lty=2,
xlab=expression(italic(r)[12]),ylab='표준화 회귀계수')
points(r_12,std_beta2,type='l',lty=3)
legend('topleft',legend=c('첫 번째 예측변수','두 번째 예측변수'),bty='n',lty=2:3)
```

그림 10-2 다중 OLS 회귀분석 그래프

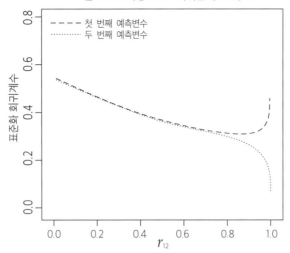

이러한 문제를 흔히 다중공선성(multi-colinearity)이라고 부른다. 다중공선성 문제가 발생하는지를 진단하는 통계치로는 분산팽창지수(variance inflation factor, VIF)가 많이 사용되며, 학자에 따라서는 VIF의 역수인 용인치 지수를 사용하기도 한다. 보통은 VIF 지수의 값이 10보다 클 때(즉 용인치 지수가 .10보다 작을 때), 다중공선성 문제가 심각하다고 의심하지만, VIF 지수에 너무 의존하는 것은 좋지 않다(왜냐하면 VIF > 10 역시도 자의적 판단기준에 불과하기 때문이다). 예측변수들 사이의 상관관계계수를 주의 깊게 살펴보길 바라며, 또한 각 예측변수가 반영하는 개념이 이론적으로 과연 구분되는 개념이라고 볼 수 있는지 비판적으로 판단할 것을 권한다.

이제 SPSS에서 다중공선성의 진단치인 VIF 지수와 용인도 지수를 구해 보자. REGRESSION 명령문에서 /STATISTICS 하위명령문에 TOL을 지정하면 된다. 여기서 TOL은 용인치 (tolerance)의 첫 세 글자를 딴 것이다. DEFAULTS를 지정하지 않으면 지금까지 보았던 SPSS에서의 기본적 결과물이 나오지 않으니 독자들은 주의하길 바란다.

```
*모형진단치: 예측변수간 다중공선성.
REGRESSION VARIABLES = y1 c_x1 c_x2 c_x3
/STATISTICS = DEFAULTS TOL
/DEPENDENT = y1
/METHOD = ENTER c_x1 c_x2 c_x3.
```

Coefficients 결과물의 맨 오른쪽에 Colinearity Statistics라는 부분의 결과를 보면 용인치 지수와 VIF 지수를 확인할 수 있다. 결과에서 알 수 있듯 이 OLS 회귀모형에서 사용된 세 예측변수의 경우 다중공선성 문제에서 자유롭다고 볼 수 있다.

Coefficients[a]

Model		Unstandardized Coefficients		Standardized Coefficients	t	Sig.	Collinearity Statistics	
		B	Std. Error	Beta			Tolerance	VIF
1	(Constant)	4.981	.039		128.306	.000		
	c_x1	.622	.040	.392	15.457	.000	.855	1.169
	c_x2	.617	.042	.376	14.698	.000	.842	1.187
	c_x3	.200	.024	.199	8.170	.000	.928	1.078

a. Dependent Variable: 행위의도

지금 살펴본 VIF 지수와 같은 모형진단치(model diagnostics) 중 다중 OLS 회귀분석의 가정과 관련된 모형진단치를 몇 가지만 추가로 소개하겠다. 대부분의 통계분석기법 교과서에서는 회귀분석을 실시한 후 이상치(outlier)가 존재하는지, 또한 OLS 회귀분석 오차항에 대한 가정 충족여부를 살펴볼 것을 권한다. 원칙적으로는 중요한 부분이며 필요한 추가분석 절차라고 생각하지만, 현실적 유용성에 대해서는 저자들은 다소 회의적인 입장을 표명하고 싶다.

우선 이상치가 발견될 경우 회귀분석에서 제외하는 것이 타당한지에 대해 논란이 없을 수 없다. 이상치는 정말 이상하기 때문에 분석에서 제외해야 할까? 먼저 이상치가 존재할 때, 표본에서 발견된 예측변수와 결과변수의 관계가 어긋날 수 있는 것은 사실이다. 하지만 이상치가 포함된 표본으로 모집단을 추정하는 것과 이상치가 배제된 표본으로 모집단을 추정하는 것은 엄연히 다르다. 예외적 존재(즉 이상치)는 어느 사회에서나 발견되기 마련이다. 예외적 존재이기 때문에 배제하는 것이 맞을까? 아니면 예외적 존재도 모집단의 특성이니 배제하지 않고 분석하는 것이 맞을까? 이는 철학적 문제이기에 통계분석기법으로 답을 내기는 어렵다.

두 번째, 오차가 NID, 즉 서로에 대해 독립적이며 동질적 분산을 가지며 정규분포 형태로 분포되어 있는가의 문제는 분명 중요한 이슈다. 하지만 현실적 문제가 적지 않은 것이 저자들의 경험이다. 사회과학 분야에서의 변수 측정방법을 떠올려 보길 바란다. 1~5점으로 측정된 리커트형 응답에서 완벽한 혹은 완벽에 가까운 오차의 정규분포를 기대하는 것이 과연 타당할까? 또한 응답자들 역시 지리적으로 서로 독립적이지 않은 경우도 적지 않다.[12] 또한 분산동질성(variance homogeneity)과 관련된 가정 역시 모집단을 어떻게 보는가에 따라 달라진다. 예를 들어, 남성과 여성을 같은 인간으로 본다면 분산동질성 가정이 타당하겠지만, '화성에서 온 남성'과 '금성에서 온 여성'과 같은 시각에서 본다면 분산동질성 가정은 타당하지 않을 수 있다. 즉, 현실이 OLS 회귀분석의 가정에 부합하지 않을 가능성이 높다. 물론 OLS 회귀분석이 아닌 대안적 통계기법을 쓰면 될지도 모르겠다. 하지만 대안적 기법은 OLS 회귀분석처럼 쉽게 이해되고 널리 알려지지 않은 상태다. 즉, 커뮤니케이션이란 측면에서 가정과 "어느 정도는 맞지 않아도" OLS 회귀분석을 사용하는 것은 어쩔 수 없는 선택일 수 있다.

---

12 예를 들어, 독자들은 같은 수업을 듣는 학생들을 생각해 보길 바란다. 이 학생들은 어떻게 보면 서로에 대해 독립적이지만, 어떻게 보면 같은 수업을 듣기 때문에 서로서로 비슷한, 즉 어느 정도는 종속적 관계라고도 볼 수 있다.

이러한 이유 때문에 이 책에서는 이 부분들을 아주 간단히 언급만 하는 수준으로 설명하겠다. 이상치 점검, 오차에 대한 가정을 점검하는 방법은 다음과 같다. REGRESSION 명령문 /RESIDUALS 하위명령문에 아래와 같이 OUTLIER와 HISTOGRAM을 지정하길 바란다. 또한 /SAVE 하위명령문에 ZRESID를 지정하면 SPSS 데이터 파일에 ZRE_1이란 이름의 새 변수가 저장된다. 여기서 ZRESID는 표준화된 오차를 의미한다. 결과를 차근차근 살펴보자.

```
*모형진단치: 오차항에 대한 가정 타당성 점검.
REGRESSION VARIABLES = y1 c_x1 c_x2 c_x3
/DEPENDENT = y1
/METHOD = ENTER c_x1 c_x2 c_x3
/RESIDUALS = OUTLIERS HISTOGRAM
/SAVE = ZRESID.
```

우선 'Residuals Statistics'라는 부분은 오차와 관련된 기술통계다. 첫 줄, 'Predicted Value'는 모형을 적용했을 때 결과변수의 예측값을 의미한다. 'Residual'은 관측값에서 예측값을 뺀 값이고, 'Std. Predicted Value'는 표준화시킨 예측값을 뜻한다, 'Std. Residual'은 표준화시킨 잔차를 의미한다(명령문에서 /SAVE = ZRESID 부분의 ZRESID가 이를 의미한다).

Residuals Statistics[a]

	Minimum	Maximum	Mean	Std. Deviation	N
Predicted Value	1.12	8.74	4.98	1.180	900
Residual	-3.778	3.799	.000	1.163	900
Std. Predicted Value	-3.269	3.185	.000	1.000	900
Std. Residual	-3.244	3.262	.000	.998	900

a. Dependent Variable: 행위의도

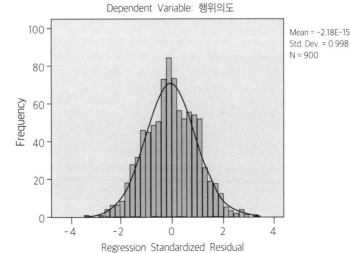

Histogram
Dependent Variable: 행위의도

Mean = -2.18E-15
Std. Dev. = 0.998
N = 900

다음으로 'Outlier Statistics'를 보면 총 900개의 사례들 중 10개의 사례가 이상치인 것으로 나타났다. 해당 결과의 Case Number라는 부분은 900개의 사례들의 가로줄 번호를 의미한다. 예를 들어, 231번 사례의 경우 오차값이 표준화된 잔차의 값이 3.262이다. 다시 말해, 이 사례의 오차값은 표준화된 결과를 기준으로 보았을 때 상당히 높은 값을 가지며, 따라서 이상치라고 볼 수 있다. 나머지 9개의 사례들도 마찬가지로 해석할 수 있다.

결과의 마지막의 Histogram은 표준화된 오차값의 히스토그램이다. 저자들이 보기에 이 오차값들의 분포는 정규분포에 매우 가깝다.

Outlier Statistics^a

Outlier Statistics[a]

		Case Number	Statistic
Std. Residual	1	460	2.509
	2	459	2.509
	3	458	-2.491
	4	457	-2.491
	5	492	1.944
	6	491	1.944
	7	490	1.944
	8	489	1.944
	9	488	1.944
	10	487	1.944

a. Dependent Variable: 행위

지금까지의 결과는 이상치와 오차가 정규분포를 따르는지 점검한 것이다. 우선 900개의 사례수 중에서 10개의 이상치는 그다지 많다고 보기 어렵지 않을까? 저자들의 판단에 동의한다면 10개의 이상치를 그냥 분석에 포함시키면 된다. 만약 정말 이 사례들을 빼고 싶다면 뺀 후에 모형을 다시 추정해 보길 바란다.[13] 또한 오차는 정규분포를 따르는 듯하다.

그러면 이제 해야 할 것은 오차의 분산동질성을 점검하는 것이다. 이는 아래와 같은 산점도를 통해 확인할 수 있다. 즉, X축에는 예측변수를 Y축에는 표준화된 오차를 배치한 산점도를 그렸을 때, 이 분포에서 두드러지게 나타나는 패턴이 없이 균등하게 데이터 포인트들이 배치되었다면 오차에 대한 가정이 잘 충족되었다고 볼 수 있다.

---

13 아래와 같이 SPSS 명령문을 작성하고 실행해 보자.

```
COMPUTE myselect = 1.
IF (abs(ZRE_1) > 2.59) myselect = 0.
FILTER myselect .
REGRESSION VARIABLES = y1 c_x1 c_x2 c_x3
/DEPENDENT = y1
/METHOD = ENTER c_x1 c_x2 c_x3.
FILTER OFF.
```

결과는 직접 확인해 보길 바라지만, 모형의 설명력인 $R^2 = .53$으로 이상치를 포함한 경우의 $R^2 = .51$보다 증가하였다. 또한 각 예측변수의 비표준화 회귀계수의 표준오차의 값이 어떻게 변화하였는지도 확인해 보길 바란다.

GRAPH /SCATTERPLOT (BIVARIATE) = c_x1 WITH ZRE_1.
GRAPH /SCATTERPLOT (BIVARIATE) = c_x2 WITH ZRE_1.
GRAPH /SCATTERPLOT (BIVARIATE) = c_x3 WITH ZRE_1.

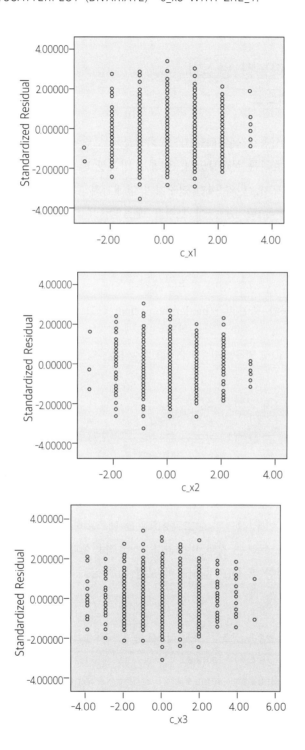

저자들의 판단으로는 별 문제가 없다고 생각한다. 다시 말해, 적어도 저자들이 살펴본 다중 OLS 회귀분석 모형을 '예시데이터_10장_01. sav' 데이터에 적용한 결과 OLS 회귀분석 가정에서 크게 벗어난 것은 아니라는 결론을 내려도 될 듯하다.

6. 연속형 변수와 명목형 변수의 상호작용효과 테스트

앞서 이원분산분석에서 사용한 데이터를 OLS 회귀분석 모형에 적용할 때 명목형 변수와 명목형 변수의 상호작용효과를 살펴보았다. 이제는 명목형 변수와 연속형 변수 사이의 상호작용효과를 테스트해 보자. 만약 어떤 연구자가 앞에서의 '예시데이터_10장_01. sav' 데이터의 변수들을 이용해 〈그림 10-3〉의 모형을 테스트했다고 가정해 보자.

〈그림 10-3〉의 모형은 태도($x1$) 변수가 행위의도($y1$) 변수에 미치는 효과가 성별(female) 변수의 수준에 따라 달라지는지 여부를 테스트한 모형이다. 성별 변수가 태도가 행위의도에 미치는 효과를 조절할 경우, 흔히 성별 변수를 조절변수(moderator, moderating variable)라고 부르며, 이러한 효과를 조절효과(moderation effect)라고 부른다.

그림 10-3 명목형 변수와 연속형 변수의 상호작용효과 모형

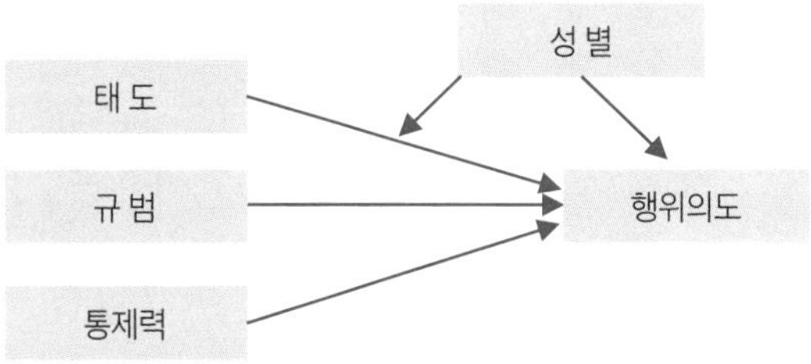

명목형 변수와 연속형 변수 사이의 상호작용효과를 테스트하는 것도 두 명목형 변수 사이의 상호작용효과를 테스트하는 것과 비슷하다. 상호작용효과 테스트를 위한 두 변수의 곱을 새로운 변수로 설정한 후 OLS 회귀분석 모형에 추가로 투입하면 된다. 즉, 다음의 SPSS 명령문과 같다.

```
*명목형 변수와 연속형 변수의 상호작용효과 테스트.
COMPUTE female_cx1 = c_x1 * female.
REGRESSION VARIABLES = y1 female c_x1 c_x2 c_x3 female_cx1
/DEPENDENT = y1
/METHOD = ENTER female  c_x1 c_x2 c_x3 female_cx1.
```

228

'Model Summary'와 'ANOVA' 부분의 결과는 별도로 제시하지는 않았다.[14] 'Coefficients' 결과표를 같이 살펴보자.

Coefficients[a]

Model		Unstandardized Coefficients		Standardized Coefficients	t	Sig.
		B	Std. Error	Beta		
1	(Constant)	4.979	.054		91.459	.000
	성별	.023	.077	.007	.305	.761
	c_x1	.796	.055	.501	14.473	.000
	c_x2	.613	.042	.373	14.732	.000
	c_x3	.198	.024	.197	8.156	.000
	female_cx1	-.339	.074	-.152	-4.593	.000

a. Dependent Variable: 행위의도

우선 규범(c_x2) 변수와 통제력(c_x3) 변수가 결과변수에 미치는 효과의 경우, 앞에서의 다중 OLS 회귀분석에서의 결과와 동일하게 해석할 수 있다. 예를 들어 보자. 비표준화 회귀계수의 경우, 모형에 투입된 다른 변수들이 결과변수에 미치는 효과를 통제했을 때, 통제력 변수가 1 단위 증가하면 결과변수인 행위의도는 약 .198단위 증가하는데 이는 통계적으로 유의미한 증가분이다($p < .001$). 표준화 회귀계수의 경우, 모형에 투입된 다른 변수들이 결과변수에 미치는 효과를 통제했을 때, 통제력 변수가 1 표준편차 증가하면 결과변수인 행위의도는 약 .197 표준편차 증가하며 이는 통계적으로 유의미한 증가이다($p < .001$).

하지만 관심의 대상이 되는 성별(female), c_x1, 그리고 이 두 변수의 곱인 female_cx1은 해석이 생각보다 간단하지 않다. 설명의 편의를 위해 규범(c_x2) 변수와 통제력(c_x3) 변수를 통제해 보자(두 변수가 0, 즉 표본의 평균값을 갖는다고 가정해 보자). 이 경우 위의 OLS 회귀방정식은 다음과 같이 표현할 수 있다(x_{c1}은 x_1의 중심화 변환된 변수를 의미한다).

$$\widehat{y_1} = 4.979 + .796\,x_{c1} + .023\,\text{female} - .339\,\text{female} \times x_{c1}$$

여기서 응답자의 성별이 남성인 경우(female = 0)와 여성인 경우(female = 1)를 구분하여 살펴보자.

- 남성인 경우: $\widehat{y_1} = 4.979 + .796\,x_{c1}$
- 여성인 경우: $\widehat{y_1} = 4.979 + .023 + .796\,x_{c1} - .339\,x_{c1}$
  $= 5.002 + .457\,x_{c1}$

---

14 이미 앞에서 여러 번 설명하였기 때문에 독자들 스스로 해석할 수 있을 것이다.

두 방정식에서 x_{c1}의 OLS 회귀계수에 주목하길 바란다. 남성일 경우 태도가 1점 증가하면 응답자의 y_1값은 약 .796 증가하지만, 여성일 경우 태도가 1점 증가할 때 응답자의 y_1값은 약 .457만큼 증가한다. 다시 말해, 태도가 행위의도에 미치는 효과는 여성보다 남성에게서 더 강하게 나타난다. 즉, female_cx1의 회귀계수가 테스트하는 것은 바로 응답자의 성별에 따라 태도가 행위의도에 미치는 효과가 통계적으로 유의미한지 여부다.

그렇다면 표준화 회귀계수는 어떻게 해석해야 할까? 답은 간단하다. 해석하지 말아야 하며, 따라서 사용하지 말아야 한다. female_cx1의 표준화 회귀계수는 -.152다. 어떻게 해석해야 할까? 그렇다. "다른 예측변수들의 효과를 통제하였을 때, 여성인지 여부를 나타내는 더미변수와 중심화 변환을 한 태도 변수의 곱이 1 표준편차 증가하면 결과변수는 -.152 표준편차 감소한다"라고 해석해야 한다. 아마도 독자들은 이러한 해석이 얼마나 이상한가에 대해 쉽게 동의할 수 있을 것이다. 표준화 회귀계수를 사용할 때 발생하는 문제는 바로 더미변수가 들어 있기 때문에 '표준편차'가 실질적 의미를 갖지 않는다는 사실이다.

만약 연속형 예측변수의 경우 표준화 회귀계수를 꼭 써야만 하는 상황이라면 어떻게 할까? 방법이 있기는 하다(여기서도 물론 조심해야 한다). 그 방법은 연속형 예측변수와 결과변수를 모두 표준화시킨 후에 OLS 회귀분석을 실시하는 것이다. 아래와 같이 모든 연속형 변수를 표준화 변환시킨 후 더미변수인 female 변수와 표준화시킨 태도(x1) 변수를 곱한 변수를 투입한 OLS 회귀분석 결과는 다음과 같다. 연속형 변수를 표준화시킬 때는 DESCRIPTIVES 명령문의 /SAVE 하위명령문을 쓰면 원래 변수의 이름 앞에 표준화된 점수임을 의미하는 Z가 붙은 새로운 변수들이 자동으로 데이터에 저장된다.

```
*명목형 변수와 연속형 변수의 상호작용효과 테스트 시 표준화 회귀계수 도출.
DESCRIPTIVES y1 x1 x2 x3 / SAVE.
COMPUTE female_zx1 = Zx1 * female.
REGRESSION VARIABLES = Zy1 female Zx1 Zx2 Zx3 female_zx1
/DEPENDENT = Zy1
/METHOD = ENTER female Zx1 Zx2 Zx3 female_zx1.
```

Model Summary와 ANOVA의 결과는 표준화시킨 변수들을 투입해도 전혀 달라지지 않는다. 독자들은 직접 확인하길 바란다. Coefficients의 경우 결과가 다소 달라지기 때문에 독자들은 회귀계수를 해석할 때 매우 주의해야 한다. 무엇보다 주의할 것은 여기서는 Unstandardized Coefficients라고 된 부분의 결과가 바로 표준화된 회귀계수 결과라는 사실이다. 실제로 규범(Zx2) 변수와 통제력(Zx3) 변수의 경우 Unstandardized Coefficients의 값과 Standardized Coefficients의 값이 동일한 것을 확인할 수 있다.

Coefficients^a

Model		Unstandardized Coefficients		Standardized Coefficients	t	Sig.
		B	Std. Error	Beta		
1	(Constant)	-.001	.033		-.039	.969
	성별	.014	.047	.007	.310	.757
	Zscore: 주관적 태도	.501	.035	.501	14.473	.000
	Zscore: 지각된 규범	.373	.025	.373	14.732	.000
	Zscore: 지각된 통제력	.197	.024	.197	8.156	.000
	female_zx1	-.214	.047	-.152	-4.593	.000

a. Dependent Variable: Zscore: 행위의도

표준화된 규범 변수와 통제력 변수들을 통제한 후(두 변수의 값을 전체평균, 즉 0이라고 가정하면), 회귀방정식은 다음과 같이 쓸 수 있다.

$$\widehat{Zy_1} = -.001 + .501\,Zx_{c1} + .014\,\text{female} - .214\,\text{female} \times x_{Zc1}$$

여기서 응답자의 성별이 남성인 경우(female = 0)와 여성인 경우(female = 1)를 구분하여 보자.

- 남성인 경우: $\widehat{Zy_1} = -.001 + .501\,Zx_{c1}$
- 여성인 경우: $\widehat{Zy_1} = -.001 + .014 + .501\,Zx_{c1} - .214\,Zx_{c1}$
  $= .013 + .297\,Zx_{c1}$

이제 표준화 회귀계수를 해석할 수 있다. 즉, 남성의 경우 다른 예측변수들이 결과변수에 미치는 효과를 통제하였을 때, 태도 변수가 1 표준편차 증가하면 행위의도 변수는 약 .501 표준편차만큼 증가한다. 반면, 여성의 경우 다른 예측변수들이 결과변수에 미치는 효과를 통제하였을 때, 태도 변수가 1 표준편차 증가하면 행위의도 변수는 약 .297 표준편차만큼 증가한다. 요컨대 태도가 행위의도에 미치는 효과는 여성 응답자보다 남성 응답자에게서 더 크게 나타났는데, 이러한 효과의 차이는 통계적으로 유의미했다($p < .001$).

표준화 회귀계수를 사용할 필요가 없다면 명목형 변수와 연속형 변수 사이의 상호작용 효과를 해석하는 것은 그렇게 어렵지 않다. 하지만 연속형 예측변수가 결과변수에 미치는 효과를 보여주는 표준화 회귀계수가 명목형 변수의 수준에 따라 달라지는지를 살펴볼 경우에는 다소 주의가 필요하다.

7. 두 연속형 변수 사이의 상호작용효과 테스트

이제는 2개의 연속형 예측변수 사이의 상호작용효과를 테스트해 보자. 만약 어떤 연구자가 앞에서의 '예시데이터_10장_01. sav' 데이터의 변수들을 이용해 〈그림 10-4〉의 모형을 테스트했다고 가정해 보자.

그림 10-4 두 연속형 변수의 상호작용효과 모형

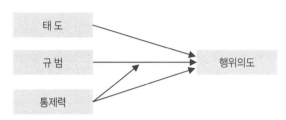

위의 모형은 규범(x2) 변수와 통제력(x3) 변수의 상호작용효과를 테스트하고 있다. 위의 모형에 따르자면 규범이 행위의도(y1) 변수에 미치는 효과는 응답자의 통제력 수준에 따라 달라진다. 즉, 통제력 변수가 조절변수이며, 통제력 변수는 규범 변수가 행위의도에 미치는 효과를 조절한다고 가정되어 있다.

이 경우도 원칙적으로는 동일하지만, 상호작용 테스트에 대한 해석이 상당히 까다롭다. 구체적인 해석은 결과를 보고 이야기해 보자. 우선 규범(x2) 변수와 통제력(x3) 변수의 상호작용효과를 테스트하기 위해 두 변수의 곱을 새로운 변수로 생성한 후 OLS 모형에 투입하면 된다. SPSS 명령문은 아래와 같다.

```
*연속형 변수와 연속형 변수의 상호작용효과 테스트.
COMPUTE cx2_cx3 = c_x2 * c_x3.
REGRESSION VARIABLES = y1 c_x1 c_x2 c_x3 cx2_cx3
/DEPENDENT = y1
/METHOD = ENTER c_x1 c_x2 c_x3 cx2_cx3.
```

마찬가지로 'Model Summary'와 'ANOVA' 결과표는 독자들은 각자 확인해 보길 바란다. 다음으로 두 연속형 예측변수 사이의 상호작용효과를 테스트한 'Coefficients' 결과를 살펴보자. 상호작용효과가 가정되지 않은 태도(c_x1) 변수의 경우 표준화 회귀계수와 비표준화 회귀계수를 해석하는 것이 어렵지는 않다. 즉, 비표준화 회귀계수의 경우, "다른 변수들이 결과변수에 미치는 효과를 통제했을 때, 태도가 1점 증가하면 행위의도는 약 .629점 증가하며 이 증가는 통계적으로 유의미하다($p < .001$)"로, 표준화 회귀계수의 경우

"다른 변수들이 결과변수에 미치는 효과를 통제했을 때, 태도가 1 표준편차 증가하면 행위의도는 약 .396 표준편차 증가하며, 이 증가는 통계적으로 유의미하다($p < .001$)"로 해석하면 된다.

Coefficients[a]

Model		Unstandardized Coefficients		Standardized Coefficients	t	Sig.
		B	Std. Error	Beta		
1	(Constant)	4.957	.040		124.996	.000
	c_x1	.629	.040	.396	15.646	.000
	c_x2	.625	.042	.380	14.902	.000
	c_x3	.200	.024	.199	8.189	.000
	cx2_cx3	.061	.022	.065	2.752	.006

a. Dependent Variable: 행위의도

하지만 상호작용효과 테스트에 포함된 규범 변수와 통제력 변수, 그리고 이 둘 사이의 상호작용효과 변수는 해석에 주의를 기울여야 한다. 우선 상호작용효과가 가정되지 않은 태도(c_x1) 변수를 통제하면(즉 태도 변수가 전체평균인 0이라고 가정한 후), OLS 회귀방정식은 다음과 같이 쓸 수 있다.

$$\widehat{y_1} = 4.957 + .625\, x_{c2} + .200\, x_{c3} + .061\, x_{c2}\, x_{c3}$$

위의 회귀방정식을 다음과 같은 세 가지 조건에 적용시킨 후, 각각의 회귀방정식을 비교해 보자. 첫째, $x_{c3} = 0$인 경우, 즉 통제력이 전체평균인 경우다. 이 조건의 경우 위의 회귀방정식은 $\widehat{y_1} = 4.957 + .625\, x_{c2}$이 된다. 둘째, $x_{c3} = 1$인 경우, 즉 통제력이 전체평균에서 1단위 증가한 경우다. 이 조건의 경우 위의 회귀방정식은 $\widehat{y_1} = 5.157 + .686\, x_{c2}$이 된다. 셋째, $x_{c3} = -1$인 경우, 즉 통제력이 전체평균에서 1단위 감소한 경우다. 이 조건의 경우 위의 회귀방정식은 $\widehat{y_1} = 4.757 + .564\, x_{c2}$이 된다.

자, 이제는 x_{c3}의 수준에 따라 회귀방정식을 다음과 같이 정리해 보자.

- $x_{c3} = -1$： $\widehat{y_1} = 4.757 + .564\, x_{c2}$
- $x_{c3} = 0$ ： $\widehat{y_1} = 4.957 + .625\, x_{c2}$
- $x_{c3} = +1$： $\widehat{y_1} = 5.157 + .686\, x_{c2}$

각 예측방정식의 절편값은 x_{c3}의 값이 1단위 증가할 때마다 .200씩 증가한다. 위의 SPSS 결과표에서 c_x3의 비표준화 회귀계수는 바로 이것을 의미한다. 즉, x_{c3}의 값이 1단위 증가함에 따른 .200의 증가는 통계적으로 유의미하다$(p < .001)$. $x_{c3} = 0$일 때 x_{c2}의 회귀계수인 .625는 바로 c_x2의 비표준화 계수다. 다시 말해, 위의 SPSS 결과표의 결과는 $x_{c3} = 0$일 경우 x_{c2}가 결과변수에 미치는 효과를 뜻한다. cx2_cx3의 결과는 바로 x_{c3}의 값이 1단위 증가할 때마다 증가하는 결과변수에 대한 x_{c2}의 효과 증가분이며, 이는 통계적으로 유의미한 증가분을 뜻한다$(p = .006)$.

연속형 변수 사이의 상호작용효과를 테스트한 결과를 제시할 때는 그래프를 그리는 것이 효과적이다. 여러 기준들이 제시되지만 다음의 두 방식이 가장 보편적으로 통용되는 것 같다(이에 대해서는 Hayes, 2013 참조). 첫 번째 방법은 조절변수의 평균, 그리고 이 평균을 중심으로 조절변수의 표준편차만큼 증가한 값과 감소한 값을 기준으로 하는 3개의 회귀방정식을 추출한 후 그래프를 그리는 방법이다. 두 번째 방법은 조절변수를 순서대로 나열하였을 때, 10%를 차지하는 값, 25%를 차지하는 값, 50%를 차지하는 값(즉 중앙값), 75%를 차지하는 값, 90%를 차지하는 값을 기준으로 하는 5개의 회귀방정식을 추출한 후 그래프를 그리는 방법이다. 물론 두 방법 모두 다른 예측변수가 결과변수에 미치는 효과를 통제한다.

아쉽게도 SPSS의 경우 그래프를 그리는 작업은 그리 편리하지 않다(적어도 저자들에게는 그렇게 느껴진다). 저자들 중 한 명의 경우 그래프 작업을 할 때 R이라는 프로그램을 사용하지만, 여기서 R에 대한 설명을 제공하는 것은 이 책의 범위를 넘어가기 때문에 독자에게 소개하지 않겠다. 대신 보편적으로 사용하는 엑셀을 이용해서 위에서 얻은 상호작용 테스트 결과를 그래프로 나타내 보자. 우선 필요한 회귀방정식을 이용해 결과변수의 예측값을 얻기 위해서는 예측변수의 값을 지정할 필요가 있다. 언급하였듯 $x_{c1} = 0$을 사용하였다. 또한 첫 번째 방식에 따라 조절변수인 x_{c3}의 경우 평균을 기준으로 1 표준편차 증감된 값을 사용했다. x_{c2}의 경우 최솟값과 최댓값을 사용했다. 아래의 SPSS 명령문을 통해 원하는 예측변수의 값들을 먼저 구해 보자.

*상호작용효과 테스트 그래프 그리기를 위한 통계치 계산.
DESCRIPTIVES c_x2 c_x3 x2 x3.

Descriptive Statistics

	N	Minimum	Maximum	Mean	Std. Deviation
c_x2	900	-2.96	3.04	-.0011	1.00802
c_x3	900	-3.97	5.03	-.0033	1.64712
지각된 규범	900	2	8	4.96	1.008
지각된 통제력	900	1	10	4.97	1.647
Valid N (listwise)	900				

a. Dependent Variable: 행위의도

234

표 10-2 두 연속형 변수의 설정 데이터값

	x_{c3} = -1.65	x_{c3} = 0	x_{c3} = 1.65
x_{c2} =-2.96 (즉 x_2 =2)	3.64	4.37	5.09
x_{c2} =3.04 (즉 x_2 =8)	4.24	5.56	6.89

우선 x_{c3}의 경우 ├1.65, 0, +1.65┤의 값을 사용하도록 하겠다.[15] 또한 x_{c3}의 경우 ├2.96, 3.04┤의 값을 사용해 보겠다. 중심화 변환을 하지 않은 변수를 기준으로 하면 2와 8이 각각 최솟값과 최댓값임을 알 수 있다. 즉, 두 예측변수의 설정 데이터값은 〈표 10-2〉와 같이 여섯 가지이며, 각 조건에서의 예측된 y_1의 값을 다음과 같이 구할 수 있다. 위의 결과를 엑셀 스프레트시트에 복사한 후 그래프로 그리면 〈그림 10-5〉와 같다.

그림 10-5 두 연속형 변수의 상호작용효과 테스트 그래프

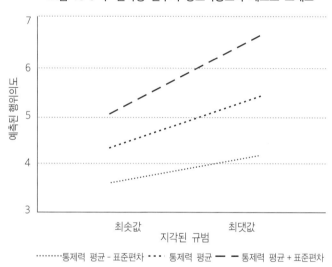

〈그림 10-5〉에서 지각된 규범이 증가할수록 응답자의 행위의도는 증가하지만, 이러한 지각된 규범의 효과는 응답자가 지각하는 통제력 수준이 높을수록 더 강력해짐을 확인할 수 있다.

OLS 회귀분석에서 상호작용효과를 테스트하는 방법은 그리 어렵지 않다. 하지만 상호작용효과를 올바로 해석하는 것은 생각보다 매우 어려운 것이 사실이며, 잘못된 해석을 제시하는 경우가 적지 않다. 상호작용효과 테스트는 사회과학에서 조절효과 테스트로 매우 자주 이용되니, 독자들은 충분히 연습하고 결과를 해석할 때 충분히 주의를 기울이길 간곡히 부탁한다.

---

15 중심화 변환된 변수의 평균이 완전히 0이 아닌 이유는 반올림하면서 생긴 오차다.

8. 모형비교: R^2 변화량 테스트

여기서 소개할 부분은 OLS 회귀분석 모형들 사이의 설명력의 유의미한 차이가 존재하는지를 테스트하는 방법이다. 사회과학 문헌들을 읽다 보면 위계적 OLS 회귀분석(hierarchical OLS regression analysis)이라는 기법을 종종 볼 수 있다. 위계적 OLS 회귀분석은 어떤 모형에 추가로 변수들을 투입하였을 때, OLS 회귀모형의 설명력이 유의미하게 증가하였는지를 테스트하는 회귀분석 기법이다. 이때 설명력이 유의미하게 증가하였는지에 대한 테스트는 R^2의 변화량이 유의미한지를 테스트하는 방식으로 진행된다.

그림 10-6 OLS 회귀모형 비교(주효과 모형과 상호작용효과 추가 모형)

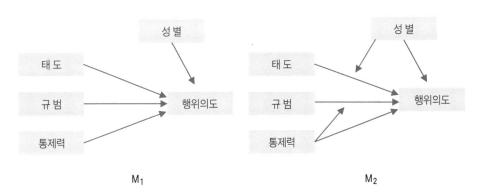

만약 〈그림 10-6〉과 같은 그림들로 표현할 수 있는 두 OLS 회귀모형의 설명력을 비교해 보자. 왼쪽의 모형은 성별, 태도, 규범, 통제력의 주효과만을 고려한 모형이다. 반면 오른쪽의 모형은 성별과 태도 변수의 상호작용효과와 규범과 통제력의 상호작용효과를 추가적으로 고려한 모형이다. 자, 이제 왼쪽 모형에 두 가지 상호작용효과를 추가로 투입하여 오른쪽 모형이 되었을 경우 과연 모형의 설명력인 R^2값은 유의미하게 증가한다고 할 수 있을까? 왼쪽 모형을 M_1이라고 하고, 오른쪽 모형을 M_2라고 할 때에 $H_0 : R^2_{M_1} = R^2_{M_2}$ 을 테스트하는 것이 바로 모형비교(model comparison), 즉 R^2변화량 테스트다.

위계적 회귀분석과 R^2 변화량 테스트를 SPSS 명령문으로 실행하는 방법은 아래와 같다. REGRESSION 명령문의 /STATISTICS 하위명령문에 CHANGE를 지정해 준 후, /METHOD = ENTER를 두 줄로 구분해 준다. 첫 줄에는 첫 번째 모형인 M_1에 투입될 예측변수들을 지정한 후, 두 번째 줄에는 M_2에 추가로 투입될 예측변수들을 지정한다.

*모형 1: 성별, c_x1,c_x2,c_x3의 주효과 추정모형.

*모형 2: 성별, c_x1,c_x2,c_x3의 주효과와 성별과 c_x1의 상호작용효과, c_x2와 c_x3의 상호작용 효과를 추가한 모형.

*모형비교: 모형 2의 설명력은 모형 1의 설명력보다 통계적으로 유의미하게 높은가?

REGRESSION VARIABLES = y1 female c_x1 c_x2 c_x3 female_cx1 cx2_cx3

/STATISTICS=DEFAULTS CHANGE

/DEPENDENT = y1

/METHOD = ENTER female c_x1 c_x2 c_x3

/METHOD = ENTER female_cx1 cx2_cx3.

Model Summary

Model	R	R Square	Adjusted R Square	Std. Error of the Estimate	Change Statistics				
					R Square Change	F Change	df1	df2	Sig. F Change
1	.712[a]	.507	.505	1.165	.507	230.431	4	895	.000
2	.723[b]	.523	.520	1.148	.016	14.684	2	893	.000

a. Predictors: (Constant), c_x3, 성별, c_x1, c_x2
b. Predictors: (Constant), c_x3, 성별, c_x1, c_x2, cx2_cx3, female_cx1

우선 'Model Summary'의 결과의 모습이 달라진 것을 확인할 수 있다. 결과에서 볼 수 있듯 M_1의 경우 $R^2 = .507$, $R^2_{adjusted} = .505$이며, M_2의 경우 $R^2 = .523$, $R^2_{adjusted} = .520$으로 나타났다. 다시 말해, 상호작용효과들을 추가로 고려한 결과 R^2의 값이 약 .016이 증가한 것을 알 수 있다. 이는 Change Statistics의 R Square Change를 통해 증가된 R^2의 값이 얼마인지 그 결과를 알 수 있다. 즉, $\Delta R^2 = .016$이며, 이에 대한 테스트 통계치는 $F(2, 893) = 14.684$, $p < .001$로 나타난다. 바꿔 말하면, M_2의 모형 설명력은 M_1의 모형 설명력보다 통계적으로 유의미하게 높다고 볼 수 있다(왜냐하면 증가된 설명력이 0이 아니기 때문이다). $\Delta R^2 = .016$의 테스트 통계치는 아래의 ANOVA 결과에서 얻을 수 있다.

ANOVA[c]

Model		Sum of Squares	df	Mean Square	F	Sig.
1	Regression	1251.442	4	312.861	230.431	.000[a]
	Residual	1215.157	895	1.358		
	Total	2466.599	899			
2	Regression	1290.132	6	215.022	163.213	.000[b]
	Residual	1176.467	893	1.317		
	Total	2466.599	899			

a. Predictors: (Constant), c_x3, 성별, c_x1, c_x2
b. Predictors: (Constant), c_x3, 성별, c_x1, cx2_cx3, female_cx1
c. Dependent Variable: 행위의도

M_1의 경우 $SS_{model} = 1251.442$이고, M_2의 경우는 $SS_{model} = 1290.132$다. 즉, $\Delta SS_{model} = 38.69$이며, 두 모형의 자유도 차이는 $\Delta df = 2$다. 즉, 추가로 설명된 총분산을 추가로 투입된 자유도의 차이로 나눠 주면 $MS_{M_2 - M_1} = \dfrac{38.69}{2} = 19.345$의 값을 얻을 수 있다. 이 평균분산을 M_2의 MS_{error}로 나눠 준 값($14.689 = \dfrac{19.345}{1.317}$)이 바로 위의 Model Summary에서 얻은 $\Delta R^2 = .016$의 테스트 통계치다. [16]

Coefficients의 결과 역시 모델별로 제시되었다. 주효과만 투입되었을 경우는 연속형 예측변수와 더미변수에 따라 결과를 적절하게 해석하면 된다(더미변수의 경우 표준화 회귀계수는 실질적 의미가 없으니 비표준화 회귀계수를 쓰길 바란다). 상호작용효과들이 투입된 M_2의 경우 상호작용효과를 나타내는 계수들을 해석할 때 주의를 기울이길 바란다. 제시된 두 가지의 상호작용효과는 이미 앞에서 다루었기 때문에 다시 언급하지 않겠다.

여기서 다음과 같은 질문을 던져 보자. 이렇게 묻는 독자가 있을지 모른다. R^2의 증가분은 고작 .016에 불과하지 않은가? 다시 말해, 추가로 2개의 상호작용효과를 고려해도 전체 결과변수의 분산 중 2%도 못 되는 분산만이 추가로 설명되었을 뿐인데, 아무리 통계적으로 유의미한 증가분이라고 해도 실질적으로 유의미한 증가로 보기에는 너무 미미하지 않을까? 이런 질문은 정말 좋은 질문이다. 거의 모든 통계적 유의도 테스트가 그러하듯, R^2 변화량 테스트 역시 표본의 크기가 크면 클수록 귀무가설을 기각하기 쉬워진다. 실제로 질문에서 지적하고 있듯 이미 M_1은 결과변수의 분산 중 약 50%를 넘게 설명하고 있다. 여기에 2% 정도에 불과한 설명력의 증가가 있더라도, 이러한 증가분은 미미하다고 보는 것 또한 충분히 타당한 지적이다.

일단 저자들의 입장을 밝히자면, "상황에 따라 그 평가는 달라져야 한다"고 답하고 싶다. 어떤 경우 2%의 설명력 증가는 정말 '새발의 피'에 불과할 수 있다. 하지만 어떤 경우 2%의 설명력 증가는 무시하기 어려운 중대한 의미가 있다고 볼 수 있다. 즉, 연구대상에 따라, 그리고 추가된 변수들의 성격에 따라, 그리고 학문분과의 특징에 따라 그 평가는 달라져야 한다.

위계적 OLS 회귀분석은 상당히 널리 사용되는 통계기법이다. 잘 익혀 두고 유용하게 사용하길 바란다.

---

16 SPSS의 아웃풋에는 $F(2, 893) = 14.684$로 소수점 셋째 자리에서 값이 조금 다른데, 이는 반올림 과정에서 생긴 오차다.

9. OLS 회귀분석을 이용한 매개효과 테스트

앞에서도 지적하였듯, 상호작용효과 테스트는 조절변수 수준에 따라 예측변수가 결과변수에 미치는 효과가 달라지는지, 즉 조절효과를 테스트하는 기법이다. 그렇다면 매개효과 (mediation effect), 즉 예측변수가 결과변수에 미치는 효과가 매개변수(mediator, mediating variable)에 의해 중개되는지, 다시 말해, 매개효과를 어떻게 테스트할 수 있을까? 실제로 매개효과를 테스트하는 사회과학 문헌은 셀 수 없을 정도로 많다. 여기서는 OLS 회귀분석을 이용해 매개효과를 테스트하는 방법에 대해 살펴보자.

여기서 소개할 방법은 배런과 케니(Baron & Kenny, 1986)의 방법이다. 최근 컴퓨터 능력이 향상되면서 배런과 케니의 매개효과 테스트 방법은 여러 가지로 비판받고 있다(비판에 대해서는 Hayes, 2009, 2013; McKinnon, Fairchild, & Fritz, 2009; Zhao, Lynch, & Chen, 2010 등을 참조하길 바란다). 하지만 배런과 케니의 방법은 여전히 매개효과를 이해하는 '입문 기법'으로서 그 가치를 인정받는다. 즉, 배런과 케니의 방법을 설명하는 이유는 매개효과 테스트의 개념을 독자들에게 설명하기 위해서다. 그러나 독자 여러분이 목표로 하는 저널이나 주변의 지도교수 혹은 심사위원들에 따라 배런과 케니의 매개효과 테스트 방법에 매우 부정적인 태도를 접할 수 있음을 깊이 숙지하길 바란다. 한편 최근 각광받는 부트스트래핑 기반 매개효과 테스트 기법들은 통계분석을 처음 접하는 초심자가 이해하기엔 쉽지 않다는 문제가 있다. 부트스트래핑에 기반한 매개효과 테스트 기법들은 별도의 문헌들을 참고하길 바란다.[17]

앞에서 소개한 TPB 모형의 변수에서 '행위의도'(y1), '태도'(x1), '통제력'(x3) 변수들이 〈그림 10-7〉과 같은 관계를 가진다고 가정해 보자. 해석의 편의를 위해 매개효과의 경우 세 변수를 모두 표준화시킨 변수들을 사용했다(즉, Zy1, Zx1, Zx3 변수들). 물론 〈그림 10-7〉의 모형은 TPB의 이론적 맥락과는 매우 거리가 있는 모형이지만, 이 책은 TPB를 설명하는 책이 아니므로 이와 같은 관계를 가질 수 있다는 가정을 독자들은 그냥 받아들이길 바란다.[18]

그림 10-7 TPB 모형 변수의 매개효과

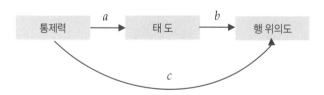

---

17 관심 있는 독자들은 헤이즈(Hayes, 2013)의 PROCESS 매크로, 팅글리 등(Tingley, Yamamoto, Hirose, Keele, & Imai, 2015)의 R 패키지 'mediation', 혹은 구조방정식 모형을 이용한 매개효과 테스트(백영민, 2017) 등을 학습하길 바란다.
18 TPB 연구자분들께는 통계기법의 설명을 위해 모형을 이론적 근거 없이 변형시켜 죄송하다는 깊은 사과의 말씀을 전한다.

매개효과 테스트와 관련하여 다음과 같은 세 '효과'들이 언제나 등장한다.

- 총효과(total effect, TE)
- 직접효과(direct effect, DE)
- 간접효과(indirect effect, IE).

매개효과 테스트에서 가장 중요한 것은 간접효과이며, 보통 간접효과에 대한 통계적 유의도 테스트 결과에 따라 매개효과가 존재하는지 아니면 존재하지 않는지 판단을 내린다. 직접효과는 예측변수가 매개변수를 거치지 않고 결과변수에 미치는 효과를 뜻한다. 총효과는 예측변수가 매개변수를 거쳐 결과변수에 미치는 간접효과와 매개변수를 거치지 않는 직접효과의 합을 의미한다. 위의 모형에서 세 가지 회귀계수에는 각각 a, b, c를 붙였다. 각각의 회귀계수를 얻기 위해서는 다음과 같은 2개의 회귀방정식이 필요하다(표준화시킨 변수들을 사용해서 절편값은 0이 나오게 되기 때문에 별도로 표기하지 않았다).

$$\widehat{Zy_1} = c \, Zx_3 + b \, Zx_1$$

$$\widehat{Zx_1} = a \, Zx_3$$

총효과, 직접효과, 간접효과를 위에 표시된 회귀계수를 이용해 표시하면 아래와 같다.

- 직접효과: $\mathrm{DE} = c$
- 간접효과: $\mathrm{IE} = a \times b$
- 총효과: $\mathrm{TE} = \mathrm{DE} + \mathrm{IE} = c + a \times b$

매개효과 테스트에서 총효과, 직접효과, 간접효과를 추정하고 계산하는 방법은 모두 위의 공식에 의거한다. 배런과 케니의 방법 역시 마찬가지이지만, 문제는 간접효과의 통계적 유의도 테스트 방법이 최근의 간접효과 테스트 방법과 조금 다르다는 것이다. 우선 배런과 케니의 방법을 단계별로 소개하기로 한다.

첫째, 매개변수를 투입하지 않은 채 예측변수만 이용하여 결과변수에 미치는 효과를 추정한다. 이렇게 추정된 예측변수의 회귀계수를 위에서 얻은 c와 구분하기 위해 c'이라고 부르자. 우선 배런과 케니의 방법에 따르면 이 첫 번째 단계에서 $H_0 : c' = 0$ 이라는 귀무가설을 반드시 기각해야 간접효과의 존재 조건이 충족된다. 배런과 케니의 방법에서 c'은 바로 결과변수에 대한 예측변수의 총효과를 의미한다.

둘째, 예측변수가 매개변수에 미치는 효과를 테스트한다. 매개변수에 대한 예측변수 효과는 위의 그림 및 공식에서 말하는 a에 해당된다. 배런과 케니의 방법에 따르면 이 두 번째 단계에서도 $H_0 : a = 0$이란 귀무가설을 반드시 기각할 수 있어야 간접효과의 존재조건을 충족시킨다.

셋째, 예측변수와 매개변수를 모두 투입하여 결과변수를 예측한다. 매개변수에 대한 예측변수의 효과는 위의 그림 및 공식에서 말하는 b와 c에 해당된다. 배런과 케니의 방법에 따르면 이 세 번째 단계에서도 $H_0 : b = 0$이라는 귀무가설을 반드시 기각할 수 있어야 간접효과의 존재조건을 충족시킨다. 또한 $H_0 : c = 0$의 귀무가설 결과에 따라 간접효과의 존재여부, 더 나아가 간접효과의 크기가 결정된다. 배런과 케니의 방법에 따르면 우선 $H_0 : c = 0$을 수용하고 $c \ll c'$인 경우(c'보다 c가 현격히 작은 경우), 간접효과는 존재하며 이때의 매개효과를 '완전매개효과'(full mediation effect)라고 부른다. 반면 배런과 케니의 방법에 따르면 $H_0 : c = 0$을 기각하고 $c < c'$인 경우(c'보다 c가 작은 경우), 간접효과는 존재하며, 이때의 매개효과를 '부분매개효과'(partial mediation effect)라고 부른다.

앞에서 말했듯이 이러한 배런과 케니의 방법에는 이론적으로 그리고 현실적으로 수많은 문제점들이 존재한다. 하지만 배런과 케니의 방법에서 이야기하는 용어들은 여전히 쓰이고 있으며, 부분매개효과와 완전매개효과와 같은 표현 역시 사회과학 문헌에서 별다른 추가 설명이 필요 없을 정도로 통용된다(배런과 케니의 방법을 비판하는 몇몇 학자들은 부분매개효과, 완전매개효과와 같은 용어는 폐기되어야만 한다고 주장하기도 한다). 이 책에서 배런과 케니의 방법을 소개한 것은 매개효과에 대한 개념을 설명하기 위함이다. 다시 말하지만, 배런과 케니의 방법은 최근 비판의 대상이 되고 있으니 상황에 따라 다른 매개효과 테스트 기법들을 고려하길 바란다. 아무튼 이와 같은 과정에 따라 매개효과를 테스트하기 위한 SPSS 명령문과 'Coefficients' 결과표는 아래와 같다.

```
*배런과 케니의 매개효과 테스트를 적용.
REGRESSION VARIABLES = Zy1 Zx3 Zx1
/DEPENDENT = Zx1
/METHOD = ENTER Zx3.
REGRESSION VARIABLES = Zy1 Zx3 Zx1
/DEPENDENT = Zy1
/METHOD = ENTER Zx3
/METHOD = ENTER Zx3 Zx1.
```

Coefficients[a]

Model		Unstandardized Coefficients		Standardized Coefficients	t	Sig.
		B	Std. Error	Beta		
1	(Constant)	5.483E-15	.033		.000	1.000
	Zscore: 지각된 통제력	.204	.033	.204	6.237	.000

a. Dependent Variable: Zscore: 주관적 태도

Coefficients[a]

Model		Unstandardized Coefficients		Standardized Coefficients	t	Sig.
		B	Std. Error	Beta		
1	(Constant)	4.344E-15	.031		.000	1.000
	Zscore: 지각된 통제력	.367	.031	.367	11.841	.000
2	(Constant)	1.524E-15	.026		.000	1.000
	Zscore: 지각된 통제력	.263	.027	.263	9.851	.000
	Zscore: 주관적 태도	.514	.027	.514	19.282	.000

a. Dependent Variable: Zscore: 행위의도

결과표에서 a, b, c, c'이 어떻게 되는지 확인해 보자. 우선 매개변수를 고려하지 않은 상황에서 예측변수가 결과변수에 미치는 효과를 나타내는 회귀계수는 $c' = .367$, $p < .001$이다. 또한 예측변수가 매개변수에 미치는 효과를 나타내는 회귀계수는 $a = .204$, $p < .001$이다. 예측변수를 통제한 후 매개변수가 결과변수에 미치는 효과를 나타내는 회귀계수는 $b = .514$, $p < .001$이다. 매개변수를 통제한 후의 예측변수가 결과변수에 미치는 효과를 나타내는 회귀계수는 $c = .263$, $p < .001$이다. a, b 모두 통계적으로 유의미하고, $H_0 : c = 0$을 기각하면서 $c < c'$이기 때문에 배런과 케니의 방법을 적용하면 태도 변수는 통제력이 행위의도에 미치는 효과를 부분적으로 매개한다고 볼 수 있다.

a, b, c를 알고 있기 때문에 총효과, 직접효과, 간접효과를 수계산할 수 있다. 우선 계산을 해보면 $DE = .263$, $IE = .204 \times .514 = .105$, $TE = .263 + .105 = .368$이다. 여기서 계산된 총효과, $TE = .368$의 값과 $c' = .367$의 값을 비교해 보면, 두 값이 동일한 것임을 짐작할 수 있다. 배런과 케니의 방법이 어떻게 작동하는지 독자들은 이제 감을 잡을 수 있을 것이다.

그렇다면 간접효과인 $a \times b = .105$가 0과 비교할 때 정말로 유의미하게 다른 값인지 어떻게 알 수 있을까? 이와 관련해서 흔히 소벨 테스트(Sobel's test)가 같이 사용된다. 소벨 테스트 역시 배런과 케니의 방법처럼 최근 엄청난 비판을 받고 있다. 우선 소벨 테스트는 모든 변수들이 다변량 정규분포(multivariate normal distribution)를 띤다는 가정을 취하는데 이것이 비현실적이라는 비판, 또한 소벨 테스트 결과가 전반적으로 귀무가설을 수용하는 방향으로 편향되어 있다는(즉, 제2종 오류를 범할 가능성이 높다는) 비판 등이 바로 그것들이다(소벨 테스트의 잠재적 문제점들의 경우 배런과 케니의 방법을 비판하는 대부분의 문헌들에서 제시되어 있다. 관심 있는 독자께서는 다음을 보길 바란다. Hayes, 2009, 2013; McKinnon et al., 2009; Zhao et al., 2010). 독자들에게 다시 강조하지만, 이런 문제점들이 지적되고 있으니 간접효과의 통계적 유의도 테스트를 위해 소벨 테스트를 쓸 때는 매우 주의하길 바란다.

소벨 테스트 공식은 다음과 같으며, 테스트 통계치로는 z 테스트 통계치가 사용된다.

$$z = \frac{a \times b}{\sqrt{b^2 \times SE_a + a^2 \times SE_b}}$$

SPSS 출력결과를 이용해 소벨 테스트 통계치를 계산하면 $z = 5.88$이며 통계적 유의도는 $p < .001$이다.[19] 즉, 위의 모형에서의 간접효과는 통계적으로 유의미하다고 볼 수 있다.

사회과학 연구에서 매개효과 테스트는 정말 빈번하게 사용된다(솔직한 저자의 의견을 밝히자면, 조금은 과도할 정도로 빈번하게 사용된다고 생각한다). 배런과 케니의 방법과 소벨 테스트의 잠재적 문제점들에도 불구하고, 이 방법들의 유용성이 전혀 없는 것은 아니다. 하지만 이들 테스트를 사용할 수 없는 경우, 독자들은 최근에 제안되는 간접효과 테스트 기법을 사용하길 바란다.

10. 데이터에 기반한 최적의 OLS 회귀방정식 추출

OLS 회귀분석 모형을 마무리하기 전에 REGRESSION 명령문에서 /METHOD = ENTER라고 지정한 하위명령문의 의미를 알아보자. /METHOD = ENTER라고 지정하면 지정된 예측변수 모두를 회귀모형에 투입한 후 각 예측변수가 결과변수에 미치는 회귀계수를 추정한다. 즉, 여기서 ENTER라는 옵션은 연구자가 지정한 예측변수를 포함하는 방정식을 추정한다는 뜻이다.

이 ENTER 옵션 대신 다른 옵션을 사용할 수도 있다. 예컨대, FORWARD나 BACKWARD, STEPWISE와 같은 옵션을 사용할 수 있다. 하지만 사회과학을 전공하는 입장에서 저자들은 부디 독자들이 이들 옵션을 사용하지 않았으면 좋겠다는 말을 전하고 싶다. 그 이유는 FORWARD나 BACKWARD, STEPWISE와 같은 옵션은 데이터에 기반하여 회귀모형을 추출하기 때문이다. 이들 옵션은 투입된 예측변수들 중 통계적으로 유의미하지 않은 변수들을 모형에서 탈락시키는 방법을 통해 결과변수를 예측하는 데 중요한 예측변수만으로 구성된 예측모형을 구성한다. 저자들이 이 옵션들을 사용하지 말라고 이야기하는 이유는 바로 이 때문이다.

적어도 사회과학 분과에서 추리통계분석의 핵심은 귀무가설에 대한 테스트다. OLS 회귀분석을 사용하는 경우 대부분은 이론에 따라 회귀방정식을 구성한 후, 이 회귀방정식의 설명력(R^2과 모형의 F 테스트 통계치)과 다른 예측변수를 통제하였을 때, 각 예측변수가 결과변수에 미치는 효과(비표준화 회귀계수와 표준오차를 이용)를 테스트한다. 즉, 모형이 없다면 회귀분석을 할 수 없다.

---

19 아래의 웹페이지에 해당되는 정보를 투입하면 소벨 테스트 결과를 얻을 수 있다. 소벨 테스트 외에도 아로이안 테스트(Aroian test), 굿맨 테스트(Goodman test) 등의 결과도 제시되어 있다. 아로이안 테스트와 굿맨 테스트는 소벨 테스트와 유사한 공식을 갖는다(물론 공식의 형태가 조금 다르다). 하지만 대부분의 문헌에서 소벨 테스트를 사용하고 있다(물론 최근에는 사용하지 말아야 한다는 주장이 매우 강하게 대두되며, 대안적으로 부트스트래핑을 이용한 테스트 기법이 너무 지나치지 않을까 싶을 정도로 강조되는 상황이다).

하지만 FORWARD나 BACKWARD, STEPWISE와 같은 옵션은 모형을 테스트하는 것이 아니라, 데이터를 기반으로 모형을 추출하는 것을 주목적으로 하기 때문에 사회과학 분야의 통계 기법들과 철학적으로 조화되기 어렵다. 특히 통계적 유의도 여부에 상관없이 통제변수를 통제해야 하는 경우, 혹은 상호작용효과를 테스트하는 경우에는 FORWARD나 BACKWARD, STEPWISE와 같은 옵션을 사용하면 절대 안 된다.

예를 들어 보기로 하자. 모형비교, 즉 R^2 변화량 테스트를 할 때의 두 번째 모형(M_2)에 STEPWISE를 적용해 보자.[20] 참고로 STEPWISE는 변수를 투입하고 제거하는 방식 중 하나를 뜻하며, 결과변수에 미치는 효과가 가장 큰 예측변수부터 차례로 투입과 제거를 하는 과정이 반복되는 방식으로 회귀분석 모형을 구성한다.

*스텝와이즈 변수선택은 별로 추천하고 싶지 않다.
REGRESSION VARIABLES = y1 female c_x1 c_x2 c_x3 female_cx1 cx2_cx3
/DEPENDENT = y1
/METHOD = STEPWISE female c_x1 c_x2 c_x3 female_cx1 cx2_cx3.

Coefficients[a]

Model		Unstandardized Coefficients		Standardized Coefficients	t	Sig.
		B	Std. Error	Beta		
1	(Constant)	4.980	.045		109.504	.000
	c_x1	.902	.044	.568	20.669	.000
2	(Constant)	4.980	.040		123.833	.000
	c_x1	.666	.041	.419	16.090	.000
	c_x2	.678	.043	.413	15.848	.000
3	(Constant)	4.981	.039		128.306	.000
	c_x1	.622	.040	.392	15.457	.000
	c_x2	.617	.042	.376	14.698	.000
	c_x3	.200	.024	.199	8.170	.000
4	(Constant)	4.991	.038		129.794	.000
	c_x1	.796	.055	.501	14.494	.000
	c_x2	.613	.042	.373	14.770	.000
	c_x3	.198	.024	.196	8.158	.000
	female_cx1	-.339	.074	-.152	-4.596	.000
5	(Constant)	4.966	.039		126.506	.000
	c_x1	.805	.055	.507	14.680	.000
	c_x2	.621	.041	.378	14.986	.000
	c_x3	.197	.024	.196	8.178	.000
	female_cx1	-.342	.074	-.153	-4.656	.000
	cx2_cx3	.063	.022	.066	2.853	.004

a. Dependent Variable: 행위의도

---

20 현 데이터의 경우 BACKWARD와 FORWARD로 옵션을 바꾸어도 최적의 회귀분석 모형은 동일하다. 궁금한 독자는 스스로 옵션을 바꾼 후 그 결과가 동일한 것을 확인하길 바란다.

위의 결과에서 나타나듯 총 5번에 걸쳐 투입과 반복이 나타났다. 5번째의 결과를 보자. x_{c1} 변수와 female $\times x_{c1}$ 변수는 투입되었는데, 정작 female 변수는 분석에서 제외되어 있다. 그 이유는 간단하다. female 변수의 통계적 유의도가 유의미하지 않기 때문이다. 하지만 female 변수를 제거하는 것은 사실 좋은 선택이 아니다. 왜냐하면 female 변수 자체의 설명력은 낮다고 하더라도 female $\times x_{c1}$ 변수의 회귀계수는 female 변수의 회귀계수가 없이는 설명되기 어렵기 때문이다.

물론 STEPWISE 옵션이 완전히 무의미한 것은 아닐 수 있다. 상황에 따라 데이터에 기반한 최적의 회귀방정식을 추출하는 것이 의미 없는 일이 아닌 경우도 있다. 하지만 FORWARD, BACKWARD, STEPWISE 옵션 등을 이용한 사회과학 논문들을 저자들이 아직까지 접해 본 적이 없을 정도로 이들 기법은 사회과학 분과에서는 사용되기 어려운 기법들이다.

지금까지 OLS 회귀분석을 살펴보았다. 독자들도 느꼈겠지만, OLS 회귀분석은 지금까지 앞에서 설명했던 모든 통계기법들과 상통하는 통계기법이다. 또한 기존의 통계기법들로는 다루기 어려운 몇몇 상황들에도 적용할 수 있는 매우 유용하며 매우 광범위하게 사용되는 통계기법이다. 아마도 어느 사회과학 분과(심지어 자연과학이나 공학도 포함)를 보더라도 OLS 회귀분석을 사용하지 않는 경우는 없을 정도로 널리 사용되는 과학적 통계기법이다. 개론서인 이 책에서는 기초적 부분만 설명했을 뿐이니, 관련개념과 통계분석 결과에 대한 해석방법에 대해 충실한 학습을 할 것을 독자들에게 부탁한다.

다음 장에서는 결과변수가 정규분포를 띠는 연속형 변수가 아닌 0 혹은 1의 값을 갖는 더미변수(가변수)일 때 사용할 수 있는 로지스틱 회귀분석을 소개할 것이다. OLS 회귀분석을 이해하지 않은 채 로지스틱 회귀분석을 이해하기는 상당히 어려우니, 이 장의 내용을 다시금 복습한 후 다음 장의 내용을 살펴보길 부탁한다.

참고문헌

백영민 (2015), 《R를 이용한 사회과학데이터분석: 기초편》, 파주: 커뮤니케이션북스.
_____ (2016), 《R를 이용한 사회과학데이터분석: 응용편》, 파주: 커뮤니케이션북스.
_____ (2017), 《R를 이용한 구조방정식 모형 분석》, 파주: 커뮤니케이션북스.

Ajzen, I. (1991), The theory of planned behavior, *Organizational Behavior and Human Decision Processes*, 50(2), 179-211.

Cohen, J., Cohen, P., West, S. G., & Aiken, L. S. (2003), *Applied Multiple Regression/ Correlation Analysis for the Behavioral Science* (3rd Ed.). Mahwah, NJ: Lawrence Earlbaum Associates.

Fishbein, M., & Ajzen, I. (2010), *Predicting and Changing Behavior: The Reasoned Action Approach*, New York: Psychology Press.

Hayes, A. F. (2009), Beyond Baron and Kenny: Statistical mediation analysis in the new millennium, *Communication Monographs*, 76(4), 408–420.

_____ (2013), *Introduction to Mediation, Moderation, and Conditional Process Analysis: A Regression-Based Approach*, New York: Guilford Press.

McKinnon, D. P., Fairchild, A. J., & Fritz, M. S. (2009), Mediation analysis, *Annual Review of Psychology*, 58, 593–614.

Tingley, D., Yamamoto, T., Hirose, K., Keele, L., & Imai, K. (2015), *Mediation: R package for causal mediation analysis*, Available at: https://cran.r-project.org/web/packages/mediation/vignettes/mediation.pdf

Zhao, X., Lynch, J. G., & Chen, Q. (2010), Reconsidering Baron and Kenny: Myths and truths about mediation analysis, *Journal of Consumer Research*, 37(2), 197–206.

로지스틱 회귀분석

로지스틱 회귀분석(logistic regression analysis)은 결과변수가 0 혹은 1의 값을 갖는 더미변수일 때 사용하는 회귀분석 기법이다. 예를 들어 어떤 소비자가 물건을 구매했는지 아니면 구매하지 않았는지를 예측할 때, 병에 걸린 환자에게 투약 후 치료되었는지 여부를 예측할 때, 유권자가 지난 대통령 선거에서 투표했는지 여부를 예측할 때와 같은 상황에서 로지스틱 회귀분석은 매우 유용하게 사용되는 기법이다. 여기서는 다음과 같은 순서로 로지스틱 회귀분석을 설명할 것이다. 우선 결과변수가 더미변수일 경우 왜 로지스틱 회귀분석을 사용해야 하는지 밝힌 후, 로지스틱 회귀분석(더 나아가 결과변수가 정규분포를 따르지 않는 경우에 사용하는 회귀분석도 포함한다)의 핵심개념인 링크함수에 대해 가능하면 쉬운 말로 풀이하였다. 이후 앞에서 다루었던 카이제곱 테스트와 로지스틱 회귀분석의 관계를 규명하였고, 어떻게 로지스틱 회귀분석 결과를 해석하는지, 그리고 OLS 회귀분석을 소개하면서 다루었던 모형비교, 상호작용효과 테스트와 그 해석에 대해서 살펴보았다.

1. 더미변수인 결과변수와 OLS 회귀분석

일단 더미변수를 결과변수로 사용할 때 왜 OLS 회귀분석을 사용하면 안 될까? 우선 이론적으로는 더미변수가 결과변수일 때, OLS 회귀분석의 오차항의 가정이 충족되기 어렵기 때문에 OLS 회귀분석을 사용하면 안 된다. OLS 회귀분석의 오차항은 $\epsilon_i \sim NID\,(0, \sigma^2)$를 따른다고 가정된다. 독자들은 저자들이 OLS 회귀분석에 더미변수를 예측변수로 사용하였을 때, 왜 표준화 회귀계수를 사용할 수 없는지에 대해 설명했던 것을 떠올려 보길 바란다. 그렇다. 더미변수의 경우 표준편차(혹은 분산)에 실질적 의미를 부여하는 것이 불가능하기 때문에 표준화 회귀계수를 사용할 수 없었다. 더미변수를 결과변수로 OLS 회귀분석에 투입해도 그 결과는 마찬가지다. OLS 회귀모형을 사용할 경우 오차에 대한 가정이 충족되지 않을 뿐만 아니라 $\epsilon_i \sim NID\,(0, \sigma^2)$와 같은 오차에 대한 가정을 언급하는 것이 타당하지 않기 때문이다.

이론적 이유 외에도 현실적으로도 OLS 회귀분석을 사용하기 어렵다. 그 이유는 OLS 회귀방정식을 이용한 결과변수의 예측값이 비현실적인 값이 나오는 경우가 다반사이기 때문이다. 실제 사례를 살펴보도록 하자. OLS 회귀분석을 소개할 때 사용했던 '예시데이터_10장_01.sav' 데이터의 y2 변수는 응답자가 실제 행동을 취했는지 여부를 나타내는 변수다. 만약 행동을 하지 않았다면 0의 값이, 행동을 취했다면 1의 값이 부여된 더미변수다. y2 변수를 결과변수로 하고, 행위의도를 나타낸 y1 변수를 예측변수로 하는 단순 OLS 회귀분석을 실시해 보자. 노파심에 다시 말하지만, 이 분석을 실시하는 이유는 결과변수가 더미변수일 때, 로지스틱 회귀분석을 실시하면 왜 문제가 생기는지 보여주기 위해서다. 독자들은 절대로 이런 식의 분석을 실행하는 일이 없길 바란다. REGRESSION 명령문에 /RESIDUALS에 OUTLIERS을 지정하였고, 또한 /SAVE = PRED를 통해 OLS 회귀모형을 통해 예측된 결과변수값을 저장하였다(이에 대해서는 OLS 회귀분석을 소개하면서 그 의미에 대해 설명한 바 있다). 일단 결과를 살펴보자.

```
*로지스틱 회귀분석이 아닌 OLS 회귀모형을 쓰면 안 되는 이유.
REGRESSION
/VARIABLES = y2 y1
/DEPENDENT=y2
/METHOD=ENTER y1
/RESIDUALS=OUTLIERS
/SAVE = PRED.
```

위와 같은 분석은 실시하면 안 되는 분석이기 때문에 결과표에 대한 자세한 설명은 제시하지 않았다. 여기서는 'Residuals Statistics'의 결과에만 집중해 보자. 더미변수가 결과변수일 경우 OLS 회귀분석을 사용하면 안 되는 현실적 이유는 바로 첫 줄 Predicted Value의 값 때문이다. 최솟값과 최댓값이 얼마인가? 각각 -.54와 1.53다. 이상하지 않은가? 결과변수는 0 혹은 1의 값이다. 그런데 -.54, 혹은 0보다 작은 값은 도대체 어떤 의미인가? 마찬가지로 1.53과 1보다도 큰 값은 무슨 의미인가? 즉, 현실적으로 존재하지 않는 예측값이 예측되는 터무니없는 결과를 확인할 수 있다.

Residuals Statistics[a]

	Minimum	Maximum	Mean	Std. Deviation	N
Predicted Value	-.54	1.53	.49	.342	899
Residual	-.909	.917	.000	.365	899
Std. Predicted Value	-3.004	3.031	.000	1.000	899
Std. Residual	-2.489	2.509	.000	.999	899

a. Dependent Variable: 행위

또, 저장된 결과변수 예측값의 빈도표를 구해 보자. 다음의 SPSS 명령문을 실행해 보길 바란다.

FREQUENCIES PRE_1.

Unstandardized Predicted Value

		Frequency	Percent	Valid Percent	Cumulative Percent
Valid	-.53563	3	.3	.3	.3
	-.32926	17	1.9	1.9	2.2
	-.12288	35	3.9	3.9	6.1
	.08350	103	11.4	11.4	17.6
	.28987	189	21.0	21.0	38.6
	.49625	220	24.4	24.4	63.0
	.70263	176	29.6	19.6	82.6
	.90900	96	10.7	10.7	93.2
	1.11538	50	5.6	5.6	98.8
	1.32176	9	1.0	1.0	99.8
	1.52813	2	.2	.2	100.0
	Total	900	100.0	100.0	

위의 결과를 보면 독자들은 이상한 생각이 들 것이다. 결과변수는 0 혹은 1의 값을 가져야 하는데, 0과 1의 값은 아예 존재하지도 않았다. 대신, 예를 들어 .28987과 같은 현실적으로는 나올 수 없는 값이 결과로 도출되었다. 독자들도 동의하겠지만 행동을 .28987만큼 하는 사람은 존재하지 않는다. 행동을 하거나(즉 1) 혹은 하지 않거나(즉 0) 둘 중의 하나가 현실에서 관측될 뿐이다.

아마 독자들은 이제 왜 결과변수가 더미변수일 때 OLS 회귀분석을 사용하면 안 되는지 납득할 것이다. 그렇다면 로지스틱 회귀분석은 결과변수가 더미변수일 때의 문제를 어떻게 해결하는가?

2. 링크함수와 로지스틱 회귀분석

OLS 회귀분석을 사용할 경우 결과변수의 예측값은 연속형 변수의 형태로 나타난다(정규분포를 가정하는 연속형 변수를 결과변수로 사용하기 때문에 이 말은 어쩌면 당연한 말이다). 결과변수가 더미변수일 경우, 결과변수의 예측값은 0 혹은 1의 값으로 나타나야 한다. 로지스틱 회귀분석을 이해하기 위해 다음과 같은 발상의 전환을 해보자. 만약 더미변수인 결과변수의 값 0과 1은 연속형 변수를 어떤 함수를 이용해 0과 1로 전환시켜 준 값은 아닐까? 예를 들어, 어떤 교수가 기말고사 성적이 50점 미만인 학생에게는 F를 주겠다고 학기 초에 공표했다고 가정해 보자. 그리고 기말고사를 치러 보니 학생들의 평균은 55점이었고, 최솟값은 20점, 최댓값은 95점이었다고 가정해 보자. 이 경우 연속형 변수의 값은 50점을 기준으로 F학점과 50점 이상의 점수를 갖는 F학점이 아닌 학점으로 나뉘게 된다. 마찬가지다. 위에서 다룬 예시 데이터에서 어떤 연속형 변수를 가정하고 이 연속형 변수의 값이 특정값보다 크다면 '행동을 함', 그렇지 않다면 '행동하지 않음'이라는 더미변수로 코딩되었다고 생각하는 것도 불가능하지 않을까?

연속형 변수를 더미변수로 바꾸어 주는 과정을 가능하게 만드는 함수를 '링크함수'(link function)라고 부른다. 로지스틱 회귀분석의 경우 로지스틱 함수(logistic function)라는 이름의 함수를 링크함수로 사용하기 때문에 '로지스틱 회귀분석'이라는 이름이 붙었다. 로지스틱 함수는 아래와 같이 표현되며, 그래프[1]로 나타내면 〈그림 11-1〉과 같다(그래프의 경우 $\alpha = 0$, $\beta_i = 0$으로 설정하였다).

$$F(x) = \frac{1}{1 + e^{-(\alpha + \Sigma \beta_i x_i)}}$$

우선 Y축을 살펴보길 바란다. X의 값이 아무리 작아도 Y축의 값은 0보다 작은 값은 갖지 않는다. 마찬가지로 X의 값이 아무리 증가해도 Y축의 값은 1보다 큰 값을 갖지 않는다. 최댓값이 1, 최솟값이 0인 것이 바로 로지스틱 함수의 특징이다. 이 특징은 결과변수가 더미변수일 때 매우 유용하다. 왜냐하면 결과변수의 값이 0 혹은 1이기 때문이다.

---

[1] 로지스틱 함수 그래프는 저자들 중 한 명이 R이라는 프로그램을 이용해 그린 것이다. R 프로그램 및 프로그래밍 방법에 대해서는 백영민(2015; 2016)을 참조하라.

```
myx <- -600:600/100
myy <- 1/(1+exp(-myx))
plot(myx, myy, type='l',lwd=3,
xlab=expression(italic(x)), ylab=expression(italic(F(x)))
```

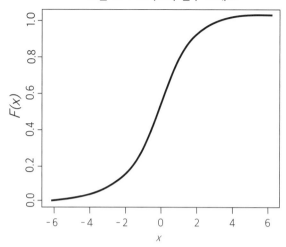

그림 11-1 로지스틱 함수 그래프

이때 0을 기준값으로 적용하면 어떻게 될까? 즉, X 값이 0보다 크면 결과변수의 값을 1로, 0보다 작으면 0으로 분류하면 어떨까? 이러한 기준값, 즉 결과변수가 0인지 1인지를 가르는 기준을 흔히 '역치'(threshold)라고 부른다. 위의 로지스틱 함수를 다음의 과정을 밟아 전환시켜 보자.

$$1 + e^{-(\alpha + \Sigma\beta_i x_i)} = \frac{1}{F(x)}$$

$$e^{-(\alpha + \Sigma\beta_i x_i)} = \frac{1}{F(x)} - 1$$

$$e^{-(\alpha + \Sigma\beta_i x_i)} = \frac{1 - F(x)}{F(x)}$$

$$e^{(\alpha + \Sigma\beta_i x_i)} = \frac{F(x)}{1 - F(x)}$$

$$\alpha + \Sigma\beta_i x_i = \ln\frac{F(x)}{1 - F(x)}$$

여기서 우변인 $\ln\frac{F(x)}{1-F(x)}$ 는 로짓(logit)이라고 불린다. 아래와 같이 표현하면 이제 독자들도 로지스틱 회귀모형이 OLS 회귀모형과 동일한 모습을 갖는다고 느낄 수 있을 것이다.

$$\text{logit} = \ln\frac{F(x)}{1 - F(x)} = \alpha + \Sigma\beta_i x_i$$

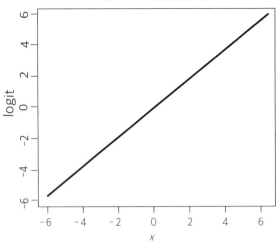

그림 11-2 로짓변환 그래프

위의 방정식은 바로 OLS 회귀분석에서 설명한 방정식과 매우 유사하다. 물론 한 가지 차이점이 있다. 그것은 바로 오차항이 없다는 것이다. 이 점은 조금 후에 다시 언급하기로 한다. 위와 같이 로짓함수를 이용해 위에서 그린 그래프를 다시 그리면 〈그림 11-2〉와 같다.[2] 두 그래프를 통해 우리는 결과변수가 더미변수인 경우 로지스틱 함수와 로짓변환을 통해 예측변수가 결과변수에 미치는 효과를 선형으로 예측한 후, 이 값을 0 혹은 1의 값으로 전환시킬 수 있다는 것을 알 수 있다.

이제 앞에서 언급했던 '오차항의 부재' 문제를 다시 언급해 보자. 오차항 대신 사용되는 개념이 바로 '로그우도'(Log-Likelihood)라는 개념이다. 로그우도란 우도(likelihood, 가능도)에 로그를 취한 값을 의미한다. 그렇다면 우도란 무엇인가? 우선 우도란 모형이 데이터와 얼마나 불합치하는가를 정량화시킨 값이라고 이해하면 큰 문제가 없다. 실제로 '우도'(尤度)라는 한자어에서 '우'(尤)는 '벗어나 있다'는 의미다. 이 때문에 로그우도를 사용하는 통계치의 경우 영어로 'deviance'라고 쓰이기도 한다. deviance의 뜻이 바로 즉 벗어난 정도이며, deviance 통계치는 흔히 '이탈도'라고 번역되어 사용된다.

회귀분석 모형이 데이터에서 많이 벗어나 있다는 것은 무슨 뜻일까? 그것은 모형이 현실과 맞지 않는다는 의미다. 이제 표현을 조금만 바꾸어 보자. 만약 회귀분석 모형에 의해서 얻은 값을 '기댓값'(expected value)이라고 하고, 데이터에서 얻은 값을 '관측값'(observed value)이라고 바꾸어 보자. 독자들은 이러한 표현을 어디선가 들어본 적이 없는

---

2 로짓변환 그래프는 저자들 중 한 명이 R이라는 프로그램을 이용해 직접 그린 것이다.

```
mylogittrans <- log(myy/(1-myy))
plot(myx, mylogittrans, type='l',lwd=3,
xlab=expression(italic(x)), ylab=expression(italic(logit))
```

가? 그렇다. 관측값과 기댓값은 바로 카이제곱 테스트에서 나왔던 표현들이다. 실제로 로지스틱 회귀분석의 테스트 통계치는 바로 카이제곱 테스트이며, 로그우도의 차이값은 카이제곱 분포와 유사한 분포를 가진다고 알려져 있다.

즉, 로지스틱 회귀분석의 R^2은 OLS 회귀분석처럼 전체분산 중 오차항의 분산을 뺀 비율과 비슷한 방식으로 계산될 수 없다. 대신 로그우도를 이용해 OLS 회귀분석에서의 R^2과 유사한 값을 계산해 준다. 바로 이 때문에 로지스틱 회귀분석의 R^2을 임의 R^2(pseudo-R^2)이라고 부른다. 로지스틱 회귀분석에서는 데이터에 어떠한 예측변수도 고려하지 않을 경우의 로그우도에 비해, 예측변수를 고려할 때의 로그우도가 얼마나 많은 로그우도를 감소시켰는지를 계산하는 방식으로 임의 R^2을 계산한다. 이 부분은 나중에 구체적 결과를 통해 다시 설명하도록 하자.

3. 카이제곱 테스트와 로지스틱 회귀분석

카이제곱 테스트는 두 명목형 변수 사이의 상관관계를 분석할 때 설명한 바 있다. 만약 두 명목형 변수 중 하나가 더미변수이고, 이 변수가 결과변수로 상정될 경우 카이제곱 테스트 결과와 로지스틱 회귀분석 결과는 동일하게 계산된다. 물론 두 명목형 변수 사이의 관계를 테스트할 때는 로지스틱 회귀분석보다는 카이제곱 테스트를 이용하는 것이 훨씬 더 간단하고 해석도 용이하다. 여기서는 로지스틱 회귀분석과 카이제곱 테스트의 관련성을 통해 로그우도의 의미와 예측변수의 회귀계수가 어떤 의미를 갖는지 소개하겠다. 우선 앞에서 소개했던 '예시데이터_10장_01.sav' 데이터에서 행위여부(y2) 변수와 성별(female) 변수의 관계를 카이제곱 테스트해 보자.

```
*더미변수인 예측변수와 결과변수의 카이제곱 테스트.
CROSSTABS y2 BY female
/STATISTICS=CHISQ.
```

행위 * 성별 Crosstabulation

Count

		성별		Total
		남성	여성	
행위	행동하지 않음	228	229	457
	행동함	222	221	443
Total		450	450	900

Chi-Square Tests

	Value	df	Asymp. Sig. (2-sided)	Exact Sig. (2-sided)	Exact Sig. (1-sided)
Pearson Chi-Square	.004a	1	.947		
Continuity Correctionb	.000	1	1.000		
Likelihood Ratio	.004	1	.947		
Fisher's Exact Test				1.000	.500
Linear-by-Linear Association	.004	1	.947		
N of Valid Cases	900				

a. 0 cells(.0%) have expected count less than 5. the minimum expected count is 221.50.
b. Computed only for a 2x2 table

결과를 살펴보니 y2 변수와 female 변수는 서로 아무 상관없다고 보아도 무방할 정도다[$\chi^2(1, N = 900) = .004, p = .947$]. 아무튼 독자들은 카이제곱 분석을 통해서 얻은 테스트 통계치를 잠시만 기억해 두자.

이제 로지스틱 회귀분석을 실시해 보자. y2 변수를 결과변수로 female 변수를 예측변수로 투입해 보겠다. SPSS 명령문은 아래와 같다. 우선 LOGISTIC REGRESSION이라는 이름을 지정한 후 모형에 투입되는 변수들을 VARIABLES에 차례로 지정해 두었다. 가장 앞에는 결과변수를 WITH 뒤에는 예측변수들을 지정하면 된다. 다음으로 /PRINT 하위명령문에 ITER를 지정하였다. ITER 옵션을 지정하면 로지스틱 회귀분석을 실시하면서 로그우도가 어떻게 최종적으로 나왔는지 알 수 있다. 끝으로 /METHOD = ENTER 뒤에 예측변수를 나열하는 것은 OLS 회귀분석의 SPSS 명령문과 동일하기 때문에 별도의 설명은 필요 없을 것이다.

```
*로지스틱 회귀분석 모형.
LOGISTIC REGRESSION VARIABLES = y2 WITH female
/PRINT = ITER
/METHOD = ENTER female.
```

명령문을 실시해 보면 아마도 상당히 긴 결과를 확인할 수 있을 것이다. 독자들은 'Case Processing Summary'와 'Dependent Variable Encoding'의 결과를 이해하는 데 큰 어려움이 없을 것이다.

우선 'Block 0: Beginning Block'은 어떠한 예측변수도 투입하지 않은 채 실시한 로지스틱 회귀분석 결과를 의미한다. 이러한 모형을 흔히 기준모형(base model, null model)이라고 부른다. 'Block 0: Beginning Block'의 첫 번째 결과표인 'Iteration History'를 먼저 살펴보자. 이 결과가 바로 로그우도 통계치다. 여기서는 로그우도에 –2를 곱한 '–2 로그우도'가 보고되어 있는데, 이는 흔히 '-2LL'이라고 불린다. 기준모형의 -2LL은 데이터를 통해 최대로 얻을 수 있는 값이다. 여기에 예측변수를 투입하면 -2LL의 값이 점차로 감소하게 된다(이는 OLS 회귀모형에서 예측변수를 추가함에 따라 전체분산 중 오차항의 분산이 감소하는 것과 개념적으로 동일하다). 독자들은 $-2LL_{M_0} = 1247.447$의 값을 메모해 두길 바란다.

Iteration History[a,b,c]

Iteration		-2Log likelihood	Coefficients Constant
Step 0	1	1247.447	-.031
	2	1247.447	-.031

a. Constant is included in the model.
b. Initial-2 Log Likelihood: 1247.447
c. Estimation terminated at iteration number2 because parameter estimates changed by less than .001.

그다음의 'Classification Table' 결과표는 로지스틱 회귀분석에 의거한 결과변수의 예측값과 결과변수의 관측값의 교차표를 뜻한다. 예측값이 모두 0(즉 행동하지 않음)으로 코딩되어 있는데, 그 이유는 관측값에서 행동하지 않는 경우가 훨씬 더 빈번하기 때문이다 (457 > 443). 아무튼 이 경우에 관측값과 예측값이 일치하는 경우는 전체 900 사례 중에 457 사례며, $\frac{457}{900}$의 값을 퍼센트로 환산하면 바로 표의 오른쪽 하단의 50.8을 얻을 수 있다.

Classification Table[a,b]

Observed			Predicted		
			행위		Percentage Correct
			행동하지 않음	행동함	
Step 0	행위	행동하지 않음	457	0	100.0
		행동함	443	0	.0
	Overall	Percentage			50.8

a. Constant is included in the model.
b. The cut value is .500.

다음에 제시된 'Variables in the Equation'은 로지스틱 회귀방정식을 추정한 결과다. 독자들도 인지하고 있듯 Block 0 단계에서는 어떠한 예측변수도 포함되지 않았기 때문에, 오직 절편값만 포함되어 있다. 일단 구체적 해석은 제시하지 않았다. 구체적 해석은 다음에 나올 Block 1의 결과에서 제시하도록 하겠다.

Variables in the Equation

		B	S.E.	Wald	df	Sig.	Exp(B)
Step 0	Constant	-.031	.067	.218	1	.641	.969

다음에 제시된 'Variables not in the Equation'은 신경 쓰지 않아도 된다. 왜냐하면 해당 결과는 그다음에 바로 제시되기 때문이다. 따라서 해석은 조금 후에 제시할 것이다.

Variables not in the Equation

		Score	df	Sig.
Step 0	Variables female	.004	1	.947
	Overall Statistics	.004	1	.947

사실 'Block 0'의 내용은 그다지 흥미롭지 않다. 연구자가 원하는 예측변수가 더미변수인 결과변수에 미치는 효과에 대한 것은 'Block 1: Method = Enter'에 제시되어 있다. 'Block 1: Method = Enter'의 첫 결과표인 'Iteration History'를 살펴보자.

Iteration History[a,b,c,d]

Iteration		-2Log likelihood	Coefficients	
			Constant	female
Step 1	1	1247.443	-.027	-.009
	2	1247.443	-.027	-.009

a. Method: Enter
b. Constant is included in the model.
c. Initial-2 Log Likelihood: 1247.447
d. Estimation terminated at iteration number 2 because
   parameter estimates changed by less than .001.

이 결과는 예측변수로 female 변수를 투입했을 때의 -2LL이다. 연구자가 테스트하고자 하는 결과변수를 투입했을 때의 $-2LL(-2LL_M)$과 예측변수를 아무것도 투입하지 않았을 때의 -2LL의 값을 비교해 보길 바란다. 정확하게 .004만큼의 -2LL 차이를 확인할 수 있다.

$$-2LL_{M_0} - (-2LL_M) = 1247.447 - 1247.443 = .004$$

이제 그 아래 'Omnibus Tests of Model Coefficients' 결과를 살펴보자. 첫 번째 세로줄에 Chi-square의 값을 확인하길 바란다. 그 값은 얼마인가? 그렇다. .004다. 이 값은 다름 아니라 기준모형과 테스트모형의 -2LL의 차이값이다. 또한 이 값을 흔히 이탈도(deviance, D)라고 부른다. 앞에서 -2LL가 모형이 데이터에서 얼마나 벗어나 있는지를 측정한 통계치라고 설명한 것을 독자들은 기억할 것이다. 즉, 1247.447이라는 가능한 -2LL에서 .004만큼이 감소했다.

Omnibus Tests of Model Coefficients

		Chi-square	df	Sig.
Step 1	Step	.004	1	.947
	Block	.004	1	.947
	Model	.004	1	.947

물론 큰 수치는 아니지만, 예측변수인 female을 넣었을 때 모형이 보다 데이터에서 '덜' 벗어나게 되었음을 의미한다. 하지만 이 -2LL의 차이에 대한 통계적 유의도 테스트 결과는 $p = .947$이 나왔다. 다시 말해, 예측변수를 넣으나 넣지 않으나 로지스틱 회귀분석 모형의 -2LL은 별로 달라지지 않았다고 볼 수 있다. 이와 같이 두 모형의 -2LL의 값 차이와 모형의 자유도 차이의 값을 이용한 카이제곱 테스트를 로그우도비 테스트(log-likelihood ratio test, LR test)라고 부른다.

이후 제시되는 결과표에 대한 해석은 일단 제시하지 않았다. 여기서 앞서 실시했던 카이제곱 테스트 결과와 비교해 보길 바란다. 또한 이 결과를 D 통계치, 그리고 통계적 유의도 테스트 결과와 비교해 보길 바란다. 어떤가? 그렇다. 완전히 동일한 결과다.

로지스틱 회귀분석에서 새로이 등장한 -2LL라는 개념이 낯설게 느껴질 수 있다. 그렇다면 이 결과를 보면서 조금 익숙하게 느낄 수 있길 바란다. 로지스틱 회귀분석이 아주 낯설지 않게 느껴졌다면, 이제 본격적으로 로지스틱 회귀분석 모형에 대한 설명을 제시하도록 하겠다.

4. 로지스틱 회귀분석 결과 해석

여기에서 사례로 제시할 로지스틱 회귀분석 데이터는 '예시데이터_10장_01. sav'이다. 〈그림 11-3〉의 연구모형에 기반한 로지스틱 회귀분석을 실시해 보자. 우선 행위여부(y2) 변수를 설명하는 예측변수로 태도(x1), 규범(x2), 통제력(x3) 변수를 투입한 모형을 M_1이라고 부르고, M_1의 예측변수에 성별(female), 행위의도(y1) 변수를 추가로 투입한 모형을 M_2라고 부르자. 즉, 여기서는 각 예측변수가 더미변수인 결과변수에 미치는 효과를 어떻게 해석하며, 동시에 OLS 회귀분석에서 실시했던 모형비교를 로지스틱 회귀분석 맥락에서 어떻게 실행하는지도 같이 살펴볼 것이다.

그림 11-3 로지스틱 회귀분석 모형 비교

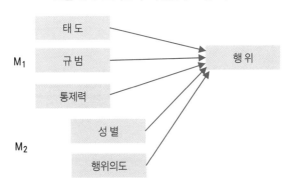

OLS 회귀분석에서 소개하였듯, 연속형 변수는 모두 중심화 변환을 시켰으며, 성별의 경우 남성은 0, 여성은 1의 더미변수를 사용하였다. 위의 연구모형에서 소개한 M_1과 M_2의 로지스틱 회귀분석 모형을 추정한 결과와 두 모형을 비교하는 방법은 아래의 SPSS 명령문과 같다.

```
*로지스틱 회귀분석을 통한 모형비교.
*중심화 변환.
DESCRIPTIVES x1 x2 x3 y1 y2 female.
COMPUTE c_x1 = x1 - 4.99.
COMPUTE c_x2 = x2 - 4.96.
COMPUTE c_x3 = x3 - 4.97.
COMPUTE c_y1 = y1 - 4.98.
LOGISTIC REGRESSION VARIABLES = y2 WITH c_x1 c_x2 c_x3 female c_y1
/PRINT = SUMMARY ITER
/METHOD = ENTER c_x1 c_x2 c_x3
/METHOD = ENTER female c_y1.
```

로지스틱 회귀분석 결과에서 'Block 0: Beginning Block'은 이미 살펴보았던 결과다. 예측변수를 하나도 고려하지 않은 상태에서 얻을 수 있는 -2LL은 이미 앞에서 확인한 바 있다$(-2LL_{M_0}= 1247.447)$.

이제 'Block 1: Method = Enter'의 결과로 넘어가 보자. 태도, 규범, 통제력 변수를 투입한 결과 -2LL의 값은 896.394로 감소한 것을 발견할 수 있다$(-2LL_{M_1}= 896.394)$. 다시 말해, 예측모형은 데이터에서 보다 '덜' 벗어나게 되었다.

Iteration History[a,b,c,d]

Iteration		-2Log likelihood	Coefficients			
			Constant	c_x1	c_x2	c_x3
Step 1	1	924.838	-.029	.580	.613	.190
	2	897.612	-.041	.810	.864	.270
	3	896.398	-.044	.871	.932	.292
	4	896.394	-.044	.874	.936	.293
	5	896.394	-.044	.874	.936	.293

a. Method: Enter
b. Constant is included in the model.
c. Initial-2 Log Likelihood: 1247.447
d. Estimation terminated at iteration number 5 because parameter estimates changed by less than .001.

기준모형과 M_1의 -2LL의 값의 차이를 구해 보면 351.053의 값을 얻을 수 있다. 이 값이 바로 그 뒤에 등장하는 'Omnibus Tests of Model Coefficients'의 결과다. 3개의 예측변수가 투입된 M_1은 기준모형의 -2LL을 유의미하게 감소시키는 것으로 나타났다($\chi^2(3)=$ 351.053, $p<.001$]. 즉, 로그우도비 테스트 결과 M_1은 M_0보다 좋은 모형임을 알 수 있다.

Omnibus Tests of Model Coefficients

		Chi-square	df	Sig.
Step1	Step	351.053	3	.000
	Block	351.053	3	.000
	Model	351.053	3	.000

기준모형의 -2LL와 M_1의 -2LL의 값을 이용해 계산한 임의 R^2의 값은 'Model Summary' 결과표에서 얻을 수 있다. SPSS에서는 콕스와 스넬(Cox & Snell)의 R^2과 네겔커크(Negelkerke)의 R^2 두 가지가 제공된다. 각 임의 R^2의 공식은 아래와 같다(여기서 n은 표본의 사례수를 의미한다).

- 콕스와 스넬의 R^2 : $R_{CS}^2 = 1 - \exp\left[\dfrac{-2LL_{M_1} - (-2LL_{M_0})}{n}\right]$

- 네겔커크의 R^2: $R^2{}_{Negelkerke} = \dfrac{R_{CS}^2}{R_{MAX}^2}$, 여기서 $R_{MAX}^2 = 1 - \exp\left[\dfrac{2LL_{M_0}}{n}\right]$

콕스와 스넬의 R^2의 공식에서 잘 나타나듯 기준모형의 -2LL에 비해 테스트되는 모형의 -2LL가 작으면 작을수록 콕스와 스넬의 R^2은 1에 가까워진다. 위에서 얻은 $-2LL_{M_0}=$ 1247.447과 $-2LL_{M_1}=896.394$를 이용해 각 임의 R^2을 계산한 결과는 아래와 같다.

$$R_{CS}^2 = 1 - \exp\left[\frac{1247.447 - 896.394}{900}\right]$$

$$= 1 - .677 = .323$$

$$R^2{}_{Negelkerke} = \frac{R_{CS}^2}{1 - \exp\left[\dfrac{2LL_{M_0}}{n}\right]}$$

$$= \frac{.323}{1 - \exp\left[\dfrac{-1247.447}{900}\right]}$$

$$= \frac{.323}{.7499395}$$

$$= .431$$

SPSS를 이용해 계산된 결과와 비교해 보면 두 결과가 동일한 것을 확인할 수 있다.

Model Summary

Step	−2Log likelihood	Cox & Snell R Square	Nagelkerke R Square
1	896.394[a]	.323	.431

a. Estimation terminated at iteration number 5 because parameter estimates changed by less than .001.

'Classification Table'의 결과를 보면 회귀모형의 예측값과 실제 데이터의 관측값의 교차표를 확인할 수 있다. 관측값과 예측값이 일치하는 사례들은 전체 사례들 중 약 75.9%에 해당되는 것을 알 수 있다. 이 다음에 제시되는 결과인 'Variables in the Equation'은 예측변수가 결과변수에 미치는 효과를 추정한 것이다. OLS 회귀분석의 SPSS 결과표 중 'Coefficients'에 대응되는 표다.

Variables in the Equation

	B	S.E.	Wald	df	Sig.	Exp(B)
Step 1[a] c_x1	.874	.096	83.180	1	.000	2.397
c_x2	.936	.101	85.739	1	.000	2.551
c_x3	.293	.054	29.452	1	.000	1.340
Constant	−.044	.082	.292	1	.589	.957

a. Variable(s) entered on step 1: c_x1, c_x2, c_x3.

로지스틱 회귀분석의 회귀계수는 매우 주의 깊게 해석해야 한다. 일단 위의 결과를 회귀방정식으로 정리하면 아래와 같다.

$$\text{logit}(y_2) = -.044 + .874\,x_{c1} + .936\,x_{c2} + .293\,x_{c3}$$

로지스틱 회귀분석 결과에서의 회귀계수는 다음과 같이 해석된다. 예를 들어, 태도(x_{c1}) 변수의 효과를 해석해 보자. 다른 예측변수들의 효과를 통제할 때, 태도 변수가 1단위 증가하면 행위여부(y_2)의 로짓은 약 .874 증가하며 이는 통계적으로 유의미한 증가라고 할 수 있다$(p < .001)$. 그러나 독자들은 이러한 해석에 대해 그다지 만족스럽게 느끼지 않을 것이다. 일단 '행위여부(y_2)의 로짓'이라는 말은 쉽사리 해석되지 않는다. 보다 실질적인 해석을 제공하기 위해서는 결과변수의 로짓변환 값을 원래의 값, 즉 0과 1의 값들로 되돌려 주어야 한다. 앞에서 로짓이 어떻게 정의되었는지를 다시 살펴보자.

$$\text{logit} = \ln \frac{F(x)}{1 - F(x)}$$

즉, 로짓은 결과변수가 1로 나타날 확률을 결과변수가 0으로 나타날 확률로 나눈 값에 자연로그를 취한 것이다. 위의 공식의 좌·우변에 각각 지수함수(exponential function)를 취해 보도록 하자.

$$\exp(\text{logit}) = \frac{F(x)}{1 - F(x)}$$

이제는 해석이 가능해진다. 즉, 로짓에 자연로그를 취한 값은 결과변수가 1이 나올 가능성이 0이 나올 가능성의 몇 배인가를 보여주는 값이다. 만약 1이 나오는 것을 승리(勝利)라고 하고, 0이 나오는 것을 패배(敗北)라고 한다면, 로짓에 자연로그를 취한 값은 전쟁이나 게임을 할 때 패배할 가능성 대비 승리할 가능성의 비율을 의미한다. 이 때문에 로짓에 자연로그를 취한 값을 승산비(勝算比)라고 부르기도 한다. 영어로는 '오즈비'(odds ratio, OR) 혹은 '위험비'(risk ratio, RR)라는 표현을 쓴다. 이 책에서는 '오즈비'라는 용어를 사용하도록 하겠다. SPSS 결과물의 맨 오른쪽 세로줄에 Exp(B)라고 된 부분이 보고 OR이다.

여기서 태도 변수가 결과변수에 미치는 효과를 OR을 이용해서 제시해 보자. 태도 변수의 OR은 2.397이다. 다시 말해, OR = 2.397은 "다른 예측변수들의 효과를 통제할 때, 태도가 1 단위 증가하면 행동하지 않을 가능성보다 행동할 가능성이 약 2.397배 높아진다"라고 해석할 수 있다. 그렇다면 태도가 2 단위 증가하면 행동을 하지 않을 가능성보다 행동을 할 가능성은 몇 배 높아지는가? 2.397 + 2.397 = 4.794 일까? 절대 그렇지 않다. 2.397 × 2.397 = 5.746이다. 즉, 로지스틱 회귀분석의 경우 예측변수가 결과변수에 미치는 효과는 절대로 선형성(linearity)을 띠지 않는다. 태도 변수(x_{c1})의 변화에 따라 행동할 확률이 어떻게 변하는지 계산해 보면 예측변수와 결과변수의 관계가 어떤지 쉽게 파악할 수 있을 것이다. 다시 로지스틱 회귀방정식을 표현해 보자.

$$\text{logit}(y_2) = \ln \frac{F(x)}{1 - F(x)} = -\,.044 + .874\,x_{c1} + .936\,x_{c2} + .293\,x_{c3}$$

이 회귀방정식을 $F(x)$로 바꾸면 아래와 같다.

$$\frac{F(x)}{1-F(x)} = \exp(-.044 + .874\,x_{c1} + .936\,x_{c2} + .293\,x_{c3})$$

$$F(x) = \frac{\exp(-.044 + .874\,x_{c1} + .936\,x_{c2} + .293\,x_{c3})}{1+\exp(-.044 + .874\,x_{c1} + .936\,x_{c2} + .293\,x_{c3})}$$

$$F(x) = \frac{1}{1+\dfrac{1}{\exp(-.044 + .874\,x_{c1} + .936\,x_{c2} + .293\,x_{c3})}}$$

$$F(x) = \frac{1}{1+\exp(+.044 - .874\,x_{c1} - .936\,x_{c2} - .293\,x_{c3})}$$

위의 함수는 바로 결과변수가 1이 될 확률(즉, 예측변수들이 특정한 값을 갖는 경우 전체 사례들 중 결과변수가 1인 사례들의 비율이다)을 추정한 것이다. 여기서 규범(x_{c2}) 변수와 통제력(x_{c3}) 변수를 통제하면, 위의 공식은 아래와 같이 단순하게 쓸 수 있다.

$$F(x) = \frac{1}{1+\exp(+.044 - .874\,x_{c1})}$$

이제 x_{c1}의 변화에 따라 $F(x)$의 값이 어떻게 달라지는지 예측선을 그리면 된다. 아쉽게도 SPSS로는 예측선을 그리는 것이 쉽지 않다. 여기서는 엑셀을 이용해서 x_{c1}의 변화에 따라 결과변수 중 1이 나올 확률이 어떻게 변하는지 그래프를 그려보도록 하겠다.

우선 x_{c1}을 중심화 변환시키기 전의 x_1값을 기준으로 최솟값인 2부터 최댓값인 8까지 1점 단위로 값들을 A 칼럼에 입력한다. B 칼럼에는 x_1값에서 x_1의 평균을 빼 준 값, 즉 중심화 변환을 했을 때의 값을 'B 칼럼 = A 칼럼 - 4.99'와 같은 방식의 계산해 넣어 보자.

그림 11-4 로지스틱 회귀분석의 예측변수와 결과변수의 관계

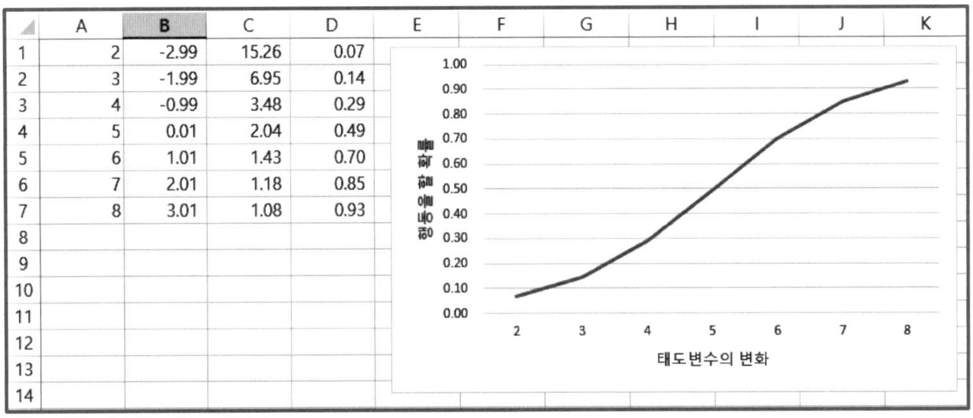

	A	B	C	D
1	2	-2.99	15.26	0.07
2	3	-1.99	6.95	0.14
3	4	-0.99	3.48	0.29
4	5	0.01	2.04	0.49
5	6	1.01	1.43	0.70
6	7	2.01	1.18	0.85
7	8	3.01	1.08	0.93

또한 C 칼럼에는 위의 방정식에 따라 B 칼럼의 값에 -.874를 곱한 후 .044를 더해 주고, 이것의 지수값을 구한 후 1을 더한 값을 계산하였다〔'C칼럼 = 1 + EXP (0.044 - 0.874 * B 칼럼)'와 같은 방식으로 했다〕. 이후 D 칼럼은 C 칼럼의 역수를 구한다('D칼럼 = 1/C칼럼'과 같은 방식으로 했다). 그리고 A 칼럼에 따른 D 칼럼의 변화를 엑셀 그래프를 이용해 그리면 x_{c1}의 변화에 따라 결과변수 중 1이 나올 확률이 어떻게 변하는지 보여주는 〈그림 11-4〉와 같은 그래프를 얻을 수 있다. 그래프에서 명확하게 드러나듯 예측변수와 결과변수의 관계는 선형성을 보이지 않는다.

이제 M_1에 성별(female) 변수와 행위의도(y1) 변수를 추가로 투입한 M_2에 대한 로지스틱 회귀분석 결과를 살펴보자. 'Iteration History' 결과표에서 $-2LL_{M_2} = 632.078$임을 알 수 있다.

Iteration History[a,b,c,d]

Iteration		-2Log likelihood	Coefficients					
			Constant	c_x1	c_x2	c_x3	female	c_y1
Step 1	1	745.055	.059	.155	.193	.052	-.177	.688
	2	651.795	.091	.249	.291	.090	-.256	1.153
	3	633.268	.119	.310	.356	.123	-.304	1.468
	4	632.085	.129	.329	.379	.137	-.319	1.573
	5	632.078	.130	.331	.381	.138	-.320	1.581
	6	632.078	.130	.331	.381	.138	-.320	1.581

a. Method: Enter
b. Constant is included in the model.
c. Initial-2 Log Likelihood: 896.394.
d. Estimation terminated at iteration number 6 because parameter estimates changed by less than .001.

이는 $-2LL_{M_1} = 896.394$에 비해 264.316만큼 줄어든 -2LL인 것을 알 수 있다. 줄어든 -2LL는 아래의 'Omnibus Tests of Model Coefficients' 결과표에서도 바로 확인할 수 있다. 즉, 이탈도(D) 통계치는 $\chi_2(2) = 264.316$, $p < .001$로 나타났다. 로그우도비 테스트 결과 M_2는 M_1보다 데이터를 더 많이 설명할 수 있는 것으로 나타났다.

Omnibus Tests of Model Coefficients

		Chi-square	df	Sig.
Step1	Step	264.316	2	.000
	Block	264.316	2	.000
	Model	615.369	5	.000

-2LL 정보를 이용하여 계산된 M_2의 콕스와 스넬의 R^2과 네겔커크의 R^2은 아래의 'Model Summary' 결과를 통해 알 수 있다. M_1의 $R^2_{CS} = .323$, $R^2_{Negelkerk} = .431$보다 훨씬 더 큰 임의 R^2를 얻을 수 있다. 위의 이탈도(D) 통계치의 통계적 유의도 테스트 결과에서 알 수 있듯 임의 R^2의 증가는 통계적으로 유의미하다고 볼 수 있다.

Model Summary

Step	-2Log likelihood	Cox & Snell R Square	Nagelkerke R Square
1	632.078a	.495	.660

a. Estimation terminated at iteration number 6 because parameter estimates changed by less than .001.

'Classification Table' 결과표를 통해서 M_2의 정확분류율(percentage correct)은 약 84.6%이며, 이는 M_1의 정확분류율인 75.9%보다 높은 것을 알 수 있다.

Classification Table^a

	Observed		Predicted		
			행위		Percentage Correct
			행동하지 않음	행동함	
Step 1	행위	행동하지 않음	386	71	84.5
		행동함	68	375	84.7
	Overall	Percentage			84.6

a. The cut value is .500.

'Variables in the Equation'의 결과는 다른 예측변수들의 효과를 통제하였을 때, 각 예측변수가 결과변수에 미치는 효과를 테스트한 것이다. M_2에서 추가로 투입된 두 변수 중 행위의도(y_{c1}) 변수만 통계적으로 유의미한 영향을 미쳤을 뿐($p < .001$), 성별 변수는 통계적으로 유의미한 영향을 끼치지 않는 것으로 나타났다($p = .111$). 다시 말해, 위의 -2LL의 차이값인 이탈도(D) 통계치에 대한 통계적 유의도 테스트 결과는 행위의도 변수에 의한 것이며, 성별 변수에 의한 것이라고 보기 어려움을 알 수 있다.

Variables in the Equation

		B	S.E.	Wald	df	Sig.	Exp(B)
Step 1^a	c_x1	.331	.116	8.146	1	.004	1.392
	c_x2	.381	.124	9.446	1	.002	1.464
	c_x3	.138	.066	4.317	1	.038	1.148
	female	-.320	.201	2.544	1	.111	.726
	c_y1	1.581	.127	153.985	1	.000	4.861
	Constant	.130	.143	.828	1	.363	1.139

a. Variable(s) entered on step 1: female, c_y1.

성별 변수의 효과가 통계적으로 유의미하지 않지만, 이 로지스틱 회귀계수가 무엇을 뜻하는지는 설명할 필요가 있다. 성별 변수는 남성일 경우는 0, 여성일 경우는 1의 값을 갖는 더미변수다. 즉, 결과변수의 로짓값은 남성 응답자에 비해 여성 응답자의 경우 -.320만큼 낮아진다. 앞에서 말했듯, 이러한 해석은 실질적 의미가 없기 때문에 OR을 사용한다. 다른 OR과는 달리 성별 변수의 OR값은 1보다 작은 값을 갖는다. 즉, 행위를 하지 않을 가능성에 비해 행위를 할 가능성이 약 .726배라는 의미다. 다시 말해, 여성이 행위할 가능성은 남성이 행위할 가능성보다 약 28.4% 낮아진다〔회귀계수가 음수일 경우 $100 \times (1 - OR)$과 같은 방식으로 해석하면 된다〕.

다른 연속형 예측변수가 결과변수에 미치는 효과는 독자 여러분이 각자 시도해 보길 바란다. 'Block 1: Method = Enter' 부분의 결과를 설명하면서, 다른 예측변수들의 효과를 통제하였을 때 태도가 행위여부에 미치는 효과를 어떻게 해석할지에 대해 소개한 바 있다.

로지스틱 회귀분석 모형에 대한 해석과 모형비교에 대한 설명을 마치기 전에 'Block 1: Method = Enter' 부분의 회귀계수 테스트 결과와 'Block 2: Method = Enter' 부분의 회귀계수 테스트 결과를 비교해 보자. 〈표 11-1〉과 같이 표로 정리하면 M_1과 M_2의 결과를 비교하기 편할 것이다.

표 11-1 로지스틱 회귀분석 모형의 회귀계수 테스트 결과

	모형 1 (M_1)		모형 2 (M_2)	
	회귀계수 (표준오차)	오즈비 (OR)	회귀계수 (표준오차)	오즈비 (OR)
절편	-0.044 (0.082)	0.957	0.130 (0.143)	1.139
태도	0.874*** (0.096)	2.397	0.331** (0.116)	1.392
규범	0.936*** (0.101)	2.551	0.381** (0.124)	1.464
통제력	0.293*** (0.054)	1.340	0.138* (0.066)	1.148
성별 (여성이면 1, 남성이면 0)			-0.320 (0.201)	0.726
행위의도			1.581*** (0.127)	4.861
-2로그우도	896.394		632.078	
콕스와 스넬의 임의 R^2	0.323		0.495	
네겔커크의 임의 R^2	0.431		0.660	
로그우도비 테스트 (D, $\Delta df = 2$)			264.316***	

주: $*p < .05$, $**p < .01$, $***p < .001$, $N = 900$

태도, 규범, 통제력 변수가 결과변수에 미치는 효과에 대해 주의 깊게 살펴보자. M_1에서의 결과와 M_2의 결과를 비교해 보길 바란다. 세 변수 모두에서 회귀계수의 크기와 통계적 유의도인 p의 값, 그리고 OR 모두 행위의도와 성별 변수를 추가한 후 대폭 감소한 것을 발견할 수 있다. 우리는 OLS 회귀분석 결과에서 태도, 규범, 통제력 변수가 모두 행위의도에 통계적으로 유의미한 영향을 끼쳤음을 알고 있다. 상황을 정리해 보자.

- 태도, 규범, 통제력 변수는 행위의도를 통제하지 않아도 행위여부에 유의미한 영향을 미친다.
- 태도, 규범, 통제력 변수는 행위의도에 통계적으로 유의미한 영향을 미친다.
- 태도, 규범, 통제력 변수가 행위여부에 미치는 효과는 행위의도의 효과를 고려할 경우 대폭 감소한다.

독자들은 이 세 가지 조건에 대해서 어떤 생각이 드는가? 그렇다. OLS 회귀분석을 설명할 때 말했던 배런과 케니(Baron & Kenny, 1986)의 매개효과 테스트 조건과 동일하지 않은가? 바로 그렇다. TPB 모형에서는 태도, 규범, 통제력 변수가 행위여부에 미치는 효과를 행위의도가 매개한다고 가정한다. 위의 결과는 행위의도가 태도, 규범, 통제력 변수가 행위여부에 미치는 효과를 부분적으로 매개하고 있음(partially mediating)을 잘 보여준다.

아쉽게도 위의 매개효과는 소벨 테스트를 이용해 테스트될 수 없다. 이런 매개효과 과정, 즉 매개변수는 정규분포를 따르는 연속형 변수라고 가정되지만 결과변수가 더미변수인 경우의 매개효과에 대한 통계적 유의도 테스트를 실시하려면, 최근의 부트스트래핑을 이용한 매개효과 테스트 기법을 사용해야만 한다(Hayes, 2013; Tingley et al., 2015). 하지만 이 부분은 이 책의 범위를 뛰어넘기 때문에 독자들에게 별도의 설명을 제시하지는 않을 것이다. 하지만 배런과 케니의 방법으로도 매개효과가 나타난다는 주장은 충분히 신빙성 있게 제시될 수 있으리라 믿는다(하지만 어떤 심사위원이 독자 여러분의 분석결과를 평가하는가에 따라 배런과 케니의 방법으로 테스트한 매개효과에 대한 평가는 달라질 수 있다).

5. 로지스틱 회귀분석을 이용한
   상호작용효과 테스트 및 해석

앞에서는 예측변수의 주효과만을 고려한 로지스틱 회귀분석을 살펴보았다. 이제는 한 예측변수가 결과변수에 미치는 효과가 다른 예측변수의 수준에 따라 달라지는지 여부를 테스트하는 상호작용효과 테스트 방법을 살펴보자. 로지스틱 회귀분석에서 상호작용효과를 테스트하는 방법은 원칙적으로 OLS 회귀분석에서 상호작용효과를 테스트하는 방법과 동일하다. 하지만 상호작용효과 테스트 결과를 해석하는 것은 매우 까다롭다. 우선 실제 상호작용효과 테스트 결과를 통해 로지스틱 회귀분석에서의 상호작용효과 해석을 어떻게 해야 하는지 설명해 보자.

'예시데이터_10장_01.sav' 데이터를 이용해 설명해 보자. 여기서 다음의 두 가지 상호작용효과 테스트용 변수들을 생성하였다. 첫째는 더미변수인 성별 변수와 연속형 변수인 행위의도의 상호작용이다. 이를 통해 행위의도가 행위여부에 미치는 효과가 남성 응답자와 여성 응답자에게서 다르게 나타나는지를 테스트하였다. 둘째는 연속형 변수인 규범과 연속형 변수인 행위의도의 상호작용효과다. 이를 통해 응답자가 느끼는 규범 수준에 따라 행위의도가 행위여부에 미치는 효과가 달라지는지 테스트해 보았다. 아래의 SPSS 명령문과 같이 상호작용효과 항을 생성한 후 로지스틱 회귀분석을 실시하였다.

```
*더미변수와 연속형 변수 사이의 상호작용효과 테스트.
*두 연속형 변수 사이의 상호작용효과 테스트.
COMPUTE female_cy1 = c_y1 * female.
COMPUTE cy1_cx2 = c_y1 * c_x2.
LOGISTIC REGRESSION VARIABLES = y2 WITH c_x1 c_x2 c_x3 female c_y1 female_cy1
   cy1_cx2
/PRINT = SUMMARY ITER
/METHOD = ENTER c_x1 c_x2 c_x3 female c_y1 female_cy1 cy1_cx2.
```

'Block 0: Method = Enter'의 결과는 예측변수가 전혀 고려되지 않은 모형이며, 이미 앞에서 다루었기 때문에 생략하였다. 'Block 1: Method = Enter'의 결과는 태도, 규범, 통제력, 성별, 행위의도의 주효과와 성별과 행위의도 간의 상호작용효과, 규범과 행위의도의 상호작용효과를 테스트한 결과다. 'Iteration History' 결과표를 보니 $-2LL_{M_1} = 624.919$로 나타난 것을 알 수 있다.

Iteration History[a,b,c,d]

Iteration		-2Log likelihood	Coefficients							
			Constant	c_x1	c_x2	c_x3	female	c_y1	female_cy1	cy1_cx2
Step 1	1	743.691	.022	.156	.189	.051	-.170	.663	.060	.033
	2	649.259	.045	.246	.285	.089	-.245	1.154	.006	.096
	3	627.446	.071	.295	.349	.120	-.293	1.561	-.136	.223
	4	624.972	.092	.308	.380	.132	-.316	1.760	-.243	.331
	5	624.919	.096	.309	.386	.133	-.320	1.794	-.261	.352
	6	624.919	.096	.309	.386	.133	-.320	1.795	-.261	.353

a. Method: Enter
b. Constant is included in the model.
c. Initial-2 Log Likelihood: 1247.447
d. Estimation terminated at iteration number 6 because
   parameter estimates changed by less than .001.

이는 $-2LL_{M_0}= 1247.447$에 비해 $-2LL$이 622.528만큼 감소하였다. 즉, 로그우도비 테스트 결과 이탈도(D)는 $\chi^2(7) = 622.528$, $p < .001$인 것을 알 수 있다. 요컨대, 5개의 주효과와 2개의 상호작용효과로 이루어진 로지스틱 회귀분석 모형은 어떠한 예측변수를 투입하지 않았을 때의 로지스틱 회귀분석 모형에 비해 통계적으로 유의미하게 데이터와 잘 부합한다고 볼 수 있다.

Omnibus Tests of Model Coefficients

		Chi-square	df	Sig.
Step1	Step	622.528	7	.000
	Block	622.528	7	.000
	Model	622.528	7	.000

$-2LL_{M_0}$와 $-2LL_{M_1}$의 결과를 이용하여 임의 R^2을 계산한 결과는 다음과 같다.

Model Summary

Step	-2Log likelihood	Cox & Snell R Square	Nagelkerke R Square
1	624.919[a]	.499	.666

a. Estimation terminated at iteration number 6 because parameter
estimates changed by less than .001.

또한 5개의 주효과와 2개의 상호작용효과로 이루어진 로지스틱 회귀분석 모형의 예측값이 관측값을 제대로 판별할 가능성은 84.8%인 것으로 나타났다.

다음에 살펴볼 Variables in the Equation의 결과는 상호작용효과 테스트 및 해석과 관련하여 가장 중요한 결과다. 우선 결과를 보자.

Variables in the Equation

		B	S.E.	Wald	df	Sig.	Exp(B)
Step 1ª	c_x1	.309	.116	7.116	1	.008	1.363
	c_x2	.386	.125	9.503	1	.002	1.471
	c_x3	.133	.066	4.019	1	.045	1.142
	female	-.320	.202	2.503	1	.114	.726
	c_y1	1.795	.202	78.690	1	.000	6.016
	female_cy1	-.261	.250	1.090	1	.296	.770
	cy1_cy2	.353	.137	6.590	1	.010	1.423
	Constant	.096	.149	.418	1	.518	1.101

a. Variable(s) entered on step 1: c_x1, c_x2, c_x3, female, c_y1, female_cy1, cy1_cx2.

위의 결과물을 로지스틱 회귀방정식으로 표현하면 아래와 같다.

$$\text{logit}(y_2) = \ln \frac{F(x)}{1 - F(x)} = .096 + .309\, x_{c1} + .386\, x_{c2} + .133\, x_{c3}$$
$$- .320\, female + 1.795\, y_{c1} - .261\, female \times y_{c1} + .353\, x_{c2} \times y_{c1}$$

먼저 성별과 행위의도의 상호작용효과를 해석해 보자. 우선은 성별과 행위의도가 아닌 다른 예측변수들을 모두 통제하였다. 즉, 태도, 규범, 통제력 변수들을 모두 0으로 상정해 보자. 이 경우 위의 결과는 다음과 같이 표현할 수 있다.

$$\text{logit}(y_2) = \ln \frac{F(x)}{1 - F(x)} = .096 - .320\, female + 1.795\, y_{c1} - .261\, female \times y_{c1}$$

이후 여성 응답자인 경우(female = 1)와 남성 응답자인 경우(female = 0)를 구분한 로지스틱 회귀방정식을 각각 작성해 보자.

- 여성 응답자: $\ln \dfrac{F(x)}{1 - F(x)} = -.224 + 1.534\, y_{c1}$

- 남성 응답자: $\ln \dfrac{F(x)}{1 - F(x)} = .096 + 1.795\, y_{c1}$

이제 행위의도(y_{c1}) 변수가 행위여부에 미치는 효과를 한번 살펴보자. 여성 응답자의 경우 다른 예측변수들의 효과를 통제했을 때, 행위의도가 1점 증가하면 행동을 취할 가능성은 약 4.64배 증가한다[$\exp(1.534) \approx 4.64$]. 반면, 남성 응답자의 경우 다른 예측변수들의 효과를 통제했을 때, 행위의도가 1점 증가하면 행동을 취할 가능성은 약 6.02배 증가한다 [$\exp(1.795) \approx 6.02$]. 즉, 행위의도가 행위여부에 미치는 효과는 여성 응답자보다 남성 응

그림 11-5 행위의도가 행위여부에 미치는 효과(여성 vs 남성)

	A	B	C	D	E	F
1			여성의 경우		남성의 경우	
2	행위의도원점수	중심화변환	분모의 지수값 해당부분	여성응답자	분모의 지수값 해당부분	남성응답자
3	0	-4.98	2600.14	0.00	6926.43	0.00
4	1	-3.98	560.78	0.00	1150.67	0.00
5	2	-2.98	120.94	0.01	191.16	0.01
6	3	-1.98	26.08	0.04	31.76	0.03
7	4	-0.98	5.63	0.15	5.28	0.16
8	5	0.02	1.21	0.45	0.88	0.53
9	6	1.02	0.26	0.79	0.15	0.87
10	7	2.02	0.06	0.95	0.02	0.98
11	8	3.02	0.01	0.99	0.00	1.00
12	9	4.02	0.00	1.00	0.00	1.00
13	10	5.02	0.00	1.00	0.00	1.00

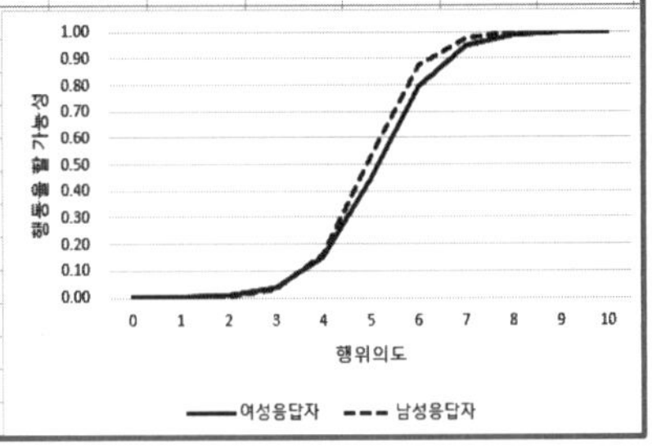

답자에게서 더 크게 나타났다. 하지만 로지스틱 회귀분석 결과 이 상호작용효과는 SPSS 결과물을 보면 알겠지만, $p = .296$으로 통상적으로 용납되는 통계적 유의도 수준보다 높기 때문에, 통계적으로 유의미한 효과라고 볼 수 없다. 다시 말해, 행위의도가 행위여부에 미치는 효과는 남성 응답자와 여성 응답자에게서 서로 유의미하게 다르지 않다.

남성 응답자 집단과 여성 응답자 집단에서 나타난 행위의도가 행위여부에 미치는 효과를 그래프로 나타내면 〈그림 11-5〉와 같다. 엑셀을 이용해 그래프를 그리는 방법에 대해서는 위에서 이미 설명한 바 있다.

다시 말해, SPSS 결과물에서 나타난 female 변수의 OR, c_y1의 OR, female_cy1의 OR은 절대로 해석하면 안 된다. 종종 female_cy1의 OR을 그대로 해석하는 사람들도 종종 있다. 이를테면 "성별 변수와 행위의도 변수의 상호작용효과가 1 증가하면 행동을 취할 가능성이 약 23% 감소한다〔23 = 100 × (1 - .770)〕"와 같이 해석하는 것이다. 하지만 이 해석은 틀렸을 뿐만 아니라 상호작용효과가 무엇을 뜻하는지도 모른다는 것을 보여주는 잘못된 해석이다. 적어도 이 책의 독자들은 절대로 이런 해석을 취하지 말길 바란다.

이제는 두 연속형 예측변수의 상호작용효과 테스트 결과를 살펴보자. 마찬가지로 다음의 회귀방정식에서 시작해 보자.

$$\text{logit}(y_2) = \ln \frac{F(x)}{1 - F(x)} = .096 + .309\,x_{c1} + .386\,x_{c2} + .133\,x_{c3}$$
$$- .320\,female + 1.795\,y_{c1} - .261\,female \times y_{c1} + .353\,x_{c2} \times y_{c1}$$

여기서 행위의도(y_{c1}) 변수와 규범(x_{c2}) 변수를 제외한 다른 예측변수들을 통제해 보자. 태도, 통제력과 같은 연속형 변수들의 경우 전체평균, 즉 중심화 변환을 시킨 변수의 값이 0인 값을 투입하면 된다. 그렇다면 성별(female) 변수는 어떻게 해야 할까? 여기서는 남성과 여성의 비율이 1:1인 상황을 가정해 보자. female = .50을 투입하여 성별 변수의 효과를 통제해 보자. $x_{c1} = 0$, $x_{c3} = 0$, female = .50을 투입하면 위의 회귀방정식은 다음과 같이 변화한다.

270

$$\ln \frac{F(x)}{1-F(x)} = -.064 + .386\, x_{c2} + 1.664\, y_{c1} + .353\, x_{c2}\, y_{c1}$$

OLS 회귀분석의 경우 조절변수인 연속형 예측변수의 수준을 평균에서 1표준편차를 뺀 값($M-SD$), 평균값(M), 평균에서 1표준편차를 더한 값($M+SD$)을 기준으로 예측 변수가 결과변수에 미치는 효과를 나타냈던 것을 기억할 것이다.[3] 여기서도 마찬가지로 조절변수인 규범(x_{c2})의 수준을 각각 $M-SD = -1.656$, $M=0$, $M+SD = 1.656$으로 구분한 후 각 수준별로 행위의도가 행위여부에 미치는 효과를 나타내는 방정식을 구분해 보도록 하자.

- 규범의 값이 평균보다 1표준편차 낮은 경우($M-SD$)

$$\ln \frac{F(x)}{1-F(x)} = -.703 + 1.079\, y_{c1}$$

- 규범의 값이 평균인 경우(M)

$$\ln \frac{F(x)}{1-F(x)} = -.064 + 1.664\, y_{c1}$$

- 규범의 값이 평균보다 1표준편차 높은 경우($M+SD$)

$$\ln \frac{F(x)}{1-F(x)} = .575 + 2.249\, y_{c1}$$

즉, 규범의 값이 평균인 경우 다른 예측변수의 값을 통제했을 때 행위의도가 1점 증가하면 행동을 취할 가능성은 약 5.28배 증가한다. 반면 규범의 값이 평균보다 1 표준편차가 낮을 경우, 다른 예측변수들의 효과를 통제하면 행위의도가 1점 증가할 때 2.942배 증가하며, 반대로 규범의 값이 평균보다 1 표준편차 높을 경우 9.478배 증가한다. 요컨대 규범의 값이 크면 클수록 행위의도가 행위여부에 미치는 효과는 증가하며, 이는 통계적으로 유의미한 차이다($p = .01$; SPSS 결과에서 cy1_cx2의 회귀계수의 통계적 유의도값을 참조할 것). 독자에게 다시 강조하겠다. 앞에서 살펴본 성별과 행위의도의 상호작용효과에 대한 해석과 마찬가지로 SPSS 결과물의 Exp(B) 부분을 기계적으로 해석하면 절대 안 된다.

---

3 물론 조절변수의 크기 순서대로 10%, 25%, 50%, 75%, 90%의 값을 기준으로 해도 무방하다.

그림 11-6 규범과 행위의도의 상호작용효과

	A	B	C	D	E	F	G	H
1			규범: M-SD		규범: M		규범: M+SD	
2	행위의도원점수	중심화변환	분모의 지수값 해당부분	M-SD	분모의 지수값 해당부분	M	분모의 지수값 해당부분	M+SD
3	0	-4.98	435.47	0.00	4233.23	0.00	41151.68	0.00
4	1	-3.98	148.03	0.01	801.69	0.00	4341.69	0.00
5	2	-2.98	50.32	0.02	151.82	0.01	458.07	0.00
6	3	-1.98	17.11	0.06	28.75	0.03	48.33	0.02
7	4	-0.98	5.81	0.15	5.45	0.16	5.10	0.16
8	5	0.02	1.98	0.34	1.03	0.49	0.54	0.65
9	6	1.02	0.67	0.60	0.20	0.84	0.06	0.95
10	7	2.02	0.23	0.81	0.04	0.96	0.01	0.99
11	8	3.02	0.08	0.93	0.01	0.99	0.00	1.00
12	9	4.02	0.03	0.97	0.00	1.00	0.00	1.00
13	10	5.02	0.01	0.99	0.00	1.00	0.00	1.00

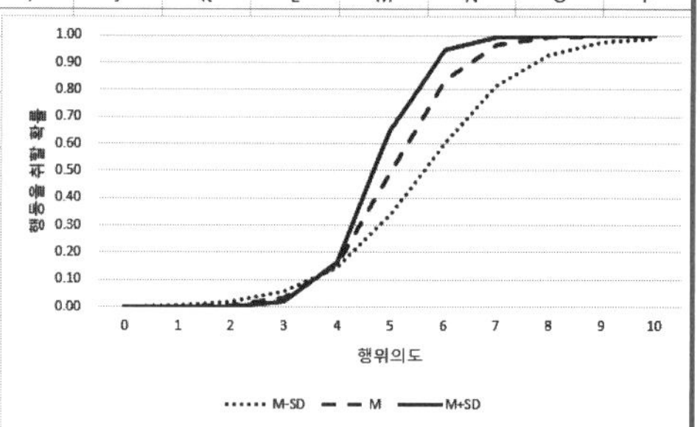

규범과 행위의도의 상호작용효과를 그래프로 그리면 〈그림 11-6〉과 같다. 마찬가지로 엑셀을 이용하였다. 그래프에서 잘 나타나듯 규범을 강하게 느끼는 사람들(실선에 가까운 경우)에게서 행위의도의 효과가 더 강하게(즉 증가율이 더 가파르게) 나타나는 것을 확인할 수 있다.

OLS 회귀분석에서도 말했듯 회귀분석 맥락에서 상호작용효과를 테스트하는 것은 크게 어렵지 않다. 하지만 상호작용효과를 해석하는 것은 생각보다 쉽지 않다. 특히 로지스틱 회귀분석의 경우 OR을 사용하여 해석하기 때문에 어떤 방식의 상호작용효과를 테스트하는가에 따라 SPSS와 같은 통계처리 프로그램의 결과물을 도식적으로 적용하면 결과를 잘못 해석할 가능성이 매우 높다. 부디 독자들은 이 점에 특히 주의하길 바란다.

지금까지 더미변수가 결과변수일 때 사용하는 로지스틱 회귀분석을 살펴보았다. 링크함수를 이용해 연속형으로 나타난 예측값을 0 혹은 1의 값으로 전환시키는 방식은 매우 중요하다. 이 책에서는 다루지 않았지만 결과변수가 더미변수일 때 로지스틱 회귀분석 대신 많이 사용되는 프로빗 회귀모형(Probit regression model), 서열형 로짓 회귀모형(ordered logit regression model), 포아송 회귀모형(Poisson regression model), 음이항 회귀모형(Negative binomial regression model), 토빗 회귀모형(Tobit regression model) 등과 같이 결과변수에 정규분포 가정을 적용할 수 없는 경우의 모든 회귀모형은 본질적으로 링크함수를 이용하며, 그 개념은 이 책에서 소개한 로지스틱 회귀분석에 적용되는 방식과 본질적으로 동일하다. 또한 로지스틱 회귀분석 결과를 해석할 때 이용했던 오즈비, 모형비교에 사용했던 로그우도비 테스트와 $-2LL$ 역시 보다 고급의 통계기법에서 자주 등장하는 개념들이다.

다음 장에서는 '일반선형모형'을 설명하도록 하겠다. 사실 일반선형모형의 내용은 제2장부터 제10장에 걸쳐 다 다루었다. 여러 이름의 다양한 통계기법들이 어떻게 본질적으로 하나의 프레임으로 통합될 수 있는지 이해하면 초급자 단계에서는 충분할 것이다.

참고문헌

백영민 (2015), 《R를 이용한 사회과학데이터분석: 기초편》, 파주: 커뮤니케이션북스.
_____ (2016), 《R를 이용한 사회과학데이터분석: 응용편》, 파주: 커뮤니케이션북스.

Hayes, A. F. (2013), *Introduction to Mediation, Moderation, and Conditional Process Analysis: A Regression-Based Approach*, New York: Guilford Press.
Tingley, D., Yamamoto, T., Hirose, K., Keele, L., & Imai, K. (2015), *Mediation: R package for causal mediation analysis*, Available at: https://cran.r-project.org/web/packages/mediation/vignettes/mediation.pdf.

일반선형모형

이 장의 목적은 특별한 통계기법을 설명하는 것이 아니다. 제 2장부터 소개했던 다양한 추리통계분석기법을 '일반선형모형'(generalized linear model, GLM)이라는 프레임으로 어떻게 통합할 수 있는지 설명하는 것이 바로 이번 장의 목적이다.

1. 일반선형모형을 이용한 이전 통계기법 복습

SPSS의 경우 명령문의 이름에 GLM이 사용된다. 실제로 반복측정분산분석과 다변량분산분석에서 사용했던 SPSS 명령문이 바로 GLM이다. 하지만 반복측정분산분석과 다변량분산분석에서 사용했던 GLM은 여기서 설명하려는 GLM과는 성격이 조금 다르다.

카이제곱 테스트, 서열형 변수 사이의 상관관계, 로지스틱 회귀분석을 제외하고 이 책에서 소개했던 추리통계분석기법은 모두 결과변수를 '정규분포를 따른다고 가정되는 연속형 변수'로 가정하였다. SPSS 명령문에서의 GLM은 바로 결과변수가 정규분포를 따른다고 가정할 때 사용할 수 있는 기법들을 포괄하는 용어다. 반면 일반적으로 이야기하는 일반선형모형의 경우 결과변수가 정규분포를 따르지 않을 경우에도, 예를 들어 로지스틱 회귀분석의 경우를 포괄하는 모형이다. 만약 모든 종류의 결과변수를 다 포괄하는 GLM을 사용하고 싶다면 SPSS의 GENLIN이라는 이름의 명령문을 사용하면 된다. 예를 들어 결과변수가 포아송 분포(Poisson distribution)를 따른다고 가정할 경우, GENLIN 명령문을 사용하면 포아송 회귀분석을 실시할 수 있다. 또한 GENLIN 명령문을 이용하면 서열형 로짓 회귀분석이나 프로빗 회귀분석 등도 실시할 수 있다.

몇 번 언급하였지만 이 책은 통계분석에 처음 입문하는 사회과학 전공자를 위한 책이다. 따라서 만약 독자들이 여기서 일반선형모형과 이를 분석하기 위한 GENLIN 명령문이 잘 이해되지 않는다면 이번 장은 그냥 지나쳐도 큰 문제 없다. 포아송 분포, 프로빗 분포 등의 정규분포가 아닌 분포가 잘 이해되지 않을 경우에도 그냥 넘어가길 바란다. 지금까지 설명했던 내용을 충분히 이해했다고 자신한다면 이번 장으로 다시 돌아와 학습한다면 효과를 볼 수 있을 것이다. 또한 일반선형모형에 대한 보다 자세한 설명을 원한다면 관련 통계 전문서적을 참고할 필요가 있다는 것도 밝히고 싶다.

아무튼 모든 통계분석 모형에는 결과변수와 최소 하나 혹은 그 이상의 예측변수가 포함되어 있다. 약간 도식적이기는 하지만 상황을 〈표 12-1〉과 같이 정리해 보도록 하자. 〈표 12-1〉에서 우선 결과변수가 정규분포를 따른다고 가정하는 기법들이 어떻게 통합되는지 살펴보도록 하자. 이 기법들은 모두 정규분포를 가정한다. 정규분포를 가정할 때 좋은 점은 바로 예측변수가 결과변수에 미치는 효과를 직접 추정할 수 있다는 점이다(OLS 회귀분석은 오차항의 제곱이 최소가 되는 예측선을 추정하는 것임을 앞에서 설명한 바 있다). 즉, 결과변수가 정규분포를 따른다고 가정할 수 있을 때, 예측변수가 결과변수에 미치는 효과는 '비표준화 회귀계수' 그대로 해석할 수 있다.

반면, 결과변수가 더미변수인 경우의 카이제곱 테스트와 로지스틱 회귀분석의 경우 예측변수가 결과변수에 미치는 효과를 회귀계수 그대로 해석하기 어렵다. 회귀계수의 지수값을 구한 OR을 이용해 회귀계수가 결과변수에 미치는 효과를 해석했다. 다시 말해, 예측변수가 결과변수에 미치는 효과는 링크함수를 고려한 상태에서 해석해 주어야만 한다.

표 12-1 통계분석 모형의 변수

분석기법	결과변수				예측변수		
	정규분포 연속형 변수	서열형 변수	더미 변수	명목형 변수	연속형 변수	더미 변수	3수준 이상 명목변수
t 테스트	○	×	×	×	×	○	×
분산분석	○	×	×	×	×	○	○
공분산분석	○	×	×	×	○	○	○
피어슨 상관계수	○	×	×	×	○	×	×
OLS 회귀분석	○	×	×	×	○	○	○
교차빈도표 이용 카이제곱 테스트	×	○	○	○	×	○	○
로지스틱 회귀분석	×	×	○	×	○	○	○

정리하자면 결과변수가 정규분포를 따른다고 가정할 경우 링크함수가 존재하지 않지만, 결과변수가 정규분포를 따르지 않는다고 가정할 경우 결과변수의 형태에 따라 링크함수를 고려해 주어야만 한다. 일반선형모형은 바로 링크함수를 고려하면 모든 형태의 결과변수에 미치는 예측변수의 효과를 추정할 수 있다는 아이디어를 반영한다. 다시 말해, 정규분포를 가정할 때는 $f(x) = x$와 같은 함수, 즉 입력한 값과 출력된 값이 동일한 함수를 링크함수로 지정하고〔흔히 '항등함수'(identity function)라고 불린다〕, 결과변수가 더미변수인 경우는 로지스틱 함수처럼 입력되는 값은 연속형 변수이지만 출력되는 값이 더미변수로 나오는 함수를 링크함수로 지정하면 된다. 또한 이 책에서 소개하지는 않았지만 더미변수가 아닌 서열형 변수가 결과변수로 투입될 경우는 '누적 로지스틱 함수'(cumulative logistic function)를 링크함수로 설정하면 된다.

따라서 결과변수의 형태와 링크함수의 종류만 정확하게 파악하여 설정할 수 있다면 예측변수가 결과변수에 미치는 효과는 일반선형모형을 통해 추정할 수 있다. 즉, 일반선형모형은 거의 모든 통계기법들을 하나의 프레임으로 다룰 수 있다는 점에서 상당히 매력적이다.[1]

이 장에서는 개체간 요인 형태를 갖는 예측변수들만 고려할 것이다. 일원표본 t 테스트, 대응표본 t 테스트, 반복측정분산분석이나 다변량분산분석의 경우도 GENLIN 명령어를 이용할 수 있다. 하지만 개체내 요인이 포함된 경우 SPSS에서 GENLIN 명령어를 사용하려면 데이터의 형태를 넓은 형태에서 긴 형태로 먼저 바꾸어야만 하며, 이 과정에서 이 책의 범위를 넘어서는 추가 설명이 필요하다. 개체내 요인이 투입된 모형은 이 책이 대상으로 삼는 독자의 수준을 훨씬 뛰어넘기 때문에, 여기서는 소개하지 않았다. 또한 GENLIN 명령문의 결과는 카이제곱 분포를 이용하는 로그우도비 카이제곱 테스트(LR χ^2 test)와 월드의 카이제곱 테스트(Wald's χ^2 test)를 이용한다. 만약 분석대상이 되는 데이터의 표본크기가 클 경우는 별 문제가 안 되지만, 데이터가 작을 경우 t 테스트나 분산분석, OLS 회귀분석의 통계적 유의도보다 작은 통계적 유의도를 얻을 가능성이 높다. 통계적 유의도를 계산하는 통계분포가 다르기 때문에 통계적 유의도 테스트 결과가 다를 수 있다는 점을 유의하길 바란다.

예시 데이터로는 OLS 회귀분석과 로지스틱 회귀분석을 설명할 때 사용했던 '예시데이터_10장_01.sav'를 사용하였다. 우선 성별(female) 변수에 따라 행위의도(y1) 변수의 평균값이 어떻게 다른지 독립표본 t 테스트를 실시해 보자.

---

1 물리학에 비교하자면 일종의 통일장 이론(unified field theory)과 유사하다고 볼 수 있다. 통일장 이론은 모든 것의 이론(theory of everything)이라고도 불린다. 자연계에 존재하는 중력, 전자기력, 약한 핵력(weak nuclear force), 강한 핵력(strong nuclear force)을 하나로 통합하려는 물리학의 학문적 시도를 뜻한다.

```
*예시데이터_10장_1.sav 데이터.
*독립표본 t 테스트의 경우.
T-TEST GROUPS=female(0, 1) / VARIABLES = y1.
```

분석결과 $t(898) = -1.632$, $p = .103$으로 나타났다. 즉, 남성 응답자의 행위의도 평균 $M = 4.89$는 여성 응답자의 행위의도 평균 $M = 5.07$과 통계적으로 유의미하게 다르지 않다.

이제는 GENLIN 명령어를 이용해서 일반선형모형으로 살펴보자. 우선 결과변수인 행위의도(y1) 변수는 정규분포를 따른다고 가정하였다. 또한 앞에서 설명하였듯 정규분포를 따르는 경우 링크함수는 입력과 출력이 동일한 항등함수(identity function)를 사용하면 된다. 이를 위해 GENLIN 명령어의 /MODEL 하위명령어의 DISTRIBUTION과 LINK 옵션을 지정하였다. 즉, DISTRIBUTION에는 정규분포를 따른다는 의미에서 NORMAL을, LINK, 즉 링크함수는 항등함수를 사용한다는 의미에서 IDENTITY를 지정하였다.

GENLIN에서 결과변수와 예측변수를 지정하는 방법은 UNIANOVA 명령문 혹은 GLM 명령문에서 결과변수와 예측변수를 지정하는 방법과 동일하다. 성별 변수와 같은 더미변수의 경우 명목형 변수이기 때문에 BY 뒤에 위치시키면 되며, 만약 연속형 예측변수의 경우에는 WITH 뒤에 위치시키면 된다. 명목형 변수의 경우 (ORDER=DESCENDING)을 지정하였는데, 이는 해당변수가 첫 번째 수준의 값을 갖는 사례들을 기준집단으로 선정한다는 의미다. 또한 MODEL 뒤에는 예측변수를 나열하면 된다.

```
*독립표본 t 테스트를 일반선형모형에 적용한 경우.
GENLIN y1 BY female (ORDER=DESCENDING)
/MODEL female
DISTRIBUTION=NORMAL LINK=IDENTITY.
```

일단 많은 결과표들이 출력되었지만, 모든 결과표를 해석하지는 않겠다. 하지만 앞의 내용을 충실하게 학습한 독자들이라면 아마 이해하는 것이 그리 어렵지는 않을 것이다. 우선은 'Omnibus Test' 결과를 보자.

Omnibus Test[a]

Likelihood Ratio Chi-Square	df	Sig.
2.664	1	.103

Dependent Variable: 행위의도
Model: (intercept), female
a. Compares the fitted model against the intercept-only model.

이 결과는 로지스틱 회귀분석에서 설명했던 'Omnibus Tests of Model Coefficients'와 동일하게 해석할 수 있다. 즉, 모형 자체의 설명력을 테스트해 준 결과다. 다시 말해, 예측변수가 1개 투입되면서 줄어든 -2LL의 값, 이탈도(D) 통계치의 통계적 유의도 테스트인 통계적 유의도의 값 $p = .103$이다. 요컨대 현재의 모형은 데이터의 -2LL을 유의미하게 감소시키지 못한다고 볼 수 있다.

다음의 'Tests of Model Effects'는 투입된 예측변수별 테스트 결과다. 위의 'Omnibus Test' 결과표에는 로그우도비 카이제곱 테스트가 사용되었지만, 여기서는 월드의 카이제곱 테스트가 사용되었다. 통계적 유의도의 값이 조금 바뀐 것을 눈치챌 수 있을 것이다($p = .102$). 통계적 유의도가 조금 다른데 통계적 유의도를 계산하기 위한 방식이 동일하지 않기 때문이다. 표본의 크기가 큰 경우 대체로 차이는 미미하다.

Tests of Model Effects

Source	Type III		
	Wald Chi-Square	df	Sig.
(Intercept)	8164.636	1	.000
female	2.668	1	.102

Dependent Variable: 행위의도
Model: (Intercept), female

그렇다면 가장 마지막에 제시된 'Parameter Estimates'라고 된 아래의 결과를 살펴보자.

Parameter Estimates

Parameter	B	Std. Error	95% Wald Confidence Interval		Hypothesis Test		
			Lower	Upper	Wald Chi-Square	df	Sig.
(Intercept)	4.889	.0779	4.736	5.042	3936.065	1	.000
[female=1]	.180	.1102	-.036	.396	2.668	1	.102
[female=0]	0ª						
(Scale)	2.733ᵇ	.1288	2.491	2.997			

Dependent Variable: 행위의도
Model: (Intercept), female
a. Set to zero because this parameter is redundant.
b. Maximum likelihood estimate.

결과표는 OLS 회귀분석의 결과표와 유사하다. 여기의 결과를 보면 남성 응답자의 평균은 절편값인 4.889이며, 여성 응답자일 경우 계수인 .180이 더해진 5.069임을 알 수 있다. 또한 성별 변수의 회귀계수인 .180의 통계적 유의도는 $p = .102$로 나와 두 성별 응답자의 평균은 통계적으로 유의미하게 다르지 않다는 것을 알 수 있다.

이제 이원분산분석을 GENLIN 명령문을 통해 테스트해 보자. '예시데이터_10장_01. sav'
중 성별(female) 변수와 행위여부(y2)에 따라 응답자의 태도(x1) 변수의 평균이 유의미
하게 다른지를 살펴보자.

```
*2 x 2 설계 형태 데이터에 대한 이원분산분석.
UNIANOVA x1 BY female y2
/PRINT = DESCRIPTIVE HOMOGENEITY ETASQ
/DESIGN = female y2 female*y2.
```

이원분산분석 결과 전체모형은 $F(3, 896) = 76.416$, $p < .001$로 나타났다. 또한 두 예측
변수의 상호작용효과는 $F(1, 896) = 2.385$, $p = .123$으로 나타나, 성별 변수와 행위여부
변수 사이에는 통계적으로 유의미한 상호작용효과가 나타나지 않았다. 성별 변수의 주효
과는 $F(1, 896) = 3.491$, $p = .062$, 행위여부 변수의 주효과는 $F(1, 896) = 223.402$,
$p < .001$로 나타났다.

이러한 이원분산분석을 일반선형모형에 적용해 보면 다음과 같다. /MODEL 하위명령문
에 DISTRIBUTION=NORMAL로 하여 결과변수의 분포가 정규분포를 따른다고 가정하였고,
LINK=IDENTITY로 항등함수를 사용하였다. 또한 /MODEL 하위명령문 다음에 성별(female)
변수의 주효과, 행위여부(y2) 변수의 주효과, 그리고 이 두 변수의 상호작용효과를 테스
트할 수 있도록 설정하였다.

```
*이원분산분석을 일반선형모형에 적용한 경우.
GENLIN x1 BY female y2 (ORDER=DESCENDING)
/MODEL female y2 female*y2
DISTRIBUTION=NORMAL LINK=IDENTITY.
```

'Omnibus Test' 결과표를 통해 모형 전체에 대한 테스트 결과 $LR \chi^2 (3) = 205.036$,
$p < .001$임을 알 수 있다. 즉, 여기서 테스트한 모형은 아무런 예측변수들을 투입하지 않
은 모형에 비해 통계적으로 유의미하게 높은 설명력을 갖고 있음을 알 수 있다.

'Tests of Model Effects'의 결과는 아래와 같다. 각 변수의 주효과와 상호작용효과의
통계적 유의도가 이원분산분석 결과보다 아주 조금 낮을 뿐 거의 동일한 결과가 나오는
것을 알 수 있다.

Tests of Model Effects

Source	Type III		
	Wald Chi-Square	df	Sig.
(Intercept)	25958.185	1	.000
female	3.506	1	.061
y2	224.399	1	.000
female * y2	2.396	1	.122

Dependent Variable: 주관적 태도
Model: (Intercept), female, y2, female*y2

끝으로 'Parameter Estimates' 결과표를 보면 회귀분석 형태로 제시된 결과를 확인할 수 있다. 즉, 행위를 하지 않은 남성 응답자의 태도평균이 바로 '절편'(Intercept) 값인 4.425이며, 행위를 하지 않은 여성 응답자는 이보다 .212점이 높은 4.637의 태도평균값을 가지며, 행위를 한 남성 응답자는 절편값인 4.425에 1.025를 더한 5.450의 태도평균값을 가지며, 행위를 한 여성 응답자는 절편값인 4.425에 .212, 1.025, -.192의 값을 더한 5.470의 값을 갖는 것을 예측방정식을 통해 확인할 수 있다.

Parameter Estimates

Parameter	B	Std. Error	95% Wald Confidence Interval		Hypothesis Test		
			Lower	Upper	Wald Chi-Square	df	Sig.
(Intercept)	4.425	.0616	4.305	4.546	5161.077	1	.000
[female=1]	.212	.0870	.042	.383	5.941	1	.015
[female=0]	0a						
[y2=1]	1.025	.0877	.853	1.197	136.592	1	.000
[y2=0]	0a						
[female=1] * [y2=1]	-.192	.1240	-.435	.051	2.396	1	.122
[female=1] * [y2=0]	0a						
[female=0] * [y2=1]	0a						
[female=0] * [y2=0]	0a						
(Scale)	.865b	.0408	.789	.949			

Dependent Variable: 주관적 태도
Model: (Intercept), female, y2, female * y2
a. Set to zero because this parameter is redundant.
b. Maximum likelihood estimate.

다음으로는 연속형 예측변수가 투입된 공분산분석, 혹은 다중 OLS 회귀분석을 살펴보도록 하자. 우선 연속형 예측변수의 주효과만 고려할 경우 다중 OLS 회귀분석을 살펴보자. 태도, 규범, 통제력 변수를 예측변수들로, 행위의도 변수가 정규분포를 갖는다고 가정한 다중 OLS 회귀분석을 먼저 살펴보면 아래와 같다. 해석의 편의를 위해 예측형 변수들은 모두 중심화 변환하였다.

```
*다중 OLS 회귀분석.
*중심화 변환.
DESCRIPTIVES x1 x2 x3.
COMPUTE c_x1 = x1 - 4.99.
COMPUTE c_x2 = x2 - 4.96.
COMPUTE c_x3 = x3 - 4.97.
REGRESSION VARIABLES = y1 c_x1 c_x2 c_x3
/DEPENDENT = y1
/METHOD = ENTER c_x1 c_x2 c_x3.
```

모형의 설명력은 $R^2 = .507$, $R^2_{adjusted} = .506$, $F(3, 896) = 307.522$, $p < .001$로 모형은 결과변수인 행위의도를 유의미하게 설명하는 것으로 나타났다. 각 예측변수 역시 모두 통계적으로 유의미한 예측변수인 것으로 나타났다($\beta_{x_{c1}} = .622$, $p < .001$; $\beta_{x_{c2}} = .617$, $p < .001$; $\beta_{x_{c1}} = .200$, $p < .001$). 이제 아래와 같은 일반선형모형을 실시해 보자. 연속형 예측변수의 경우 WITH를 지정한 후에 해당 변수들을 나열하면 된다. 마찬가지로 결과변수가 정규분포를 따른다고 가정했기 때문에 DISTRIBUTION = NORMAL, LINK= IDENTITY로 설정했다.

```
*이원분산분석을 일반선형모형에 적용한 경우.
GENLIN y1 WITH c_x1 c_x2 c_x3
/MODEL c_x1 c_x2 c_x3
DISTRIBUTION=NORMAL LINK=IDENTITY.
```

'Omnibus Test' 결과 세 예측변수들의 주효과를 테스트하는 모형의 $-2LL$은 아무런 예측변수들을 투입하지 않은 모형의 $-2LL$의 값보다 통계적으로 유의미하게 작다는 것을 알 수 있다($LR\chi^2(3) = 637.076$, $p < .001$).

Omnibus Test[a]

Likelihood Ratio Chi-Square	df	Sig.
637.076	3	.000

Dependent Variable: 행위의도
Model: (intercept), c_x1, c_x2, c_x3
a. Compares the fitted model against the intercept-only model.

또한 각 예측변수들의 효과는 'Test of Model Effects'와 'Parameter Estimates'를 통해서 그 테스트 결과를 확인할 수 있다. 'Parameter Estimates'의 경우 OLS 회귀분석 결과와 비교할 때, 절편 및 회귀계수의 값이 동일한 것을 알 수 있다.

Tests of Model Effects

Source	Type III		
	Wald Chi-Square	df	Sig.
(Intercept)	16535.856	1	.000
c_x1	239.973	1	.000
c_x2	216.993	1	.000
c_x3	67.054	1	.000

Dependent Variable: 행위의도
Model: (Intercept), c_x1, c_x2, c_x3

Parameter Estimates

Parameter	B	Std. Error	95% Wald Confidence Interval		Hypothesis Test		
			Lower	Upper	Wald Chi-Square	df	Sig.
(Intercept)	4.981	0.387	4.905	5.057	16535.856	1	.000
c_x1	.622	.0402	.544	.701	239.973	1	.000
c_x2	.617	.0419	.535	.699	216.993	1	.000
c_x3	.200	.0244	.152	.248	67.054	1	.000
(Scale)	1.350[a]	.0637	1.231	1.481			

Dependent Variable: 행위의도
Model: (Intercept), c_x1, c_x2, c_x3
a. Maximum likelihood estimate.

이제 더미변수와 연속형 변수의 상호작용효과, 두 연속형 변수 사이의 상호작용효과를 테스트해 보자. 다중 OLS 회귀분석의 경우 상호작용효과 테스트를 위해 두 변수를 곱하여 새로운 변수를 별도로 만들어야 했지만, 일반선형모형의 경우 별도의 새로운 변수를 만들지 않아도 된다는 점이 편하다. 우선 성별(female) 변수와 태도(c_x1) 변수의 상호작용효과 및 규범(c_x2) 변수와 통제력(c_x3) 변수의 상호작용효과를 테스트하는 모형을 다음과 같이 COMPUTE 명령문을 통해 생성한 후 SPSS를 이용해 다중 OLS 회귀모형을 실시하면 다음과 같다.

```
*다중 OLS 회귀분석을 이용한 상호작용효과 테스트.
*상호작용효과 테스트 변수 생성.
COMPUTE female_cx1 = c_x1 * female.
COMPUTE cx2_cx3 = c_x2 * c_x3.
REGRESSION VARIABLES = y1 c_x1 c_x2 c_x3 female female_cx1 cx2_cx3
/DEPENDENT = y1
/METHOD = ENTER c_x1 c_x2 c_x3 female female_cx1 cx2_cx3.
```

태도, 규범, 통제력, 성별의 네 가지 주효과와 성별과 태도, 규범과 통제력의 상호 작용효과를 테스트하는 모형의 설명력은 통계적으로 유의미한 것으로 나타났다[$R^2 = .523$, $R^2_{adjusted} = .520$, $F(6, 893) = 163.213$, $p < .001$]. 회귀계수의 해석에 대해서는 이미 다중 OLS 회귀분석에서 설명했으니, 자세한 해석은 제10장의 서술을 참고하길 바란다. 우선 태도(c_x1) 변수가 행위의도(y1) 변수에 미치는 효과는 남성보다 여성에게서 유의 미하게 낮음을 확인할 수 있다($\beta_{female \times x_{c1}} = -.342$, $p < .001$). 또한 규범(c_x2) 변수가 행위 의도에 미치는 효과는 통제력(c_x3)이 높은 사람에게서 더 크게 나타났다($\beta_{x_{c2} \times x_{c3}} = .063$, $p = .005$).

다음으로 GENLIN 명령문을 이용하여 일반선형모형으로 위의 모형을 테스트해 보자. GENLIN 명령문을 이용할 경우에 상호작용 항을 별도로 만들 필요가 없다. 아래의 /MODEL 명령문에서 볼 수 있듯, 우선 주효과를 지정한 후 상호작용효과가 가정된 변수들 을 기호(*)를 이용해 지정하면 기호 전후 변수들의 상호작용효과를 테스트할 수 있다.

```
*일반선형모형을 이용해 상호작용효과 테스트.
GENLIN y1 BY female (ORDER=DESCENDING) WITH  c_x1 c_x2 c_x3
/MODEL female c_x1 c_x2 c_x3 female*c_x1 c_x2*c_x3
DISTRIBUTION=NORMAL LINK=IDENTITY.
```

'Omnibus Test' 결과표에서 알 수 있듯 예측변수 6개를 투입하였을 때, 예측변수를 투 입하지 않았을 때에 비해서 통계적으로 유의미하게 $-2LL$이 감소한 것을 알 수 있다 [$LR \chi^2(6) = 666.292$, $p < .001$]. 즉, 위에서 테스트한 예측모형은 데이터를 통계적으로 유의미하게 설명하는 것을 알 수 있다.

개별 예측변수들의 효과는 다음과 같다. 앞에서 여러 번 설명하였듯 'Test of Model Effects'의 결과표는 'Parameter Estimates'와 크게 다르지 않다.[2] Parameter Estimates 의 결과를 보면 잘 나타나있듯, 각 예측변수의 회귀계수는 다중 OLS 회귀분석 결과나 일반선형모형이나 서로 동일하다(단 '규범' 변수와 '통제력' 변수의 상관관계 효과의 통계적 유의도는 다중 OLS 회귀모형에서는 $p = .005$였으나 여기서는 $p = .004$로 조금 다른 것을 확인할 수 있다. 이는 통계적 유의도를 계산하는 방식이 서로 조금 다르기 때문이다. OLS 의 경우 t분포에 기반하지만, 일반선형모형의 경우 월드의 카이제곱 테스트를 사용하기 때 문이다).

---

2 물론 명목변수의 수준이 3개 수준 이상인 경우는 Test of Model Effects의 결과는 Parameter Estimates와 자유 도(df)가 다르다.

지금까지는 결과변수를 정규분포를 따르는 연속형 변수라고 가정하였다. 이제는 로지스틱 회귀분석과 같이 결과변수가 더미변수인 경우, 일반선형모형을 적용하는 방법을 살펴보자. 실행하는 방법은 사실 간단하다. GENLIN 명령문의 /MODEL 하위명령문에서 DISTRIBUTION과 LINK 옵션을 로지스틱 회귀분석 모형에 맞게 바꾸어 주면 된다. 앞에서 언급한 바 있듯, 로지스틱 회귀분석에서는 로지스틱 함수를 링크함수로 사용한다. 우선 제 11장에서 사례로 소개했던 로지스틱 회귀분석을 다음과 같이 실시해 보자.

```
*로지스틱 회귀분석을 이용한 더미변수와 연속형 변수 사이의 상호작용효과 테스트.
*두 연속형 변수 사이의 상호작용효과 테스트.
DESCRIPTIVES y1.
COMPUTE c_y1 = y1 - 4.98.
COMPUTE female_cy1 = c_y1 * female.
COMPUTE cy1_cx2 = c_y1 * c_x2.
LOGISTIC REGRESSION VARIABLES = y2 WITH c_x1 c_x2 c_x3 female c_y1 female_cy1
  cy1_cx2
/PRINT = SUMMARY ITER
/METHOD = ENTER c_x1 c_x2 c_x3 female c_y1 female_cy1 cy1_cx2.
```

더미변수인 행동여부($y2$) 변수를 예측할 때, 총 7개의 예측변수들을 투입한 결과 예측변수를 투입하지 않았을 때에 비해서 $-2LL$의 값이 통계적으로 유의미하게 감소하였다〔$LR \chi^2 (7) = 622.528$, $p < .001$〕. 즉, 모형의 설명력은 통계적으로 유의미한 것을 알 수 있다. 주효과와 상호작용효과의 테스트 결과와 회귀계수를 해석하는 방법에 대한 자세한 설명은 제 11장에서 설명한 바 있다. 상호작용 테스트 결과 다른 예측변수들의 효과를 통제하였을 때, 행위의도(c_y1)가 행동여부($y2$)에 미치는 효과는 남성에게서보다 여성에게서 작게 나타났지만, 그 차이는 통계적으로 유의미하지 않은 것으로 나타났다($p = .114$). 또한 다른 예측변수들의 효과를 통제하였을 때, 행위의도가 행동여부에 미치는 효과는 규범(c_x2)이 높은 사람에게서 더 높게 나타났으며 이는 통계적으로 유의미한 것으로 나타났다($p = .01$).

이제 GENLIN 명령어를 이용하여 위의 로지스틱 회귀분석을 실시해 보자. 우선 앞서 DISTRIBUTION 옵션을 NORMAL로 LINK 옵션을 IDENTITY로 가정했던 경우, 일반적 통계기법으로 얻은 통계적 유의도 결과와 일반선형모형인 GENLIN을 통해 얻은 결과가 미묘하게 달랐던 것을 독자들은 기억할 것이다. 하지만 로지스틱 회귀분석의 경우 GENLIN 명령어를 통해서 얻은 결과와 정확하게 일치한다. 그 이유는 로지스틱 회귀분석의 통계적 유의도 테스트 결과가 바로 로그우도비 카이제곱 테스트와 월드의 카이제곱 테스트를 사용하며, 이것이 바로 GENLIN에서 사용하는 테스트 통계치이기 때문이다. 아무튼 아래와 같이 DISTRIBUTION 옵션을 BINOMIAL(0 혹은 1의 값을 갖는 더미변수이기 때문에)로 LINK 옵션을 LOGIT으로 지정하면 로지스틱 회귀분석을 실시할 수 있다.

```
*일반선형모형을 이용해 로지스틱 회귀분석 실시.
GENLIN y2 BY female (ORDER=DESCENDING) WITH c_x1 c_x2 c_x3 c_y1
/MODEL c_x1 c_x2 c_x3 female c_y1 female*c_y1 c_x2*c_y1
DISTRIBUTION=BINOMIAL LINK=LOGIT.
```

분석결과는 로지스틱 회귀분석과 동일하다. 아래의 결과를 보고 해석하는 방법은 앞에서 제시했던 로지스틱 회귀분석 결과에 대한 해석 부분이나 제11장의 해석을 참조하길 바란다.

Omnibus Test[a]

Likelihood Ratio Chi-Square	df	Sig.
622.528	7	.000

Dependent Variable: 행위
Model: (intercept), c_x1, c_x2, c_x3, female, c_y1, female*c_y1, cx2*c_y1
a. Compares the fitted model against the intercept-only model.

Parameter Estimates

Parameter	B	Std. Error	95% Wald Confidence Interval		Hypothesis Test		
			Lower	Upper	Wald Chi-Square	df	Sig.
(Intercept)	-.096	.1491	-.389	.196	.418	1	.518
c_x1	-3.309	.1160	-.537	-.082	7.116	1	.008
c_x2	-.386	.1251	-.631	-.140	9.503	1	.002
c_x3	-.133	.0664	-.263	-.003	4.019	1	.045
[female=1]	.320	.2025	-.076	.717	2.503	1	.114
[female=0]	0[a]						
c_y1	-1.795	.2023	-2.191	-1.398	78.690	1	.000
[female=1] * c_y1	.261	.2500	-.229	.751	1.090	1	.296
[female=0] * c_y1	0[a]						
c_x2 * c_y1	-.353	.1374	-.622	-.083	6.590	1	.010
(Scale)	1[b]						

Dependent Variable: 행위
Model: (Intercept), c_x1, c_x2, c_x3, female, c_y1, female*c_y1, c_x2*c_y1
a. Set to zero because this parameter is redundant.
b. Fixed at the displayed value.

2. 일반선형모형을 이용한 프로빗 회귀분석

이제부터는 앞에서 다루지 않았던 분석기법을 설명해 보겠다. 우선 앞에서 실시했던 로지스틱 회귀분석 대신 프로빗 회귀분석(probit regression analysis)을 실시해 보자. 프로빗 회귀분석 역시도 로지스틱 회귀분석과 마찬가지로 결과변수가 더미변수일 경우 사용하는 회귀분석 기법이지만, 로지스틱 회귀분석이 링크함수로 사용하는 로지스틱 함수 대신에 프로빗 함수(probit function)를 링크함수로 사용한다. 따라서 위의 명령문에서 링크함수의 형태만 바꾸어 주면 프로빗 회귀분석을 실시할 수 있다. 즉, GENLIN 명령문의 /MODEL 하위명령문에서 LINK 옵션을 LOGIT에서 PROBIT으로 바꾸어 주면 프로빗 회귀분석을 실시할 수 있다. 참고로 프로빗 회귀분석의 링크함수는 아래와 같으며, 여기서 Φ함수는 표준정규분포의 누적분포함수(cumulative distribution function, CDF)다.

$$F(x) = \Phi(\alpha + \Sigma\beta_i x_i)$$

```
*일반선형모형을 이용해 프로빗 회귀분석 실시.
GENLIN y2 BY female (ORDER=DESCENDING)  WITH  c_x1 c_x2 c_x3 c_y1
/MODEL c_x1 c_x2 c_x3 female c_y1 female*c_y1 c_x2*c_y1
DISTRIBUTION=BINOMIAL LINK=PROBIT.
```

분석결과를 보면 로지스틱 회귀분석과 프로빗 회귀분석의 결과가 매우 유사하지만 완전히 동일하지는 않음을 확인할 수 있을 것이다. 우선 예측변수를 투입하지 않은 모형과 예측변수들을 모두 투입한 모형의 -2LL의 차이인 이탈도(D) 통계치는 $LR\chi^2(7) = 621.446$, $p < .001$이다. 이는 로지스틱 회귀분석의 이탈치 통계치인 $LR\chi^2(7) = 622.528$ 보다 다소 작지만 별반 차이는 없다. 예측변수의 회귀계수 역시 거의 유사하지만, 완전히 동일하지는 않다.

Omnibus Test[a]

Likelihood Ratio Chi-Square	df	Sig.
621.446	7	.000

Dependent Variable: 행위
Model: (intercept), c_x1, c_x2, c_x3, female, c_y1, female*c_y1, cx2*c_y1
a. Compares the fitted model against the intercept-only model.

Parameter Estimates

Parameter	B	Std. Error	95% Wald Confidence Interval		Hypothesis Test		
			Lower	Upper	Wald Chi-Square	df	Sig.
(Intercept)	-.048	.0851	-.215	.119	.321	1	.571
c_x1	-.168	.0665	-.299	-.038	6.416	1	.011
c_x2	-.217	.0707	-.356	-.079	9.439	1	.002
c_x3	-.071	.0379	-.146	.003	3.524	1	.060
[female=1]	.172	.1153	-.054	.398	2.214	1	.137
[female=0]	0ᵃ						
c_y1	-.991	.1017	-1.191	-.792	94.938	1	.000
[female=1] * c_y1	.106	.1281	-.145	.357	.682	1	.409
[female=0] * c_y1	0ᵃ						
c_x2*c_y1	-.188	.0707	-.327	-.050	7.114	1	.008
(Scale)	1ᵇ						

Dependent Variable: 행위
Model: (Intercept), c_x1, c_x2, c_x3, female, c_y1, female*c_y1, c_x2*c_y1
a. Set to zero because this parameter is redundant.
b. Fixed at the displayed value.

가장 두드러진 차이는 통제력(c_x3) 변수가 행동여부에 미치는 효과다. 로지스틱 회귀분석의 경우 $\beta_{x_{c3}} = -.133$, $p = .045$이고, 프로빗 회귀분석의 경우 $\beta_{x_{c3}} = -.071$, $p = .060$이다. 적어도 통상적 유의도 수준인 $\alpha = .05$를 기준으로 본다면 어떤 기법을 쓰는가에 따라 다른 예측변수들의 효과를 통제하였을 때 통제력이 행위여부에 미치는 효과의 존재유무에 대한 판단이 달라질 수 있다.

그렇다면 결과변수가 더미변수일 경우 로지스틱 회귀분석과 프로빗 회귀분석 중 어떤 것을 사용하는 것이 더 타당할까? 여기에 대한 명확한 답은 없다. 추리통계분석기법의 핵심은 모집단의 모수를 추정하는 것인데, 모수를 알지 못하는 한 로지스틱 회귀분석으로 추리한 통계치와 프로빗 회귀분석으로 추리한 통계치 중 어떤 것이 모집단의 모수를 더 잘 추리했는지 확인할 방법이 없기 때문이다. 이런 경우 좋은 해결책은 아니지만, 학문분과에 따라 선호하는 통계기법을 사용하는 것이 가장 무난하다. 일반적으로 사회과학이나 의학 문헌에서는 로지스틱 회귀분석을 선호하는 반면, 경제학 문헌에서는 프로빗 회귀분석을 더 선호한다.

저자들이 익숙한 학문분과들의 경우 로지스틱 회귀분석을 더 많이 사용하며, 저자들 스스로도 로지스틱 회귀분석을 더 선호한다. 그 이유는 프로빗 회귀분석의 회귀계수는 해석이 매우 까다롭기 때문이다. 위의 프로빗 모형 중 그나마 간단한 성별(female) 변수의 주효과를 해석해 보자. 다른 예측변수들을 모두 통제하면(즉, 각 예측변수의 값을 각 변수의 전체평균으로 대치한 후), 아래와 같은 예측방정식을 얻을 수 있다.

$$probit(y_2) = -.048 + .172\,female$$

위 방정식에서 남성인 경우(female = 0)와 여성인 경우(female = 1)의 probit(y_2)을 구분하면, 각각 -.048과 .124의 값을 얻을 수 있다. 이 값을 원래의 값으로 환산하면 해당 표준정규분포에서 해당값의 확률값을 구하면 된다. 남성의 경우인 -.048의 값은 .481이며, 여성의 경우인 .124의 경우 .549다. 다시 말해, 남성의 경우 행동을 할 확률은 약 48.1%이며, 여성의 경우는 행동을 취할 가능성이 54.9%다. 즉, 다른 예측변수들이 표본의 평균값을 갖는 경우 여성은 남성에 비해 행동을 취할 확률은 6.8% 높지만, 이는 통계적으로 유의미한 차이라고 보기 어렵다($p = .398$).

주효과의 경우 로지스틱 회귀분석의 결과는 회귀계수에 지수값을 취하는 방식을 통해 OR을 구한 후 예측변수가 1단위 증가할 때 결과변수의 값이 0이 아닌 1이 나올 확률이 몇 퍼센트나 증가(혹은 감소)하는지 밝힌다는 점에서 그 해석이 비교적 쉽고 용이하다(물론 상호작용효과는 복잡하다). 하지만 프로빗 모형의 경우 회귀계수의 값을 해석하기 위해서는 표준정규분포의 누적분포함수를 이용해 하나하나 그 값을 환산해 주어야 한다는 점에서 로지스틱 회귀분석보다 상대적으로 결과에 대한 해석이 까다로운 편이다.

3. 일반선형모형을 이용한 포아송 회귀분석

다음은 결과변수의 분포가 포아송 분포를 띤다고 가정할 때 사용할 수 있는 포아송 회귀분석(Poisson regression analysis)을 일반선형모형 맥락에서 소개하기로 한다. 포아송 회귀분석은 결과변수의 분포가 포아송 분포를 띠며, 이때의 링크함수는 로그함수를 사용한다. 왜 링크함수가 로그함수일까? 그 이유는 포아송 분포에서 찾을 수 있다. 포아송 분포를 띠는 결과변수는 0부터 ∞의 범위를 갖는 자연수이며, 그 분포의 모양은 우편포(rightly skewed) 모습을 갖는다. 포아송 분포를 수학적으로 표현하면 아래와 같다. 여기서 k는 k번의 사건발생(event occurrence)을, λ는 평균 사건발생수를 의미한다.

$$P(k) = \frac{\lambda^k e^{-\lambda}}{k!}$$

위의 수식의 분자에 e가 들어 있다. 로그함수를 링크함수로 취하는 이유는 바로 여기에 있다. 포아송 회귀분석을 다음과 같은 사례를 통해 분석해 보자. '예시데이터_12장_01.sav' 데이터를 열어 보면 총 3개의 변수를 발견할 수 있다. y 변수는 응답자의 사회활동 참여수를 나타낸다. 예를 들어 2의 값을 갖는 사람은 두 가지 사회활동에 참여한다는 의미다. x_1변수는 응답자의 소득(클수록 고소득자)이며, x_2변수는 응답자의 직업안정성을 의미한다(0의 값을 갖는 응답자는 비정규직, 1의 값을 갖는 응답자는 정규직이다).

여기서 결과변수인 y는 포아송 분포를 띤다. 우선 포아송 분포가 어떤 형태를 띠는지 히스토그램으로 확인해 보자.

```
*예시데이터_12장_01.sav 데이터.
*포아송 분포의 모습.
GRAPH / HISTOGRAM = y.
```

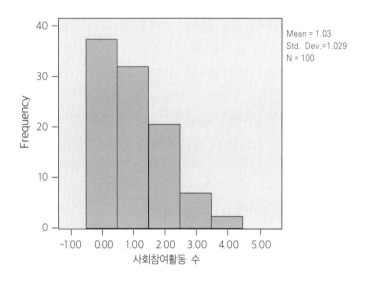

대부분의 사람들은 사회참여활동이 없거나 하나 혹은 2개 정도 참여한다. 하지만 3개 혹은 4개를 참여하는 사람도 적지 않다. 이제 이렇게 포아송 분포를 띠는 y변수에 대한 x_1과 x_2변수의 효과를 포아송 회귀분석으로 테스트해 보도록 하자. GENLIN 명령문의 DISTRIBUTION과 LINK 옵션을 포아송 회귀분석에 맞게 지정하면 아래와 같다. 연속형 예측변수의 경우 해석의 편의를 위하여 중심화 변환을 실시해 보자.

```
*GENLIN 명령문을 이용한 포아송 회귀분석.
DESCRIPTIVES x1.
COMPUTE c_x1 = x1 - 4.74.
GENLIN y BY x2 (ORDER=DESCENDING)  WITH c_x1
/MODEL c_x1 x2
DISTRIBUTION=POISSON LINK=LOG.
```

아래의 Omnibus Test 결과에서 알 수 있듯, 2개의 예측변수들이 투입된 포아송 회귀 모형은 유의미한 설명력을 갖는 것으로 나타났다$[LR\chi^2(2) = 12.041,\ p = .002]$.

Omnibus Test[a]

Likelihood Ratio Chi-Square	df	Sig.
12.041	2	.002

Dependent Variable: 사회참여활동 수
Model: (intercept), x1, x2
a. Compares the fitted model against the intercept-only model.

또한 각 예측변수의 효과를 추정한 결과는 'Test of Model Effects'나 'Parameter Estimates'에서 확인할 수 있다. 아래의 결과에서 확인할 수 있듯, 소득수준(x_{c1}) 변수가 증가할수록 사회참여활동(y) 변수 역시 유의미하게 증가한다. 링크함수가 로그함수이기 때문에, 로지스틱 회귀분석과 마찬가지로 회귀계수에 지수값을 구하여 해석하면 된다. 즉, "다른 예측변수가 사회참여활동에 미치는 효과를 통제할 때, 소득이 1단위 증가하면 사회참여활동은 약 14% 증가하며$[\exp(.131) = 1.140]$, 이 증가효과는 통계적으로 유의미하다$(p = .007)$"라고 해석할 수 있다. 직업안정성(x_2) 변수의 효과 역시도 비슷하게 해석할 수 있다. 직업안정성 변수는 더미변수이기 때문에, "소득수준이 사회참여활동에 미치는 효과를 통제할 때, 비정규직에 비해 정규직의 사회참여활동이 약 65% 높으며$[\exp(.498) = 1.645]$, 이 차이는 통계적으로 유의미하다$(p = .025)$"라고 해석할 수 있다.

Parameter Estimates

Parameter	B	Std. Error	95% Wald Confidence Interval		Hypothesis Test		
			Lower	Upper	Wald Chi-Square	df	Sig.
(Intercept)	-.345	.1931	-.723	.033	3.195	1	.074
c_x1	.133	.0489	.037	.229	7.360	1	.007
[x2=1.00]	.498	.2222	.062	.933	5.014	1	.025
[x2=.00]	0[a]						
(Scale)	1[b]						

Dependent Variable: 사회참여활동 수
Model: (Intercept), c_x1, x2
a. Set to zero because this parameter is redundant.
b. Fixed at the displayed value.

그림 12-1 소득수준 변화에 따른 사회참여활동 평균수 변화

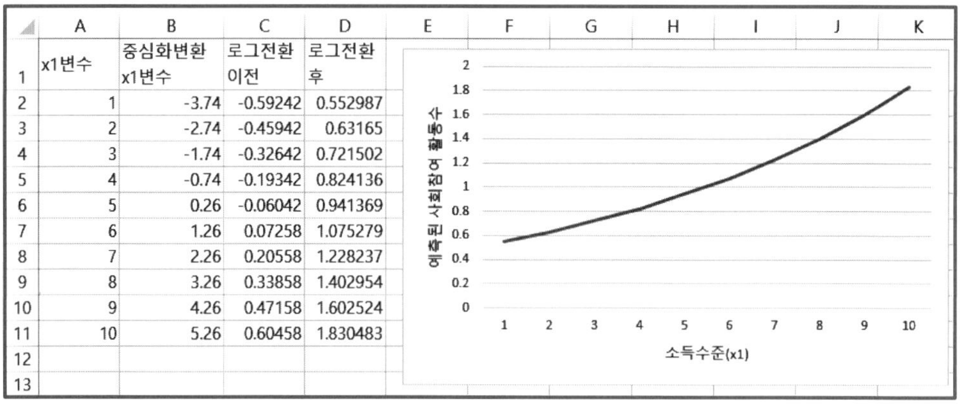

	A	B	C	D
1	x1변수	중심화변환 x1변수	로그전환 이전	로그전환 후
2	1	-3.74	-0.59242	0.552987
3	2	-2.74	-0.45942	0.63165
4	3	-1.74	-0.32642	0.721502
5	4	-0.74	-0.19342	0.824136
6	5	0.26	-0.06042	0.941369
7	6	1.26	0.07258	1.075279
8	7	2.26	0.20558	1.228237
9	8	3.26	0.33858	1.402954
10	9	4.26	0.47158	1.602524
11	10	5.26	0.60458	1.830483
12				
13				

로지스틱 회귀분석과 마찬가지로 포아송 회귀분석의 경우도 예측변수와 결과변수의 관계는 단선형을 띠지 않는다. 예측변수의 수준에 따라 결과변수인 사회참여활동의 평균수의 변화는 〈그림 12-1〉과 같다. 위의 포아송 회귀 방정식을 이용하여 엑셀로 소득수준 변화 (x1)에 따른 사회참여활동의 평균수의 변화를 그린 그래프는 〈그림 12-1〉과 같다.

만약 결과변수에 0이 매우 많을 경우 '음이항 회귀분석'(negative binomial regression analysis) 혹은 '0의 다량발생 포아송 회귀분석'(zero-inflated Poisson regression analysis) 등도 고려해 볼 수 있다. 그러나 이들에 대한 설명은 이 책의 범위를 뛰어넘기 때문에 생략하였다. 관련 회귀모형에 관심을 가진 독자들은 다른 문헌을 참조하길 바란다.[3]

4. 일반선형모형을 이용한 서열형 로지스틱 회귀분석

마지막으로 결과변수가 3수준 이상의 서열형 변수일 경우에 사용하는 서열형 로지스틱 회귀분석(ordered logistic regression analysis)에 대해 설명하겠다. 서열형 로지스틱 회귀분석을 이해하는 가장 좋은 방법은 로지스틱 회귀분석이 확장된 것이라고 이해하는 것이다. 더미변수의 경우 결과변수가 0의 값을 보일 때와 1의 값을 보일 때의 기준, 즉 역치가 하나다. 반면 서열형 로지스틱 회귀분석의 경우 서열형 변수인 결과변수의 수준의 값에서 1을 뺀 수만큼의 역치를 가정한다. 현실에서 이러한 논리가 적용되는 가장 흔한 예가 바로 A, B, C, D 등의 값을 갖는 '학점'일 것이다.

서열형 로지스틱 회귀모형이 로지스틱 회귀분석의 확장이기 때문에, 두 회귀분석의 모형 설명력 테스트(즉, 로그우도비 카이제곱 테스트) 결과나 예측변수가 결과변수에 미치는

---

3 저자들은 스캇 롱의 책(Long, 1997)을 강력히 추천한다.

회귀계수에 대한 해석방법(OR을 이용)은 동일하다. 한 가지 다른 것은 로지스틱 회귀분석의 경우 절편값이 하나인 반면, 서열형 로지스틱 회귀분석의 경우 절편값이 결과변수 수준의 수보다 하나 작은 수만큼 나타난다는 것이다〔서열형 로지스틱 회귀분석의 경우 '절편'(intercept)이라고 부르지 않고 '역치'(threshold, τ)라고 부른다〕.

사례를 살펴보자. 흔히 남성이 여성보다, 그리고 나이가 많으면 많을수록 정치적 성향이 보수적으로 변하는 것으로 알려져 있다. '예시데이터_12장_02.sav' 데이터에는 3개의 변수가 포함되어 있다. 첫 번째 변수(age)는 응답자의 만연령이며, 두 번째 변수(female)는 응답자의 성별이며, 세 번째 변수(polid)는 응답자의 정치적 성향이다. 여기서 응답자의 정치적 성향은 1일 경우 '진보', 2일 경우 '중도', 3일 경우 '보수'로 코딩되어 있다. 즉, 수치가 커지면 커질수록 보수적 성향이 강해진다. 이제 polid 변수를 서열형 결과변수로, 응답자의 만연령과 성별을 예측변수로 하는 서열형 로지스틱 회귀분석을 실시해 보자. 서열형 로지스틱 회귀분석의 경우 DISTRIBUTION 옵션을 MULTINOMIAL로, LINK 옵션을 CUMLOGIT으로 설정하면 된다. 여기서 MULTINOMIAL은 여러 수준을 갖는 명목형 변수임을 나타내는 말이며, CUMLOGIT은 누적 로지스틱 함수를 뜻한다.

```
*GENLIN 명령문을 이용한 서열형 로짓 모형.
DESCRIPTIVES age.
COMPUTE c_age = age - 44.9743.
GENLIN polid BY female (ORDER=DESCENDING) WITH c_age
/MODEL female c_age
DISTRIBUTION=MULTINOMIAL LINK=CUMLOGIT.
```

분석결과 만연령과 성별의 두 예측변수로 구성된 서열형 로지스틱 회귀분석 모형은 통계적으로 유의미한 설명력을 갖는 것을 알 수 있다〔$LR\chi^2(2) = 39.900$, $p < .001$〕.

Omnibus Test[a]

Likelihood Ratio Chi-Square	df	Sig.
39.900	2	.000

Dependent Variable: 정치성향
Model: (Threshold), female, c_age
a. Compares the fitted model against the thresholds-only model.

각 예측변수의 효과 테스트 결과는 아래와 같다. 만연령의 효과를 통제할 때, 응답자가 남성일 때보다 여성일 때 보수적 성향을 띨 가능성이 높았다. 보다 구체적으로 남성 응답자에 비해 여성 응답자가 진보보다는 중도성향을 그리고 중도보다는 보수성향을 띨 가능성이 약 21.5% 높지만〔즉 $\exp(.195)=1.215$〕, 이 차이는 통계적으로 유의미한 차이가 아니다$(p=.344)$. 연령의 경우 다른 예측변수가 결과변수에 미치는 효과를 통제했을 때, 응답자의 연령이 한 살 더 늘어날수록, 진보보다는 중도성향을 그리고 중도보다는 보수성향을 띨 가능성이 약 4.9% 증가하며〔즉 $\exp(.048)=1.049$〕, 이는 통계적으로 유의미한 증가라고 할 수 있다$(p<.001)$.

Parameter Estimates

Parameter	B	Std. Error	95% Wald Confidence Interval		Hypothesis Test		
			Lower	Upper	Wald Chi-Square	df	Sig.
Threshold [polid=1.00]	-.722	.1591	-1.034	-.410	20.613	1	.000
[polid=2.00]	1.717	.1826	1.359	2.075	88.378	1	.000
[female=1.00]	.195	.2057	-.208	.598	.897	1	.344
[female=.00]	0[a]						
c_age	.048	.0079	.032	.064	36.525	1	.000
(Scale)	1[b]						

Dependent Variable: 정치성향
Model: (Threshold), female, c_age
a. Set to zero because this parameter is redundant.
b. Fixed at the displayed value.

그렇다면 예측변수가 결과변수에 미치는 효과를 그래프로 그리면 어떻게 될까? 여기서는 조금 주의해야만 한다. 누적 로지스틱 함수를 사용하기 때문에, 특정 수준의 정치성향 응답자의 발생확률은 그 이전 수준의 정치성향 응답자의 발생확률을 포함한다. 말이 좀 이상하다면 우선 위의 회귀방정식을 이용해 결과변수의 첫 번째 집단이 진보성향을 띨 확률을 어떻게 구하는지 먼저 살펴보자. 공식은 다음과 같다. 로지스틱 회귀분석에서의 공식과 유사하다.

$$P(y=1)=\frac{1}{1+e^{(\Sigma\beta_i x_i - \tau_1)}}$$

두 번째 수준, 즉 중도성향을 띨 확률을 계산하는 방법은 다음과 같다. 누적 로지스틱 함수를 사용하기 때문에 두 번째 수준은 첫 번째 수준의 확률값을 포함한다. 따라서 아래와 같다.

$$P(y=2)=\frac{1}{1+e^{(\Sigma\beta_i x_i - \tau_2)}} - P(y=1)$$

$$=\frac{1}{1+e^{(\Sigma\beta_i x_i - \tau_2)}} - \frac{1}{1+e^{(\Sigma\beta_i x_i - \tau_1)}}$$

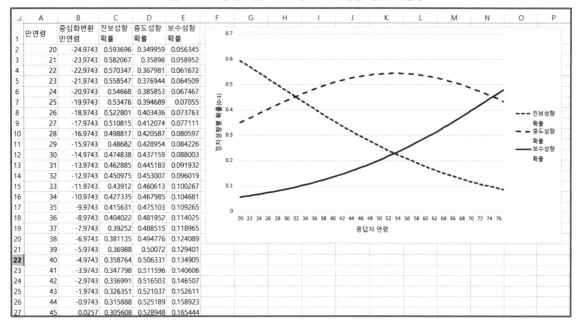

그림 12-2 연령에 따른 진보·중도·보수성향 발현 가능성

	A	B	C	D	E
1	만연령	중심화변환 만연령	진보성향 확률	중도성향 확률	보수성향 확률
2	20	-24.9743	0.593696	0.349959	0.056345
3	21	-23.9743	0.582067	0.35898	0.058952
4	22	-22.9743	0.570347	0.367981	0.061672
5	23	-21.9743	0.558547	0.376944	0.064509
6	24	-20.9743	0.54668	0.385853	0.067467
7	25	-19.9743	0.53476	0.394689	0.07055
8	26	-18.9743	0.522801	0.403436	0.073763
9	27	-17.9743	0.510815	0.412074	0.077111
10	28	-16.9743	0.498817	0.420587	0.080597
11	29	-15.9743	0.48682	0.428954	0.084226
12	30	-14.9743	0.474838	0.437159	0.088003
13	31	-13.9743	0.462885	0.445183	0.091932
14	32	-12.9743	0.450975	0.453007	0.096019
15	33	-11.9743	0.43912	0.460613	0.100267
16	34	-10.9743	0.427335	0.467985	0.104681
17	35	-9.9743	0.415631	0.475103	0.109265
18	36	-8.9743	0.404022	0.481952	0.114025
19	37	-7.9743	0.39252	0.488515	0.118965
20	38	-6.9743	0.381135	0.494776	0.124089
21	39	-5.9743	0.36988	0.50072	0.129401
22	40	-4.9743	0.358764	0.506331	0.134905
23	41	-3.9743	0.347798	0.511596	0.140606
24	42	-2.9743	0.336991	0.516503	0.146507
25	43	-1.9743	0.326351	0.521037	0.152611
26	44	-0.9743	0.315888	0.525189	0.158923
27	45	0.0257	0.305608	0.528948	0.165444

세 번째 수준, 즉 보수성향을 보일 가능성을 계산하는 방법도 마찬가지다. 결과변수에는 총 3개의 수준이 있기 때문에 보수성향을 보일 가능성은 전체 확률인 1에서 $P(y = 2)$를 빼 주면 된다.

$$P(y = 3) = 1 - P(y = 2)$$

$$= 1 - \frac{1}{1 + e^{(\Sigma \beta_i x_i - \tau_2)}}$$

우선 성별을 female = .50으로 통제하자. 즉, 남성과 여성의 비율이 동일한 상황에서 연령수준에 따라 응답자의 진보·중도·보수성향 발현 가능성을 엑셀을 통해 계산한 것은 〈그림 12-2〉와 같다. 결과에서 잘 드러나듯 보수성향은 나이가 많을수록 더 강해지며, 진보성향은 나이를 먹어감에 따라 감소한다. 중도성향은 나이가 들수록 강해지다가 50대 중반을 지나면서 다시 감소하는 것을 확인할 수 있다.

지금까지 일반선형모형을 설명하였다. 우선 2장부터 소개했던 t 테스트, 분산분석, 공분산분석, OLS 회귀분석, 로지스틱 회귀분석 등이 일반선형모형에서 어떻게 통합될 수 있는가를 사례를 통해 보여준 후, 프로빗 모형, 포아송 모형, 서열형 로지스틱 회귀분석 모형을 추가로 간략히 소개하였다. 이번 장에서 소개한 내용 외에도 일반선형모형은 다양하게 활용될 수 있다.

여기까지가 통계분석을 처음 접하는 초심자에게 알려줄 수 있는 추리통계분석기법들이다. 이 책의 남은 부분에서는 측정의 신뢰도와 타당도와 관련된 기법들을 소개하겠다. 학습하기 전에 사회과학 연구방법론의 신뢰도와 타당도 부분을 한번 훑어보면 큰 도움이 될 것으로 믿는다. 신뢰도와 타당도에 대한 복습을 독자 여러분에게 진심으로 부탁한다.

참고문헌

Long, J. S. (1997). *Regression Models for Categorical and Limited Dependent Variables*, Thousands Oaks, CA: Sage Publications.

신뢰도 분석

이 장에서는 신뢰도를 평가하기 위한 통계기법으로 문항간 내적 일치도(internal consistency)를 평가하는 '크론바흐 알파', 그리고 서로 다른 코더들의 판단의 일치도를 평가하는 '코헨 카파'와 '크리펜도르프 알파'를 설명하겠다. 사회과학 연구방법론에서는 여러 가지 신뢰도들이 등장하지만, 저자의 경험상 사회과학 문헌들을 읽고 해석하는 데는 여기서 소개하는 세 가지 정도만 알아도 그리 부족하지 않으리라 믿는다. 추가적으로 등장하는 신뢰도 지수들[이를테면 평균추출분산(averaged variance extracted, AVE), 합산신뢰도(composite reliability, CR), 급내상관계수(intra-class correlation, ICC)]의 경우, 이 책의 범위를 뛰어넘기 때문에 설명하지는 않겠다. 하지만 이 책에 소개된 통계기법들의 원리를 충분히 이해한다면 여기서 언급되지 않았던 신뢰도 계수들을 어떻게 해석하고 이해해야 하는지 독자들 스스로 깨우칠 수 있을 것이다.

1. 크론바흐 알파

크론바흐 알파(Cronbach's α)는 최소 3개 이상의 측정항목간 신뢰도(inter-item reliability), 혹은 같은 개념(construct)을 측정하는 여러 측정항목들의 내적 일치도가 0~1의 범위를 갖도록 정량화시킨 지수다. 개념과 측정항목의 관계에서 설명하였듯, 모든 측정항목은 측정오차를 가지며 또한 특정한 측정방식은 특정한 편향을 갖는다. 따라서 사회과학 방법론에서는 하나의 개념을 여러 번에 걸쳐 측정함으로써 측정오차를 줄이거나 혹은 여러 방식으로 측정함으로써 측정방식 편향에 따른 오차를 줄이라고 권한다. 즉, 하나의 개념을 복수의 측정항목으로 측정하는 경우가 대부분이다. 특히 심리학적 접근을 취하는 연구의 경우 추상적인 하나의 개념은 복수의 문항들을 이용해 측정된다. 크론바흐 알파를 계산하기 위한 문항은 모두 정규분포를 가정할 수 있는 연속형 변수로 측정되었다고 가정할 수 있어야 하며,[1] 모든 문항들은 단일한 개념을 반영한다고, 즉 일차원성(one-dimensionality)을 가정할 수 있어야 한다.

이 장에서 예시 데이터로 사용할 '예시데이터_13장_01.sav'를 한번 열어 보자. 총 15개의 변수가 들어 있는(N = 667) 이 데이터는 애누식, 쉬맥, 핀쿠스, 록우드 등(Anusic, Schimmack, Pinkus, & Lockwood, 2009)의 논문 1, 151쪽에서 저자들이 밝힌 피어슨 상관관계 행렬을 토대로 저자들 중 한 명이 시뮬레이션하여 얻은 가상의 데이터로[2] 인간의 5가지 주요 성격(big five personality)을 측정한 것이다. 여기서 5가지 주요 성격이란 '외향성'(extraversion), '신경성'(neuroticism), '개방성'(openness), '친화성'(agreeableness), '성실성'(conscientiousness)이며, 각각의 성격은 3개의 측정항목을 사용해 측정되었다.

만약 세 측정항목이 동일한 개념(여기서는 성격)을 측정한다면, 세 측정항목은 내적으로 일관된 측정값을 보일 것이다. 이러한 내적 일치도를 피어슨 상관계수를 이용해서 정량화시킨 지수가 바로 크론바흐 알파다. 크론바흐 알파는 피어슨 상관계수를 설명하는 공분산 행렬 혹은 상관계수 행렬을 이용해 계산된다. 우선 크론바흐 알파의 공식은 아래와 같다. 여기서 k는 측정항목들의 공분산(혹은 상관계수)의 수다. 만약 측정항목이 3개라면 $\frac{3 \times (3-1)}{2} = 3$이 된다.[3] 또한 여기서 $\bar{v}$는 측정항목의 평균분산을 $\bar{c}$는 측정항목간 공분산의 평균을 의미한다.

$$\alpha = \frac{k\,\bar{c}}{(\bar{v} + (\bar{k} - 1)\,\bar{c}}$$

만약 측정항목들이 표준화되었다면 분산이 1이 되며 $\bar{c}$는 $\bar{r}$이 된다. 따라서 측정항목들의 상관관계 행렬을 알고 있다면 표준화된 크론바흐 알파는 아래의 공식을 따른다.

$$\alpha_{standardized} = \frac{k\,\bar{r}}{(1 + (\bar{k} - 1)\,\bar{r}}$$

---

1 측정항목이 더미변수인 경우 KR20(Kuder-Richardson 20)라고 불린다. KR20 공식은 크론바흐 알파 공식과 동일하다.

2 15개의 변수들 중 외향성의 두 번째 측정항목(e2 변수), 신경성의 세 번째 측정항목(n3 변수), 친화성의 세 번째 측정항목(a3 변수), 성실성의 첫 번째 측정항목(c1 변수)은 역코딩한 것이다.

3 만약 측정항목이 4개라면 $k = 6$이 된다.

일단 '예시데이터_13장_01. sav' 데이터에서 외향성을 측정한 세 측정항목들의 상관계수 행렬을 구해 보자.[4]

*외향성 측정항목들의 상관계수 행렬.
CORRELATIONS e1 e2 e3 / MISSING=LISTWISE.

Correlations[a]

		extraversion #1	extraversion #2	extraversion #3
extraversion #1	Pearson Correlation	1	.298	.599
	Sig.(2-tailed)		.000	.000
extraversion #2	Pearson Correlation	.298	1	.342
	Sig.(2-tailed)	.000		.000
extraversion #3	Pearson Correlation	.599	.342	1
	Sig.(2-tailed)	.000	.000	

a. Listwise N=667

세 측정항목 사이의 피어슨 상관계수는 $r_{12}(665) = .298$, $r_{13}(665) = .599$, $r_{23}(665) = .342$ 의 3개다(즉 $k = 3$). 따라서 이 세 상관계수의 평균은 $\bar{r} = .413$으로 계산된다. 이제 위의 공식에 맞게 크론바흐 알파를 계산해 보자.

$$\alpha_{\text{standardized}} = \frac{3 \times .413}{1 + (3-1) \times .413} = .677$$

즉, 외향성을 측정하기 위해서 사용된 세 측정항목들(e1, e2, e3)의 내적 일치도 지수인 크론바흐 알파는 .677이다. 물론 SPSS와 같은 통계처리 프로그램을 이용하면 지금과 같이 수계산을 할 필요는 없다. 크론바흐 알파를 계산하기 위해서는 SPSS의 RELIABILITY 명령문을 사용하면 된다. /VARIABLES 하위명령문에는 크론바흐 알파 계산에 투입되는 변수들(즉 측정항목들)을 나열한다. /SCALE (ALPHA) = ALL 부분은 크론바흐 알파를 구한다는 것을 지정하며, 마지막의 /SUMMARY = TOTAL 부분은 문항합 상관계수(item-total correlation)를 계산한다는 것을 뜻한다. SPSS 결과를 확인한 후 문항합 상관계수에 대해 설명하겠다.

---

4 현재 데이터의 모든 변수는 표준화된 값이기 때문에 원점수 크론바흐 알파와 표준화된 크론바흐 알파는 동일하게 계산된다.

```
*외향성의 크론바흐 알파 계산.
RELIABILITY
/VARIABLES = e1 e2 e3
/SCALE (ALPHA) = ALL
/SUMMARY = TOTAL.
```

총 세 가지 결과표가 나오지만, 첫 번째의 'Case Processing Summary'의 결과표는 직관적으로 이해가 될 것이다. 즉, 크론바흐 알파 계산에 소요된 사례수가 667임을 보여준다. 그다음에 제시되는 'Reliability Statistics'에서는 크론바흐 알파 값이 보고되어 있다. 계산결과 크론바흐 알파는 .676이 나왔다. 이는 앞에서 수계산한 결과와 동일하다.[5]

Reliability Statistics

Cronbach's Alpha	N of Items
.676	3

그다음에 제시되는 'Item-Total Statistics'가 바로 앞에서 이야기한 문항합 상관계수이며, /SUMMARY = TOTAL을 지정함으로써 얻은 결과다. 문항합 상관계수는 해당 측정항목과 크론바흐 알파 계산에 투입된 다른 측정항목들의 평균값과의 피어슨 상관계수다. 예를 들어 첫 번째 줄의 결과는 e2과 e3 변수의 평균과 e1 변수의 상관관계다.[6] 문항합 상관계수가 작으면 작을수록 해당 측정항목은 다른 항목과 내적 일치도가 낮은, 즉 신뢰도가 낮은 측정항목임을 뜻한다. 아래의 결과는 e2 변수가 가장 신뢰도가 낮은 측정항목이라는 것을 암시한다. 실제로 맨 마지막 세로줄을 보면 잘 드러나지만, 두 번째 항목을 분석에서 뺄 경우 크론바흐 알파는 .676에서 .748로 증가한다.[7]

---

[5] 소수점 세 번째 자리가 정확하게 맞지 않는 것은 반올림하면서 생긴 오차다.

[6] 다음의 SPSS 명령문을 이용하면 문항합 상관계수를 구할 수 있다. 번거롭더라도 관심 있는 독자들은 한번 시도해 보길 바란다.
```
*다음과 같은 방식으로 문항합 상관계수를 구할 수 있다.
COMPUTE ave_e2_e3 = mean(e2,e3).
CORRELATIONS ave_e2_e3 e1 / MISSING=LISTWISE.
COMPUTE ave_e1_e3 = mean(e1,e3).
CORRELATIONS ave_e1_e3 e2 / MISSING=LISTWISE.
COMPUTE ave_e1_e2 = mean(e1,e2).
CORRELATIONS ave_e1_e2 e3 / MISSING=LISTWISE.
```

[7] 하지만 측정문항이 2개라면 크론바흐 알파 대신 두 항목의 피어슨 상관계수를 신뢰도 지수로 사용한다. 즉, e2 문항을 뺄 경우 외향성 측정문항의 신뢰도는 $r(665)=.599$다.

Item-Total Statistics

	Scale Mean if Item Deleted	Scale Variance if Item Deleted	Corrected Item-Total Correlation	Cronbach's Alpha if Item Deleted
extraversion #1	-.0145	2.965	.547	.509
extraversion #2	-.0578	3.284	.359	.748
extraversion #3	-.0514	2.674	.578	.458

그렇다면 논란이 있는 부분에 대해 이야기해 보자. 과연 Cronbach's α = .676은 높은 신뢰도일까? 아니면 낮은 신뢰도일까? 우선 저자들의 의견을 밝히자면, Cronbach's α = .676이 높은지 낮은지에 대한 해석은 연구자의 연구대상의 특성이나 분과에서의 관습(convention) 등에 따라 달라진다. 흔히 크론바흐 알파 값이 .80을 넘어야 한다거나, .70을 넘어야 한다거나 등의 기준을 제시하는 문헌들도 적지 않지만, 모두 다 관습적 기준이며 이에 대한 정답은 존재하지 않는다.

물론 크론바흐 알파는 높을수록 좋지만, 반드시 어느 정도 수준까지 높아야만 한다는 절대기준은 없다는 것이 저자들의 판단이다. 저자들은 Cronbach's α = .676은 충분히 높은 신뢰도 값이라고 생각한다(이에 대해서는 동의하지 않는 학자들도 있다는 것도 인정한다). 따라서 저자들은 문항합 상관계수의 결과에 너무 얽매이지 않는 것이 나으리라 판단한다. 많은 (정말 많은) 연구자들이 크론바흐 알파를 높이기 위해 무비판적으로 항목합 상관계수(item-total correlation)에 의존하는데, 저자들은 이러한 경향은 반드시 지양되어야 하지 않을까 조심스럽게 주장한다.

독자들은 이제 네 성격의 크론바흐 알파도 직접 구할 수 있을 것이다. 위의 SPSS 명령문에 각 성격을 측정하는 세 측정문항을 의미하는 변수들을 지정하면 쉽게 크론바흐 알파를 계산할 수 있다. 저자들이 계산해 보니 신경성(n1, n2, n3 변수들)의 크론바흐 알파는 .728이며, 개방성(o1, o2, o3 변수의 경우)의 크론바흐 알파는 .765, 친화성(a1, a2, a3 변수의 경우)의 크론바흐 알파는 .721, 성실성(c1, c2, c3)의 크론바흐 알파는 .620으로 나타났다.

2. 코헨 카파와 크리펜도르프 알파

이제 내용분석 연구를 실시할 때 필수적으로 등장하는 코더간 신뢰도를 살펴보자. 코더간 신뢰도는 같은 현상에 대한 서로 다른 두 명 이상의 코더간 해석의 합치도(agreement)를 정량화한 지수다. 코더간 신뢰도 계수에는 여러 가지가 있다. 하지만 여기서는 SPSS에서 제공하는 코헨 카파(Cohen's κ) 계수와, 코더가 3인 이상이며 어떠한 형태의 코딩된 변수에도 사용할 수 있는 크리펜도르프 알파(Krippendorff's α) 두 가지만 소개하겠다.

우선 코헨 카파 계수는 명목형 변수로 측정된 두 명의 코더들의 코딩 결과의 합치도를 정량화시킨 결과다. 즉, 코헨 카파 계수는 코더의 판단이 명목형 변수로 측정되어야만 하며, 코더의 수가 두 명을 넘을 수는 없다〔적어도 SPSS를 이용하는 경우는 코더의 수가 두 명을 넘을 수 없다. SPSS가 아닌 다른 통계처리 프로그램(이를테면 R의 irr 라이브러리)을 사용할 경우 코더가 3인 이상인 경우, 플라이스(Fleiss, 1971)가 수정한 κ를 사용할 수 있다〕.

반면 크리펜도르프 알파는 코더가 3인 이상인 경우도 사용 가능하며, 무엇보다 코더간 신뢰도 계산 시 측정수준에 구애받지 않는다는 점에서 그 활용도가 높다. 즉, 코더의 판단이 명목형 변수이든, 서열형 변수이든, 등간형 변수, 혹은 비율형 변수이든 크리펜도르프 알파를 적용할 수 있다(Krippendorff, 2012). 하지만 아쉽게도 SPSS에서는 크리펜도르프 알파를 사용하는 것은 어려우며, 헤이즈(Hayes)와 크리펜도르프가 개발한 kalpha SPSS 매크로(Hayes & Krippenddorff, 2007)를 사용해야만 계산이 가능하다. 그러나 SPSS 명령문을 학습한 독자라면 kalpha SPSS 매크로를 어렵지 않게 사용할 수 있을 것이다.

이제 예시 데이터를 살펴보자. '예시데이터_13장_02.sav 데이터'에는 총 6개의 변수가 들어 있다. 변수의 이름은 '_'를 중심으로 두 부분으로 나뉜다. '_' 앞에는 코더 아이디가, '_' 뒤에는 내용 분석된 대상이 언급되어 있다. 'polid'의 경우 코더가 읽은 문서에서 제기된 정치성향을, 'reason'의 경우 코딩된 문서에 포함된 설득근거의 숫자를 뜻한다. 예를 들어, 'coder1_polid' 변수는 문서를 읽고 난 후 첫 번째 코더가 내용 분석한 문서의 정치적 성향을 뜻하며, 진보적 성향의 문서일 경우는 '1'의 값을, 중도적 성향의 문서일 경우는 '2'의 값을, 보수적 성향의 문서일 경우는 '3'의 값을 부여하였다. 또 'coder2_reason' 변수는 문서를 읽고 난 후 두 번째 코더가 내용 분석한 문서에 동원한 설득근거의 수이며, 제기된 설득근거의 숫자를 기입한 것이다. 즉, coder1_polid, coder2_polid, coder3_polid 변수들의 경우 연구자에 따라 정치적 성향을 '명목형 변수'로 파악할 수도, 혹은 '서열형 변수'로 파악할 수도 있다. 반면 coder1_reason, coder2_reason, coder3_reason 변수들의 경우 '등간형 변수'로 파악하는 것이 타당할 것이다.

우선 '*_polid' 변수를 명목형 변수로 가정한 후, 세 명의 코더들 사이의 코헨 카파를 구해 보자. SPSS의 경우 교차빈도표를 작성하고 카이제곱 테스트를 실시할 때 사용했던

CROSSTABS 명령문의 /STATISTICS 하위명령문에 KAPPA를 지정하면 코헨 카파를 구할 수 있다. 세 코더들 사이의 코헨 카파를 구하는 SPSS 명령문은 아래와 같다.

```
*예시데이터_13장_02.sav 데이터.
*코더간 신뢰도
*코헨 카파 계산법.
CROSSTABS coder1_polid BY coder2_polid
/STATISTICS=KAPPA .
CROSSTABS coder1_polid BY coder3_polid
/STATISTICS=KAPPA .
CROSSTABS coder2_polid BY coder3_polid
/STATISTICS=KAPPA .
```

위의 결과 중 첫 번째 코더와 두 번째 코더가 코딩한 문서에 내재한 정치적 성향에 대한 코더간 신뢰도만 자세히 살펴보자. 'Case Processing Summary' 결과표와 'Crosstabulation' 결과표는 교차빈도표를 소개하면서 설명한 결과표다. 우선 교차빈도를 보면 두 명의 코더가 코딩한 결과가 상당히 일치하는 것을 발견할 수 있다. 전체 100건의 내용분석 문서들 중 84개 문서의 경우 두 코더의 판단이 합치되는 것으로 나타났다.

1번 코더가 코딩한 정치적 성향 * 2번 코더가 코딩한 정치적 성향 Crosstabulation

Count

		2번 코더가 코딩한 정치적 성향			Total
		1	2	3	
1번 코더가 코딩한 정치적 성향	1	24	3	0	27
	2	1	30	7	38
	3	0	5	30	35
Total		25	38	37	100

이때의 코헨 카파는 .757로 나타났다.

Symmetric Measures

	Value	Asymp. Std. Error[a]	Approx. T[b]	Approx. Sig.
Measure of Agreement Kappa	.757	.056	10.633	.000
N of Valid Cases	100			

a. Not assuming the null hypothesis.
b. Using the asymptotic standard error assuming the null hypothesis.

마찬가지 방법으로, 첫 번째 코더와 세 번째 코더 사이의 Cohen's $\kappa = .818$, 두 번째 코더와 세 번째 코더 사이의 Cohen's $\kappa = .666$으로 나타났다. 어떤 연구자들은 이렇게 계산된 3개 κ의 평균을 계산하는 방식을 택하기도 하지만, 이는 별로 권장할 방법이 아니다(Krippendorff, 2012). 이러한 문제에도 불구하고 일단 평균을 계산하면, 그 값은 $\bar{\kappa} = .747$이 나온다.[8] SPSS로는 불가능하지만, 세 코더들 사이의 코더간 신뢰도는 플라이스(Fleiss, 1971) 카파를 적용할 경우에도 동일한 값인 $\kappa = .747$을 얻을 수 있다.[9]

자 그렇다면 이 데이터에서 코더간 신뢰도를 확보하였다고 말할 수 있을까? 저자들의 솔직한 의견을 밝히자면 "잘 모르겠다." 앞에서 크론바흐 알파의 값을 해석할 때와 마찬가지로 코더간 신뢰도 계수가 어느 정도가 나와야 코더간 신뢰도가 충분하다고 판단할 수 있을지는 보는 사람마다, 그리고 연구하는 대상에 따라 다르다. 만약 $\kappa = .747$이 자의적 해석의 가능성이 거의 없는 명시적 코딩(manifest coding)에 대한 코딩 결과라면, 저자들은 $\kappa = .747$은 충분하지 않은 코더간 신뢰도 계수라고 생각한다. 반면 주관적 평가가 많이 반영되기 쉬운 잠재적 코딩(latent coding)에 대한 데이터라면, $\kappa = .747$은 상당히 높은 코더간 신뢰도 계수라는 것이 저자들의 생각이다. 어떤 글의 정치적 성향이 어떤지를 파악하는 것은 어떨까? 저자들의 경험상 '해석결과'에 대한 코더간 신뢰도가 $\kappa = .747$이 나온 것은 충분한 수준의 코더간 신뢰도라고 생각한다. 물론 이러한 저자들의 해석에 대해 모두가 동의하는 것은 아닐 것이다. '통상적으로' 상당수의 연구자들은 .80인 경우는 만족스러운 코더간 신뢰도라고 생각하고, .70이면 충분하다고 생각하지만, .60을 넘지 못하는 경우 불신하는 경향이 있는 듯하다.

그러나 코헨 카파는 내용 분석된 결과가 명목형 변수일 경우에만 적용가능한 코더간 신뢰도 계수다. 문서에 동원된 설득논리의 개수('*_reason' 변수)의 경우, 코헨 카파를 사용할 수 없다. 이 경우 사용할 수 있는 크리펜도르프 알파를 SPSS 매크로를 이용해 계산해보자. 우선 헤이즈의 홈페이지[10]를 방문하여 kalpha.zip 파일을 다운로드 받길 바란다(해당 zip 파일은 예시데이터들과 함께 들어 있다). 이 파일폴더를 열어 보면 kalpha.sps라는 SPSS 명령문 파일을 찾으실 수 있다. 이 파일이 kalpha라는 이름의 SPSS 매크로 파일이

---

8 SPSS만 쓸 줄 안다면 문제점에도 불구하고 이렇게 할 수 밖에는 없지만, 심사위원이 이를 어떻게 평가할지에 대해서는 이 책의 저자들이 확인하기 어렵다.

9 저자들의 경우 R 프로그램의 irr 라이브러리를 사용하였다. R 프로그램 명령문은 다음과 같다. R 프로그램을 이용한 코더간 신뢰도 계산방법은 백영민(2015)을 참조하길 바란다.
```
library('foreign')
library('irr')
mydata <- read.spss("D:/data/예시데이터_13장_02.sav",
use.value.labels=FALSE,to.data.frame=TRUE)
kappam.fleiss(mydata[,c(1,3,5)])
```

10 http://afhayes.com/spss-sas-and-mplus-macros-and-code.html.

다. 이 명령문 파일을 연 후 전체 내용에 블록을 잡고 실행시키면 kalpha라는 이름의 매크로가 실행된다. 이후 kalpha judges 다음에 크리펜도르프 알파 계산에 투입될 변수들을 나열한 후 /level 옵션을 지정한다. 1을 지정하면 '명목형 변수'를, 2를 지정하면 '서열형 변수'를, 3을 지정하면 '등간형 변수'를, 4를 지정하면 '비율형 변수'를 가정한 상태에서 크리펜도르프 알파를 계산할 수 있다.[11] 우선 문서의 정치적 성향을 내용 분석한 3인의 판단에 대한 코더간 신뢰도를 계산하는 SPSS 명령문과 결과는 다음과 같다.

```
*크리펜도르프 알파 계산방법.
*우선 http://afhayes.com/spss-sas-and-mplus-macros-and-code.html를 방문하여 kalpha.zip
 을 다운로드.
*압축파일을 푼 후 kalpha.sps라는 신택스를 열고 전체 블록을 잡은 후 실행.
*문서의 정치적 성향에 대한 3인 코더간 신뢰도.
*level = 1로 지정할 경우 코딩내용을 명목형 변수로 취급.
kalpha judges = coder1_polid coder2_polid coder3_polid /level = 1.
*level = 2로 지정할 경우 코딩내용을 서열형 변수로 취급.
kalpha judges = coder1_polid coder2_polid coder3_polid /level = 2.
```

우선 /level = 1, 즉 문서의 정치적 성향에 대한 판단을 명목형 변수라고 가정한 경우 Krippendorff's α = .748로 나타났다. 앞에서 얻은 Fleiss' κ = .747과 매우 유사한 결과다.

Krippendorff's Alpha Reliability Estimate

	Alpha	Units	Obsrvrs	Pairs
Nominal	.7480	100.0000	3.0000	300.0000

다음으로 /level = 2, 즉 문서의 정치적 성향에 대한 판단을 서열형 변수라고 가정한 경우 Krippendorff's α = .8529로 나타났다. 다시 말해, 코딩된 변수가 어떤 측정수준인지에 따라 코더간 신뢰도의 값이 바뀌는 것을 알 수 있다. 그렇다면 왜 그 값은 달라지는

---

11 kalpha SPSS 매크로는 비모수통계기법인 부트스트래핑을 이용하여 크리펜도르프 알파의 통계적 유의도 테스트와 크리펜도르프 알파의 95% 신뢰구간을 계산한다. 저자들은 크리펜도르프 알파의 통계적 유의도 테스트 결과는 그다지 유용하지 않다고 생각한다(그 이유는 코더간 신뢰도의 경우 $H_0 : \alpha_{Krippendorff} = 0$이라는 귀무가설을 테스트하는 것이 별 의미가 없는 경우가 대부분이기 때문이다. 내용분석에서 Krippendorff's $\alpha > 0$이 나오며, 중요한 것은 α의 값 자체인 경우가 대부분이다). 물론 크리펜도르프 알파의 95% 신뢰구간, 특히 크리펜도르프 알파의 하한(lower limit)은 중요한 정보를 담고 있다. 크리펜도르프 알파의 하한은 코더간 신뢰도에 대한 가장 보수적인 해석이며, 만약 이 하한값이 통상적 기준을 넘는다면 코더간 신뢰도가 정말로 충분히 확보되었다고 이야기할 수 있기 때문이다. 하지만 저자들이 인지하는 한 대부분의 연구들은 코더간 신뢰도 계수의 95% 신뢰구간을 언급하지 않는 것이 보통이기 때문에 별도로 설명하지 않았다.

것일까? 그 이유는 간단하다. 명목형 수준으로 가정된 경우, 같은 문서에 대해 코더간 판단이 보수적-진보적이라고 갈리는 경우와 보수적-중도적이라고 갈리는 경우는 모두 동일하게 두 코더의 판단이 불합치하다고 판단한다. 반면 서열형 수준으로 가정된 경우, 같은 문서에 대해 코더간 판단이 보수적-중도적이라고 갈리는 경우는 보수적-진보적이라고 갈리는 경우에 비해서 불합치 정도가 덜하다고 볼 수 있기 때문이다.

Krippendorff's Alpha Reliability Estimate

	Alpha	Units	Obsrvrs	Pairs
Ordinal	.8529	100.0000	3.0000	300.0000

이제 문서의 정치적 성향 판단이 아닌 문서에 동원된 설득근거의 수에 대한 세 코더들의 판단의 합치성을 크리펜도르프 알파를 통해 알아보자. 문서에 동원된 설득근거의 수와 관련된 세 변수들(coder1_reason, coder2_reason, coder3_reason)을 kalpha judges 다음에 지정하면 된다. 여기서는 설득근거의 수를 등간형 변수로 가정해 보자. 이를 위해서 /level = 3으로 지정하였다.

    *문서의 설득근거 수에 대한 3인 코더간 신뢰도.
    *level = 3으로 지정할 경우 코딩내용을 등간형 변수로 취급.
    kalpha judges = coder1_reason coder2_reason coder3_reason /level = 3.

분석결과 등간형 변수로 가정하였을 때 세 코더들이 판단한 설득근거의 개수에 대한 크리펜도르프 알파는 $\alpha = .7529$로 나타났다.

Krippendorff's Alpha Reliability Estimate

	Alpha	Units	Obsrvrs	Pairs
Interval	.7529	100.0000	3.0000	300.0000

지금까지 문항간 신뢰도를 측정문항들의 공분산 행렬(혹은 상관행렬)을 이용해 계산하는 크론바흐 알파와, 코더들 사이의 판단의 합치 정도를 살펴보는 코더간 신뢰도로 명목형 변수일 경우 사용하는 코헨 카파와 측정수준에 맞게 사용할 수 있는 크리펜도르프 알파를 소개하였다. 다음 장에서는 타당도(validity)와 관련된 통계기법을 소개하기로 한다. 독자들은 다음 장을 학습하기 전에 사회과학 방법론에서 구성타당도(construct validity), 판별 및 수렴타당도(discriminant and convergent validity) 관련 내용들을 다시 복습하길 바란다.

참고문헌

백영민 (2015), 《R를 이용한 사회과학데이터분석: 기초편》, 파주: 커뮤니케이션북스.

Fleiss, J. L. (1971), Measuring nominal scale agreement among many raters, *Psychological Bulletin*, 76(5), 378–382.

Hayes, A. F., & Krippendorff, K. (2007), Answering the call for a standard reliability measure for coding data, *Communication Methods and Measures*, 1, 77–89.

Krippendorff, K. (2004), *Content Analysis: An Introduction to Its Methodology*, Thousand Oaks, CA: Sage.

주성분분석과 탐색적 인자분석   14

독자들은 주성분분석과 탐색적 인자분석은 참 논란이 많은 통계기법이라는 사실을 숙지하길 바란다. 기법을 설명하기도 전에 저자들이 "논란이 많다"는 점을 언급하는 이유는 다음과 같다. 여기서 소개한 내용은 주성분분석과 탐색적 인자분석의 일부분이며, 여기서 소개한 방식을 이용해 데이터를 분석했을 때, 그것을 받아 보는 심사자가 주성분분석이나 탐색적 인자분석에 대해 어떠한 '믿음'을 갖고 있는가에 따라 여러분의 분석결과에 대한 해석과 평가도 달라지기 때문이다. 이러한 이유 때문에 저자들은 일반적 통계처리 프로그램으로 주성분분석이나 탐색적 인자분석을 사용하지 말고 가능하면 연구자의 이론적 논증과 판단, 혹은 확증적 인자분석(confirmatory factor analysis, CFA)을 사용하는 것이 낫다고 생각한다. 이러한 저자들의 의견을 감안하고 이 장의 내용을 학습하길 바란다.

1. 구성체와 측정항목

우선 주성분분석과 탐색적 인자분석을 구분하지 않는 (혹은 구분하지 못하는) 연구자들이 적지 않다. 이러한 오해가 빚어진 이유 중의 하나는 SPSS의 탓도 적지 않다는 것이 저자들의 어림짐작이다. 나중에 제시하겠지만, 주성분분석과 탐색적 인자분석은 모두 SPSS의 FACTOR 명령문을 사용해 실행된다. 상황이 이렇다 보니 "탐색적 인자분석을 실시할 때 인자를 추출하는 방법은 주성분분석을 사용하였고, 인자의 회전기법은 배리맥스(varimax) 직각회전을 이용했다"와 같은 표현이 학술문헌들에서도 적지 않게 등장한다.

그림 14-1 반영모형과 형성모형

하지만 이러한 표현은 "틀렸다." 그 이유는 주성분분석과 탐색적 인자분석의 모형이 전혀 다르기 때문이며, 주성분분석이 탐색적 인자분석 중 하나로 이해될 기법이 아니기 때문이다. 주성분분석과 탐색적 인자분석을 서로 섞어서 (혹은 혼동해서) 사용하는 사람들은 '분석결과의 유사성'을 주로 언급하는데, 이 역시도 측정모형(measurement model)에 대한 이해부족을 드러낸다는 것이 저자들의 판단이다.

주성분분석과 탐색적 인자분석을 구분하기 위해서는 우선 구성체(construct)와 측정항목 (indicator, item)이 무엇이며, 이들은 어떤 관계를 갖는가를 먼저 이해해야 한다. 우선 구성체는 개념을 표현하지만 관측되지 않은 변수를 의미한다. 반면 측정항목은 개념을 측정하기 위해 사용된 관측변수를 의미한다. 그렇다면 구성체와 측정항목의 인과관계는 어떨까?

일단 두 가지 인과관계가 가능하다. 첫째, 측정항목은 구성체를 반영한다는 입장이다 (즉 구성체 → 측정항목). 둘째, 측정항목들의 집합된 결과가 구성체라는 입장이다(즉 측정항목 → 구성체). 일반적 사회과학(혹은 다른 과학 분과들도 포함될 수 있다)에서는 측정항목이 구성체를 반영한다는 입장을 취한다.

앞서 13장에서 살펴보았던 인간의 5가지 주요 성격, 이른바 '빅 5'를 예로 들어보자. 사람의 친화성(agreeableness)이라는 구성체는 a1, a2, a3의 측정항목들을 통해 측정된다고 연구자가 믿는다면, 친화성이라는 구성체가 a1, a2, a3이라는 측정항목들에 인과적으로 선행한다. 물론 두 번째의 관점도 존재한다. 여러 사회지표들은 측정항목들을 통합하는 방식으로 구성체를 도출해낸다. 예를 들어, 프리덤 하우스(Freedom House)에서 매년 발표하는 각국의 '언론자유도'는 109개의 문항들을 합산한 값을 기준으로 각국의 언론자유를 '자유'(free), '부분적으로 자유'(partly free), '부자유'(not free)로 나눈다.

측정이론(measurement theory)에 따르면 '구성체 → 측정항목'을 따르는 경우를 '반영모형'(reflective model)이라고 부르고, '측정항목 → 구성체'를 따르는 경우를 '형성모형' (formative model)이라고 부른다.[1] 반영모형과 측정모형에서의 구성체(타원으로 표시)와 측정항목(사각형으로 표시)의 관계를 그림으로 나타내면 〈그림 14-1〉과 같다(이 그림에서는 일단 오차항을 고려하지 않았음을 밝힌다).

---

1 물론 둘 사이가 개념적으로 명확하게 갈리는 것은 아니다. 하지만 전반적으로 반영모형은 이론에 기반해 구성체를 확정 짓고 관측치를 추출하는 경우가 많으며, 형성모형은 존재하는 관측치에 기반해 구성체를 도출하는 경향을 보인다.

주성분분석은 형성모형의 관점에서 측정모형의 공유분산을 추출하여 주성분(principal component)을 도출하는 반면, 탐색적 인자분석은 반영모형의 관점에서 측정모형의 공유분산이 구성체인 인자(factor)를 반영한다고 파악한다. 주성분분석과 탐색적 인자분석 두 모형 모두 공분산 행렬이나 상관계수 행렬을 사용하기 때문에 구성체와 측정변수의 관계는 엇비슷할 수 있다(즉, 측정항목과 구성체의 관계가 유사하게 나타나는 경우가 보통이다). 하지만 인과관계라는 맥락에서 두 모형은 반드시 구분되어야만 하며, 실제 분석결과가 다른 경우도 적지 않다.

우선 주성분분석의 경우 주어진 데이터의 상관관계(혹은 공분산) 행렬로부터 공통 패턴을 찾아 주성분들을 추출한다. 이런 의미에서 주성분분석 기법을 데이터 요약(data summary) 혹은 차원축소(dimension reduction) 기법이라고 부르기도 한다. 반면 탐색적 인자분석의 경우 주어진 데이터를 설명하는 구성체의 구조, 흔히 인자구조(factor structure)를 연구자가 미리 상정해 두어야만 한다. 물론 '탐색적'(exploratory)이라는 말이 붙었지만, 연구자는 데이터에 몇 개의 인자가 존재할지, 그리고 인자들 사이의 관계는 어떠할지에 대한 나름의 '약한 가정'을 가지고 있어야만 한다.

2. 주성분분석

우선 주성분분석(principal component analysis, PCA)을 먼저 살펴보자. 앞에서 설명하였듯 주성분분석은 변수들 사이의 상관관계(혹은 공분산) 행렬을 이용해 변수들의 패턴을 찾아 몇 개의 주성분들로 데이터를 요약해 주는 통계기법이다. '예시데이터_13장_01.sav' 데이터를 예시 사례로 들어 보자. 여기에는 총 15개의 측정항목들이 존재한다. 상관관계 행렬을 이용하여 주성분분석을 실시해 보자.

우선 15개의 측정항목을 모두 표준화시킨다.[2] 이 15개의 측정항목들로 이루어진 데이터는 15개의 차원을 가지며, 각 차원에는 '1'만큼의 분산값이 존재한다.[3] 이 15개의 차원들을 이보다 작은 차원들로 축소시켜 k개의 주성분을 추출해 보자. 언급하였듯 측정항목을 공통된 패턴에 따라 묶어서 새롭게 형성한 것이 주성분이다. 현재 측정항목 하나는 1만큼의 분산을 갖는다. 그렇다면 주성분의 분산은 얼마나 커야 할까? 여기에 대해 카이저(Kaiser, 1960)라는 학자는 '1'이라는 기준을 제시하였다. 측정항목 하나의 분산이 1이기 때문에, 차원을 축소해서 얻은 주성분의 분산은 적어도 1보다는 큰 것을 주성분으로 보는 것이 타

---

2 현재 '예시데이터_13장_01.sav' 데이터는 기존 연구의 상관관계 행렬을 기준으로 시뮬레이션된 결과이기 때문에 모든 변수가 표준화되어 있는 상태다.

3 왜냐하면 각 측정항목들은 모두 표준화되었기 때문에 각 변수의 분산은 1이다.

당하다는 것이 카이저의 주장이다. 이러한 카이저의 제안은 흔히 '카이저 기준'(Kaiser criterion) 혹은 '카이저 규칙'(Kaiser rule)이라고 불린다. 카이저 규칙은 매우 합리적인 주장이며, 이 때문에 SPSS에서는 카이저 기준을 디폴트로 사용한다. 하지만 측정항목의 수가 많으면 많을 경우 카이저 기준의 유용성이 떨어지기 때문에, 스크리 도표(scree plot)나 다른 대안적 기준[4]이 제시되는 상황이다. 일단 스크리 도표 기반 해석은 SPSS를 이용해 주성분분석을 실행한 후 구체적 결과를 보고 다시 설명할 것이다.

아무튼 어떤 측정항목 x_i에서 추출된 분산이 어떤 주성분 PC_j로 옮겨갔다고 할 때, 이를 회귀방정식의 형태로 표현하면 아래와 같다(x_i는 표준화된 변수이기 때문에 절편값이 0이 된다. 이에 절편값을 공식에 표현하지 않았다).

$$PC_j = \beta_{ij}\, x_i + \epsilon_i$$

위의 공식은 어떻게 보이는가? 익숙하지 않은가? 위의 공식은 단순 OLS 회귀방정식에서 보았던 바로 그 방정식이다. 여기서 β_{ij}는 바로 x_i와 PC_j의 피어슨 상관계수이며, 이를 제곱하면 x_i와 PC_j의 공유분산이 되고, ϵ_i의 제곱은 오차분산이 된다. 흔히 β_{ij}를 적재치(loading)라고 부르고(측정항목의 분산이 주성분으로 적재(load)되었다는 뜻이다), ϵ_i의 분산을 고유치(uniqueness)라고 부른다.

가령 카이저 기준에 따라 주성분이 총 J개가 나왔다고 가정하자(여기서 주성분의 총개수 J는 측정항목의 총개수 I보다 반드시 작아야만 한다). 이때 첫 번째 주성분 PC_1의 분산은 $Var(PC_1) = \sum_{i=1}^{I} \beta_{i1}^2$과 같이 계산된다. 또한 모든 주성분의 분산합($\sum_{j=1}^{J} Var(PC_j) = \sum_{j=1}^{J} \sum_{i=1}^{I} \beta_{ij}^2$)은 측정항목들의 전체분산 중 추출된 주성분들로 적재된 분산을 의미한다.

연구자의 필요에 따라 이렇게 추출된 주성분들을 회전시키기도 한다. 회전기법에는 크게 두 가지가 있다. 첫째, 주성분들의 관계가 상호독립적이 되도록, 즉 주성분들의 상관관계가 0이 되도록 회전시키는 직각회전(orthogonal rotation)이 있다. 둘째, 주성분들의 상관관계를 그대로 유지시킨 채 관측변수들이 주성분들을 최대한 설명할 수 있도록 회전시키는 사각회전(oblique rotation)이 있다.

직각회전은 주성분들의 관계가 상호독립적이 되도록 조정했기 때문에, 주성분을 해석하기 쉽다. 특히 주성분분석 후 주성분을 추출하여 차후의 분석에 활용할 때 매우 유용하다. 예를 들어 앞에서의 '예시데이터_13장_01.sav' 데이터에서 주성분들을 추출한 후 해

---

4 최근 컴퓨터의 능력이 발전하면서 비모수통계기법에 기반하여 주성분이나 인자의 개수를 결정하는 방법이 각광을 받고 있다. 부트스트래핑에 기반하여 적절한 주성분이나 인자의 수를 결정하는 병행분석(parallel analysis)(Horn, 1960; Revelle & Rocklin, 1979)의 경우, 그 이론적 접근법은 옛날에 제시되었지만, 실질적 적용은 최근에 이루어지는 상황이다. 병행분석의 경우 이 책의 수준을 넘기 때문에 여기서는 별도의 실습결과를 제시하지 않았다. 관심이 있는 독자는 백영민(2017)을 참조하길 바란다.

당 주성분들을 회귀분석의 예측변수로 사용할 때, 예측변수의 상관관계가 0이라면 다중공선성 문제가 전혀 발생하지 않는다. 하지만 직각회전이 과연 타당한 회전방법인지에 대해 비판을 제기할 수도 있다. 주성분이 개념적 존재이기는 하지만, 개념적으로 주성분들의 상관관계를 인정할 수밖에 없는 경우 직각회전을 실시하여 다중공선성을 없애는 방식은 또 다른 문제를 일으킨다. 즉, 주성분들 사이의 상관관계가 불가피한 경우 사각회전이 더 타당할 수 있다.

그러나 사각회전 역시도 문제가 없는 것이 아니다. 데이터에 기반하여 주성분들의 상관관계를 허용하면, 연구자가 어떤 데이터를 모으는가에 따라 주성분들의 상관관계가 바뀔 수밖에 없다(즉, 표집오차에 영향을 받을 수밖에 없다). 또한 최근 컴퓨터의 기능 향상으로 실질적 문제들이 많이 해결되고 있다고는 하지만, 데이터가 방대할 경우 계산에 시간이 많이 걸리는 단점도 존재한다.[5] 또한 직각회전의 경우 주성분들의 분산합이 회전 전후에도 그대로 유지되는 반면, 사각회전의 경우 주성분들의 분산합이 회전을 실시하면서 변화한다는 점도 서로 다르다.

이제 실제로 주성분분석을 실행해 보자. '예시데이터_13장_01. sav' 데이터의 15개 변수들을 측정항목으로, 카이저 기준을 적용한 주성분분석을 실시한 후, 주성분들을 직각회전시켜 보자. 직각회전 방법으로는 배리맥스 기법을 사용해 보자. 주성분분석을 위한 SPSS 명령문은 FACTOR 명령문이다. 앞에서도 언급하였듯 SPSS에서는 주성분분석과 탐색적 인자분석이 FACTOR 명령문에 들어 있다.[6]

FACTOR 명령문에 측정항목에 해당되는 변수들을 투입한다. /PLOT 하위명령문에는 EIGEN이란 옵션을 지정하면 앞에서 이야기했던 스크리 도표를 얻을 수 있다. /FORMAT 하위명령문에 SORT를 지정하면 각 주성분에 적재되는 분산인 적재치의 크기에 따라 측정항목들이 정렬된다. /CRITERIA 하위명령문에는 MINEIGEN(1.00)을 지정하였는데, 이것이 바로 카이저 기준이다. 즉, 각 주성분의 총분산이 최소 1.00보다 클 경우에만 주성분으로 고려한다는 의미다. /EXTRACTION=PC는 주성분분석을 실시한다는 의미다. /ROTATION= VARIMAX는 주성분들의 상관관계를 상호독립적이 되도록 회전시키는 직각회전 기법의 일종인 배리맥스 기법을 사용하겠다는 의미다.

---

5 하지만 대부분의 사회과학 데이터의 경우 크기가 그렇게 크지 않기 때문에, 데이터 분석이 현실적으로 어렵다는 문제는 더 이상 존재하지 않는다. 자세한 회전기법의 종류와 내용, 장단점에 대한 논의는 관련문헌(Fabrigar & Wegener, 2011)을 참조하길 바란다.

6 그래서 불필요한 오해도 많이 생긴다. 독자들은 주성분분석이 인자분석과는 다른 통계기법이라는 점을 다시 상기하길 바란다.

```
*예시데이터_13장_01.sav 데이터.
*주성분분석 + 배리맥스 회전.
FACTOR VARIABLES  e1 e2 e3 n1 n2 n3 o1 o2 o3 a1 a2 a3 c1 c2 c3
/PLOT=EIGEN
/FORMAT=SORT
/CRITERIA=MINEIGEN(1.00)
/EXTRACTION=PC
/ROTATION=VARIMAX.
```

'Communalities' 결과표는 각 측정항목의 분산(Initial이라는 이름의 가로줄)과 이 분산 중에서 주성분들에 적재된 분산량(Extraction이라는 이름의 가로줄)을 의미한다. 예를 들어, e1 변수의 경우 전체분산 1 중에서 주성분들로 적재된 분산이 약 .685, 즉 68.5%의 분산이 주성분들로 적재되었다는 뜻이다. 다시 말해, 1 - .685 = .315의 분산은 오차분산으로 주성분분석 과정에서 버려진 분산을 의미한다.

Communalities

	Initial	Extraction
extraversion #1	1.000	.685
extraversion #2	1.000	.567
extraversion #3	1.000	.712
neuroticism #1	1.000	.796
neuroticism #2	1.000	.753
neuroticism #3	1.000	.527
openness #1	1.000	.684
openness #2	1.000	.571
openness #3	1.000	.740
agreeableness #1	1.000	.585
agreeableness #2	1.000	.739
agreeableness #3	1.000	.645
conscientiousness #1	1.000	.434
conscientiousness #2	1.000	.722
conscientiousness #3	1.000	.691

Extraction Method: Principal Component Analysis.

귀찮더라도 'Communalities' 결과표에서 주성분으로 적재된 분산의 총량을 한번 수계 산을 해보자.

$$.685 + .567 + .712 +$$

$$.796 + .753 + .527 +$$

$$.684 + .571 + .740 +$$

$$.585 + .739 + .645 +$$

$$.434 + .722 + .691 = 9.851$$

투입된 측정항목이 15개이기 때문에 총분산은 15다. 전체 15의 분산 중 주성분으로 적재된 분산은 9.851다. 이를 비율로 계산하면, $\frac{9.851}{15} = .6567$, 즉 측정항목의 분산 중 65.67%의 분산이 주성분으로 적재되고, 나머지 34.33%의 분산은 오차분산으로 주성분 분석과정에서 버려졌음을 의미한다.

이제 'Total Variance Explained' 결과표를 살펴보자. 총 15개의 측정항목을 이용해 15개의 주성분을 뽑았지만, 여기서 주성분의 분산이 1을 넘는 주성분은 5개다. Initial Eigenvalues라는 부분의 Cumulative %에서 5번째 주성분까지의 누적 퍼센트가 얼마인지 확인해 보길 바란다. 이 값이 바로 위에서 우리가 수계산을 통해서 얻었던 65.67%라는 값이다.[7] 여기서 Eigenvalues는 '아이겐값'을 의미한다. 아이겐값은 반복측정분산분석을 소개할 때 모클리의 W를 설명하는 과정에서 언급했던 적이 있다. 이 아이겐값은 앞서 설명했던 각 주성분의 분산[$Var(PC_j)$]을 의미한다.

Total Variance Explained

Component	Initial Eigenvalues			Extraction Sums of Squared Loadings			Rotation Sums of Squared Loadings		
	Total	% of Variance	Cumulative %	Total	% of Variance	Cumulative %	Total	% of Variance	Cumulative %
1	3.072	20.477	20.477	3.072	20.477	20.477	2.249	14.995	14.995
2	2.154	14.358	34.835	2.154	14.358	34.835	2.020	13.465	28.461
3	1.695	11.301	46.136	1.695	11.301	46.136	2.000	13.336	41.797
4	1.481	9.871	56.007	1.481	9.871	56.007	1.844	12.294	54.091
5	1.448	9.653	65.660	1.448	9.653	65.660	1.735	11.569	65.660
6	.951	6.340	72.000						
7	.673	4.488	76.488						
8	.614	4.096	80.585						
9	.569	3.793	84.378						
10	.547	3.647	88.025						
11	.423	2.820	90.845						
12	.407	2.714	93.559						
13	.368	2.454	96.013						
14	.323	2.153	98.166						
15	.275	1.834	100.000						

Extraction Method: Principal Component Analysis.

---

7 반올림 과정에서 조금 오차가 있어 수계산된 값이 .01이 더 크게 나왔지만, 동일한 값이다.

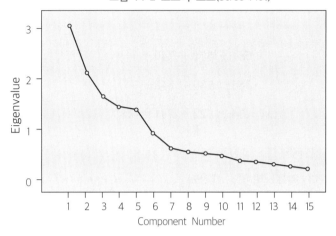

그림 14-2 스크리 도표(Scree Plot)

Extraction Sums of Squared Loadings는 카이저 기준을 충족시키는 주성분들을 골라 낸 결과로 다섯 번째까지의 주성분에 대한 수치는 Initial Eigenvalues와 동일하다. 독자들이 눈여겨볼 부분은 Rotation Sums of Squared loadings다. 왜냐하면 /ROTATION= VARIMAX를 적용한 결과에 해당되는 부분이 바로 Rotation Sums of Squared loadings이기 때문이다. 우선 분산의 누적 퍼센트는 65.66%로 동일하다. 달라진 것은 각 주성분의 분산값, 그리고 해당분산이 전체분산 중 몇 퍼센트를 차지하는가의 결과뿐이다.

〈그림 14-2〉에 제시된 'Scree Plot' 그래프가 바로 스크리 도표다. 카이저 기준을 적용하는 것이 적절치 않은 경우(이를테면 측정변수의 수가 엄청나게 많은 경우), 스크리 도표를 이용하여 적절한 주성분의 개수를 정한다. 사실 스크리 도표를 이용할 경우 주성분의 개수를 선정하는 기준은 자의적이다. 스크리 도표를 해석하면 다음과 같다. 그래프에서 선(線)의 낙하속도가 급격하게 빨라지기 직전의 X축의 값에 해당되는 숫자만큼의 주성분들을 선정하면 된다. 이러한 스크리 도표 해석은 문제가 전혀 없지 않다. 왜냐하면 이러한 해석이 연구자의 경험과 주관성에 달려 있기 때문이다. 일단 지금의 스크리 도표에 따르면 k = 5도 충분히 좋아 보인다(또한 다행스럽게도 카이저 기준과도 일치한다).

다음에 나오는 'Component Matrix'는 해석하지 않는 것이 보통이다. 왜냐하면 이 결과표는 주성분들을 회전하기 이전의 값이기 때문이다. 따라서 이 책에서도 Component Matrix는 제시하지 않았다.

'Rotated Component Matrix'가 바로 배리맥스 회전이 적용된 주성분분석 결과다. 결과는 매우 해석하기 좋게 나와 있다. 변수의 이름에서 명확하게 나타나듯, 첫 줄부터 셋째 줄까지의 결과는 개방성의 측정항목이었으며, 그다음 세 측정항목은 신경성을, 그다음 세 측정항목은 친화성을, 그다음 세 측정항목은 외향성을, 그리고 마지막 세 측정항목은 성실성을 나타낸다.

Rotated Component Matrix[a]

	Component				
	1	2	3	4	5
openness #3	.841	.080	.085	.130	.030
openness #1	.795	-.151	.020	.105	.133
openness #2	.743	.040	.130	.030	-.008
neuroticism #1	.154	.875	.035	-.049	.050
neuroticism #2	.040	.855	.049	-.135	-.013
neuroticism #3	-.259	.652	-.063	.084	-.155
agreeableness #2	.096	.114	.839	.042	.101
agreeableness #3	-.046	-.090	.794	-.011	.063
agreeableness #1	.199	.010	.738	.020	-.025
extraversion #1	.165	.075	.094	.796	.096
extraversion #3	.227	-.046	.138	.793	.104
extraversion #2	-.102	-.136	-.165	.714	-.029
conscientiousness #2	.097	-.017	-.053	-.001	.843
conscientiousness #3	.304	.073	.167	.082	.747
conscientiousness #1	-.154	-.122	.054	.080	.621

Extraction Method: Principal Component Analysis.
Rotation Method: Varimax with Kaiser Normalization.
a. Rotation converged in 6 iterations.

위의 결과를 구체적으로 해석해 보자. 우선 첫 번째 가로줄의 결과를 수식으로 표현하면 아래와 같다.

$$PC_1 = .841\, x_{o3} + \epsilon_{o3}$$

$$PC_2 = .080\, x_{o3} + \epsilon_{o3}$$

$$PC_3 = .085\, x_{o3} + \epsilon_{o3}$$

$$PC_4 = .130\, x_{o3} + \epsilon_{o3}$$

$$PC_5 = .030\, x_{o3} + \epsilon_{o3}$$

즉, 개방성을 측정하는 세 번째 측정항목(o3 변수)은 첫 번째 주성분 PC_1에는 $.841^2$ = .707만큼의 분산을 적재하였으며, 두 번째 주성분 PC_2에는 $.080^2$ = .006만큼의 분산을, 세 번째 주성분 PC_3에는 $.085^2$ = .007만큼의 분산을, 네 번째 주성분 PC_4에는 $.130^2$ = .017만큼의 분산을, 마지막 다섯 번째 주성분 PC_5에는 $.030^2$ = .001만큼의 분산을 적재했음을 의미한다. 개방성을 측정하는 세 번째 측정항목(o3 변수)의 적재치의 제곱값 5개를 모두 더해 보자. 그러면 .739의 값을 얻을 수 있다. 이제 맨 앞에 제시되었던 'Communalities'에서 개방성을 측정하는 세 번째 측정항목(o3 변수)의 추출분산값을 확인해 보자. 얼마인가? 바로 .740이다. 반올림 과정에서의 오차로 인한 차이일 뿐 이 두 값은 동일한 값이다. 이제 독자들은 측정항목에서 추출된 분산이 각 주성분으로 어떻게 나누어졌는지 감을 잡을 수 있을 것이다. 즉, 위의 표에서 쉽게 알 수 있듯, 측정항목(o3 변수)의 전체분산 1을 .740만큼을 추출하여 5개의 주성분에 각각 .707, .006, .007, .017, .001만큼 분할해 주는 과정이 바로 주성분분석이다.

이제 첫 번째 세로줄을 해석해 보자. 첫 번째 세로줄은 다음의 수식으로 표현할 수 있다.

$$PC_1 = .841\, x_{o3} + .795\, x_{o2} + .743\, x_{o2} +$$
$$.154\, x_{n1} + .040\, x_{n2} - .259\, x_{n3} +$$
$$.096\, x_{a2} - .046\, x_{a3} + .199\, x_{a1} +$$
$$.165\, x_{e1} + .227\, x_{e3} - .102\, x_{e2} +$$
$$.097\, x_{c2} + .304\, x_{c3} - .154\, x_{c1}$$

다음으로 각 적재치를 제곱한 후 모두 더해 보자.

$$.841^2 + .795^2 + .743^2 +$$
$$.154^2 + .040^2 - .259^2 +$$
$$.096^2 - .046^2 + .199^2 +$$
$$.165^2 + .227^2 - .102^2 +$$
$$.097^2 + .304^2 - .154^2 = 2.249$$

다시 앞으로 돌아가서 'Total Variance Explained'라는 결과에서 Rotation Sums of Squared Loadings의 Total에 보고된 결과를 확인해 보자. 첫 번째 주성분의 분산합이 바로 2.249이며 이것은 바로 위에서 얻은 수계산 결과와 정확하게 일치한다.

정리하자면 측정항목의 주성분에 대한 적재치 결과는 분산을 분해하여 나누어 준 결과다. 즉, 적재치 결과만 알고 있다면 전체 측정항목들의 분산 중 어느 정도의 분산이 추출되어 주성분으로 옮겨졌는지, 또한 관측된 측정항목과 가상적 존재인 주성분이 어떻게 연관되어 있는지 알 수 있다.

그다음에 제시된 'Component Transformation Matrix'은 전체 상관관계 행렬을 '측정항목×주성분'의 행렬로 변환하기 위해 생성된 가상의 행렬이다. 주성분분석이나 탐색적 인자분석의 경우 측정항목들(i) 사이의 상관관계 행렬(혹은 공분산 행렬)에서 '측정항목 (i)×주성분(j)'의 행렬로 추출하기 위해서 $S = [i \times j]\,[j \times j]\,[i \times j]^{-1} + E$ 로 분해한다(S는 측정항목들 사이의 상관관계 행렬을, E는 오차행렬을 의미한다). 'Component

Transformation Matrix'은 $[j \times j]$ 행렬을 의미한다. 자세한 설명은 이 책의 범위를 뛰어넘기 때문에 여기서는 별도의 설명을 제시하지 않았다.

다음으로는 주성분들을 회전시키는 방법으로 직각회전 대신 사각회전을 실시해 보자. SPSS의 경우 사각회전 방법으로 '직접 오블리민'(direct oblimin) 과 '프로맥스'(promax) 기법을 제공한다. 여기서는 대용량 데이터의 경우에도 빠르게 계산되는 프로맥스 회전기법을 이용해 주성분들을 사각회전시켜 보기로 한다. 앞에서 배리맥스 회전을 실시했을 때와 SPSS 명령문의 구조는 동일하다. 한 가지 바뀌는 것은 바로 /ROTATION의 옵션이며, 옵션을 PROMAX로 바꾸어 주면 된다.

```
*주성분분석 + 프로맥스 회전.
FACTOR VARIABLES  e1 e2 e3 n1 n2 n3 o1 o2 o3 a1 a2 a3 c1 c2 c3
/PLOT=EIGEN
/FORMAT=SORT
/CRITERIA=MINEIGEN
/EXTRACTION=PC
/ROTATION=PROMAX.
```

우선 'Communalities' 결과표와 'Scree Plot' 그래프는 직각회전을 적용했을 때의 결과와 동일하기 때문에 여기서는 설명을 생략하였다.

'Total Variance Explained'의 경우 직각회전의 결과와 사각회전의 결과가 서로 다르다. Initial Eigenvalues, Extraction Sums of Squared Loadings 부분의 결과는 회전방식 여부에 따라 달라지지 않는다. 하지만 Rotation Sums of Squared Loadings 부분의 결과는 달라진다. 우선 사각회전 실시 후 5개의 주성분의 분산들의 합을 구해 보면 10.756이 나온다. 이 결과는 전체 15의 분산 중 9.851을 추출했는데, 회전을 하고 나니 주성분들의 분산이 증가한 것을 의미한다. 이는 주성분들 사이의 상관관계를 허용하면서 생긴 결과다. 직각회전의 경우 분산들이 정확하게 분해되지만, 사각회전의 경우 주성분들의 상관관계로 인해 공유분산이 생기기 때문에 이런 결과가 나타난 것이다.

'Component Matrix' 결과는 사각회전 실시 이전의 행렬이기 때문에 여기서는 고려할 필요가 없다.[8] 'Structure Matrix' 결과표도 크게 고려할 필요 없다. Structure Matrix의 결과표는 측정항목과 추출된 주성분 사이의 단순상관계수라고 생각할 수 있다. 하지만 사각회전의 경우 주성분들은 서로서로 상관관계를 맺고 있기 때문에, 이 결과표를 그대로 해석하는 것은 무리가 있다. 하지만 이 결과표의 적재치들을 제곱한 후 세로줄별로 총합을 구하면 각 주성분의 회전 후 분산을 구할 수 있다. 독자들은 한번 스스로 수계산을 해보길 바란다.

---

8 이 부분은 배리맥스 회전을 이용한 주성분분석을 설명하면서 이미 언급하였다.

Total Variance Explained

Component	Initial Eigenvalues			Extraction Sums of Squared Loadings			Rotation Sums of Squared Loadings[a]
	Total	% of Variance	Cumulative %	Total	% of Variance	Cumulative %	Total
1	3.072	20.477	20.477	3.072	20.477	20.477	2.545
2	2.154	14.358	34.835	2.154	14.358	34.835	2.053
3	1.695	11.301	46.136	1.695	11.301	46.136	2.193
4	1.481	9.871	56.007	1.481	9.871	56.007	1.995
5	1.448	9.653	65.660	1.448	9.653	65.660	1.970
6	.951	6.340	72.000				
7	.673	4.488	76.488				
8	.614	4.096	80.585				
9	.569	3.793	84.378				
10	.547	3.647	88.025				
11	.423	2.820	90.845				
12	.407	2.714	93.559				
13	.368	2.454	96.013				
14	.323	2.153	98.166				
15	.275	1.834	100.000				

Extraction Method: Principal Component Analysis.
a. When components are correlated, sums of squared loadings cannot be added to obtain a total variance.

Structure Matrix

	Component				
	1	2	3	4	5
openness #3	.853	.115	.199	.213	.165
openness #1	.804	-.121	.128	.197	.260
openness #2	.748	.077	.224	.105	.113
neuroticism #1	.174	.882	.085	-.060	.048
neuroticism #2	.050	.862	.077	-.160	-.033
neuroticism #3	-.258	.635	-.084	.023	-.208
agreeableness #2	.218	.151	.854	.078	.177
agreeableness #3	.060	-.058	.780	.015	.118
agreeableness #1	.288	.050	.753	.059	.062
extraversion #3	.322	-.069	.192	.821	.194
extraversion #1	.257	.047	.145	.812	.170
extraversion #2	-.063	-.180	-.164	.696	-.012
conscientiousness #2	.179	-.032	.023	.060	.840
conscientiousness #3	.409	.075	.264	.160	.796
conscientiousness #1	-.073	-.143	.079	.109	.601

Extraction Method: Principal Component Analysis.
Rotation Method: Promax with Kaiser Normalization.

아래의 'Pattern Matrix' 결과표가 사각회전을 적용한 주성분분석에서 가장 중요한 결과표, 즉 적재치가 보고된 결과표다. 표에서 잘 드러나듯 첫 번째 주성분을 형성하는 데 가장 주요하게 기여하는 변수들은 개방성을 측정했던 세 변수들(o3, o1, o2)이다. 또한 두 번째 주성분 형성에 가장 기여하는 변수들은 신경성을 측정했던 변수들(n1, n2, n3)이다. 계속 순서대로 세 번째 주성분은 친화성 측정변수들에 의해, 네 번째의 주성분은 외향성 측정변수들에 의해, 마지막 다섯 번째 주성분은 성실성 측정변수들에 의해 설명되고 있다는 것을 쉽게 알 수 있다.

Pattern Matrix[a]

	Component				
	1	2	3	4	5
openness #3	.861	.065	-.024	.061	-.064
openness #1	.818	-.163	-.083	.024	.047
openness #2	.767	.019	.040	-.034	-.092
neuroticism #1	.113	.877	-.022	-.021	.059
neuroticism #2	.009	.854	.013	-.098	.009
neuroticism #3	-.285	.664	-.052	.150	-.118
agreeableness #2	-.024	.090	.845	.024	.040
agreeableness #3	-.148	-.115	.827	-.026	.016
agreeableness #1	.123	-.020	.739	-.006	-.096
extraversion #1	.070	.101	.055	.797	.038
extraversion #3	.136	-.023	.097	.781	.034
extraversion #2	-.144	-.103	-.162	.735	-.050
conscientiousness #2	-.012	.008	-.119	-.047	.870
conscientiousness #3	.182	.087	.083	.025	.733
conscientiousness #1	-.261	-.100	.040	.060	.651

Extraction Method: Principal Component Analysis.
Rotation Method: Promax with Kaiser Normalization.
a. Rotation converged in 6 iterations.

Component Correlation Matrix

Component	1	2	3	4	5
1	1.000	.063	.261	.195	.265
2	.063	1.000	.078	-.078	-.039
3	.261	.078	1.000	.071	.170
4	.195	-.078	.071	1.000	.136
5	.265	-.039	.170	.136	1.000

Extraction Method: Principal Component Analysis.
Rotation Method: Promax with Kaiser Normalization.

마지막의 'Component Correlation Matrix'의 결과는 사각회전으로 추출된 주성분들 간의 상관계수 행렬이다. 예를 들어, 개방성 측정항목들에 의해 주로 형성된 첫 번째 주성분은 친화성 측정항목들에 의해 주로 구성된 세 번째 주성분(r_{13} = .261) 및 성실성 측정항목들에 의해 주로 형성된 다섯 번째 주성분(r_{15} = .265)과 높은 상관관계를 맺는 것을 알 수 있다.

이상으로 주성분분석을 살펴보았다. 만약 '예시데이터_13장_01.sav' 데이터를 독자 여러분이 수집하였다고 가정해 보자. 독자들이라면 주성분을 어떻게 회전시키고 싶은가? (혹은 어떻게 회전시키는 것이 가장 좋다고 생각하는가?) 저자들이라면 사각회전을 시키는 것이 직각회전을 시키는 것보다 타당하다고 생각한다. 인간의 5가지 성격에 대한 이론을 잘 모르는 사람이더라도 '개방성'과 '외향성'이 상관관계를 갖는다고 보는 것이 더 상식적이지 않을까? 직각회전을 택한다면 두 성향이 서로 독립적이라고 가정하는 것인데, 이 가정은 지나치게 해석의 편의에 중점을 둔 것 아닐까? 물론 독자들이 저자들의 생각에 반드시 동의할 이유는 전혀 없다. 만약 5가지의 성격들이 각각 서로에 대해 상호독립적이라고 믿어야 할 타당한 근거가 있다면(일단 저자들의 머릿속에서는 그 이유를 찾기 어렵지만), 사각회전이 아닌 직각회전을 이용해도 아무 문제가 없다.

아무튼 저자들의 당부사항은 다음과 같이 간단히 요약될 수 있다. 독자들은 자신의 연구를 수행할 때, 데이터와 자신이 다루는 이론적 배경을 스스로 꼼꼼히 돌아본 후 어떤 회전법을 사용할지 정당한 이유를 갖춘 후 주성분들의 회전방법을 택하길 바란다.

3. 탐색적 인자분석

앞에서도 말했듯 주성분분석의 경우 측정항목을 원인으로 구성체를 결과로 간주하는 형성 모형의 관점을 따른다. 반면 탐색적 인자분석(exploratory factor analysis, EFA)는 구성체가 측정항목들을 어떻게 설명하는지, 즉 구성체가 원인이며 측정항목이 결과인 반영모형의 관점을 택한다. 따라서 탐색적 인자분석을 실시하려는 연구자의 경우, 측정항목들로 구성된 데이터에 대한 '약한 이론'이라도 갖고 있어야 한다. 특히 선행연구의 척도(scale)을 빌려 측정항목들을 구성하였다면, 측정항목들의 인자구조에 대해 이론적 기대를 전혀 갖고 있지 않다고 간주하는 것은 절대로 받아들여지기 어려울 것이다.

예를 들어, '예시데이터_13장_01.sav' 데이터의 경우 인간에게서 보편적으로 관측되는 5개의 성격들을 측정한 선행연구의 상관관계 행렬을 기반으로 데이터를 시뮬레이션한 것임을 앞에서 밝혔다. 다시 말해, 이 데이터를 분석할 때 연구자는 아마도 5개의 구성체[9]가 존재할(혹은 존재하는) 것을 이미 기대하고 있다. 따라서 독자들은 '예시데이터_13장

_01. sav' 데이터를 대상으로 탐색적 인자분석을 실시할 때, 해당 관측변수들을 예측하는 5개의 인자들이 존재한다는 가정을 인정해 주길 바란다. 다시 말해, 탐색적 인자분석을 설명할 때 카이저 기준이나 스크리 도표 등을 사용하지 않고, 관측변수들을 설명하는 인자가 5개 존재한다는 것을 사전에 가정해 보자. 이 부분은 SPSS 명령문을 설명할 때 다시 언급할 것이다.

여기서는 SPSS에서 지원되는 탐색적 인자분석의 인자추정 기법 중에서 최대우도추정법 (maximum likelihood estimation, ML estimation)과 주축인자추정법(principal axis factoring estimation, PAF estimation) 두 가지를 살펴보기로 한다. 만약 측정항목들의 분포를 다항정규분포(multivariate normal distribution)로 가정할 수 있다면, ML 추정법을 사용하는 것이 더 좋다고 알려져 있으며, 만약 다항정규분포로 가정하기 어렵거나 불확실한 경우라면 PAF 추정법을 사용하는 것 더 낫다고 알려져 있다. 여기서는 PAF 추정법을 이용해 탐색적 인자분석을 실시해 보도록 하자. 또한 주성분분석의 주성분들에 대한 회전방식과 마찬가지로 측정항목들을 설명하는 인자들의 관계 역시 직각회전의 일종인 배리맥스 회전과 사각회전의 일종인 프로맥스 회전 등 두 가지를 각각 살펴보겠다.

우선 PAF 추정법을 이용해 인자구조를 추정한 후, 인자들이 상호독립적 관계를 갖도록 직각회전시키는 방법은 아래와 같다. 주성분분석 때와 마찬가지로 '예시데이터_13장 _01. sav' 데이터를 이용했다. SPSS의 FACTOR 명령문의 구조는 주성분분석에서 소개한 방식과 거의 비슷하다. 하지만 독자들은 /CRITERIA의 옵션을 MINEIGEN(1.00)에서 FACTORS(5)로 바꾸었다는 점에 주목하길 바란다. FACTORS(5)라는 의미는 대상이 되는 변수를 설명하는 인자들을 5개로 지정했다는 뜻이다. 또한 /EXTRACTION의 옵션 역시 PAF로 바꾸었다.

```
*탐색적 인자분석: PAF 추정법으로 인자추출하고 배리맥스 회전.
FACTOR VARIABLES  e1 e2 e3 n1 n2 n3 o1 o2 o3 a1 a2 a3 c1 c2 c3
/FORMAT=SORT
/CRITERIA=FACTORS(5)
/EXTRACTION=PAF
/ROTATION=VARIMAX.
```

우선 독자들은 'Communalities' 결과표의 경우 주성분분석의 결과와 많이 다른 모습임을 발견할 수 있을 것이다. Initial이라는 이름의 세로줄의 의미는 최초로 추출된 e1 변수의 분산이다. 이 값은 e1 변수를 결과변수로, 나머지 14개의 변수를 예측변수로 하

---

9 인자분석에서의 인자(factor), 연구자에 따라 잠재변수(latent variable)라고 불리기도 한다.

였을 때의 R^2값이다.[10] 그렇다면 이 값은 어떤 의미인가? 독자들은 OLS 회귀분석의 R^2에 대해 설명할 때, 저자들이 R에 대해서 설명했던 것을 떠올리길 바란다.

Communalities

	Initial	Extraction
extraversion #1	.401	.547
extraversion #2	.243	.261
extraversion #3	.445	.655
neuroticism #1	.533	.788
neuroticism #2	.501	.615
neuroticism #3	.258	.263
openness #1	.445	.557
openness #2	.342	.385
openness #3	.488	.702
agreeableness #1	.308	.367
agreeableness #2	.455	.739
agreeableness #3	.330	.397
conscientiousness #1	.138	.139
conscientiousness #2	.353	.634
conscientiousness #3	.414	.551

Extraction Method: Principal Axis Factoring.

즉, R은 결과변수와 '예측변수들'의 상관관계다. 다시 말해, 특정 측정항목과 다른 측정항목들의 공유분산이 바로 Communalities 결과표의 Initial이라는 이름의 세로줄에 보고된 결과이다. 탐색적 인자분석은 주성분분석에서는 측정항목의 총분산을 최초분산으로 삼는 것과는 접근방법이 다르다. 탐색적 인자분석 결과로 얻은 Communalities 결과표의 측정문항별 추출분산의 경우 주성분분석 결과로 얻은 Communalities 결과표의 측정문항별 추출분산보다 작은 것이 보통이다. 그 이유는 주성분분석의 경우 오차분산이 아닌 분산을 주성분의 분산으로 적재하는 반면, 탐색적 인자분석에서는 인자가 오차분산뿐만 아니라 측정항목의 고유분산을 뺀 나머지 분산을 적재한다고 가정하기 때문이다.

다음으로 'Total Variance Explained' 결과표 역시 주성분분석과 비슷한 양식이지만 보고된 결과는 상당히 다르다는 점에 주목하길 바란다. 우선 Initial Eigenvalues의 경우 탐색적 인자분석의 결과와 주성분분석의 결과가 동일하다.[11] Extraction Sums of Squared Loadings의 결과는 Initial Eigenvalues에 보고된 결과에서 분산들의 일부가 제외되어 있다.

---

10 독자들은 아래와 같은 SPSS 명령문으로 한번 실행해 보길 바란다.
  *최초분산계산 예.
  REGRESSION VARIABLES = e1 e2 e3 n1 n2 n3 o1 o2 o3 a1 a2 a3 c1 c2 c3
  /DEPENDENT=e1
  /METHOD = ENTER e2 e3 n1 n2 n3 o1 o2 o3 a1 a2 a3 c1 c2 c3.
11 SPSS의 경우 주성분분석 결과를 바탕으로 탐색적 인자분석의 분산을 추출하는 프로시저를 택하고 있다.

예를 들어 누적 퍼센트 값을 비교해 보면, Initial Eigenvalues의 경우 65.66%의 분산이 추출됐지만, PAF 추정법을 사용하는 탐색적 인자분석 결과의 경우 50.669%만 남고 나머지 분산들은 제외되어 있다(앞에서 설명하였듯이 탐색적 인자분석의 추출분산이 주성분분석의 추출분산보다 작다). 이렇게 남은 50.669%의 분산을 갖는 5개 인자들이 서로 독립적 관계가 유지되도록 회전시킨 것이 바로 Rotation Sum of Squared Loadings의 결과다.

Total Variance Explained

Component	Initial Eigenvalues			Extraction Sums of Squared Loadings			Rotation Sums of Squared Loadings		
	Total	% of Variance	Cumulative %	Total	% of Variance	Cumulative %	Total	% of Variance	Cumulative %
1	3.072	20.477	20.477	2.634	17.562	17.562	1.777	11.844	11.844
2	2.154	14.358	34.835	1.756	11.705	29.267	1.644	10.959	22.803
3	1.695	11.301	46.136	1.226	8.174	37.441	1.540	10.264	33.067
4	1.481	9.871	56.007	1.015	6.769	44.210	1.370	9.132	42.198
5	1.448	9.653	65.660	.969	6.569	50.669	1.271	8.470	50.669
6	.951	6.340	72.000						
7	.673	4.488	76.488						
8	.614	4.096	80.585						
9	.569	3.793	84.378						
10	.547	3.647	88.025						
11	.423	2.820	90.845						
12	.407	2.714	93.559						
13	.368	2.454	96.013						
14	.323	2.153	98.166						
15	.275	1.834	100.000						

Extraction Method: Principal Axis Factoring.

Rotated Component Matrix[a]

	Factor				
	1	2	3	4	5
openness #3	.819	.071	.092	.126	.036
openness #1	.712	-.129	.042	.110	.140
openness #2	.600	.031	.147	.044	.021
neuroticism #1	.135	.875	.039	-.033	.042
neuroticism #2	.031	.772	.049	-.119	-.036
neuroticism #3	-.174	.453	-.056	.004	-.155
agreeableness #2	.083	.104	.842	.043	.102
agreeableness #3	.015	-.075	.622	-.024	.054
agreeableness #1	.187	.018	.575	.023	.019
extraversion #3	.202	-.043	.128	.763	.115
extraversion #1	.145	.055	.089	.711	.102
extraversion #2	-.036	-.132	-.134	.473	-.017
conscientiousness #2	.072	-.016	-.034	.020	.792
conscientiousness #3	.276	.057	.166	.084	.661
conscientiousness #1	-.045	-.108	.047	.052	.347

Extraction Method: Principal Axis Factoring.
Rotation Method: Varimax with Kaiser Normalization.
a. Rotation converged in 6 iterations.

'Factor Matrix'의 결과는 배리맥스 회전을 실시하기 이전의 결과이기 때문에 해석할 필요가 없다. 따라서 이 책에서도 해당 결과는 제시하지 않았다. 그다음의 'Rotated Factor Matrix'가 탐색적 인자분석에서 가장 실질적인 의미를 갖는 적재치를 보여주는 결과다. 적재치에 대한 결과는 주성분분석에서의 결과와 동일하지만, 한 가지 인과관계의 방향성은 정반대다. 즉, 주성분분석의 적재치는 측정항목에서 주성분으로 적재되는 수치인 반면, 탐색적 인자분석의 적재치는 인자에서 측정항목으로 적재되는 수치다. 아무튼 각 적재치들을 제곱한 후 가로줄을 기준으로 합산하면 측정항목의 추출분산값을 얻을 수 있고, 세로줄을 기준으로 합산하면 각 인자의 분산값을 얻을 수 있다.

끝으로 'Factor Transformation Matrix'의 결과도 인자구조와 측정항목간의 중요한 의미를 담고 있지 않기 때문에, 설명은 생략하였다.

이제는 직각회전인 배리맥스 회전 대신 사각회전인 프로맥스 회전을 적용하고 PAF 추정법을 사용하는 탐색적 인자분석을 실시해 보자. SPSS 명령문의 모습은 크게 다르지 않다. 단 인자들의 회전방법이 달라졌기 때문에 /ROTATION을 PROMAX로 지정했다.

```
*탐색적 인자분석: PAF 추정법으로 인자추출하고 프로맥스 회전.
FACTOR VARIABLES  e1 e2 e3 n1 n2 n3 o1 o2 o3 a1 a2 a3 c1 c2 c3
/FORMAT=SORT
/CRITERIA=FACTORS(5)
/EXTRACTION=PAF
/ROTATION=PROMAX.
```

우선 'Communalities' 결과표는 배리맥스 회전을 적용하여 PAF 추정법으로 실행한 탐색적 인자분석 결과와 동일하다. 이에 별도로 결과표를 제시하지는 않기로 한다.

그러나 독자들은 'Total Variance Explained' 결과표의 결과가 달라진 것을 발견할 수 있을 것이다. Initial Eigenvalues, Extraction Sum of Squared Loadings의 값은 동일하지만, Rotation Sums of Squared Loadings의 값은 상이하다. 주성분분석에서 주성분 회전결과를 설명할 때도 나타났듯, 사각회전을 실시한 후 각 인자의 분산값의 합은 회전실시 이전의 각 인자의 분산값의 합과 동일하지 않다. 그 이유에 대해서는 주성분분석을 설명할 때 이미 설명한 바 있으니, 이해가 안되는 독자들은 앞부분을 다시 참조하길 바란다.

또한 'Factor Matrix'는 회전을 시키기 이전의 적재치이기 때문에 특별히 설명할 이유가 없다. 그리고 'Structure Matrix'의 경우 각 인자와 각 측정항목의 상관관계이기 때문에 사각회전이 실시된 탐색적 인자분석 결과에 바로 적용하기 어렵다. 그리하여 'Pattern Matrix'만 제시할 것이다. 결과에서 잘 드러나듯 첫 번째 인자는 개방성을 측정하는 세 측정항목들을 다른 측정항목들보다 더 잘 설명한다. 즉, 15개의 측정항목들은 해당 측정항목이 측정하려 했던 성격일 경우 높은 적재치를 보인다.

Total Variance Explained

Factor	Initial Eigenvalues			Extraction Sums of Squared Loadings			Rotation Sums of Squared Loadings[a]
	Total	% of Variance	Cumulative %	Total	% of Variance	Cumulative %	Total
1	3.072	20.477	20.477	2.634	17.562	17.562	2.156
2	2.154	14.358	34.835	1.756	11.705	29.267	1.691
3	1.695	11.301	46.136	1.226	8.174	37.441	1.778
4	1.481	9.871	56.007	1.015	6.769	44.210	1.662
5	1.448	9.653	65.660	.969	6.459	50.669	1.588
6	.951	6.340	72.000				
7	.673	4.488	76.488				
8	.614	4.096	80.585				
9	.569	3.793	84.378				
10	.547	3.647	88.025				
11	.423	2.820	90.845				
12	.407	2.714	93.559				
13	.368	2.454	96.013				
14	.323	2.153	98.166				
15	.275	1.834	100.000				

Extraction Method: Principal Axis Factoring.
a. When factors are correlated, sums of squared loadings cannot be added to obtain a total variance.

Pattern Matrix[a]

	Factor				
	1	2	3	4	5
openness #3	.856	0.56	-.029	.022	-.078
openness #1	.743	-.142	-.061	.001	.048
openness #2	.627	.013	.067	-.038	-.067
neuroticism #1	.068	.881	-.033	.007	.046
neuroticism #2	-.010	.774	.008	-.073	-.020
neuroticism #3	-.192	.465	-.053	.071	-.130
agreeableness #2	-.055	.061	.858	.018	.024
agreeableness #3	-.066	-.110	.654	-.049	.003
agreeableness #1	.121	-.015	.575	-.013	-.054
extraversion #3	.060	-.018	.062	.768	0.22
extraversion #1	.006	.082	.026	.729	0.25
extraversion #2	-.085	-.104	-.151	.500	-,045
conscientiousness #2	-.076	-.009	-.099	-.031	.837
conscientiousness #3	.132	.052	.084	.017	.652
conscientiousness #1	-.124	-.106	.036	.035	.365

Extraction Method: Principal Axis Factoring.
Rotation Method: Promax with Kaiser Normalization.
a. Rotation converged in 6 iterations.

Factor Correlation Matrix

Factor	1	2	3	4	5
1	1.000	.090	.301	.321	.344
2	.090	1.000	.122	-.079	.003
3	.301	.122	1.000	.146	.217
4	.321	-.079	.146	1.000	.215
5	.344	.003	.217	.215	1.000

Extraction Method: Principal Axis Factoring.
Rotation Method: Promax with Kaiser Normalization.

끝으로 인자들 사이의 상관관계는 'Factor Correlation Matrix'에서 확인할 수 있다. 예를 들어, 개방성 측정항목들을 주로 설명했던 첫 번째 인자는 친화성 측정항목들을 주로 설명했던 세 번째 인자(r_{13} = . 301), 외향성 측정항목들을 주로 설명하는 네 번째 인자 (r_{14} = . 321), 그리고 성실성 측정항목들을 주로 설명하는 다섯 번째 인자(r_{15} = . 344) 와 상당히 높은 상관관계를 보인다는 것을 잘 알 수 있다.

이제 주성분분석 혹은 탐색적 인자분석의 결과를 보고할 때, 유의할 사항들 몇 가지를 독자들에게 강조하고자 한다. 주성분분석, 탐색적 인자분석의 결과를 제시하는 방법은 분과에 따라 조금씩 다르지만, 다음과 같은 필수정보들을 반드시 보고할 것을 권한다.

첫째, 주성분에 대한 혹은 인자에 의한 적재치를 반드시 밝혀야 한다. 몇몇 탐색적 인자분석을 소개하는 문헌들의 경우 인자적재치가 . 50 (혹은 . 60)에 미치지 못하는 경우 측정항목을 삭제 후 다시 탐색적 인자분석을 실시할 것을 권한다. 분명 낮은 인자적 재치는 인자가 측정항목을 제대로 설명하지 못함을 나타내는 것이 사실이다. 하지만 데이터에 근거하여, 즉 '인자적재치 < . 50'과 같은 기준을 맹목적으로 적용하는 것은 다소 문제가 있다. 대부분의 연구들이 사용하는 측정항목들은 기존 연구에서 가져온 측정항목이며, 기존 연구에서는 신뢰도와 타당도가 어느 정도 이상으로 확보된 측정항목이다. 데이터가 바뀌면 분석결과가 바뀌는 것은 당연하다〔표집오차(sampling error)가 존재하기 때문이다〕. 측정항목을 추가하거나 혹은 측정항목을 제외할 때에는 단순히 적재치의 크기에 근거하는 것보다는 왜 해당항목이 빠져야 하는지 이론적 근거에 대한 비판적 성찰이 있어야 할 것이다. 또한 반영모형의 관점에서 측정항목을 준비했는데, 단순히 적재치가 작다는 이유로 탐색적 인자분석 대신에 주성분분석을 실시하는 것도 문제다. 앞에서 설명하였듯이 주성분분석에서 추출된 설명분산은 탐색적 인자분석에서 추출된 설명분산보다 큰 경우가 보통이다. 즉, 주성분분석의 결과보다 탐색적 인자분석의 결과가 통계적으로 보수적이며, 따라서 주성분분석에서의 적재치와 탐색적 인자분석의 적재치를 동급으로 간주하여 일률적 기준을 적용하는 것을 지양하길 바란다.

둘째, 주성분 혹은 인자에 대해 적절한 의미의 이름을 붙이길 바란다. 예를 들어 '인자 1',

'인자 2', '인자 3', '인자 4', '인자 5'와 같이 쓰는 것보다 '개방성', '신경성', '친화성', '외향성', '성실성' 등과 같이 읽었을 때 이해되는 이름을 붙이는 것이 연구결과를 접할 독자에게 더 쉽게 이해되기 때문이다.

셋째, 주성분 혹은 인자의 설명분산(즉 아이겐값)과 주성분 혹은 인자가 전체분산 중 얼마를 각각 설명하는지, 그리고 전체 주성분들 혹은 인자들이 전체분산의 몇 퍼센트를 설명하는지를 밝혀 주길 바란다.

넷째, 어떤 분석방법을 사용했는지, 그리고 어떤 회전기법을 사용했는지 반드시 밝혀 주길 바란다. 주성분분석을 사용하든 탐색적 인자분석을 사용하든 반드시 기법의 이름을 밝히고, 탐색적 인자분석의 경우 어떤 인자 추정법을 사용하였는지도 밝혀 주길 바란다. 또한 직각회전 혹은 사각회전이라고 밝히는 것은 물론, 해당 회전방식 중 어떤 기법[12]을 사용했는지도 반드시 밝히길 바란다.

다섯째, 분과에 따라 주성분분석이나 탐색적 인자분석 결과를 보고할 때 추가로 요구되는 정보들이 있다. 어떤 심사위원들은 KMO(Kaiser-Mayer-Olkin) 통계치와 바틀렛의 구형성 테스트(Bartlett's sphericity test) 결과를 요구하기도 한다.[13] 간단히 설명하자면, KMO 지수는 주성분분석 혹은 탐색적 인자분석에 투입되는 측정항목들의 상관관계 행렬이 얼마나 상호 연관성을 갖고 있는가를 보여주는 지수로 1에 근접할수록 주성분분석 혹은 탐색적 인자분석을 실시하는 것이 적절하다고 평가된다.[14] 바틀렛의 구형성 테스트는 그 이름에서 잘 드러나듯 측정항목들의 구형성에 대한 테스트다. 반복측정분산분석에서 모클리의 W가 반복측정된 결과변수들의 구형성을 테스트하는 기법이었던 것을 상기하면 바틀렛의 구형성 테스트를 쉽게 이해할 수 있을 것이다(구형성 테스트 결과 귀무가설을 기각할 수 있어야 주성분분석이나 탐색적 인자분석이 적절하다고 볼 수 있다. 그 이유는 구형성 테스트에서의 귀무가설을 기각해야 측정항목들 사이의 유의미한 상관관계가 존재한다고 볼 수 있기 때문이다). 또한 어떤 분과에서는 측정항목들이 주로 구성하는 주성분, 혹은 인자가 주로 설명하는 측정항목들의 내적 일관성 지수인 크론바흐 알파, 혹은 분과에 따라 평균추출분산이나 합산신뢰도 등을 같이 보고할 것을 요구하기도 한다. 이들은 모두 수렴타

---

12 이를테면 배리맥스, 쿼티맥스(quartimax), 직접 오블리민, 프로맥스 등이다.

13 KMO 지수와 바틀렛의 구형성 테스트를 실시하는 SPSS 명령문은 아래와 같다. /PRINT 옵션에 KMO를 지정하면 된다. '예시데이터_13장_01.sav' 데이터의 경우 KMO = .671이며 바틀렛의 구형성 테스트 결과는 $\chi^2(105) = 2706.392$, $p < .001$이다. KMO가 통상적으로 좋다고 여겨지는 .80보다 작지만 저자들의 경우 KMO = .80과 같은 자의적 기준보다 측정항목들이 이론적으로 적절하게 선택되었는지에 대한 이론적 평가가 더 중요하다고 생각한다.
　　*KMO 지수와 Bartlett's Sphericity test.
　　FACTOR VARIABLES　e1 e2 e3 n1 n2 n3 o1 o2 o3 a1 a2 a3 c1 c2 c3
　　/PRINT = KMO.

14 왜냐하면 상호연관성이 없다면 측정항목들이 공통으로 형성하는 주성분, 혹은 인자에 의해서 공통으로 설명되는 측정항목들이 존재하지 않기 때문이다.

당도를 평가하기 위한 지수들이다.

예를 들어 PAF 추정법을 이용하고 사각회전의 일종인 프로맥스 회전을 적용한 탐색적 인자분석 결과를 정리하면 〈표 14-1〉과 같다.

표 14-1 5가지 인간성격의 15개 측정항목들에 대한 탐색적 인자분석 결과

	개방성 인자	신경성 인자	친화성 인자	외향성 인자	성실성 인자
개방성 측정항목 #3	**.856**	.056	-.029	.022	-.078
개방성 측정항목 #1	**.743**	-.142	-.061	.001	.048
개방성 측정항목 #2	**.627**	.013	.067	-.038	-.067
신경성 측정항목 #1	.068	**.881**	-.033	.007	.046
신경성 측정항목 #2	-.010	**.774**	.008	-.073	-.020
신경성 측정항목 #3	-.192	**.465**	-.053	.071	-.130
친화성 측정항목 #2	-.055	.061	**.858**	.018	.024
친화성 측정항목 #3	-.066	-.110	**.654**	-.049	.003
친화성 측정항목 #1	.121	-.015	**.575**	-.013	-.054
외향성 측정항목 #3	.060	-.018	.062	**.768**	.022
외향성 측정항목 #1	.006	.082	.026	**.729**	.025
외향성 측정항목 #2	-.085	-.104	-.151	**.500**	-.045
성실성 측정항목 #2	-.076	-.009	-.099	-.031	**.837**
성실성 측정항목 #3	.132	.052	.084	.017	**.652**
성실성 측정항목 #1	-.124	-.106	.036	.035	**.365**
설명분산(아이겐값)	2.156	1.691	1.778	1.662	1.588
설명분산(%)	17.562	11.705	8.174	6.769	6.459
누적설명분산(%)	17.562	29.267	37.441	44.210	50.669
크론바흐 알파	.756	.728	.721	.676	.620

주: N = 667. 위의 탐색적 인자분석 결과는 5개의 인자를 가정한 후 주축인자추정법을 이용하였으며, 사각회전의 일종인 프로맥스 기법을 이용해 인자들을 회전시켰다. KMO = .671이며, 바틀렛의 구형성 테스트 결과는 χ^2 (105) = 2706.392, $p < .011$로 탐색적 인자분석을 실시하는 데 큰 문제는 없는 것으로 나타났다.

4. 주성분점수 혹은 인자점수 계산 및 저장

주성분분석과 탐색적 인자분석을 마무리하기 전에 주성분점수(principal component score) 혹은 인자점수(factor score)를 계산하고 저장하는 방법을 살펴보자.[15] 우선 주성분점수 혹은 인자점수를 계산하는 방법에는 다음과 같은 두 가지 방법이 있다. 첫 번째 방법은 위에서 얻은 적재치를 이용해 회귀방정식을 구성한 후, 회귀방정식에 근거한 예측값을 저장하여 그것을 주성분점수 혹은 인자점수로 저장하는 방법이다. 두 번째 방법은 주성분을 주로 형성하는 측정항목들, 혹은 인자가 주로 잘 예측하는 측정항목들의 평균값을 취하는 방식으로 주성분점수 혹은 인자점수를 저장하는 방법이다.

두 방법 모두 장단점이 있다. 회귀방정식에 근거해 예측값을 저장하는 방법의 장점은 주성분분석이나 탐색적 인자분석에서 추정한 적재치에 맞는 주성분점수 혹은 인자점수를 얻을 수 있다는 점이다. 즉, 주성분분석이나 탐색적 인자분석 결과에 기반하여 도출된 점수를 얻을 수 있다. 반면 이러한 방식으로 계산된 점수를 주성분이나 인자로 간주할 수 있는가에 대해서는 논란이 있을 수 있다. 예를 들어 개방성을 측정하는 측정항목들을 주로 설명하는 인자라고 하더라도, 이 인자는 개방성 측정항목들만을 설명하는 것이 아니다. 왜냐하면 신경성, 친화성 등의 다른 개념들을 측정하는 항목들도 일부 설명하기 때문이다. 즉, 적재치에 기반한 회귀방정식을 이용할 경우 우리가 얻은 점수가 어떤 개념을 주로 의미하기는 하지만, 그 개념만을 의미한다고 말하기는 어렵다. 또한 주성분이나 인자를 회전시키는 과정에서 데이터가 변형된다는 단점에서도 자유롭지 않다.

반면 적재치의 구조에 기반해 특정 주성분이나 인자와 높은 적재치를 갖는 측정항목들의 평균을 구하는 방법은 특정 측정항목들로만 이루어져 있어 해석이 편하고, 무엇보다 이렇게 구한 값의 경우 원래 스케일(raw scale)이 그대로 보존된다는 장점이 있다. 하지만 평균값을 취하는 것은 주성분분석이나 탐색적 인자분석의 분석결과와는 다른 방식으로 주성분점수나 인자점수를 계산한다는 단점이 있다. 예를 들어, 적재치가 .89인 측정항목과 .63인 측정항목이 같은 주성분을 구성하였다고 가정해 보자. 이 경우 적재치가 .89인 측정항목의 경우 약 80%의 분산이 주성분 구성에 기여한 반면, 적재치가 .63인 측정항목은 약 절반인 40%의 분산이 주성분 구성에 기여했다고 볼 수 있다. 그러나 이런 두 측정항목들을 평균을 내면 어떻게 되는가? 두 측정항목에는 동일한 가중치가 부여된다. 다

---

[15] 주성분점수 혹은 인자점수와 같이 여러 개의 측정항목들을 하나의 변수로 합치는 과정을 파셀링(parcelling), 그중에서도 완전통합(total aggregation)이라고 부른다. 주성분분석이나 탐색적 인자분석의 경우 파셀링에 대한 논란은 별로 없지만, 확증적 인자분석의 경우 파셀링을 해도 되는가를 둘러싼 논란이 적지 않다(Marsh, Lüdtke, Nagengast, Morin & Von Davier, 2013; Nasser-Abu Alhija & Wisenbaker, 2006). 이 책을 학습한 후 확증적 인자분석이나 구조방정식 모형을 공부하고자 하는 독자들은 백영민(2017)을 참고하길 바란다.

시 말해, 주성분분석을 통해 얻은 적재치를 부정하는 결과가 나온다. 특히 주성분들이나 인자들을 직각회전시킨 경우, 주성분분석이나 탐색적 인자분석의 결과에서는 주성분점수들끼리 혹은 인자점수들끼리 상관관계가 0이 나오지만, 평균값을 취하는 경우 상관관계가 0이 나오지 않는 경우가 거의 전부라고 해도 과언이 아니다. 다시 말해, 연구자가 주성분분석이나 탐색적 인자분석에서 세웠던 가정을 측정항목들의 평균값을 취하면서 연구자 스스로 부정하는 것이라고도 볼 수 있다.

예를 들어 '예시데이터_13장_01.sav' 데이터를 통해 인자점수를 계산한 후 이 인자점수를 이용해 어떤 결과변수를 OLS 회귀분석을 이용해 예측한다고 가정해 보자. 이때, 어떤 인자점수를 써야 좋을까? 독자들에게는 답답한 이야기일지 모르지만, 정확한 답은 존재하지 않는다. 확증적 인자분석의 경우 인자점수를 인자구조를 통해 확정한 후 이렇게 확정된 인자점수가 결과변수에 미치는 효과를 직접 추정할 수 있지만, 주성분분석이나 탐색적 인자분석의 경우 인자점수(혹은 주성분점수)를 도출하는 것이 보통인데, 이 과정은 연구자마다, 보다 정확하게는 연구자가 속한 분과와 연구자가 만나는 독자나 심사위원에 따라 그때그때 다르다. 이 책의 저자들이 확실하게 말할 수 있는 한 가지는 다음과 같다. 회귀방정식에 기반하여 계산된 인자점수와 측정항목들의 평균값을 취해 얻은 인자점수는 '때때로' 매우 다를 수 있으며, 따라서 결과변수에 미치는 효과도 다를 수 있다.

각각의 장단점을 숙지하셨다면 주성분점수나 인자점수를 적재치를 어떻게 활용한 회귀방정식으로 예측하는지 SPSS 명령문을 통해 살펴보도록 하자. 우선은 측정항목의 평균값을 주성분점수 혹은 인자점수라고 가정하는 방법은 COMPUTE 명령문과 MEAN( ) 함수를 쓰면 간단하다. 예를 들면 다음과 같다.

```
*측정항목들의 평균값 이용.
COMPUTE extraversion = MEAN(e1,e2,e3).
COMPUTE neuroticism = MEAN(n1,n2,n3).
COMPUTE openness = MEAN(o1,o2,o3).
COMPUTE agreeableness = MEAN(a1,a2,a3).
COMPUTE conscientiousness = MEAN(c1,c2,c3).
```

반면 직각회전의 일종인 배리맥스 회전을 적용한 주성분분석 결과를 통해 주성분점수를 저장하는 방법은 다음과 같다. FACTOR 명령문에서 /EXTRACTION을 PC로 설정하여 주성분분석을 실시한 후 /ROTATION에 VARIMAX를 지정하여 배리맥스 회전을 지정하는 것은 앞에서 이미 다루었다. 마지막 줄 /SAVE에 REG(ALL)을 입력하면 주성분분석으로 얻은 5개의 주성분의 주성분점수를 저장할 수 있다.

그림 14-3 주성분점수 데이터셋

	Name	Type	Width	Decimals	Label	Values	Missing	Columns	Align	Measure	Role
1	e1	Numeric	8	2	extraversion #1	None	None	8	Right	Scale	Input
2	e2	Numeric	8	2	extraversion #2	None	None	8	Right	Scale	Input
3	e3	Numeric	8	2	extraversion #3	None	None	8	Right	Scale	Input
4	n1	Numeric	8	2	neuroticism #1	None	None	8	Right	Scale	Input
5	n2	Numeric	8	2	neuroticism #2	None	None	8	Right	Scale	Input
6	n3	Numeric	8	2	neuroticism #3	None	None	8	Right	Scale	Input
7	o1	Numeric	8	2	openness #1	None	None	8	Right	Scale	Input
8	o2	Numeric	8	2	openness #2	None	None	8	Right	Scale	Input
9	o3	Numeric	8	2	openness #3	None	None	8	Right	Scale	Input
10	a1	Numeric	8	2	agreeableness #1	None	None	8	Right	Scale	Input
11	a2	Numeric	8	2	agreeableness #2	None	None	8	Right	Scale	Input
12	a3	Numeric	8	2	agreeableness #3	None	None	8	Right	Scale	Input
13	c1	Numeric	8	2	conscientioune...	None	None	8	Right	Scale	Input
14	c2	Numeric	8	2	conscientioune...	None	None	8	Right	Scale	Input
15	c3	Numeric	8	2	conscientioune...	None	None	8	Right	Scale	Input
16	FAC1_1	Numeric	11	5	REGR factor sc...	None	None	13	Right	Scale	Input
17	FAC2_1	Numeric	11	5	REGR factor sc...	None	None	13	Right	Scale	Input
18	FAC3_1	Numeric	11	5	REGR factor sc...	None	None	13	Right	Scale	Input
19	FAC4_1	Numeric	11	5	REGR factor sc...	None	None	13	Right	Scale	Input
20	FAC5_1	Numeric	11	5	REGR factor sc...	None	None	13	Right	Scale	Input

```
*배리맥스 회전 후 주성분점수 저장.
FACTOR VARIABLES  e1 e2 e3 n1 n2 n3 o1 o2 o3 a1 a2 a3 c1 c2 c3
/FORMAT=SORT
/EXTRACTION=PC
/ROTATION=VARIMAX
/SAVE=REG(ALL).
```

이후 데이터셋을 보면 〈그림 14-3〉과 같이 FAC1_1부터 FAC5_1이라는 이름으로 주성분점수가 차례대로 저장된 것을 발견할 수 있다. 해당변수의 이름은 SPSS에서 자동으로 생성된 것이기 때문에, 나중에 혼동될 우려가 있으니, 다음과 같이 변수의 이름을 새로 지정하고, 각 변수에 대한 설명도 따로 붙이는 것이 좋다.

```
*변수의 이름을 재지정하고, 라벨을 새로 붙였음.
RENAME VARIABLES (FAC1_1 FAC2_1 FAC3_1 FAC4_1 FAC5_1 = PCA_V1 PCA_V2
  PCA_V3 PCA_V4 PCA_V5).
VARIABLE LABELS
PCA_V1 'openness: PC score 1 using varimax rotation'
/PCA_V2 'neuroticism: PC score 2 using varimax rotation'
/PCA_V3 'agreeableness: PC score 3 using varimax rotation'
/PCA_V4 'extraversion: PC score 4 using varimax rotation'
/PCA_V5 'conscientiousness: PC score 5 using varimax rotation'.
```

일단 적재치를 이용한 주성분점수들 사이의 상관계수를 구해 보자. 아래의 결과에서 명확하게 나타나듯 5개의 주성분점수들은 0의 상관관계를 갖고 있다. 사실 직각회전을 실시했기 때문에 이 결과는 전혀 놀라운 것이 아니다.

```
*주성분점수의 상관계수 행렬(배리맥스 회전).
CORRELATIONS PCA_V1 PCA_V2 PCA_V3 PCA_V4 PCA_V5 / MISSING=LISTWISE.
```

Correlations[a]

		openness: PC score 1 using varimax rotation	neuroticism: PC score 2 using varimax rotation	agreeableness: PC score 3 using varimax rotation	extraversion: PC score 4 using varimax rotation	conscientiousness: PC score 5 using varimax rotation
openness: PC score 1 using varimax rotation	Pearson Correlation	1	.000	.000	.000	.000
	Sig.(2-tailed)		1.000	1.000	1.000	1.000
neuroticism: PC score 2 using varimax rotation	Pearson Correlation	.000	1	.000	.000	.000
	Sig.(2-tailed)	1.000		1.000	1.000	1.000
agreeableness: PC score 3 using varimax rotation	Pearson Correlation	.000	.000	1	.000	.000
	Sig.(2-tailed)	1.000	1.000		1.000	1.000
extraversion: PC score 4 using varimax rotation	Pearson Correlation	.000	.000	.000	1	.000
	Sig.(2-tailed)	1.000	1.000	1.000		1.000
conscientiousness: PC score 5 using varimax rotation	Pearson Correlation	.000	.000	.000	.000	1
	Sig.(2-tailed)	1.000	1.000	1.000	1.000	

a. Listwise N=667

이번에는 사각회전 중 프로맥스 회전을 한 후의 주성분점수들을 같은 과정을 거쳐 저장해 보자.

```
*프로맥스 회전 후 주성분점수 저장.
FACTOR VARIABLES  e1 e2 e3 n1 n2 n3 o1 o2 o3 a1 a2 a3 c1 c2 c3
/FORMAT=SORT
/EXTRACTION=PC
/ROTATION=PROMAX
/SAVE=REG(ALL).
*변수의 이름을 재지정하고, 라벨을 새로 붙였음.
RENAME VARIABLES (FAC1_1 FAC2_1 FAC3_1 FAC4_1 FAC5_1 = PCA_P1 PCA_P2
  PCA_P3 PCA_P4 PCA_P5).
VARIABLE LABELS
PCA_P1 'openness: PC score 1 using promax rotation'
/PCA_P2 'neuroticism: PC score 2 using promax rotation'
/PCA_P3 'agreeableness: PC score 3 using promax rotation'
/PCA_P4 'extraversion: PC score 4 using promax rotation'
/PCA_P5 'conscientiousness: PC score 5 using promax rotation'.
*주성분점수의 상관계수 행렬(프로맥스 회전).
CORRELATIONS PCA_P1 PCA_P2 PCA_P3 PCA_P4 PCA_P5 / MISSING=LISTWISE.
```

Correlations[a]

		openness: PC score 1 using promax rotation	neuroticism: PC score 2 using promax rotation	agreeableness: PC score 3 using promax rotation	extraversion: PC score 4 using promax rotation	conscientiousness: PC score 5 using promax rotation
openness: PC score 1 using promax rotation	Pearson Correlation	1	.063	.261	.195	.265
	Sig.(2-tailed)		.103	.000	.000	.000
neuroticism: PC score 2 using promax rotation	Pearson Correlation	.063	1	.078	-.078	-.039
	Sig.(2-tailed)	.103		.043	.045	.315
agreeableness: PC score 3 using promax rotation	Pearson Correlation	.261	.078	1	.071	.170
	Sig.(2-tailed)	.000	.043		.067	.000
extraversion: PC score 4 using promax rotation	Pearson Correlation	.195	-.078	.071	1	.136
	Sig.(2-tailed)	.000	.045	.067		.000
conscientiousness: PC score 5 using promax rotation	Pearson Correlation	.265	-.039	.170	.136	1
	Sig.(2-tailed)	.000	.315	.000	.000	

a. Listwise N=667

반면 측정항목들의 평균값을 취한 경우의 상관관계는 어떤지 확인해 보자.

*측정항목들의 평균점수를 취한 경우.
CORRELATIONS openness neuroticism agreeableness extraversion conscientiousness /
MISSING=LISTWISE.

Correlations[a]

		openness	neuroticism	agreeableness	extraversion	conscientiousness
openness	Pearson Correlation	1	-.016	.207	.220	.204
	Sig.(2-tailed)		.683	.000	.000	.000
neuroticism	Pearson Correlation	-.016	1	.025	-.101	-.070
	Sig.(2-tailed)	.683		.523	.009	.070
agreeableness	Pearson Correlation	.207	.025	1	.064	.145
	Sig.(2-tailed)	.000	.523		.100	.000
extraversion	Pearson Correlation	.220	-.101	.064	1	.152
	Sig.(2-tailed)	.000	.009	.100		.000
conscientiousness	Pearson Correlation	.204	-.070	.145	.152	1
	Sig.(2-tailed)	.000	.070	.000	.000	

a. Listwise N=667

이제 이렇게 추출된 주성분점수들과 개별 측정항목들의 평균값들 사이의 상관관계를 살펴보자.

*배리맥스 회전 후 저장한 주성분점수와 측정항목들 간 평균점수 상관관계.
CORRELATIONS openness neuroticism agreeableness extraversion conscientiousness
WITH PCA_V1 PCA_V2 PCA_V3 PCA_V4 PCA_V5 / MISSING=LISTWISE.

Correlations[a]

		openness: PC score 1 using varimax rotation	neuroticism: PC score 2 using varimax rotation	agreeableness: PC score 3 using varimax rotation	extraversion: PC score 4 using varimax rotation	conscientiousness: PC score 5 using varimax rotation
openness	Pearson Correlation	.961	-.010	.096	.107	.062
	Sig.(2-tailed)	.000	.793	.013	.006	.112
neuroticism	Pearson Correlation	-.025	.988	.009	-.042	-.048
	Sig.(2-tailed)	.524	.000	.821	.277	.215
agreeableness	Pearson Correlation	.105	.016	.987	.022	.058
	Sig.(2-tailed)	.007	.685	.000	.579	.137
extraversion	Pearson Correlation	.122	-.049	.026	.984	.072
	Sig.(2-tailed)	.002	.204	.502	.000	.064
conscientiousness	Pearson Correlation	.114	-.027	.074	.071	.980
	Sig.(2-tailed)	.003	.481	.056	.068	.000

a. Listwise N=667

*프로맥스 회전 후 저장한 주성분점수와 측정항목들 간 평균점수 상관관계.
CORRELATIONS openness neuroticism agreeableness extraversion conscientiousness
WITH PCA_P1 PCA_P2 PCA_P3 PCA_P4 PCA_P5 / MISSING=LISTWISE.

Correlations[a]

		openness: PC score 1 using promax rotation	neuroticism: PC score 2 using promax rotation	agreeableness: PC score 3 using promax rotation	extraversion: PC score 4 using promax rotation	conscientiousness: PC score 5 using promax rotation
openness	Pearson Correlation	.972	.031	.224	.207	.216
	Sig.(2-tailed)	.000	.426	.000	.000	.000
neuroticism	Pearson Correlation	-.012	.987	.033	-.082	-.079
	Sig.(2-tailed)	.751	.000	.393	.033	.042
agreeableness	Pearson Correlation	.237	.061	.994	.064	.149
	Sig.(2-tailed)	.000	.116	.000	.100	.000
extraversion	Pearson Correlation	.217	-.090	.071	.995	.149
	Sig.(2-tailed)	.000	.020	.068	.000	.000
conscientiousness	Pearson Correlation	.232	-.042	.163	.145	.992
	Sig.(2-tailed)	.000	.278	.000	.000	.000

a. Listwise N=667

위의 상관관계 행렬의 대각선에 놓인 상관계수들(diagonal elements)이 명확하게 보여주듯 측정항목의 평균들과 주성분점수(회전방식에 상관없이)는 매우 강한 상관관계를 갖는다. 하지만 분명한 것은 어떤 방식으로 구성체에 해당되는 점수를 계산하는가에 따라 구성체들 내부(여기서는 주성분들 혹은 측정항목의 평균값들 내부)의 상관관계가 달라진다는 점이다. 이러한 미묘한 차이가 이들을 예측변수로 활용하는 회귀분석을 실시할 때, 결과변수에 영향을 미치는 경우도 종종 발생한다. 이에 대해서는 저자들 중 한 명의 시뮬레이션 결과를 참고하길 바란다(백영민, 2015, 340~342쪽).

지금까지 주성분분석과 탐색적 인자분석 기법을 살펴보았다. 이 장을 시작하면서도 밝혔듯 이 두 기법들은 종종 혼동되기도 하고, 어떤 방식으로 주성분을 추출하거나 인자를 설정하는가에 따라, 그리고 주성분들 혹은 인자들의 관계를 어떻게 규정하고 회전시키는가에 따라 같은 데이터를 분석한 결과가 달라지기도 한다. 따라서 독자들은 해당 기법을 사용하기 전에 몸담고 있는 분과에서 해당 기법을 주로 어떻게 사용하는지, 또한 주성분이나 인자점수를 어떻게 추정한 후 저장하여 사용하는지에 대해 면밀히 조사해 두길 바란다. 주성분분석을 쓸 것인지 탐색적 인자분석을 쓸 것인지, 그리고 어떤 추출(혹은 추정) 기법을 이용해 어떤 회전방법을 쓸 것인지 연구자 스스로 정당성을 갖춰 나간다면 주성분분석과 탐색적 인자분석은 복잡한 데이터를 간소화시키며 이론적 함의를 이끌어낼 수 있는 좋은 방법이 될 것이다.

참고문헌

백영민 (2015), 《R를 이용한 사회과학데이터 분석: 기초편》, 파주: 커뮤니케이션북스.
_____ (2017), 《R를 이용한 구조방정식 모형(SEM) 분석》, 파주: 커뮤니케이션북스.

Fabrigar, L. R. & Wegener, D. T. (2011), *Exploratory Factor Analysis*, New York: Oxford University Press.
Horn, J. (1965), A rationale and test for the number of factors in factor analysis, *Psychometrika*, 30(2), 179-185.
Kaiser, H. F. (1960), The application of electronic computers to factor analysis, *Educational and Psychological Measurement*, 20, 141-151.
Marsh, H. W., Lüdtke, O., Nagengast, B., Morin, A. J., & Von Davier, M. (2013), Why item parcels are (almost) never appropriate: Two wrongs do not make a right-Camouflaging misspecification with item parcels in CFA models, *Psychological Methods*, 18(3), 257-284.
Nasser-Abu Alhija, F. & Wisenbaker, J. (2006), A Monte Carlo study investigating the impact of item parceling strategies on parameter estimates and their standard errors in CFA, *Structural Equation Modeling: A Multidisciplinary Journal*, 13(2), 204-228.
Revelle, W. & Rocklin, T. (1979), Very simple structure: An alternative procedure for estimating the optimal number of interpretable factors, *Multivariate Behavioral Research*, 14(4), 403-414.

adjusted mean	조정된 평균
alternative hypothesis	대안가설
American Psychological Association (APA)	미국심리학회
analysis of variance with repeated measures (repeated measures ANOVA)	반복측정분산분석
analysis of covariance (ANCOVA)	공분산분석
analysis of variance (ANOVA)	분산분석
Aroian test	아로이안 테스트
attrition	마모
averaged variance extracted (AVE)	평균추출분산
Behrens-Fisher problem	베렌스-피셔 문제
between-subjects(BS) factor	개체간 요인
Boolean expression	불리언 표현
categorical variable	유목형 변수
centering	중심화 변환
chi-square test, χ^2 test	카이제곱 테스트
Cohen's d	코헨의 d
Cohen's κ	코헨의 카파
composite reliability (CR)	합산신뢰도
compound symmetry (CS)	복합대칭
conditional effect	조건효과
confidence interval	신뢰구간
confirmatory factor analysis (CFA)	확증적 인자분석
construct	구성체
construct validity	구성타당도
contingency coefficient (CC)	분할계수
continuous variable	연속형 변수
contrast coding	비교코딩

convergent validity	수렴타당도
correlation analysis	상관관계분석
correlation coefficient	상관계수
covariate	공변량
Cox & Snell's R^2	콕스와 스넬의 R^2
Cramer's V	크래머의 V
Cronbach's α	크론바흐 알파
crosstabulation	교차빈도표 (혹은 교차표)
cumulative logistic function	누적 로지스틱 함수
degree of freedom (df)	자유도
determinant	행렬식
deviance	이탈도
diagonal elements	대각요소
dichotomous variable	이분변수
difference score	차이점수
dimension reduction	차원축소
direct effect	직접효과
direct oblimin	직접 오블리민
discriminant validity	판별타당도
dummy variable	더미변수
effect size (ES)	효과크기
eigen-value	아이겐값
error rate per comparison (PC)	비교당 오차율
estimate	추정치
expected frequency	기대빈도
explained variance	설명분산
exploratory factor analysis (EFA)	탐색적 인자분석
exponential function	지수함수
factor score	인자점수
factor structure	인자구조
factorial design	요인설계
familywise (FW) error rate	족내(族內) 오차율
Fisher's Exact Test	피셔의 정확테스트
formative model	형성모형
full mediation effect	완전매개효과
gain score	획득점수
generalized linear model (GLM)	일반선형모형
Goodman test	굿맨 테스트
goodness-of-fit test	모형적합도 테스트

grand mean	전체평균
Greenhouse-Geisser's ϵ (ϵ_{GG})	그린하우스-가이저의 엡실론
Guttman scale	거트만 척도
header	헤더
hierarchical linear model (HLM)	위계적 선형모형
histogram	히스토그램
Hot deck imputation	핫덱 입력
Huynh-Feldt's ϵ (ϵ_{HF})	후인-펠트의 엡실론
identity function	항등함수
identity matrix	단위행렬
independence assumption	독립성 가정
independent t-test	독립표본 t 테스트
indicator	측정항목
indirect effect	간접효과
interaction effect	상호작용 효과
internal consistency	내적 일치도
interval variable	등간변수
intra-class correlation (ICC)	급내상관계수
item-total correlation	항목합 상관계수
Kaiser criterion	카이저 기준
Kaiser rule	카이저 규칙
Kaiser-Mayer-Olkin statistics	KMO 통계치
Kendall's ordinal measure of relationship τ	켄달의 서열 상관계수 타우
	(보통 켄달의 타우)
Kolomogorov-Smirnov test	콜모고로프-스미르노프 테스트
Krippendorff's α	크리펜도르프 알파
kurtosis	첨도
latent variable	잠재변수
least squares difference (LSD)	최소자승차이법
Levene's F-test	레빈의 F 테스트
Likelihood Ratio	우도비
Likert scale	리커트 척도
link function	링크함수
listwise	리스트와이즈
loading	적재치
log-likelihood	로그우도
log-likelihood ratio test	로그우도비 테스트
logistic regression analysis	로지스틱 회귀분석
logit	로짓
long format data	긴 형태 데이터
Mauchly's sphericity test	모클리의 구형성 검증
maximum	최댓값
maximum likelihood (ML) estimation	최대가능도 추정, 최대우도추정법

mean substitution	평균대치
median	중앙값
mediating variable	매개변수
meta-data	메타데이터
minimum	최솟값
missing data analysis	결측값 데이터 분석
missing value	결측값
model comparison	모형비교
moderating effect	조절효과
moderating variable	조절변수
multi-colinearity	다중공선성
multi-level model (MLM)	다층모형
multiple correlation (R)	다중 상관계수
multiple imputation	다중값 입력
multivariate analysis of variance	다변량분산분석
n-way analysis of variance	n원분산분석
natural logarithm	자연로그
negative binomial regression model	음이항 회귀모형
Negelkerke's R^2	네겔커크의 R^2
nominal variable	명목변수
non-orthogonal planned contrast	비직교 계획비교
nonparametric statistics	비모수 통계
normal distribution	정규분포
normality	정규성
normality test	정규성 테스트
null hypothesis	귀무가설
oblique rotation	사각회전
observed frequency	관측빈도
odds ratio (OR)	오즈비
off-diagonal elements	탈대각요소
one sample t-test	단일표본 t 테스트
one-tailed test	일방 테스트
oneway analysis of variance	일원분산분석
ordered logit regression model	서열형 로짓 회귀모형
ordinal variable	서열변수
ordinary least squares (OLS) regression model	일반최소자승 회귀모형
orthogonal planned contrast	직교 계획비교
orthogonal polynomial coding	직교 폴리노미얼 코딩

orthogonal rotation	직각회전
outcome variable	결과변수
outlier	이상치
paired sample t-test	대응표본 t 테스트
pairwise	페어와이즈
parallel analysis	병행분석
partial correlation	부분상관관계(혹은 편상관관계)
partial derivative	부분도함수(혹은 편도함수)
partial mediation effect	부분매개효과
partial η^2	부분에타제곱
partial ω^2	부분오메가제곱
Pearson's product-moment correlation r	피어슨 적률 상관관계계수 r
percentage correct	정확분류율
placebo	플라시보
planned contrast	계획비교
Poisson regression model	포아송 회귀모형
post hoc comparison	사후비교
posttest-only control group design	통제집단 포함 사후측정 단일설계
predictor variable	예측변수
principal axis factoring (PAF) estimation	주축인자추정법
principal component analysis (PCA)	주성분분석
principal component score	주성분점수
probit regression model	프로빗 회귀모형
promax	프로맥스
Q-Q plot	Q-Q 플롯
random assignment	무작위 배치
ratio variable	비율변수
reference group	기준집단
reflective model	반영모형
reliability	신뢰도
reshaping	재구조화
risk ratio (RR)	위험비
scree plot	스크리 도표
seemingly unrelated regression (SUR)	상관오차통제 회귀분석
semantic differential scale	의미분별 척도
Shapiro-Wilk test	샤피로-윌크 테스트
simple effect analysis	단순효과분석
single imputation	단일값 입력
skewness	왜도

Sobel's test	소벨 테스트
Spearman's ordinal correlation ρ	스피어만의 서열 상관계수 로
	(보통 스피어만의 로)
standard deviation	표준편차
standard error	표준오차
standardized regression coefficient	표준화 회귀계수
statistical decision-making process	통계적 의사결정과정
statistical power	통계적 검증력
subsample	부분표본
Sum of Squares (SS)	제곱합
syntax	신택스
systematic bias	체계적 편향
t-test	t 테스트
test statistic	테스트 통계치
Thurstone scale	써스톤 척도
Tobit regression model	토빗 회귀모형
tolerance	용인치
total effect	총효과
treatment group	처치집단
trend analysis	트렌드 분석
two-tailed test	양방 테스트
twoway analysis of variance	이원분산분석
type-I error	제1종 오류
unbiased estimate	불편향 추정치
uniform distribution	균등분포
uniqueness	고유치
unstandardized regression coefficient	비표준화 회귀계수
validity	타당도
variable	변수
variance homogeneity test	분산동질성 검증
variance inflation factor (VIF)	분산팽창지수
variance sum law	분산합 법칙
varimax	배리맥스
Wald's χ^2 test	월드의 카이제곱 테스트
Welch-Satterthwaite solution	웰치-새터스웨이트의 해
wide format data	넓은 형태 데이터
Wilks' Λ	윌크스의 람다
within-subject (WS) factor	개체내 요인
z-test	z 테스트

김영석

연세대 신문방송학과 졸업
미국 스탠퍼드대 커뮤니케이션학 석사 및 박사
미국 스탠퍼드대 커뮤니케이션연구소 연구위원
언론홍보대학원장, 한국언론학회 회장 역임
현재 연세대 언론홍보영상학부 교수
　　　연세대 부총장

저서 및 논문

《디지털미디어와 사회》, 《사회조사방법론》
《멀티미디어와 정보사회》, 《여론과 현대사회》(편)
《현대사회와 뉴미디어》(역), 《뉴미디어와 정보사회》(공편)
《국제정보질서문화론》(역), 《방송과 독립프로덕션》(공저)
《설득 커뮤니케이션》, 《인터넷언론과 법》(편), 《개혁의 확산》(역)
《스마트미디어: 테크놀로지, 시장, 인간》, 《디지털시대의 미디어와 사회》
"Opinion Leadership in a Preventative Health Campaign" 등

백영민

연세대 신문방송학과 졸업
서울대 언론정보학과 대학원 언론학 석사
미국 펜실베이니아대 아넨버그스쿨 커뮤니케이션학 박사
한국과학기술원(KAIST) 웹사이언스 공학전공 조교수
현재 연세대 언론홍보영상학부 교수

저서 및 논문
《R를 이용한 사회과학데이터 분석: 기초편》
《R를 이용한 사회과학데이터 분석: 응용편》
《R를 이용한 구조방정식 모형 분석》
《관심의 시장: 디지털 시대 수용자의 관심은 어떻게 형성되나》(역)
《클라우드와 빅데이터의 정치경제학》(역)
《수학적 커뮤니케이션 이론》(역), 《국민의 선택》(역)
《수용자 진화: 신기술과 미디어 수용자의 변화》(공역)
"Relationship Between Cultural Distance and
    Cross-cultural Music Video Consumption on YouTube"
"Cross-cultural Comparison of Nonverbal Cues
    in Emoticons on Twitter: Evidence from Big Data analysis" 등

김경모

연세대 신문방송학과 졸업
연세대 대학원 신문방송학 석사
미국 뉴욕주립대(Buffalo) 커뮤니케이션학 박사
현재 연세대 언론홍보영상학부 교수

저서 및 논문
《저널리즘의 이해》(공저), 《방송저널리즘과 공정성 위기》(공저)
"정파적 수용자의 적대적 매체 지각과 뉴스 미디어 리터러시"
"Online News Diffusion Dynamics and Public Opinion Formation"
"온라인 뉴스 확산과 여론 형성", "새로운 저널리즘 환경과 온라인 뉴스 생산"